普通高等教育“十一五”国家级规划教材（高职高专）

纤维纺丝工艺与质量控制

（下册）

辛长征　主编
王延伟　杨东洁　副主编

中国纺织出版社

内 容 提 要

《纤维纺丝工艺与质量控制》是普通高等教育"十一五"规划教材，共分上、下两册，本书为下册。书中系统地介绍了聚酯纤维、聚酰胺纤维、聚丙烯纤维、纺熔法非织造材料的生产工艺与质量控制、高速纺丝工艺与质量控制以及熔纺纤维的改性等内容。

本书为高职高专高分子材料加工工艺学、化学纤维工艺学、聚合物挤压成网非织造材料生产技术等课程的教材，也可供从事化学纤维、织造材料生产的技术和科研人员参考。

图书在版编目(CIP)数据

纤维纺丝工艺与质量控制.下册 / 辛长征主编 .—北京：中国纺织出版社，2009.11（2023.2 重印）

普通高等教育"十一五"国家级规划教材.高职高专

ISBN 978-7-5064-5948-8

Ⅰ.纤… Ⅱ.辛… Ⅲ.①化学纤维—纺丝—生产工艺—高等学校：技术学校—教材 ②化学纤维—纺丝—质量控制—高等学校：技术学校—教材 Ⅳ.TQ340.1

中国版本图书馆 CIP 数据核字(2009)第 164264 号

策划编辑：朱萍萍　李东宁　责任编辑：赵东瑾
责任校对：余静雯　责任设计：李　然　责任印制：何　建

中国纺织出版社出版发行
地址：北京市朝阳区百子湾东里 A407 号楼　邮政编码：100124
销售电话：010—67004422　传真：010—87155801
http://www.c-textilep.com
中国纺织出版社天猫旗舰店
官方微博 http://weibo.com/2119887771
三河市宏盛印务有限公司印刷　各地新华书店经销
2009 年 11 月第 1 版　2023 年 2 月第 5 次印刷
开本：787×1092　1/16　印张：21
字数：450 千字　定价：68.00 元

出版者的话

2005年10月，国发［2005］35号文件“国务院关于大力发展职业教育的决定”中明确提出“落实科学发展观，把发展职业教育作为经济社会发展的重要基础和教育工作战略重点”。高等职业教育作为职业教育体系的重要组成部分，近些年发展迅速。编写出适合我国高等职业教育特点的教材，成为出版人和院校共同努力的目标。早在2004年，教育部下发教高［2004］1号文件“教育部关于以就业为导向　深化高等职业教育改革的若干意见”，明确了促进高等职业教育改革的深入开展，要坚持科学定位，以就业为导向，紧密结合地方经济和社会发展需求，以培养高技能人才为目标，大力推行“双证书”制度，积极开展订单式培养，建立产学研结合的长效机制。在教材建设上，提出学校要加强学生职业能力教育。教材内容要紧密结合生产实际，并注意及时跟踪先进技术的发展。调整教学内容和课程体系，把职业资格证书课程纳入教学计划之中，将证书课程考试大纲与专业教学大纲相衔接，强化学生技能训练，增强毕业生就业竞争能力。

2005年底，教育部组织制订了普通高等教育“十一五”国家级教材规划，并于2006年8月10日正式下发了教材规划，确定了9716种“十一五”国家级教材规划选题，我社共有103种教材被纳入国家级教材规划，其中本科教材56种，高职教材47种。47种高职教材包括了纺织工程教材12种、轻化工程教材14种、服装设计与工程教材12种、其他9种。为在“十一五”期间切实做好教材出版工作，我社主动进行了教材创新型模式的深入策划，力求使教材出版与教学改革和课程建设发展相适应，充分体现职业技能培养的特点，在教材编写上重视实践和实训环节内容，使教材内容具有以下三个特点：

(1) 围绕一个核心——育人目标。根据教育规律和课程设置特点，从培养学生学习兴趣和提高职业技能入手，教材内容围绕生产实际和教学需要展开，形式上力求突出重点，强调实践，附有课程设置指导，并于章后附有复习指导及形式多样的习题等，提高教材的可读性，增加学生学习兴趣和自学能力。

(2) 突出一个环节——实践环节。教材出版突出高职教育和应用性学科的特点，注重理论与生产实践的结合，有针对性地设置教材内容，增加实践、实验内容，并通过多媒体等直观形式反映生产实际的最新进展。

(3) 实现一个立体——多媒体教材资源包。充分利用现代教育技术手段，将授课知识点、实践内容等制作成教学课件，以直观的形式、丰富的表达充分展现教学内容。

教材出版是教育发展中的重要组成部分，为出版高质量的教材，出版社严格甄选作者，组织专家评审，并对出版全过程进行过程跟踪，及时了解教材编写进度、编写质量，力求做到作者权威，编辑专业，审读严格，精品出版。我们愿与院校一起，共同探讨、完善教材出版，不断推出精品教材，以适应我国高等教育的发展要求。

中国纺织出版社

教材出版中心

前言

《纤维纺丝工艺与质量控制》是按照《高分子材料培养规格》的要求，在对高分子材料（化学纤维方向）专业的人才培养模式和教学内容体系改革进行充分调查研究和论证的基础上，充分吸取高职高专和应用型本科高等学校在探索培养技术应用型专门人才方面取得的成功经验和教学成果基础上编写而成的，充分体现了高等教育的应用特色和能力本位，调整了新世纪人才必须具备的文化基础和技术基础，突出了人才的创新素质和创新能力的培养。

本书为全国统编“十一五”规划教材，供高职高专高分子材料专业（化学纤维方向）高年级学生学习专业课时使用。共分为上、下两册，本书为下册，重点介绍了聚酯纤维、聚酰胺纤维、聚烯烃类纤维等常见熔纺品种的工艺流程、生产工艺参数的制定与质量控制，并系统阐述了 POY、FDY、HOY、DTY 等高速纺丝工艺的质量控制，对目前发展较快的纺熔法非织造材料的生产工艺与质量控制以及熔纺纤维的改性也做了较为详尽的论述。

本书的编写原则为实用性、先进性相结合，特别强调可操作性，以适应当今化学纤维行业的发展。为便于教学，适应企业培训和技术人员自学，书中还安排了思考题及答案。本书可供大专院校、有关企业、设计院所的相关教师、学生、企业研究应用与制造人员、分析测试人员阅读。

本书由辛长征主编，王延伟、杨东洁副主编。参加编写的人员有辛长征（第一章，第五章，第六章第三节～第五节），王延伟（第二章第六节～第八节），杨东洁（第二章第四节、第五节），宋会芬（第四章），杨秀琴（第三章），迟长龙（第二章第一节，第七章），李喜亮（第二章第二节、第三节，第六章第一节、第二节）。全书由辛长征统稿，王延伟、杨东洁分工修改。

由于编者水平有限，书中难免有疏漏之处，恳请使用本书的广大读者批评指正。在此对参与本书编写和为本书编写做出贡献的人员表示感谢。

编者

2009 年 6 月

课程设置指导

课程名称 化学纤维工艺学、聚合物挤压成网非织造材料生产技术

适用专业 高分子材料专业（化学纤维方向、非织造材料方向）

总 学 时 130

理论教学学时数 100 **实践学时数** 30

课程性质 化学纤维工艺学是高分子材料加工技术专业（化学纤维方向、非织造材料方向）必修的一门核心专业课，是培养学生岗位能力的专业主干课程。其主要任务是：使学生掌握聚酯纤维、聚酰胺纤维、聚丙烯纤维等品种的生产工艺流程、各工序作用、工艺参数的制定原则、工序中的工艺计算，同时对POY、DTY、FDY、TCS、BCF等生产工艺有所了解。

课程目的 本课程是在高分子材料加工技术专业（化学纤维方向）的基础课和专业技术基础课结束后开设的，教学中体现理论基础够用、实践能力突出、综合素质优化、因材施教、因需培养的原则。通过本课程的学习，使学生掌握熔体纺丝各主要品种的生产方法及工艺控制，了解熔纺改性纤维的生产方法和性能，培养学生分析问题和解决问题的能力，引导学生将理论与实践相结合，成为应用型高级人才。

课程教学的基本要求 教学环节包括课堂教学、实践教学、课后作业、课堂练习和考核。通过各教学环节重点培养学生对理论知识的理解和运用能力。

1. 课堂教学

(1) 概况。了解熔体纺丝各主要品种的发展历程及趋势、加工过程和特征。

(2) 聚酯纤维纺丝工艺与质量控制。掌握聚酯生产工艺流程；掌握切片生产的工艺流程和工艺参数控制；掌握切片干燥的目的、干燥

机理和工艺控制；掌握聚酯纤维的纺丝过程；重点掌握纺丝工艺流程及工艺参数的选择，并能够进行工艺计算；掌握后加工中拉伸、卷曲、热定型的作用及相关工艺参数的选择；掌握聚酯长丝后加工工艺参数的制定原则，并会分析比较长丝和短纤的不同。

(3) 聚酰胺纤维纺丝工艺与质量控制。掌握聚酰胺纤维的性能和应用；掌握聚酰胺纤维成型中的控制及工艺参数，并分析比较它们与聚酯成型的异同点；掌握帘子线的生产工艺流程和工艺参数的制定原则。

(4) 聚丙烯纤维的生产工艺与质量控制。掌握聚丙烯纤维生产中的一些特征参数，掌握常规法、短程纺的工艺流程及参数控制；了解膨体长丝的生产工艺流程，掌握 BCF 工艺参数控制情况；掌握丙纶防老化和染色的原理及方法。

(5) 高速纺丝工艺与质量控制。掌握 UDY、MOY、POY、DTY、ATY、FDY、HOY、TCS、BCF 等定义；掌握拉伸丝、变形丝、POY 的工艺参数的制定原则；了解 HOY、TCS、BCF 的发展情况和工艺特征。

(6) 纺熔法非织造材料的生产工艺与质量控制。了解纺熔法非织造材料生产的工艺流程，掌握其生产原料，重点掌握纺丝成网法的生产工艺与质量控制，掌握熔喷法非织造材料的生产工艺，了解纺熔法非织造产品性能和用途。

(7) 熔纺纤维的改性。掌握复合纤维、异形纤维、细特纤维等改性纤维常用的结构、生产方法及应用。

2. 实践教学　本课程中实践教学为现场教学，安排学生到化纤企业生产一线，通过现场讲解聚酯纤维、聚酰胺纤维、聚丙烯纤维、纺熔法非织造材料等的生产工艺的整个过程，提高同学们理论联系实际的能力。

3. 课外作业　每章给出若干思考题，尽量系统反映该章的知识点，布置适量书面作业。

4. 考核　采用课堂练习和阶段测验来进行阶段考核，以考试作为全面考核。考核形式根据情况采用开卷、闭卷或口试等方式，题型一般包括填空题、名词解释、判断题、简述题、论述题等。

课程设置指导

教学学时分配

章　数	讲授内容	理论课学时	实践学时
第一章	绪论	2	
第二章	聚酯纤维纺丝工艺与质量控制	28	6
第三章	聚酰胺纤维纺丝工艺与质量控制	10	6
第四章	聚丙烯纤维纺丝工艺与质量控制	10	6
第五章	高速纺丝工艺与质量控制	20	6
第六章	纺熔法非织造材料的生产工艺与质量控制	20	6
第七章	熔纺纤维的改性	10	
合　计		100	30

目录

第一章 绪论

人类最初应用研究的纤维是天然纤维（Natural fiber），如亚麻（Flax）、毛（Wool）等，很早就被利用进行手工纺纱织布。距今大约五千年前，中国已经使用麻、毛、棉和蚕丝（Silk）四大天然纤维了，中国的丝绸之路促进了世界纤维产业的交流。

随着工业文明的发展，1848 年 J. 默塞发现棉纤维素被浓碱液浸渍后，化学反应灵敏性增加。此后，英国人 C. 克罗斯和 E. 贝文用二硫化碳与碱纤维作用获得溶解性纤维素黄酸酯，从而制得黏胶纤维（Viscose fiber），后来出现了离心罐式绕丝器，使黏胶纤维有了工业化生产的条件。

所谓“纺丝”，就是将纺丝流体，用纺丝泵（或称计量泵）连续、定量而均匀地从喷丝头或喷丝板（Spinneret）的毛细孔中挤出而形成液态细流，再在空气、水或凝固浴中固化成丝条的过程，这一过程又称纤维成型（Fiber forming）。刚纺成的丝条称为初生纤维（Primary fibre）。纺丝是化学纤维生产过程中的关键工序，改变纺丝的工艺条件，可在较大范围内调节纤维的结构，从而相应改变所得纤维的物理机械性能。

按成纤高聚物（Polymer）的性质不同，化学纤维的纺丝方法主要有熔体纺丝法（Melt spinning）和溶液纺丝法（Solution spinning）两大类，此外，还有特殊的或非常规的纺丝方法。其中，根据凝固方式的不同，溶液纺丝法又分为湿法纺丝（Wet-spinning）和干法纺丝（Dry-spinning）两种。在化学纤维的生产中，多数采用熔体纺丝法生产，其次为湿法纺丝生产，只有少量的采用了干法或其他非常规纺丝方法生产。

熔体纺丝法是将直接聚合的纺丝熔体或切片经螺杆挤压机形成的均匀熔体由纺丝泵（Spinning-pumps）定量压出喷丝孔（Spinneret hole），使其成细流状射入空气中，并在纺丝甬道（Spinning channel）中冷却成丝。要将高聚物纺成纤维，必须将其熔融成熔体或溶解成黏稠溶液。将高聚物熔融成熔体，其必要条件是它的熔点必须低于分解温度（Decomposition temperature），如果高于分解温度，高聚物未熔融前就已经分解了，则不能采用熔融法纺制纤维，但可通过寻找适当的溶剂，将高聚物溶解成溶液后进行纺丝，并在成型过程中去除溶剂。目前，常规熔体纺丝法的纺丝速度一般为 1000～2000m/min，采用高速纺丝时，可达 3000～6000m/min。喷丝板孔数与纤维的品种有关，长丝为 1～150 孔，短纤维少的为 400～800 孔，多的可达 1000～2000 孔。喷丝板的孔径（Aperture）一般在 0.2～0.4mm。

熔体纺丝法的主要特点是卷绕速度快，不需要溶剂和沉淀剂，设备简单，工艺流程短，是一种经济、方便和高效的成型方法，但喷丝头孔数相对较少。近年来，随着纺织机械和加工技术的进步，我国在消化吸收引进技术的基础上，发展了低速多孔和高速短程纺（High-speed short range spinning），以生产聚丙烯纤维（PP）和聚酯纤维（PET）。合成纤维中的聚酯纤维、聚酰胺纤维和聚丙烯纤维都采用熔体纺丝法纺丝。

本书主要讲述熔体纺丝工艺的品种，如聚酯纤维、聚酰胺纤维、聚丙烯纤维以及熔体高速纺丝工艺和近年来发展很快的纺熔法纤维材料的生产工艺。

第二章　聚酯纤维纺丝工艺与质量控制

第一节　概　论

一、聚酯纤维的概念

聚酯纤维（Polyester fiber）是以对苯二甲酸（PTA）或对苯二甲酸二甲酯（DMT）和乙二醇（EG）为原料经酯化或酯交换再经缩聚反应而制得的成纤高聚物——聚对苯二甲酸乙二醇酯（PET），经纺丝和后处理制成的纤维。因为分子结构中含有酯基（ $-\overset{\overset{\displaystyle O}{\|}}{C}-O-$ ），故称聚酯纤维。通常我国将含对苯二甲酸乙二酯含量在85%以上的合成纤维称为聚酯纤维。

聚酯纤维在世界各国的商品名称不同，如在日本叫“特头纶（Tetoron）”，美国叫“达可纶（Dacron）”，英国叫“特丽纶（Terylene）”。

二、聚酯纤维的历史

合成纤维的研究始于20世纪初，首先研究的是聚氯乙烯（PVC）纤维，但没有得到开发利用。1928年美国杜邦公司的Carotherse对脂肪族二元酸和乙二醇的缩聚进行了研究，并最早用这种聚酯制成纤维。但由于其熔点低、易水解、不耐碱而无实用价值。

1941年，英国卡利科印染工作者协会（CPA），在前人研究的基础上，选用具有对称结构的对苯二甲酸和乙二醇缩聚制成聚对苯二甲酸乙二酯，成功地在实验室中用熔体纺丝法制成了有实用价值的聚酯纤维，其熔点高达250℃，耐碱性良好，当时命名为“特丽纶（Terylene）”。1946年美国杜邦公司购买了“特丽纶”的专利，开始了工业化生产。1947年英国化学工业公司（ICI）从CPA购买了除美国外的全世界专利权，1949年建成年产1000t的中试厂。1951年，美国杜邦公司建成了年产16000t的聚酯生产厂，商品名称仍是“特丽纶”。随后，德国的赫斯特公司、恩卡公司、格拉斯道夫公司，法国的隆波朗公司，意大利的蒙的迪公司，日本的东丽公司和帝人公司相继引进了英国ICI公司的技术，于20世纪50年代后期先后投入生产[1]。

三、世界聚酯纤维工业现状

2006年，世界纤维总产量比上一年上升了5.1%，达到了7470万吨，据纺织机械制造公司厄利肯·索雷尔纺织公司报道的初步统计数据，聚酯纤维是纤维总产量上升的一个主要驱动力。亚洲的聚酯产量急剧上升，这主要来自于中国、印度和韩国，而欧洲和美国的聚酯产量出现下降。目前世界化学纤维总产量达到了3703万吨，其中聚酯纤维约占65%，2010年将超过70%。全球聚酯纤维需求量年均增长率约为7.0%[2]。

四、我国聚酯纤维工业的发展情况

我国聚酯的生产起步较晚，20世纪70年代开始形成上海石化、天津石化、辽阳石化等生产基地，20世纪80年代国产间歇式、半连续的小聚酯生产装置建设较多，约有110家以上。20世纪80年代后，我国聚酯纤维发展速度迅猛，连续纺装置增多，发展速度已成为合纤之首[3]。2000～2004年我国聚酯产能的增长速度达到29.0%，占世界的比重从2000年的17.6%提高到2004年的33.8%。自1999年成为世界第一聚酯生产大国后，中国的聚酯大国地位不断巩固[4]。2007年全球聚酯产量增加到2900万吨（中国占57%），到2010年将增加到3900万吨（中国将占66%）。

聚酯及其纤维工业的发展为缓解我国粮棉争地矛盾、提高人民生活水平、增加后道纺织产品出口创汇、加快国民经济的发展极为重要。因此，在我国纺织化纤工业的发展规划、生产安排、科技开发以及工程建设等各个领域，聚酯及其纤维工业得到了高度重视。

近年来，我国聚酯和聚酯纤维生产技术水平进步很快，在较短的时间内，通过引进和国产化方式迅速扩张，一方面连续化、大规模的聚酯和大容量、直接纺聚酯长、短丝等一系列国际先进的生产工艺技术、装备和计算机控制系统在骨干大型企业得到了广泛采用；另一方面柔性化生产装置和功能性产品生产技术也开始进入实际应用阶段。特别是在聚酯国产化方面，已有单线日产300t聚酯装置正在建设，该装置在工艺技术、工程设计、生产设备等方面都实现了国产化。在聚酯纤维品种开发、生产方面也取得了明显进展，工业长丝等非服用纤维已经有了一定规模，瓶用聚酯、包装材料、工程塑料等非纤维用聚酯也已经起步。

五、我国聚酯纤维工业发展的基本思路

合成纤维及其合成纤维原料工业是我国国民经济的重要产业之一，特别是聚酯和聚酯纤维及其原料是合成纤维和合成纤维原料领域最有发展前途的重点产品。

根据国内外合成纤维工业发展趋势和市场变化情况的初步分析，聚酯及其纤维有较大的市场容量和发展空间，因此，要明确地把聚酯及其纤维确定为合成纤维领域的发展重点。其基本思路是：加快思想观念和经营管理机制的转变，以提高经济效益为前提，加快改造和发展的步伐，对聚酯及其纤维产品结构进行调整，大幅度提高聚酯系列产品的竞争能力，适应日益激烈的国内外市场竞争局面；同时还要加强企业内部管理、拓展市场营销网络和加快决策系统的建设。采取的主要措施有以下几点。

1. 采用先进技术进行改造，降低成本 通过采用消化吸收引进技术和自行开发的大容量

低温聚酯生产工艺，用国产化大型先进的酯化和缩聚反应器，改造现有值得改造的聚酯装置，降低能耗和物耗，目标是使聚酯装置的生产技术状况赶上国际水平，降低投资成本和生产运行成本。

2. 调整产品结构，增加高技术含量、高附加值产品的比例 在调整产品结构方面，要依照生产成本最经济原则和产品市场稳健性原则，相对提高聚酯生产企业的抽丝比例和长短丝比例。

在开发聚酯纤维新品种方面要特别注意两个问题：一是效益问题，品种多少不是目的，关键是通过开发聚酯纤维新品种把现有的和潜在的市场打开，提高销量和售价；二是把握国内外市场对特殊纤维品种的需求量，恰当估计市场前景。

3. 优化资本结构，减轻企业负担 根据国家出台的一系列资产重组、减员增效等政策，抓紧债转股以及分离、分流、减员增效等工作力度，使企业轻装上阵。

4. 在发展中调整产品结构、治散治乱 从市场需求的角度考虑，国内聚酯及其聚酯纤维产品的生产，无论是品种还是数量，都不能满足市场需要。因此，要以竞争力水平为标准，借鉴国际聚酯工业发展的客观规律，在聚酯及其长丝、短纤生产能力的适当发展中，加大结构调整措施的力度，用增量调存量。但要特别注意，切不可再走一哄而起、散乱布局、盲目发展的老路。

5. 加快聚酯原料工业的建设 聚酯原料的发展也是聚酯工业发展和结构调整的主要内容之一。对聚酯原料 PTA、EG 的发展也必须进行通盘考虑。鉴于国内市场 PTA、EG 缺口很大，已经影响到聚酯纤维工业的健康发展，因此，当前主要是抓紧规模性 PTA 的生产项目，提高 EG 的自主生产能力，减少国内合成纤维原料缺口，为聚酯及其纤维工业的发展创造比较好的原料供给条件。

六、聚酯纤维新品种的发展趋势

随着世界科学技术的进步，合成纤维尤其聚酯纤维的产量快速增长，但在性能和功能上还不能满足人们的要求，人们开发了一大批差别化、功能化及高性能的合成纤维。目前，国外差别化及功能化聚酯纤维的开发有较大进展，如日本在 20 世纪 80 年代开发的新合纤（Ahingosen），摆脱了模仿天然纤维的时代走向目前的“超真”的“新新合纤”阶段，在聚酯纤维方面如超膨松性纤维、超悬垂性纤维、超柔软性纤维、香味纤维、防辐射纤维等；美国近期发展合纤的品种主要是弹性纤维（Elastic fibers）、工业用丝、地毯和非织造材料（Non-woven materials）。在聚酯纤维产品开发方面不仅注重聚酯工业丝和非织造材料的开发，而且注重服饰用聚酯纤维的开发以及多种差别化纤维（Differential fiber），如改善纤维的光泽，加入不同添加剂，不同截面形状的纤维，不同的纤维根数，聚酯阻燃长丝，中空聚酯长丝，低熔点聚酯长丝。韩国近期开发了功能性纤维和产业用纤维，如高模低伸高强聚酯纱、导电聚酯纱、聚酯超细纤维等。

随着我国经济发展的需要，人们对合纤性能的要求也越来越高，目前国外有的新品种，国内基本上都有，如异形（Special-shaped）、中空（Hollow）、复合（Composite）、细旦

(Fine denier）和超细旦（Super fine denier)、三异混纤（Three-difference)、阳离子改性(Cationic modification）的聚酯长丝，其中有的品种已形成生产规模。功能性聚酯纤维的开发与进展也较快，如阻燃、抗静电、防紫外线、保暖、吸水和抗菌及电磁波屏蔽功能等都有一定的成果。大型企业和科研院所在这些新产品的开发上获得了成功的经验。目前化纤生产技术装备的发展向更高速、高效优质化、大型连续短程化、自动省力化、一机多用柔性化、细旦复合多功能化设备单元结构模块化方面发展。在开发聚酯类纤维新品种方面也掌握了关键技术，如超细纤维纺丝技术、三异纤维纺丝技术及后加工技术、复合纤维和复合混纤技术，这些技术为聚酯类纤维的差别化和功能化的发展奠定了基础。

聚酯类纤维的新产品和新技术的开发是一个逐渐被掌握和成熟的过程，要使新产品尽快走向市场，应该重视组织产品“一条龙”的开发应用，加强市场调研，在市场导向下搞好新产品的开发。

第二节　聚酯合成工艺

一、基础单体的生产[5]

(一) 纤维级纯对苯二甲酸

为了满足PTA与EG直接酯化的工艺要求，必须制备高纯度的纤维级PTA。制备方法有两种：一种是工业PTA精制提纯，另一种是直接合成高纯度PTA。

1. 工业对苯二甲酸（PTA）精制提纯　精制的目的，在于除去在PTA制备过程中由于副反应和参与反应过程物质（如催化剂等）的混入所带来的杂质，其中主要有对羧基苯甲醛、对甲基苯甲酸、苯甲酸和芴酮等。精制方法由于所含杂质不同也各不一样，常用的有氧化还原法、酸碱法和重结晶法等。

(1) 氧化还原法。将工业PTA溶于碱液中，在200℃以上和0.98～4.9MPa压力下，用氧化还原剂进行氧化还原处理，并经活性炭脱色，最后进行酸析得到高纯度PTA。常用的氧化剂有高锰酸钾、重铬酸钠等；还原剂有氢、硫化氢等。

(2) 酸碱法。将工业PTA与水的混合液和氢氧化钠溶液进行中和反应生成对苯二甲酸二钠盐，用活性炭脱色、过滤。滤液对苯二甲酸二钠盐加入硫酸或盐酸酸析，并经过滤、无离子水洗多次，直至无酸根为止，即得成品。

反应式如下：

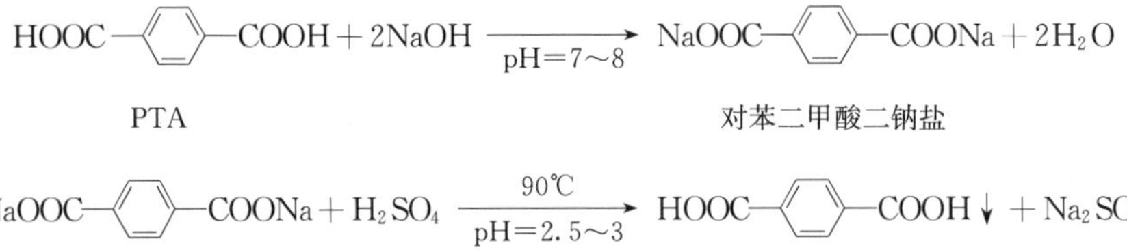

(3) 重结晶（Recrystallization）法。重结晶法的关键是选择一种最合适的溶剂。在高

温加压下，水可作为PTA重结晶的溶剂，它特别适用于除去苯甲酸等杂质。重结晶法的溶剂除水以外，还可用碱、酸和盐溶液等，但因具有腐蚀性，对设备材质要求高，而其他有机溶剂则价格较贵，这是本法的不足之处。

2. 氨氧化法直接合成　本法可直接合成纤维级PTA，不必经精制提纯，其工艺流程如图2-1所示。主要分为两部分：一部分为对苯二甲腈的制备与净化；另一部分为对苯二甲腈水解合成PTA。对苯二甲腈的制备是将对二甲苯（包括循环的对甲苯腈）、氨和富氧贵金属催化剂在流化床中进行汽相氨氧化反应，使对二甲苯转化为对苯二甲腈，催化剂提供反应所需的氧，催化剂在流化床中循环再生使用。反应物经冷凝分离后，固体对苯二甲腈经对二甲苯洗涤送去水解。氨氧化水解法的反应式如下：

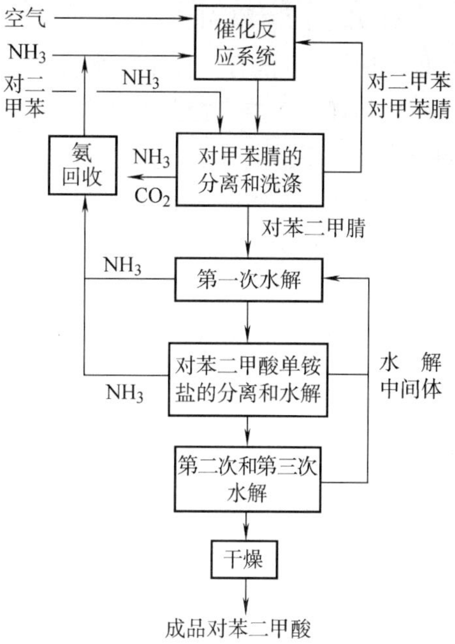

图2-1　对二甲苯氨氧化法制纯对苯二甲酸的工艺流程

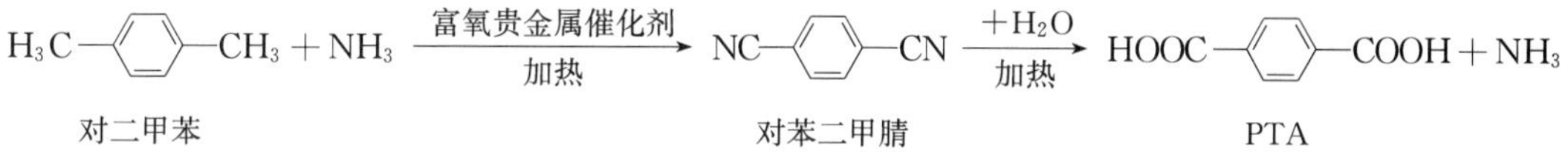

对苯二甲腈的水解也可在密闭的反应器中，以碱性物或铵盐等为催化剂，也可不用催化剂，于200～300℃和2.74～8.23MPa的条件下，反应0.5～3h结束。

（二）对苯二甲酸二甲酯（DMT）

由于早期制备的对苯二甲酸纯度较低，无法满足生产的需要，因此采用容易精制的对苯二甲酸二甲酯（DMT，Dimethyl terephthalate）与EG（乙二醇）进行酯交换和缩聚来制备PET（聚对苯二甲酸乙二酯）。其制备方法主要有对二甲苯合并氧化酯化法和连续甲酯化法，然后将制得的粗对苯二甲酸二甲酯进行精制提纯，以除去醛、酸、氮、氯、铁及单官能团化合物等会影响成品质量的杂质。

纤维生产用DMT指标见表2-1。

表2-1　纤维生产用DMT指标

项　目	指　标	项　目	指　标
外观	白色片状结晶	含醛量	痕量
纯度/%	≥99.9	含铁量/%	<0.0001
酸值（mg KOH/g）	<0.2	色泽（APHA）	<35
熔点/℃	140.6	灰分/%	≤0.02
表观密度/(kg/L)	0.45～0.50		

(三) 乙二醇 (EG)

EG 生产的方法有环氧乙烷水合法、二氯乙烷水解法和甲醛一氧化碳合成法。环氧乙烷水合法中的环氧乙烷包括由乙烯直接氧化制得的环氧乙烷以及由乙烯与次氯酸加成生成的氯乙醇经皂化而得到的环氧乙烷。生产 EG 用乙烯由石油裂解分离而得。

上述方法中，甲醛一氧化碳合成法由于反应在高温高压下进行，因而受到限制；二氯乙烷水解法也因收率较低，设备腐蚀性大，已很少采用。所以，环氧乙烷水合法用得最多。

二、对苯二甲酸双羟乙二酯的生产[5,6]

用于直接缩聚制备 PET 的单体 BHET（对苯二甲酸双羟乙二酯），其制备方法有酯交换法、直接酯化法和环氧乙烷法，但实际生产中最成熟、采用最多的主要是前两种方法，并且均有间歇法和连续法两种。目前由于生产规模的大型化，间歇法已趋于淘汰，但许多小型聚酯生产厂仍使用这种方法，主要用于涤纶改性品种的生产。

对苯二甲酸双羟乙二酯的结构式为 ，分子式为 $C_{12}H_{14}O_6$，相对分子质量为 254.24，密度为 1.117g/cm^3（20℃），熔点为 110℃，沸点为 320℃。对苯二甲酸双羟乙二酯可以溶于甲醇、乙醇、丙酮、乙酮、乙酸乙酯等中，少量溶于苯、甲苯、二甲苯、氯仿、正己烷、乙醚等中，不溶于正辛烷、四氯化碳。

(一) 酯交换法

1. 酯交换（Transesterification）的原理 DMT 与 EG 反应生成 BHET，主要发生的是酯交换反应，即 EG 中的羟乙基（—CH_2CH_2OH）取代 DMT 中的甲基（—CH_3），被取代的甲基和 EG 中的羟基生成甲醇。反应式如下：

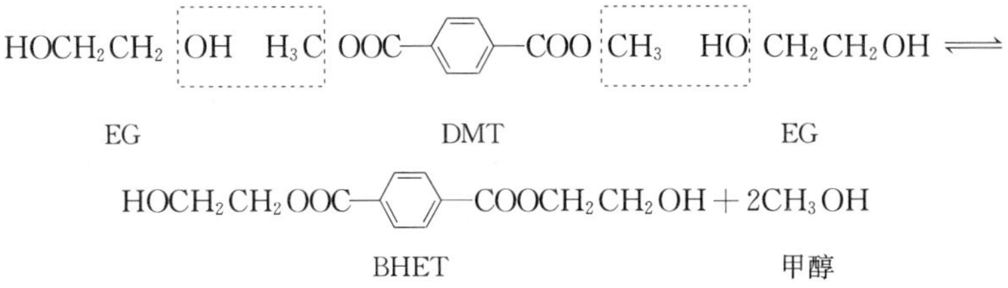

该酯交换反应在催化剂存在、常压下加热进行。反应进行时，DMT 发生的醇解和酯化是可逆反应。随着反应的进行反应物浓度逐渐减小，正反应速度由快变慢；而生成物浓度逐渐增加，逆反应速度由慢变快，此时生成的甲醇又可和 BHET 进行酯交换，还原成 DMT 和 EG，所以通常在反应体系中 DMT 与 EG 的摩尔比为 1∶(2.1～2.5)，保证 EG 过量，并不断地从反应体系中排除甲醇，以抑制逆反应进行。由于甲醇沸点（64.7℃）远远低于 EG 沸点（197℃），而酯交换反应在 180～200℃下进行，因此就保证了反应体系中甲醇被迅速蒸发除去，从而使酯交换反应向正反应方向即 BHET 生成的一方进行。

在酯交换反应中，目前催化剂常用的有锰、钴、钙、锌、镁等盐类。

2. 间歇法酯交换工艺 酯交换釜是一种圆柱形反应釜，如图 2-2 所示，内装有锚式搅拌叶，釜外壁有联苯加热夹套，釜顶有加料孔、防爆装置和甲醇（或乙二醇）蒸气出口。

原料 DMT、EG 以及催化剂等经计量后加入酯交换釜，然后升温到 200℃，酯交换反应生成的甲醇经酯交换釜上部的蒸馏塔馏出（称甲醇相阶段），当甲醇馏出量达到理论生成量（按理论计算，每吨 DMT 生成甲醇约 417L）的 90%时，认为酯交换反应结束。酯交换反应通常在常压下进行。酯交换结束后，随即加入缩聚催化剂三氧化二锑和热稳定剂亚磷酸三苯酯，可直接将物料放缩聚釜进行缩聚反应。也可在酯交换结束后，继续升温物料，蒸出多余的 EG，并进行初期缩聚反应（称乙二醇相阶段），收集的粗甲醇或粗 EG，送去蒸馏提纯回收后再用。

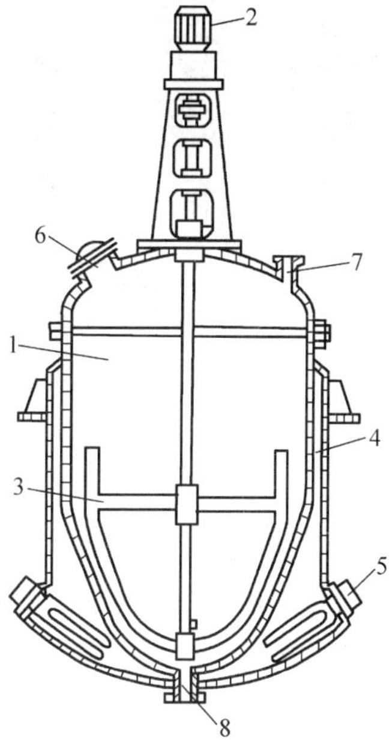

图 2-2　酯交换釜的结构

1—釜体　2—电动机　3—搅拌器　4—加热夹套　5—电热棒　6—加料孔　7—接分馏柱冷凝器　8—出料口

间歇法酯交换的工艺条件如下：

(1) 催化剂的种类和用量。通过大量的选择，目前大多采用含锰、钴、锌、镁、钙等的盐类（醋酸盐或氯化物）作为催化剂，最常用的是醋酸锌。这些化合物的反应活性大，能基本满足聚酯质量要求，且价格低廉，来源广泛。催化剂用量一般在 0.05%左右（对 DMT 重量）。

(2) 单体配料比。按理论计算，酯交换反应的配料比为 DMT∶EG=1∶2（摩尔比）。为了增加 BHET 的收率，必须使用过量的 EG，通常 DMT∶EG=1∶(2.1～2.5)。若 EG 量过少，未反应的 DMT 会被带入缩聚阶段进行酯交换反应，生成低聚物而堵塞管道，并影响 PET 的聚合度；当 EG 用量偏多，过量的 EG 会自聚生成多缩乙二醇，并嵌入聚酯的大分子链中，影响聚酯的结构规整性，使大分子链柔性增加，熔点降低，也会增加 EG 的回收量，而增加生产成本。

(3) 反应温度。酯交换反应是吸热过程，温度过低，反应缓慢，适当提高温度有利于加快反应和反应生成甲醇蒸气的排出；但温度过高，尤其在 200℃以上时，副反应显著增加，且 DMT 升华而阻塞分馏柱，甚至产生气泡和液泛现象，使 EG 和甲醇一起蒸出，物料倒流。因此，酯交换反应温度在甲醇相阶段控制在 180～200℃；在乙二醇相阶段逐渐升高至230～240℃。

(4) 反应时间。酯交换反应时间取决于反应速度（即甲醇蒸气排出速度），而反应速度又与温度和催化剂性质、用量等有关。前面已经指出，在生产中，控制甲醇馏出量达理论生成量的 90%时（约 4h），即可认为甲醇相阶段结束。余下的 10%左右的未交换甲氧基在乙二醇相阶段继续反应，并和乙二醇一起被蒸出，约需 1.5h，即总反应时间为 5～6h。

3. 连续法酯交换　连续法酯交换是物料在连续流动和搅拌过程中完成酯交换反应。连续酯交换装置有多种形式，如多个带搅拌的立式反应釜串联式，多个带搅拌的卧式反应釜串联式和多层泡罩塔式等。下面以三个立式搅拌反应釜串联装置为例，简要说明连续酯交换流程（图 2-3）。三个立式反应釜的筒体均为圆柱形，低部为锥形，内装有 6 根平行桨式搅拌叶，并有四块挡板。釜内有不锈钢盘管，管内通入热联苯，以加热反应物料。

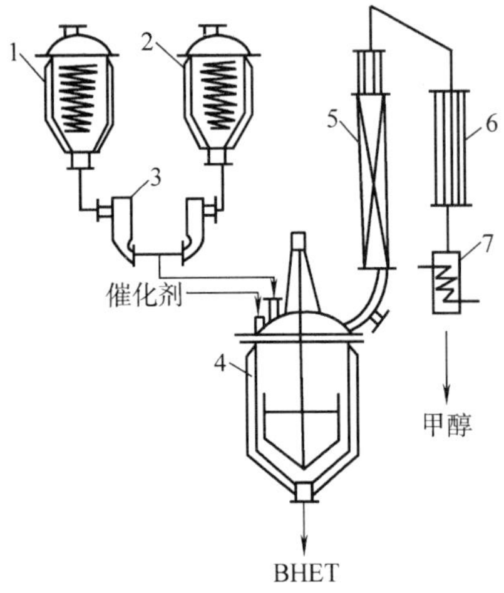

图 2-3 连续法酯交换的工艺流程图
1—EG 预热釜 2—DMT 熔融釜 3—过滤器
4—酯交换釜 5—分馏柱（回流冷凝器）
6—冷凝器 7—冷却器

DMT 由甲酯化工段送来，与 EG 分别被预热到 190℃，在常压下与催化剂一并连续加入第一酯交换釜，进行酯交换反应，酯交换率为 70%，并利用物料位差，连续流经第二、三酯交换釜，继续进行反应（酯交换率分别提高到 91.3% 和 97.8%），其后送入 BHET 贮槽，在槽内最终完成酯交换过程（酯交换率 99%），并被连续、定量地抽出，送去缩聚。各酯交换釜的上端均装有甲醇蒸馏塔（内充不锈钢环），使反应生成的甲醇蒸气尽量排出，通过蒸馏塔后再被冷凝回收。

连续酯交换工艺，除了要控制好酯交换率外，还需严格控制反应物料配比、反应温度和反应时间。物料配比通常为 DMT∶EG=1∶2.15（摩尔比）。由于连续酯交换时有低聚物生成，反应釜内总有一定量的 EG。因此，在配料时 EG 的用量比间歇酯交换时的用量小；反应温度按反应釜顺序依次升高，分别为 190℃、210℃和 215℃，BHET 贮槽的温度提高到 235℃。升高温度有利于加快最终反应的完成。物料在每个反应釜内平均停留 2～3h，在 BHET 贮槽内平均停留 1.5h，总反应时间 8～10h，各釜（槽）内均为常压。

（二）直接酯化法

所谓直接酯化，就是 PTA 与 EG 直接进行酯化反应，一步法制得 BHET。由于 PTA 在常态下为无色针状结晶或无定形粉末，其熔点（425℃）高于其升华温度（300℃），而 EG 的沸点（197℃）又低于 PTA 的升华温度。因此，直接酯化体系为固相 PTA 与液相 EG 共存的多相体系，酯化反应只发生在已溶解于 EG 中的 PTA 和 EG 之间，反应式如下：

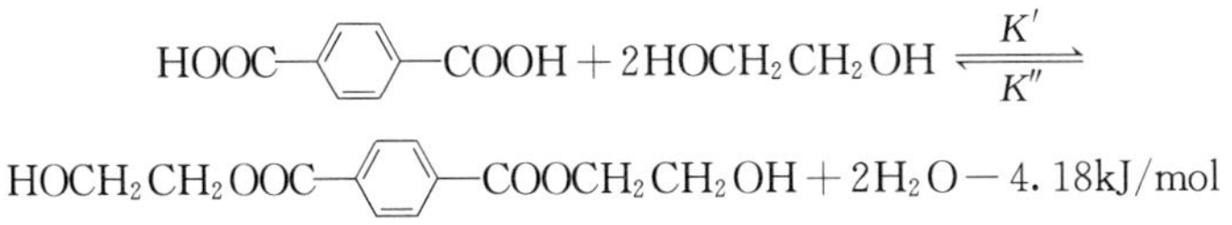

溶液中反应消耗的 PTA，由随后溶解的 PTA 补充。由于 PTA 在 EG 中的溶解度不大，所以在 PTA 全部溶解前，体系中的液相为 PTA 的饱和溶液，故酯化反应的速度与 PTA 浓度无关，平衡向生成 BHET 的方向进行，此时酯化反应为零级反应，平衡常数以官能团反应表示如下：

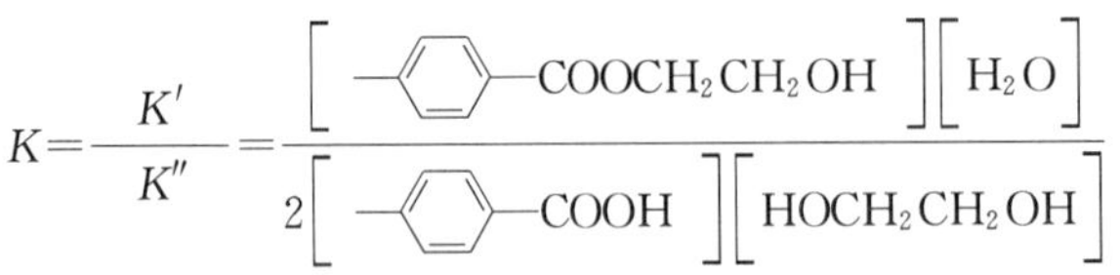

直接酯化为吸热反应，但热效应较小，为 4.18kJ/mol。因此，升高温度，反应速度略有增加。

直接酯化也有间歇法和连续法两种方法。目前工业生产多用连续法。

实现连续直接酯化需解决粉末状 PTA 与液态 EG 的均匀混合、定量连续加料和连续固液反应以及提高酯化反应速度、抑制副反应发生等问题。图 2－4 表示连续直接酯化的工序。

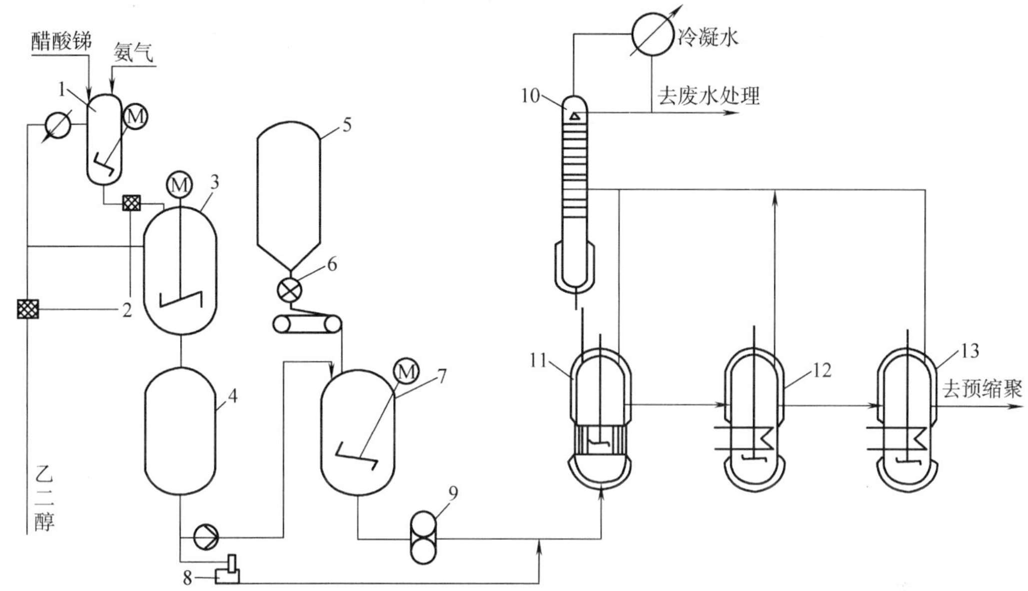

图 2－4　连续直接酯化流程

1—催化剂配制槽　2—过滤器　3—乙二醇配料槽　4—中间槽　5—PTA 料仓　6—PTA 计量系统　7—浆料混合槽　8—冲洗泵　9—浆料泵　10—乙二醇脱水塔　11—第一酯化器　12—第二酯化器　13—第三酯化器

PTA 粉末由料仓经计量系统送入浆料混合槽，EG 与催化剂在配料槽中充分混合，经中间槽，由泵定量送入浆料混合槽中，物料在搅拌下充分混合，然后由泵定量送入酯化器。该装置的主体是三个带搅拌器的圆柱形密闭立式釜。加热方式，第一釜为外夹套及内列管加热，第二釜和第三釜为外夹套及内盘管加热，加热介质均为联苯。物料靠位差连续依次经过第一釜（酯化率为 82%），第二釜（酯化率达 92%）和第三釜，最终完成酯化反应（酯化率大于 99.4%）。反应生成的水蒸气经各釜上出口进入分馏塔，然后经冷凝器冷凝后排放。

连续直接酯化控制的工艺参数如下：

1. 反应温度和压力　为了提高反应速度，通常需要适当提高温度，各釜物料温度依次为 264℃、266℃和 270℃。由于反应温度高于 EG 沸点，故导致反应釜内压力升高，通过控制反应温度、分馏柱温度和回流量，可控制反应釜内压力，通常依次控制釜压为 0.35MPa、0.27MPa 和 0.12MPa。

温度升高，使 EG 缩合的倾向增大，副产物二甘醇（DEG）增加，影响产品质量。

2. 配料比　EG 与 PTA 完全酯化的理论配比为 EG∶PTA＝2∶1（摩尔比）。由于直接酯化生成的 BHET 会进一步形成低聚体，释放出 EG。因此，配料比通常控制在低于完全酯化反应所需的理论量，即配浆时配比为 1.3∶1，而酯化时实际配比为 1.8∶1。

3. 催化剂　PTA 与 EG 直接酯化反应可用催化剂，但目前生产中一般都不需加入催化剂。因为 PTA 分子中羧酸本身就起催化作用，这种催化实际为氢离子催化。作用的第一步是两个羧基相互作用。

$$2RCOOH \rightleftharpoons [RCOOH^{-+}HOOCR]$$

其后，一个羧基上的氢离子 H^+（或称质子）提供空轨道和另一个羧基上的羧基氧的孤对电子进行配位。

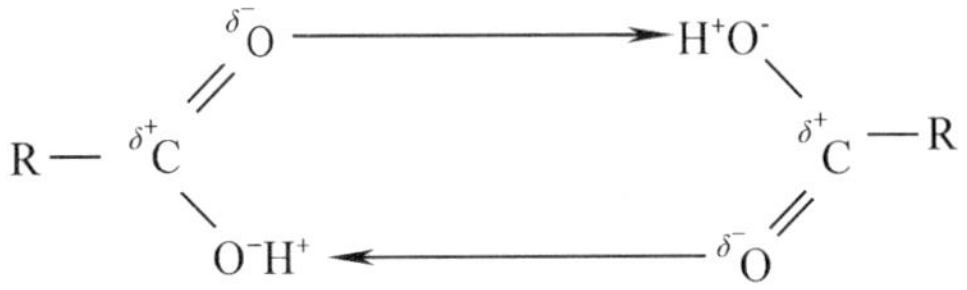

由此而使羧基碳原子正电性加强，与乙二醇分子中的氧结合，生成 BHET。反应如下：

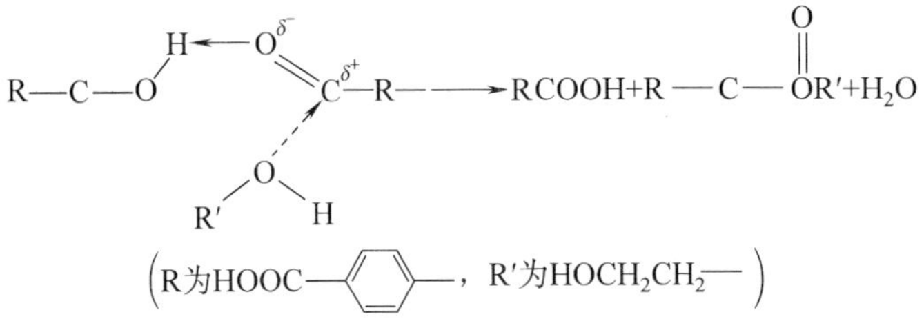

加入金属催化剂可提高酯化反应速率，制得的 PET 熔点较高，但端羧基的含量增加。

（三）直接加成法（直接法）

采用对苯二甲酸和环氧乙烷加成，生成对苯二甲酸乙二酯的方法，在 1972 年由日本东洋纺公司实现工业化。其反应方程式如下：

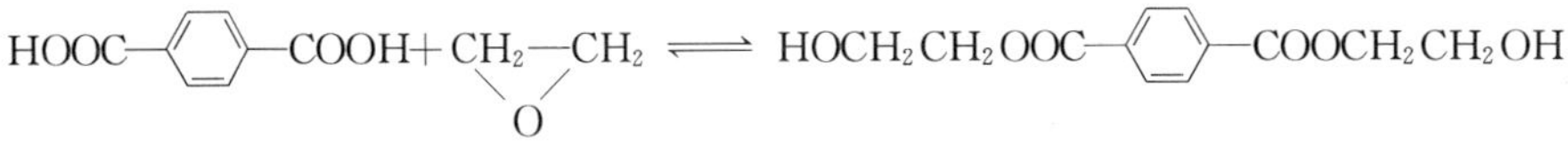

（四）对苯二甲酸双羟乙二酯生产工艺路线的比较

聚酯单体 BHET 的生产主要有酯交换法、直接酯化法和直接加成法，这三种工艺路线各有特点。

1. 酯交换法 应用时间长，技术成熟，产品质量好而稳定，目前仍被广泛采用。但该法的工艺流程长，且需要使用大量甲醇。而且甲醇和乙二醇回收量大，需另外增加设备，因此，设备多，投资大，能耗大。

2. 直接酯化法 生产流程短，投资少，生产效率高，生产过程无需使用甲醇，乙二醇的耗用量也少，可大大简化回收过程，并可减少环境污染，增加生产的安全性，生产工艺合理，原料及能量单耗低，因而生产成本可降低 5%～10%。由于可不用催化剂，聚合物的热稳定性好，特别适合于制造高聚合度聚酯。但直接酯化也存在一定的缺点，由于该方法为多相体系反应，使反应不易均匀，容易生成较多二甘醇，影响聚酯的质量。

3. 直接加成法 即 PTA 与 EO 直接加成，获得 BHET 的方法。此法最为合理，因为上述两种方法所用的原料 EG，均由环氧乙烷（EO）加水合成。直接加成法的优点是生产过程短，原料低廉，产品纯度高。但由于环氧乙烷沸点低，常温下为气体，容易着火、爆炸，运输、贮存和使用都不方便，因而目前采用该方法的不多。

三、聚对苯二甲酸乙二酯的生产

在一定条件下，BHET 分子彼此间多次缩合，不断释出 EG 而生成聚对苯二甲酸乙二酯（PET）。其反应式如下：

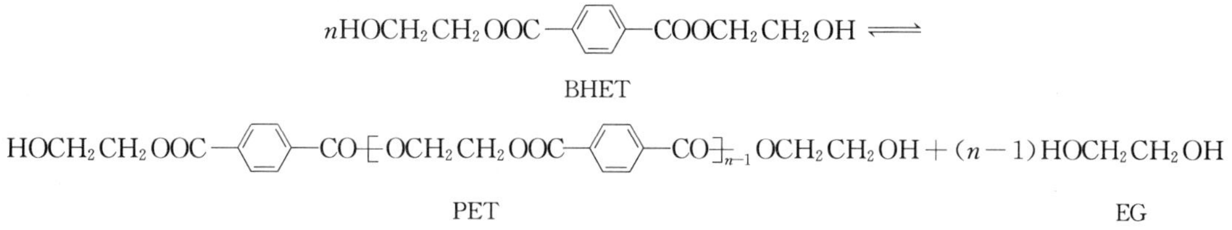

（一）缩聚反应机理

缩聚反应机理可用配位理论来解释。螯合配位理论认为，BHET 分子中羟基上的氢与羧基氧进行结合，很容易自身生成内环状络合物。在缩聚反应条件下，氢原子则被催化剂中的金属离子（M）置换，生成金属醇化合物（螯合物），这就是缩聚反应的活性体。螯合物中的金属提供的空轨道与羧基氧的孤对电子配位，增加羧基碳原子的正电性，另一个 BHET 分子的羟基氧与螯合体中增大了正电性的羧基碳原子结合，从而完成缩聚反应。其反应式如下：

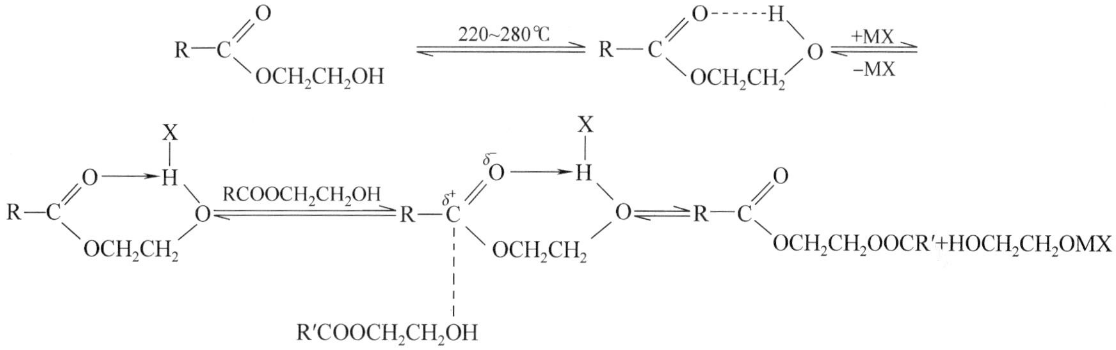

由反应可以看出，缩聚过程是一个可逆反应。PET 大分子破坏的逆反应与 EG 存在有关，因此，在缩聚反应体系中对熔体进行强烈搅拌，抽高真空，以使反应生成的 EG 能够及时排出，从而使反应向正反应方向进行。随着反应放出的 EG 被不断抽出，PET 相对分子质量不断增加，这个关系可用下式表示：

$$\overline{DP}=\sqrt{\frac{k}{n_W}}$$

式中：$\overline{DP}$为 PET 的平均聚合度；k 为平衡常数；n_W 为反应体系中剩余的 EG 占总生成 EG 的百分比。

由上式可以看出，聚合度与 k 的算术平方根成正比，与 n_W 的算术平方根成反比，也就是说 k 越大或 n_W 越小，PET 的聚合度会越高，即有利于合成高相对分子质量的 PET。但随着

PET 相对分子质量的增大，同时还会发生许多可逆的热裂解反应，裂解的程度取决于缩聚时间、温度、催化剂的量和空气的存在等。所以，在缩聚反应中一般以加入热稳定剂来提高 PET 的热稳定性，防止热降解反应的发生。

（二）间歇缩聚

间歇缩聚的工艺流程如图 2－5 所示。酯化反应结束后，向酯化釜内加入定量的稳定剂亚磷酸三苯酯搅拌 10min 便可以导入缩聚釜。

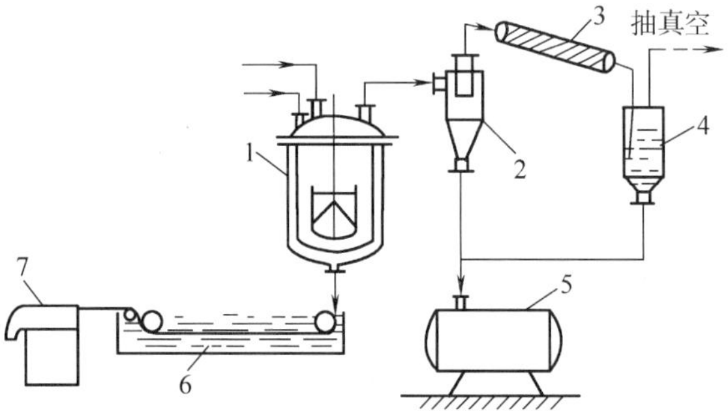

图 2－5　间歇缩聚的工艺流程

1—缩聚釜　2—旋风分离器　3，4—冷凝器

5—EG 贮槽　6—冷却槽　7—切粒机

缩聚反应一般分为三个阶段进行。第一阶段为常压阶段，该阶段的主要目的是将酯化时过量的 EG 尽快脱离缩聚釜，使缩聚釜内的物料基本达到了低聚物。第二阶段为低真空阶段，该阶段是在逐步升高温度和逐步降低反应压力条件下进行的：在 90min 的时间内温度由 250℃ 提高到 260℃ 左右，压力由 101.3kPa 降低到约 130Pa，低真空阶段操作一定要平衡缓慢，真空的建立切忌忽快忽慢，否则随 EG 气体的大量蒸出，会将低聚物带出缩聚釜，到冷凝器冷却后而堵塞后面的系统，造成“冲料”。第三阶段为高真空阶段，该阶段聚合物的相对分子质量不断增加，为更有利于 EG 分子的排除，缩聚釜内的压力必须降到 100Pa 以下，温度也要相应提高到约 280℃，因此，间歇法的生产必须选择合适的降温点，否则会大大影响产品的质量。随着反应的进行，物料黏度不断增加，搅拌电动机功率也相应增大，当电动机功率达一定值后，缩聚反应即告完毕，然后缓缓向釜内充入氮气将物料压出，经铸带头铸带冷却后切粒、包装。

（三）连续缩聚

连续缩聚与间歇缩聚的反应原理相同，反应所要求的条件也相同，一般连续法缩聚装置包括两个预缩聚釜和一个终缩聚釜。由于 EG 放出量不同，预缩聚可以采用立式釜或立式与卧式釜串联，而终缩聚由于要求高的真空度，为了加快 EG 的放出，必须采用卧式釜，同时均配有真空冷凝系统和加热排料系统。

连续缩聚的工艺流程如图 2－6 所示。酯化生成的 BHET 经过单体过滤器减压后进入真空 EG 去除槽，真空 EG 去除槽是一台立式搅拌釜，内部采用蛇管蒸汽加热，搅拌器采用填料密封。真空 EG 去除槽用一级蒸汽喷射泵抽真空，反应过程中脱出的 EG 蒸气进入洗涤器。洗涤器用 $5m^3/h$、40℃的 EG 喷淋，吸收反应过程中生成的 EG，该吸收的 EG 则回流到循环槽。洗涤器中未被捕集的 EG 进入列管式冷凝器的捕集器，用 6℃的水冷凝捕集。捕集后的 EG 与洗涤器的回流 EG 合并流入循环槽。另外，真空 EG 去除槽中加入消光剂 TiO_2。

真空 EG 去除槽中的低聚体靠位差进入预缩聚釜。预缩聚釜是一个卧式夹套釜，搅拌器是圆形翼板式，两端采用三段填料密封，釜夹套中通联苯蒸气作为热源进行加热。预缩聚釜用堰板溢流控制液面。低聚体在预缩聚釜中用三级蒸汽喷射泵抽真空，继续缩聚，脱出的

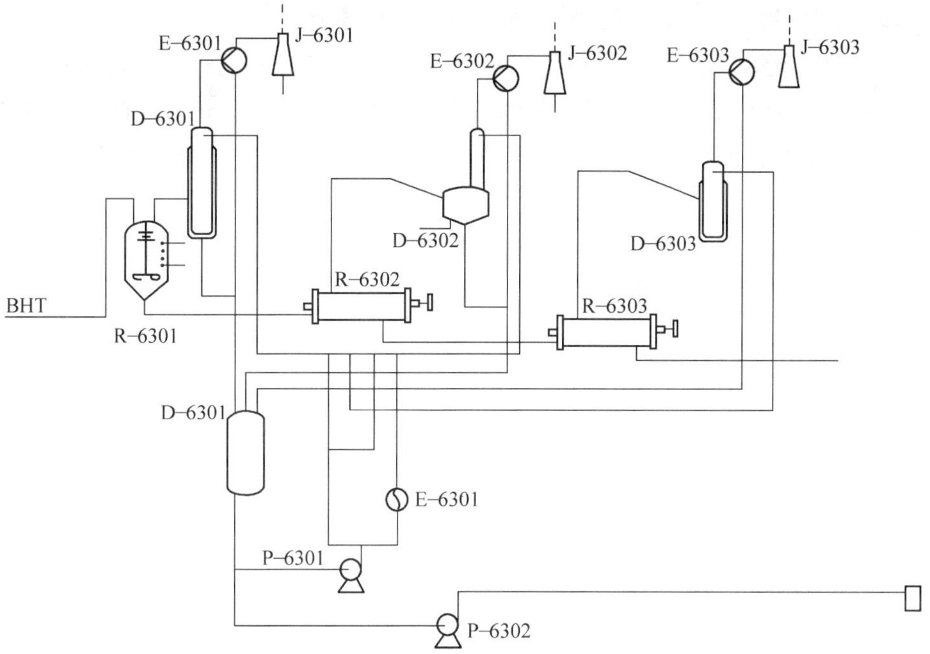

图 2-6　连续缩聚工序流程

D-6301～D-6303—洗涤器　D-6304—循环槽　E-6301～E-6303—捕集器　R-6301—真空 EG 去除槽　R-6302—预缩聚釜　R-6303—后缩聚釜　J-6301～J-6303—分别为一级、三级、五级蒸汽喷射泵　P-6301～P-6302—泵

EG 进入第二洗涤器。第二洗涤器中用 $7m^3/h$、40℃的 EG 喷淋，吸收反应过程中生成的 EG，这些 EG 回流到循环槽中。第二洗涤器中未被捕集的 EG 进入列管式冷凝器的第二捕集器，用 6℃的水冷凝捕集。捕集到的 EG 与第二洗涤器的 EG 合并流入循环槽。

当预缩聚釜中的低聚体聚合度升到 27 时，靠位差经 U 型管液封流入后缩聚釜中。

后缩聚釜（After polycondensation reaction tank）是一个卧式夹套釜，两端用三段填料密封。低聚体在后缩聚釜中用五级蒸汽喷射泵抽真空，继续缩聚。脱出的 EG 进入第三洗涤器，第三洗涤器中用 $4m^3/h$、30℃的 EG 喷淋，以吸收反应过程中生成的 EG。第三洗涤器中未被捕集的 EG 进入列管式冷凝器的第三捕集器，用 6℃的水冷凝捕集。捕集后的 EG 与第三洗涤器的回流 EG 合并流入循环槽。

后缩聚釜中的聚合体用螺杆挤出，经毛细管黏度计测定其黏度，通过调节真空达到稳定黏度的目的。然后用齿轮泵送入熔体过滤器，除去 20μm 以上的杂质。

缩聚反应过程中夹套中的联苯由联苯炉专线供应，联苯传热冷凝后靠重力回流入联苯炉。

第三节　聚酯切片的生产与质量控制

一、常规聚酯切片（Chip）的生产

间歇缩聚时，聚酯熔体必须经过铸带和切粒得到切片，才能进行干燥和纺丝。连续缩聚

聚酯熔体除直接纺丝外，也常对其进行铸带和切粒，以便储存。

聚酯的间歇纺丝都是以切片为原料，通常有铸块法和铸带法两种，铸块法基本上是铸成不规则的颗粒，铸带法则能得到比较均匀的长方体或圆柱体切片。切粒用的各种设备均由不锈钢材料制成。切粒机的结构主要由铸带头、铸带槽和切刀等组成，切刀由定刀和动刀组成。

（一）工艺流程

聚酯釜内的熔体由不含水分的惰性气体压至铸带头经冷却成带等工序切片包装，图 2-7 为常规聚酯切片生产工艺流程图。

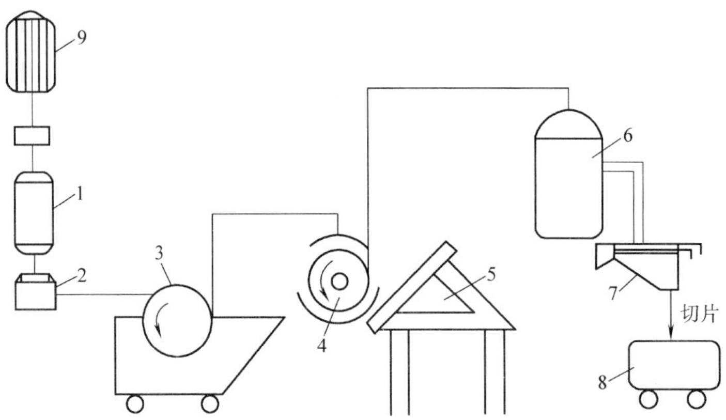

图 2-7　常规聚酯切片生产工艺流程图

1—聚酯釜　2—铸带头　3—金属冷却滚筒　4—冷却槽　5—聚酯带片支撑架　6—切粒机　7—振动筛　8—切片槽　9—电动机

（二）铸带和切粒

经缩聚后获得的聚酯熔体可直接进行纺丝（直接纺丝）；也可通过铸带、切粒、干燥并贮存后，根据纺丝的要求，将切片再熔融后纺丝。一般用间歇法所得到的聚酯熔体，都需经铸带和切粒工序。

缩聚反应终止后，停止搅拌，缓慢地将惰性气体压入釜内，并打开底阀，熔体则从釜底出口处被压出，进入铸带头，形成熔体薄片，降落在旋转的下半部浸在冷却水中的金属冷却滚筒表面上冷却成带。聚酯带片则继续通过冷却槽进入切粒机切粒，切片再经振动筛除去切粒时产生的粉末和连刀块。合格的切片则由中间筛网进入切片料桶包装或进入湿切片贮斗[7]。切粒机结构如图 2-8 所示。

为得到厚度均匀的聚酯薄片，必须严格控制冷却速度。可通过调节金属冷却滚筒的转速、切粒机速度及冷却水温度来控制。

1. 铸带头的形式　目前，铸带头一般有以下两种形式：

(1) 长条形缝隙式喷嘴铸带头。由它得到的长方体切片的规格为：4mm×4mm×2.5mm，如图 2-9 (a) 所示。

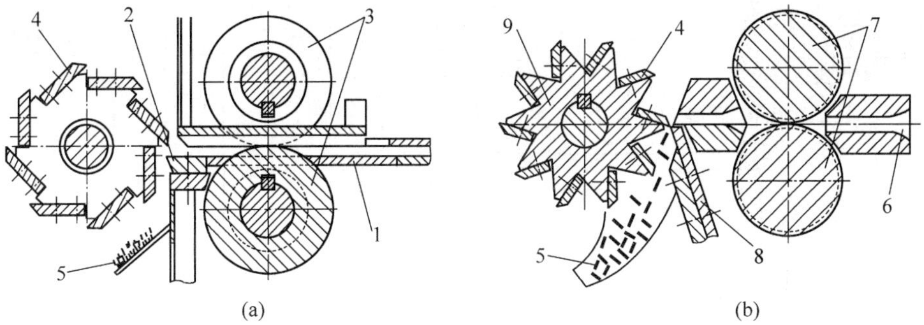

图 2 - 8　切粒机结构示意图

1—导料板　2—固定切刀　3—圆盘切刀　4—切刀　5—切片

6—喇叭口　7—喂入滚筒　8—底刀　9—切刀盘

(2) 多孔形铸带头。板孔一般为圆形，孔数可多达数十孔。由它得到的圆柱体切片的规格为：ϕ3mm×3mm，如图 2 - 9 (b) 所示。

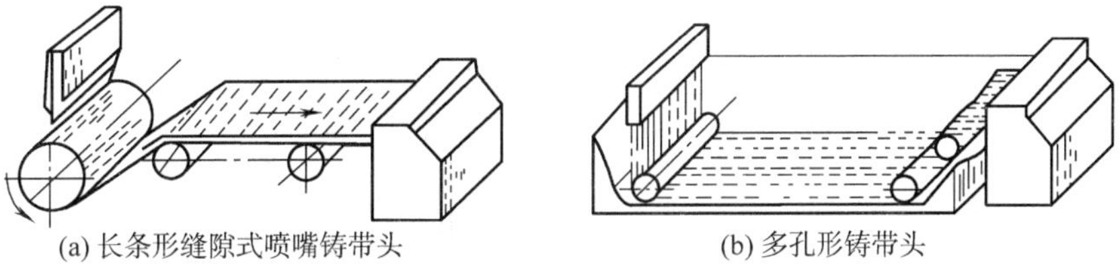

图 2 - 9　铸带头示意图

2. 切粒机形式　切粒机按刀片可分为切带片（单辊刀式）和切多根带条（双辊刀式）；若按介质又可分为干切和水切。干切是熔体凝固后，在空气中切成颗粒，干切又有单辊刀式和双辊刀式两种。水切是熔体仅表层凝固就在水中切成颗粒，水温 15℃。

(1) 单辊刀式干切。熔体从铸带头挤出成若干根圆柱体条带，进入冷却水槽冷却固化；固态条带出冷却水槽后用空气吹除表面水分，送入切粒机。这种方法比较容易控制，但效率较低。切片尺寸可根据用户需要进行调节，一般切成 ϕ3mm×3mm 的切片，其流程如图2 - 10 所示。

(2) 双辊刀式干切。为提高生产效率，在间歇缩聚的工厂中也可使用双辊刀式干切，即熔体从铸带头挤出成片状后，进入冷却水槽冷却固化，出冷却水槽再用空气吹除表面水分后，先纵切成条状再横切成切片。其流程如图 2 - 11 所示[7]。

(3) 水下切粒。熔体从铸带头挤出成几十根圆柱体条带后，落入水下切粒机的导流板上经冷水喷淋使其表层凝固，在其内部还未全部凝固时将其切成颗粒，然后进一步用冷水冷却，经水分离器脱除水并用空气吹干。切片的最终形状近于 4mm×4mm×2.5mm 的长方体，但中央略微凹陷。

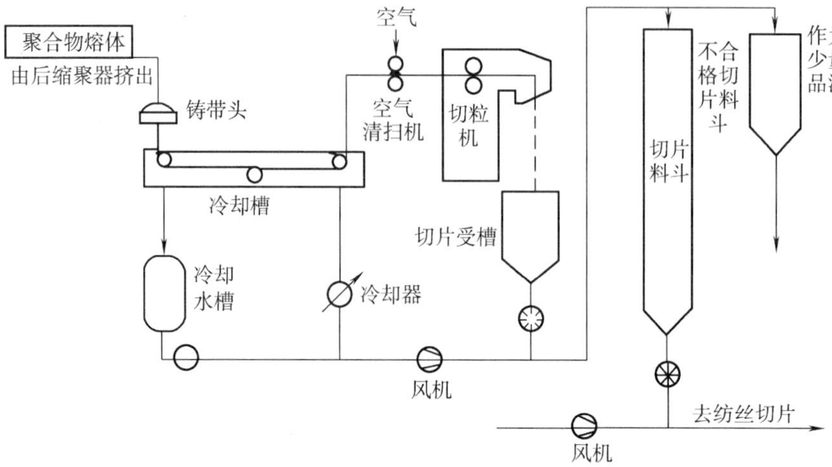

图 2-10　单辊刀式干切工艺流程图

水下切粒与其他切粒法相比有以下优点：即切粒单元生产能力大、噪声低且粉末少；水下切粒的颗粒形状对运输和加工均有利。

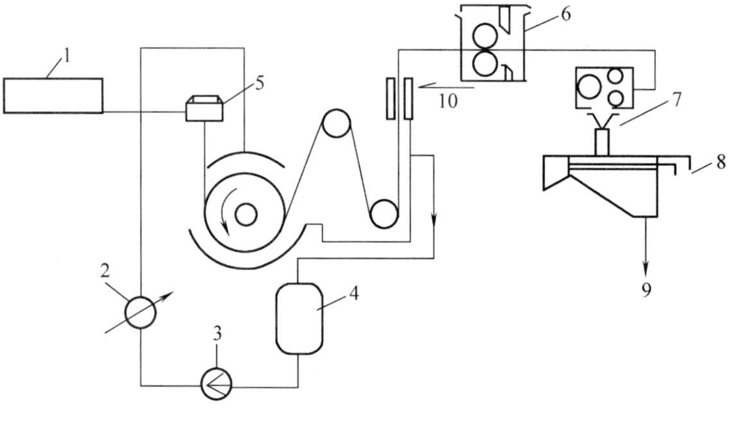

图 2-11　双辊刀式干切工艺流程图

1—聚酯熔体　2—冷却器　3—水泵　4—水槽　5—铸带头　6—气动剪切机
7—切粒机　8—振动筛　9—切片　10—空气

(三) 铸带、切粒的工艺参数影响

铸带和切粒工序虽然较为简单，但如果控制不当就会在切片中形成一些缺陷，如外观不一、存在连刀块、切片不光滑等现象，因此，要严格控制其生产工艺，其工艺参数见表 2-2[7]。

为了避免在出料时的热降解，减少同批切片黏度的差异，因此出料时间必须控制在 0.5min 以内。

铸带时冷却速度的控制非常重要。冷却太快，带条固化不均匀，还可能使带条中夹带有气泡，影响切片质量；若冷却太慢，一方面影响出料时间，另一方面使带条来不及冷却而发

表 2-2 铸带、切粒的工艺参数

项目		数值	影响
熔体温度/℃		285～288	温度过低，产生粉末多；温度过高，易产生"连刀块"
冷却水温度/℃		15～30	
切片外形尺寸	单辊刀式干切/(mm×mm)	ϕ3×3 或 ϕ3×4	
	双辊刀式干切/(mm×mm×mm)	4×4×2.5 或 5×5×2	
水下切粒/(mm×mm×mm)		4×4×2.5	
切粒速度/(m/min)	单辊刀式干切	40～60	
	双辊刀式干切	20～30	
水下切粒/(m/min)		80～160	
切片含水率/%		≤0.4	
进入料仓的切片温度/℃		70～80	

生变形，切片尺寸均一性差。冷却时间由金属冷却滚筒的转速、切粒的速度和冷却水的温度来控制（通常为 15～30℃）。

二、有色切片的生产

由于聚酯结构致密、染色困难，必须在高温高压或热熔条件下采用分散性染料染色，且不易染深色、染色成本高，因此原液着色（又称本体着色）工艺对聚酯染色具有重要意义。本体着色工艺简单，无需染色设备便能染深色，可染黑、蓝、灰、驼色等色。染色后色泽和牢度好，可减少污水处理。原液着色时，首先要制备色浆，其工艺流程如下：

乙二醇、颜料 → 打浆 → 砂磨 → 第一次过滤 → 第二次过滤 → 混合 → 色浆

色浆可以在酯交换和缩聚时加入，还可以在预缩聚和后缩聚时加入。加入位置主要考虑着色切片的质量和对设备的污染等，对于间歇法生产多采用在酯交换时加入，然后再铸带、切粒，制成有色切片。

三、消光切片的生产

化学纤维由于表面光滑，有一定的透明度，所以在光线的照射下，其光线反射率很大，会产生极光，使人眼睛看起来不舒服。若在纤维中添加少量折射率不同的物质，则光线向不同方向漫射，使纤维光泽变暗的这种方法称为消光（Extinction）。加入的这种物质称为消光剂。

一般选用二氧化钛作为消光剂，其折射率大（高达 2.6），同时还具有较好的化学稳定性、不溶于水等优点，在高温下不起变化，在后处理过程中也不会消失。TiO_2 的主要指标见表 2-3[8]。

要求二氧化钛颗粒均匀、分散性好、过滤性能良好；消光剂悬浮液配制后，用研磨机研磨、分离 3μm 以下微粒随浆液送至配置槽，配成浓度 2%的消光剂悬浮液。

表 2-3 TiO_2 质量指标

项　　目	规　　格
外观	白色粉末无异物
粒度/μm	<2
水分/(%，质量分数)	<0.5
强烈减量/(%，质量分数)	<0.4
水分散度/%	81.0±4.0
pH 值	7.00±0.35
比电阻/Ω·cm	2750±250
色度 b	>87
界面沉降界限（35g/100mLEG）	无沉降

对于间歇法缩聚，可在缩聚时加入；对于连续法缩聚，在预缩聚前同催化剂和稳定剂一并由比例泵加入。不同种类切片的二氧化钛含量见表 2-4。

表 2-4 不同种类切片的二氧化钛含量

切片种类	二氧化钛含量/%	切片种类	二氧化钛含量/%
超有光切片	0	半消光切片	0.5
有光切片	0.1	全消光切片	2.5

四、聚酯切片的质量控制

（一）聚酯切片的质量要求

聚酯切片的质量对纺丝、拉伸工艺和纤维质量有很大的影响。切片的相对分子质量及其分布、熔点、DEG 含量等将直接影响 PET 熔体的流变性、均匀性和细流强度。对 PET 切片质量的要求，随纤维品种、纺丝方法和设备而异。在生产长丝，特别是高速纺长丝时，对切片的要求更加严格，要求切片的杂质含量少，熔体均匀性高。一般要从以下几个方面来控制。

1. 特性黏度（Intrinsic viscosity） 为了使产品具有适当的物理机械性能和较好的流变性能，且能顺利纺丝，则要求聚酯切片有适当的相对分子质量。而测定相对分子质量及其分布的方法繁杂，故用特性黏度表示其相对分子质量的大小，用于生长长丝的切片的特性黏度根据产品品种而定。目前，常用切片的特性黏度为（0.66±0.22）dL/g，它随着相对分子质量的变化而变化，可通过下式换算：

$$[\eta]=KM^{\alpha}$$

式中：$[\eta]$ 为特性黏度（dL/g）；K 为系数（以邻氯苯酚或苯酚/四氯乙烷混合溶剂测定时，K 取常数 1.27×10^{-4}）；M 为重均分子量；α 为常数（一般为 0.86）。

在相同的温度下，$[\eta]$ 随着相对分子质量的升高而升高；在不同的温度下，温度每升高

10℃，[η] 下降 0.05dL/g。在纺丝成型时，为了使熔体黏度控制在一定范围内，如$\overline{DP}$波动时，可用调节熔体温度的办法使 [η] 保持恒定。

2. 熔点、软化点、玻璃化温度、密度　熔点是指高分子链能自由运动的温度。长丝生产要求聚酯切片的熔点约为 267℃，工业生产中温度为 255～264℃，一般应大于 260℃。切片的纯度越高，其熔点越高。纯 PET 的熔点为 267℃，软化点为 259℃；玻璃化温度：无定形态 67℃，晶态 81℃，取向态结晶 125℃。熔体密度：1.220g/cm^3（270℃）；切片密度：1.335g/cm^3；纤维密度：1.38～1.40g/cm^3。

3. 二甘醇含量　二甘醇（DEG）是酯化和缩聚过程的副产物，二甘醇的含量高低影响着切片的熔点、色相和成品的染色。二甘醇中的醚键有一定的柔软性，可以提高 PET 的结晶速率，但是此含量不可过高，因为醚键的存在降低了 PET 分子的刚性和熔点，易引起切片增黏过程的黏结。在实际生产中，其含量绝对值的高低对纤维质量并无多大影响，重要的是该值必须稳定。该值波动的时候，会使纤维的色泽和染色性能有较大的变化，织成布后经过染色会出现深浅不匀的花条，严重影响其使用性能，一般要求其含量小于 1.3%，且分布均匀。

DEG 的含量与 PET 熔点的关系见表 2-5。

表 2-5　DEG 的含量与 PET 熔点的关系

DEG 的含量/%	0.60	0.76	1.40	1.60	2.90	3.64
PET 熔点 T_m/℃	270	266	262	261	255	250

DEG 的含量与耐热性的关系见表 2-6。

表 2-6　DEG 的含量与耐热性的关系

DEG 的含量/%	0.5	0.8	1.2	4.3
开始热氧化温度/℃	246	245	236	213
热失重/%	0.1	0.11	0.29	0.60

4. 凝聚粒子　聚酯切片中的凝聚粒子包括聚合物中的氧化凝胶物、二氧化钛凝聚物、催化剂沉淀物以及在反应釜内壁上生成的高熔点物、炭化物（如炭黑）等。凝聚粒子会随设备生产时间的延长而增多，当含量过大时，就会堵塞喷丝孔，使纺丝组件更换率升高，而且还会导致毛丝和断头的增多。一般要求每毫克切片中所含凝聚粒子个数≤0.4，直径小于 10μm。

5. 端羧基（—COOH）含量　在其他条件一定的情况下，端羧基含量高，有利于提高反应速率。但是端羧基含量的增加会影响到切片的后续加工性能，端羧基含量高，说明相对分子质量分布宽，容易引起熔体的降解，可纺性差，所以要求切片的端羧基控制在一定的范围内。一般要求端羧基含量为 30mol/t。

6. 二氧化钛（TiO_2）含量　选用的 TiO_2 含量不同，可制得不同光泽的纤维。在聚酯切片中加入二氧化钛的目的是为了使纤维消光，加入量为 0.3%～0.5%，就能较好地产生半消光作用。TiO_2 的含量、粒子大小以及分散均匀性对纤维制造都会有影响，TiO_2 含量越高，单丝表面越粗糙，单丝的抱合力越强。在纺丝和拉伸过程中，丝束与导丝器的摩擦加剧，导丝器的摩擦损失和纤维的损伤（毛丝）都随之增加。另外，随着 TiO_2 含量的增多，纺丝组件内过滤介质的过滤负荷也相应增加，过滤压力上升较快，纺丝组件更换率升高。因此，在能取得较好的消光效果的前提下，TiO_2 的含量应尽量低，并且分布要均匀、粒子要细。

7. 灰分（Ashes） 指切片中除 TiO_2 以外的无机物金属盐。其含量越高，表明切片内杂质越多，切片的纺丝性能就越差，纺丝组件的压力也越大，喷丝板使用寿命缩短，换头率升高，毛丝也随之增加。一般要求灰分低于 0.1%。

8. 铁质 含铁量高，会使纤维发黄，生产出的纤维色泽性不好，因此要求其含量小于 3mg/kg。

9. 色相 色相是指切片的色泽。切片的色相不仅影响成品纤维的色相，而且也影响切片的可纺性。一般要求切片的色相 b 值小于 3，且越低越好。

10. 粒子尺寸 要求切片粒子的尺寸均匀，超大粒子、连刀块和粉末含量尽量少，且外观要平滑以防止切片在输送过程中发生堵塞并减小成品纤维的原料单耗。

11. 油剂 油剂的施加可有效减少纤维的静电，增加纤维的抱合力，一般有以下几点要求。

（1）润湿性。高速纺油剂，要求有良好的润湿性，以在高速运行的纤维表面形成一层均匀的油膜，使纤维具有良好的加工性能，同时，油剂还必须具有一定的乳化性能。

（2）平滑性。亦称润滑性，实质上是油剂的摩擦特性。平滑性由油剂各组分的性能决定，和润滑状态有一定关系。流体润滑中，摩擦系数随油剂黏度和含油量的增大而增大。含油量最低，而摩擦系数最小的润滑为临界润滑。

（3）集束性和抗静电性。集束性就是抱合性，集束性与抗静电性有关，抗静电性越好，则集束效果越好。

（4）耐热性。对需经受加工（拉伸、假捻等）的丝条，油剂的耐热性非常重要。耐热性差的油剂，高温下会分解，油剂的物理性能则发生变化。高温下油剂的挥发，使上油量减少，污染环境，产生的焦油或油滴还会影响操作。

12. 相对分子质量分布及其影响 PET 的相对分子质量直接影响其纺丝性能及纤维的物理机械性能。相对分子质量越低，则特性黏度越低，纺丝越易断头，拉伸性能也将降低，不能正常纺丝。当相对分子质量小于 8000～10000 时，几乎不具有可纺性。相对分子质量升高时，纤维的强度升高，耐热、耐光性，化学稳定性也都随之升高。相对分子质量分布越宽，则加工性能下降，拉伸断头率上升，产品质量下降。相对分子质量分布越窄，则表面均一，纺丝加工性能升高。一般聚酯的相对分子质量为 20000～30000。

（二）聚酯切片的质量指标

聚酯切片质量的优劣与纤维质量有密切关系，其质量指标通常有特性黏度、熔点、羟基含量、凝聚粒子、二甘醇含量、灰分六大指标以及其他指标。聚酯切片的质量指标见表 2-7。

表 2-7 聚酯切片质量指标

项目	半消光		全消光		
粉末和异状切片/%	≤0.4	≤0.6	≤0.4	≤0	≤0.6
切片等级	一级品	合格品	优等品	一级品	合格品
特性黏度/(dL/g)	0.650±0.009	0.646±0.025	0.646±0.009	0.646±0.015	0.646±0.025
熔点/℃	≥258	≥257	≥260	≥259	≥257
色度 *b*	4±2	4±3	4±2	4±3	4±4
羧基含量/(mol/t)	≤30	≤35	≤30	≤35	≤40
水分/%	≤0.4	≤0.5	≤0.4	≤0.4	≤0.5
≥10μm 凝聚粒子/(个/mg)	≤3.0	≤6.0	≤1.0	≤3.0	≤6.0
二甘醇/%	1.00±0.15	1.00±0.15	≤1.2	≤1.3	≤1.5
二氧化钛/%	2.50±0.10	2.50±0.15	0.30±0.05	0.30±0.05	0.30±0.06
灰分/%	≤0.06	≤0.06	≤0.07	≤0.07	≤0.08
铁质/(mg/kg)	≤6	≤8	≤4	≤6	≤8

但在生产中，往往会发现上述六大指标都合格的切片，未必都具有良好的可纺性，在长期生产实践中，还有以下一些因素与可纺性有关。

（1）切片外观要光滑整洁，粉末要少。

（2）不含发黄的夹心粒子和炭黑粒子。

（3）切片的色泽均匀。

（4）批与批之间切片六大指标差异要小。

第四节 聚酯切片的干燥及工艺控制

一、切片的输送

切片的干燥包括切片加入、干燥、贮存、输送等过程。其中切片输送是切片干燥工序中的一个重要组成部分，切片输送有从高到低和从低到高两种。从高到低可用管道，借助切片的自重下落达到输送的目的。从低到高一般用气力输送法，借管道内流动的空气把切片带到所需的地方。图 2-12 为某化纤厂的切片输送图。

根据切片在管道中的流动状态可将输送方式分为连续式输送和脉冲式输送。连续式输送法又可分为真空抽吸法（吸引式）和风送法（压送式）两种，它们的工艺过程大致相同，所不同的只是气力源的种类和位置。吸引式的气力源是真空泵，该泵在切片输送的末端，它适用于输送湿切片，并且不宜用于大容量、长距离的输送。压送式的气力源是空气压缩机或鼓风机，该机装在切片输送方向的最前端，可用于干、湿切片的输送，但输送干切片时，输送介质必须是干燥的。

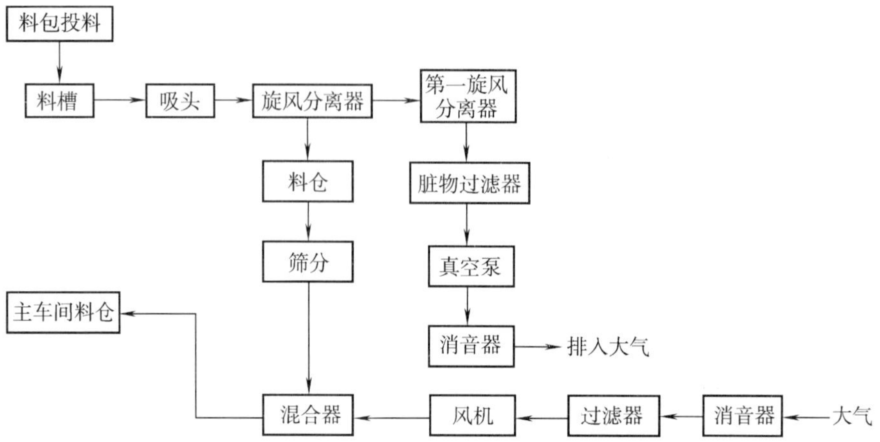

图 2-12　切片输送示意图

脉冲式输送是目前化纤企业应用最广泛的一种输送方式，它属于间歇式输送。脉冲式输送主要具有以下优点：

（1）气流速度慢，最大速率为 6m/s，故产生粉末量少，而压送式的气流速度最小需 12m/s。

（2）脉冲式输送的固气比大，输送密度高，耗气量少。

（3）适合长距离输送。

（4）尾气处理简单，不需要旋风分离器。

（5）在管径相同的情况下，输送效率高。

（6）运转稳定可靠，并能输送干切片。

（一）工艺流程

切片输送系统在非直纺的化纤企业中应用非常广泛，它保证了生产线中原料切片的供应。切片首先被送至切片料仓中，切片料仓与前纺车间相隔几十米或更远。切片输送系统就是用压缩空气将切片从切片料仓送到生产线中 27m 高处的料仓的设备。由于化纤生产线是 24h 连续工作的，为保证原料的供应，整个送料系统是自动控制的。

瑞士 MAB 公司的切片输送系统流程如图 2-13所示。首先将切片通过电动葫芦投到料斗 T01 中，通过振动电动机将切片放到料仓 T02 中，T02 中有一个料位传感器可以检测、显示料位，其下的振动筛，可用来过滤长切片及杂质，另配有一金属探测装置，可将金属分离，避免金属混

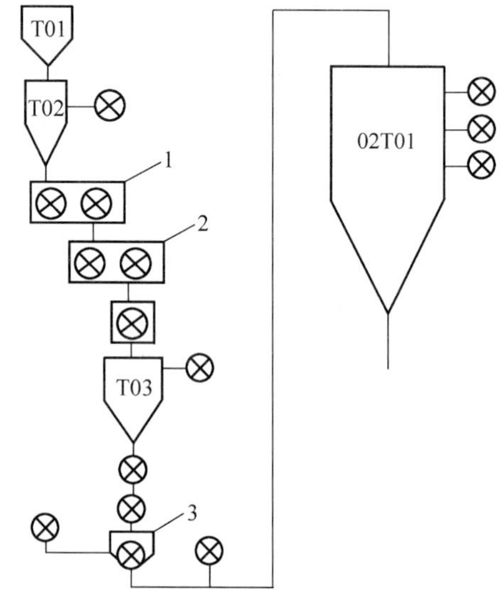

图 2-13　切片输送流程图

T01—料斗　T02，T03，02T01—料仓

1—振动筛　2—振动下料装置　3—空气脉冲输送器

到切片中，损坏螺杆。振动装置下有一中间料仓 T03，用于储存切片和为输送切片做准备。T03 中也有一个料位传感器，用来控制下料装置是否启动下料。T03 下为空气脉冲输送器，按照 PLC 设定的程序来控制多个电磁阀，再由电磁阀控制相应的空气阀，送料至前纺车间 27m 高处的料仓 02T01。整个输送系统的启停由 02T01 中的料位传感器来控制；整个电气控制系统由 PLC 西门子 S5－100U 来控制[9]。

（二）工艺控制

脉冲式输送一般包括以下几个过程：

1. 压力料斗的受料 打开压力料斗的进料阀，切片进入压力料斗。进料阀通常由气动的气缸实现开启或关闭。进料阀的开启时间决定受料量，受料量是指每个循环周期内切片的输送量，一般控制在 3～5s。

2. 压力料斗的密封 压力料斗在送料时经受一定的压力，防止进料阀关闭后压缩空气的泄漏，一般用压力密封圈对进料阀进行密封。密封压力比最大输送压力大约高出 1.96×10^5Pa。进料阀关闭后，再用 1～2s 的时间，完成对压力料斗的密封。

3. 切片输送 送料压缩空气的阀门打开后，一部分压缩空气进入压力料斗的上部，另一部分压缩空气在压力料斗的底部出口吹送切片，共同完成输送切片的任务。这两部分压缩空气流量的分配原则是：采用高密度压缩空气输送切片时，进入压力料斗上部的压缩空气流量大些；采用低密度压缩空气输送切片时，进入压力料斗底部吹送切片的压缩空气流量大些；采用中密度压缩空气输送切片时，两部分压缩空气的流量大体相等。切片输送完毕后，为清扫输送管道，仍应继续供给压缩空气。

压缩空气开启的时间为切片输送时间（包括清扫时间），可设定为 15～18s。在停机前用压缩空气吹扫 20s，将送料系统内的残料吹扫干净即可。

4. 剩余压力的排除 清扫完毕后，输送系统内仍有少量剩余压力，这会影响压力料斗下次循环的受料，必须排除干净。剩余压力通过延时 1～2s，使其自然泄压。

5. 压缩空气的压力和流量 脉冲输送所需的压缩空气压力一般为 0.59～0.98MPa。气动控制柜所需的压缩空气压力为 0.49MPa。压缩空气的流量可根据管道情况进行相应调节。启动设备时，必须将压缩空气阀门全部打开，再逐步关小。

总之，切片的输送是一个循环过程，即：

切片受料→压力料斗的密封→切片输送→剩余压力的排除（→返回切片受料）

一个循环过程大约需要 30s 的时间。

二、切片干燥的目的

一般聚酯湿切片的含水率为 0.4%以下，在纺丝过程中，为了避免含有水分的切片在高温熔融过程中发生聚合物大分子断裂，造成纺丝断头率高、后加工拉伸性能差、成品强度低等问题，因此在纺丝前必须降低切片的含水率[10]。

切片所含水分的多少对纺丝过程和成品丝的质量都有严重的影响。切片中的水分可以使聚酯大分子在纺丝过程中产生水解、黏度下降、相对分子质量分布增大、可纺性下降，如图2-14所示。若单丝中夹带水蒸气，则易形成“气泡丝”，造成毛丝和断头。随着聚酯熔体中水分含量的增加，熔体的剪切速率、弹性因子增大，非牛顿指数上升，不利于稳态纺丝。纺丝过程中含水量的差异还可能造成染色不均匀。

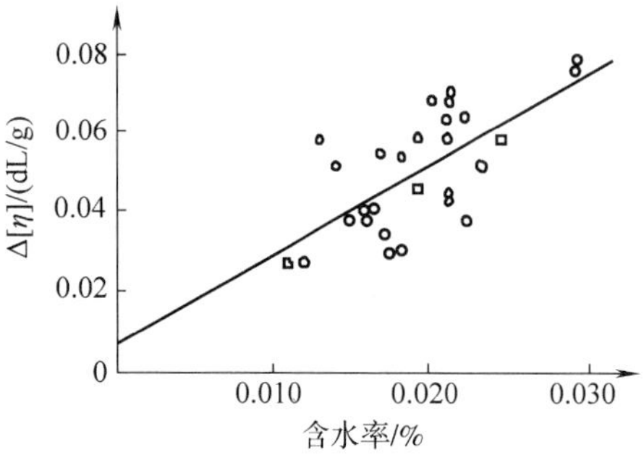

图2-14　聚酯切片含水率与纺丝过程特性黏度的关系

湿态聚酯切片为无定形结构，软化点较低，在干燥过程中造成粘连结块，堵塞管道。为了解决这一问题，常采用“预结晶”的方法，使切片在相对低的温度条件下，初步脱除部分水分，提高结晶度使其软化点升高，以利于后续的加工。

随着纺丝速度的提高，纤维生产对切片的质量和干切片的含水率要求越来越严格。对于常规纺丝，要求干切片的含水率在50mg/kg（50ppm）以下，而对高速纺丝则要求在30mg/kg（30ppm）以下。衡量干燥效果的优劣不单纯是切片含水量的高低，还要控制干燥过程中的黏度降。干燥过程的温度对纺丝过程也有很大影响，如干燥初期的温度条件和干燥周期不适当，会使切片的特性黏度下降及相对分子质量分布变宽，不利于稳态纺丝。

切片干燥的要求见表2-8。

表2-8　切片干燥的要求

要　求	说　　明
含水率	干切片含水率在纺制短纤维或低速纺长丝时约为50mg/kg；纺制异形丝或高速纺长丝时约为30mg/kg
黏度降	一般控制在0.015dL/g以下
粉末量	极少
均匀性	高

总之，切片干燥的目的可总结为以下几点：

（1）除去切片中的水分，提高切片的结晶度和软化点。

（2）避免在单丝中夹带水蒸气，形成“气泡丝”，造成毛丝和断头。

（3）避免因纺丝含水量的差异造成染色不均。

三、切片干燥的工艺原理

（一）去除水分

湿切片的含水可分为两个部分，即自由水分和平衡水分。可用下式表示：

$$F=F_1+F_2$$

式中：F为切片的含水量；F_1为自由水含量；F_2为平衡水含量。

自由水分基本属于表面吸附水分，它存在于切片表面或孔隙之中，是容易脱除的水分；平衡水分则属于切片中分子间的水分，其中部分水分子与聚酯大分子形成了氢键，很难脱去，它是与一定的干燥条件相平衡的、不能完全脱除的水分。干燥的关键是减少平衡水含量，它符合亨利定律：

$$F_2 = KP$$

式中：K 为平衡常数；P 为水蒸气分压。

若要降低平衡水含量，就要降低平衡条件下的水蒸气分压。一般化纤企业采用抽真空、空气脱湿和提高温度的措施来降低水蒸气分压。

当切片内部与表面存在水分压差时，内部结合水由于温度升高加剧运动，扩散到切片表面，进而蒸发，被干燥介质带走。因此，水分的平衡是切片内部和表面水分的平衡，又是切片表面与干燥介质水分的平衡。切片内的水分扩散到表面比较困难，必须有足够的时间才能达到平衡，因此，要保证理想的干切片含水量就必须满足一定的干燥周期。水分的这一扩散过程服从时温等效原理，温度低时干燥周期长，温度高时干燥周期相应缩短。

（二）发生结晶

为了防止聚酯切片在干燥过程中结块和进入挤出机时发生抱螺杆现象（导致不能顺畅进料），对树脂切片进行结晶处理也是必要的[11]。

切片在干燥过程中，当温度超过切片的玻璃化温度 T_g 时，高聚物的无定形区部分产生晶核，分子结构发生变化，产生结晶。无定形结构的 PET 湿切片，加热到 70～80℃时就变软发黏，加热到 90～95℃时切片结晶度开始发生变化，继续升温其结晶度急剧增加，到一定值后又趋于平缓，干燥后的切片结晶度可达 30%～50%，冷却后如果复烘已干燥过的切片，其结晶度变化很小。结晶度高的切片比较坚硬，运输过程中不易破碎，在螺杆挤出机中也不易被压碎，并可防止切片在熔融时过早软化而黏结。

整个干燥过程中的结晶，分别是在预结晶和主干燥两个阶段进行的。预结晶可有效防止切片在干燥过程中发生粘连现象，而干燥过程中的结晶仅是干燥传质平衡的伴生现象，其主要目的是完成水分的脱除。

由于无定形区的切片软化点较低，因此预结晶中切片容易粘连，在预结晶中可通过机械搅拌或脉冲气流来破坏切片的粘连。由于预结晶过程初期切片的含水量高，易发生水解，使切片黏度下降，因此选择的温度很低，必须在满足结晶条件的情况下，尽量采用较低的温度，以防止水解反应的加剧，避免发生切片粘连和结块等不良现象。预结晶过程中，结晶度的变化符合如下公式：

$$F = \frac{d_\sigma (d - d_n)}{d (d_\sigma - d_n)} \times 100\%$$

式中：F 为切片结晶度（%）；d_σ 为结晶部分密度（g/cm^3）；d_n 为无定形部分密度（g/cm^3）；d 为切片密度（g/cm^3）。

聚酯切片的 $d_\sigma = 1.455$g/cm^3，$d_n = 1.355$g/cm^3。

根据结晶度与温度、时间的关系，可以确定预结晶段的最佳结晶度。在切片玻璃化温度与熔融温度之间，温度越高，结晶完成时间越短。但湿切片开始接触的温度越高，切片越易粘连。为了解决这个问题，化纤企业一般选用预结晶与充填干燥相结合的方式，即切片经预结晶之后，在充填干燥塔中，提高干燥温度，以尽快脱除切片中的平衡水含量。但是温度也不宜过高，一般在160～180℃范围内选择。

四、切片干燥的设备

切片干燥一般是通过空气加热，去除无定形结构的湿切片中的大部分水分并提高其结晶性能。常用的干燥设备有真空转鼓干燥机、滚筒式干燥机、充填式干燥机以及流化床干燥机等，除真空转鼓干燥机是通过蒸汽夹套加热并在真空下抽除水蒸气外，其余的都是采用加热的热空气与湿切片直接接触来到干燥的目的。

1. 真空转鼓干燥机 真空转鼓干燥机适用于涤纶短纤维厂和规模较小的涤纶长丝厂，它主要由转鼓、真空系统和加热系统所组成。其中，加热系统采用蒸汽加热，真空系统由真空泵和旋风分离器组成；转鼓表面有蒸汽加热夹套，倾斜角≤25°，以加强转鼓转动时鼓内切片的翻动。这种方法的优点是切片在真空的保护下不易氧化，特性黏度下降少，能耗小，噪声低。缺点是生产为间歇式，干燥周期长，干燥后产生的粉尘较多，而且易出现各批切片的干燥质量差异。

2. 滚筒干燥机 热空气进入滚筒内沿轴向流动，切片被滚筒内转动的翼片带起后借重力作用下落，然后被轴向热气流吹送移动并带走其中水分以达到干燥的目的。由于各切片被气流吹送的距离不同，切片在筒中停留的时间也不相同，干燥质量不均匀。

3. 流化床式干燥机 流化床式干燥机又称沸腾床式干燥机。在线性激振力和热风的共同作用下，热风经床面垂直或斜向小孔吹向由进料口连续加入的切片，使切片在干燥床面处于抛掷或半抛掷状态，并与切片充分接触，进行热交换。在机械振动与热风共同作用下，使切片得以良好流化而发生干燥和结晶。其优点是设备结构简单，传热、传质均匀，生产能力大；缺点是切片停留时间较短，且不均一，干燥质量不好。

4. 充填干燥机 充填干燥机是机内充满切片自上缓缓下落，干热空气自下向上与切片接触带走其中水分，以达到干燥的目的。其优点是：切片干燥效果好，含水率可达0.005%以下；操作运转方便，自动化程度高；设备简单，运转周期长，各项能耗指标优于转鼓干燥机；充填式干燥机适用于一般中小型企业的常规纺和中速纺装置。

缺点是：干燥周期长，耗热多，生产能力较低。

上述四种干燥机均有优缺点，因此在目前的熔融纺丝中，很少采用单一的干燥设备，常将两种干燥机串联使用，发挥设备各自的长处，弥补各自的不足。最常用的为沸腾床＋充填组合式干燥设备，即前段采用沸腾方式发挥其生产能力大，切片一边翻动一边预结晶的特点，避免了由于软化点低、切片易黏结的缺点；后段主干燥采用充填干燥机发挥其干燥均匀、干燥程度高的特点。

国内外各化纤设备制造商开发了许多高效率的沸腾＋充填组合式干燥设备，如德国的BM式、KF式、LVC式干燥系统、吉玛式预结晶—干燥系统，英国的来新式干燥系统，钟纺公司的预结晶—干燥系统，帝人公司的预结晶—干燥系统，奈良公司的切片干燥系统等，这些干燥系统的技术较先进，设备结构简单紧凑、均匀性好、切片干燥后可直接进入螺杆挤出机，解决了回潮的问题，且生产能力大、干燥质量好、动力消耗少，下面主要介绍 BM 式、KF 式干燥系统。

五、主要干燥系统的工艺控制

（一）BM 式干燥系统

BM 式干燥系统由德国布勒—美格（BUHLER-MIAG GMBH）公司制造。其预结晶器有间歇式和连续式两种，结晶器与干燥器分开安装。下面就对连续式 BM 干燥系统进行详细的讨论。图 2－15 是一种常见的连续式 BM 干燥系统示意图[12]。

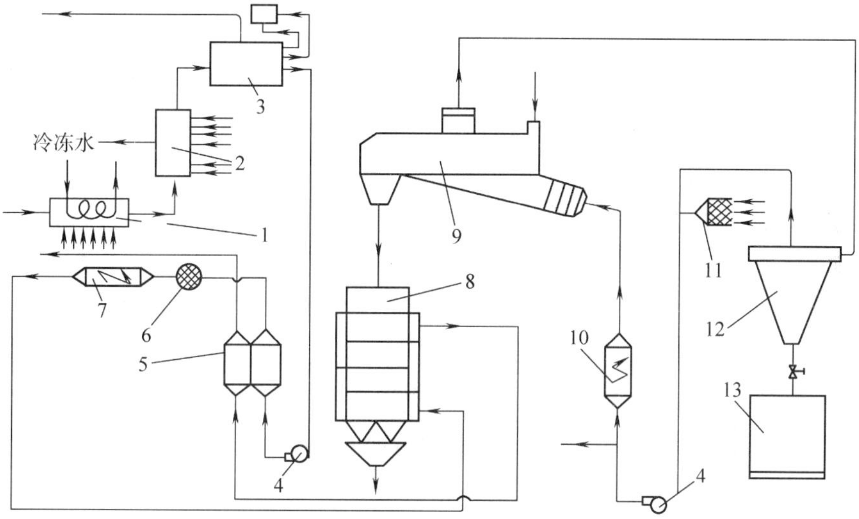

图 2－15　连续式 BM 干燥系统示意图

1—表面式冷却器　2—制冷机（冰机）　3—氯化锂脱湿器　4—鼓风机　5—“热管”式热交换器节能器　6—微过滤器　7—空气加热器　8—充填式干燥器　9—预结晶器　10—加热器　11—空气过滤器　12—旋风分离器　13—收集器

1. 流化床式预结晶器　所谓“流化床”式就是利用循环的高温热风在干燥机内直接与切片接触，热风自下而上通过孔眼连续地把切片吹起和移动。干燥介质气流速度大于临界流化速度（在流化状态下相应的流体速度），但小于带出速度，从而使切片处于沸腾状态。

连续式沸腾床预结晶器（图 2－16）床身平卧，底部开有许多垂直和斜向小孔，切片进入床身以后，被从小孔中吹出的热风吹动，呈沸腾状态，由于小孔斜向出料方向，因此，切片在沸腾中向出料方向移动。热空气通过脉冲气流交替开关左右两侧风道而吹动切片层，当一侧风道短时间通入气流时，该侧切片被吹起形成流化状态；另一侧的切片由于没有空气流的通入而落下，如此交替进行，切片吸收热量、去除水分、发生结晶，切片变色、硬化、脆性增加。结晶期间产生的粘连现象出现在流化床的 1/3 处，随着结晶度的增加，相互粘连的

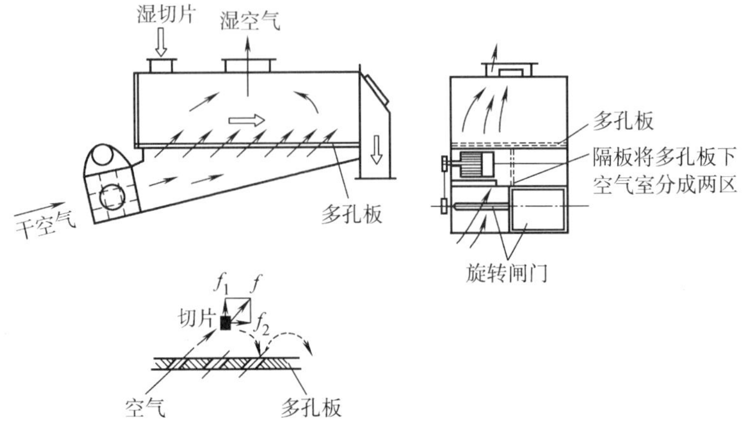

图 2-16　流化床式预结晶器工作原理示意图

切片又被脉冲气流吹开，自由落入切片干燥器。切片在其中的停留时间约 10～20min。

2. 主干燥塔（充填式干燥器） 充填式干燥器由受料室、干燥室、出料室组成，受料室可存储经预结晶后的切片，以保证生产的连续。

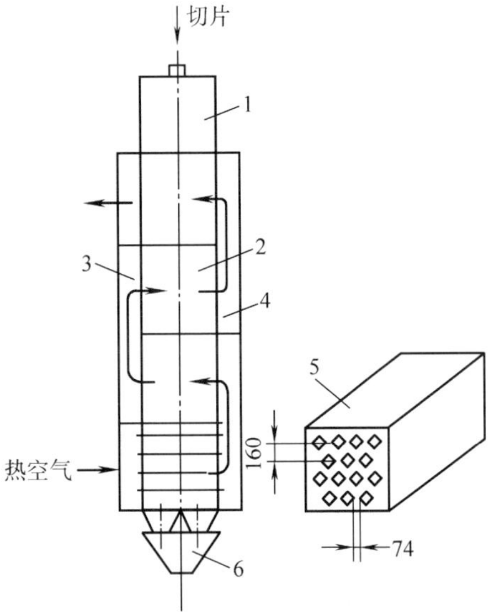

图 2-17　BM公司干燥机示意图
1—进料仓　2—干燥仓　3—左风道　4—右风道
5—菱形风管　6—出料口

主干燥塔（BM 式干燥塔）内有 3～6 个干燥室（一般为偶数，如 4 个），每个干燥室内装有 4 排或 6 排交错排列的半菱形风管，又称屋脊式干燥室风管，如图 2-17 所示。

风管的两端是热风道，每个风管的一端开口，另一端闭口，当热风从左风道进入开口和风管后，由于另一端是封闭的，热风只能从风管的下边逸出，沿风管的边沿上升，与下行的切片接触，通过传热、传质，使切片干燥。然后热风只可流入右风道，第一干燥室的右风道与第二干燥室内的右风道相连通，热风又以同样的方式进入第三干燥室的左风道，最终从第四干燥室的左风道排风。

如图 2-18 所示，热风分为两股，一股热风横向吹过干燥仓，另一股热风与切片逆流而上流动，构成了热风循环系统，干燥后的切片进入螺杆挤出机进行纺丝。

如图 2-19 所示，屋脊式干燥室风管结构既可保证切片平稳下降与干燥热风充分接触，又能使切片在干燥过程中不断混合。切片与干燥风之间总的来说是逆流接触，但对于每一个干燥室而言，却只有在上下一对风管之间有逆流，即切片经过两对风管时被同样条件的干燥风干燥（干燥风来自一个风道），这样的设计使干燥效果显著，均匀性好。

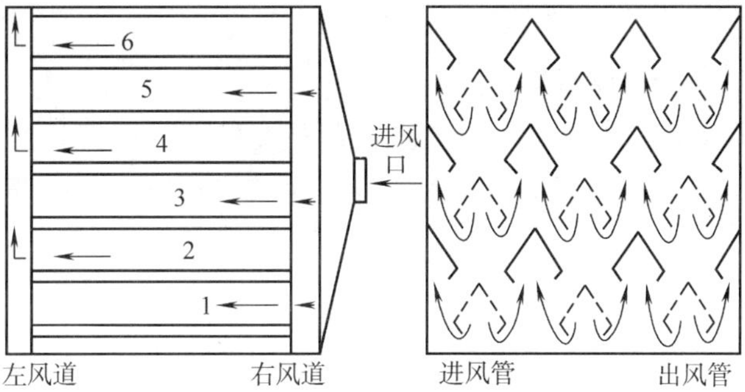

a. 侧视图　　b. 正视图

图 2-18 气缝式充填干燥机的气体流动示意图

图 2-19 切片在气缝干燥机中的移动情况及与热风接触的流向示意图

——→ 一热风流动方向

——→ 一切片流动方向

· 一聚酯切片

切片多次混合后又在大料斗里混合（W 型），这样多次混合的方式可避免干切片在干燥时间、含水率等方面的差异而影响纺丝。

干燥塔用的热风为新风，取自周围环境中的空气，经脱湿器后进入干燥风机，经热交换器预热升温后，再进一步由过滤器过滤掉所含的杂质，然后被干燥加热器加热，进入干燥塔。

3. 热风系统

（1）预结晶热风系统。预结晶热风系统包括预结晶风机、预结晶加热器和旋风分离器，这 3 台设备构成了预结晶用风的加热和循环回路。一般预结晶热风系统中的热风循环使用，因此要有排湿装置，旋风分离器的作用是保证加热风的干净和传热效果，故必须保持良好的工作状态，否则，循环风中的切片粉末会积聚在预结晶加热器内，影响加热效果或引起着火。

（2）主干燥热风系统[13]。

①冷冻脱湿。冷冻脱湿设备中装有 3 个冷冻压缩机蒸发冷却器，串联安装，进风依次通过其表面。若经过第一个冷却器后，进风已达到工艺要求的冷冻脱湿温度（露点 8℃），后面两个冷却器的冷冻压缩机会自动停车；若经过前两个冷却器后可达到冷冻脱湿要求，最后一个冷却器的冷冻压缩机便自动停止。冷凝水汇集到冷却器下面的冷凝水箱中排出。冷冻脱湿一般设计为进风 25℃，含湿量 15g/kg，冷冻后风温 8℃，含湿量 6.7g/kg。

②氯化锂脱湿器。氯化锂吸湿剂的特征是遇热放湿，遇冷吸湿。利用这一原理，将氯化锂吸附在圆柱状超细陶瓷纤维过滤器上成为吸湿柱。每 4 个吸湿柱为一组，其中有 3 个吸湿，一个再生，共有 4 组且同时工作。吸湿柱固定不动，由步进电动机带动旋转连接吸湿柱两端的分配板。分配板起着阀门的作用，轮流使各个吸湿柱吸湿或再生。

吸湿柱的再生空气可用预结晶器和干燥塔的混合回风，因为混合回风的含湿量比来自外界的空气含湿量低。再生设备有过滤器、再生废气热交换器、再生加热器等。吸附脱湿部分设计进口风温 8℃，出口风温 31℃，干空气露点-10℃，含湿量 1.65g/kg；再生温度 120℃，再生空气排出温度 55℃。

此外，也可以采用分子筛脱湿器。

③热交换器。热风系统混合回风与干燥进风的热交换器为热管式换热器。热管式换热器分左右两室，中间用隔板分开；隔板上倾斜安装有热管，热管内装有低沸点液体氟利昂，两端密封。热管较低的一端在混合回风的通路上。

热管外壁上装有 50mm×100mm 的长方形铜翘片，翘片间距 3mm，供吸热和散热用；热管内壁上有螺纹毛细片，作为气液升降的通路。热管内的液体在较低的一端吸收热量，变成气体上升，到达较高的一端后将热量传给干燥进风，冷却成液体下降。如此反复循环，热量可回收 50%～65%。

4. BM 式干燥系统的特点 BM 式干燥系统中，切片升温快，预结晶时间短，并备有振动装置，切片多次混合，干燥均匀性好，从而能有效地防止切片黏结；干燥时间差异小，切片被干燥的时间长；由于其出风一部分被用到结晶系统，热量利用较好[14]。

该系统的缺点是结晶器振动的噪音较大，热风中粉尘较多，容易在加热器上结焦，增加能耗。

5. BM 式干燥系统的工艺控制

(1) 主要工艺参数对切片干燥的影响。

①湿切片含水率。当聚酯湿切片含水率在 400mg/kg 以上时，容易发生水解，聚酯切片中羧基含量增加，相对分子质量下降，相对分子质量分布变宽，特性黏度波动增大，因此，聚酯切片中的含水率一般控制在 50mg/kg 以下，对于高速纺则要求更严格，相应的所需干燥的时间就较长。

②干燥温度。为达到工艺要求的含水率，干燥温度越高，所需时间越短。但温度过高容易引起降解，因此，一般不超过 180℃，当温度达到 220～240℃时切片还将产生固相缩聚反应。

③干燥时间。干燥时间受干燥温度、介质湿度以及传热、传质方式和物料本身特性等诸多因素的影响，其中干燥介质的温度、湿度及其流动速度的影响最为显著。提高温度可以缩短结晶和干燥的时间，在温度一定的条件下，干燥初期，结晶和干燥速度很快，至一定时间后渐趋黏度将主要发生在干燥初期，因为这时切片含水率较高，容易发生水解。干燥温度一般在 160～180℃范围内，相应的干燥时间为 3～5h。干燥时间对切片最终含水率的影响并不大，特别是干燥过程超过 4h 后主要是保持干燥的均匀程度，这一时间不宜过长，否则会使切片在高温下发生固相缩聚，将引起相对分子质量分布改变，熔体黏度相应增大，造成纺丝条件改变，不利于稳态纺丝。同时切片的几何尺寸控制也很重要，一般要控制在一定的范围内，这是因为在温度固定的条件下，水分从切片内部扩散到切片表面而被蒸发的时间，主要取决于切片的几何尺寸，如大小、厚度。

④干燥器结构。选择干燥器时，不仅要考虑热风的均匀分配，而且要使切片在干燥器内停留时间尽量一致。充填干燥器的高径比和锥底角度就是重要的决定参数，设计得当，切片干燥的均匀性就高。

⑤干燥介质。切片干燥一般采用干热空气作为干燥介质，干燥介质的含湿量对于切片的最终含水率有直接影响。干燥介质的含湿量越小，切片最终的含水率就越低。

空气在气压不变的条件下冷却，使所含的水蒸气达到饱和时的温度称为空气的露点，因此干燥介质的含湿量可以用其露点来表示。其露点越低，表明空气越干燥，它与切片的湿含量差值就越大，切片中的水分就越容易蒸发而被空气带走，切片含水率则越低，干燥所需的时间也越短。

(2) BM 式干燥系统的主要工艺参数（表 2-9)。

表 2-9　BM 式干燥系统工艺参数

工艺参数		数值范围
预结晶器	风速/(m/s)	≥20
	热空气进风温度/℃	160~180
	热空气出风温度/℃	130~150
	停留时间/min	15~20
主干燥	热空气进风温度/℃	170~180
	停留时间/h	≈4
	风量/(Nm^3/h)	22
	风速/(m/s)	8~10
	热空气露点/℃	≤-15
	切片出口温度/℃	150~180
	含水率/(mg/kg)	30

(二) KF 式干燥系统

德国卡尔菲林（KARL FISHER）公司生产的连续式干燥设备，简称 KF 式干燥系统。

KF 式干燥系统主要由干燥塔和热风系统组成，其中热风系统和 BM 式大致相同。干燥塔分上下两段，上段是预结晶器，下段是充填式干燥器。预结晶器内有一个特殊设计的搅拌器，能使切片保持不断运动，搅拌器的转速为 2.5r/min。预结晶器与充填式干燥器之间用可调式料位管连接。

干燥塔的特点是预结晶器与干燥器均为充填式，安装在一个塔内，设备简单，管道少，占用空间小。预结晶器直接采用干燥器的回风，即干燥风经过干燥、预结晶、热交换器三次利用，使能源得到了充分利用。干燥塔内的操作压力低，有利于螺杆排气。预结晶器接近负压操作，搅拌产生的粉末可以被吸出[13]。

1. KF 式干燥系统的干燥流程

KF 干燥系统的工艺流程如图 2-20 所示，筛选过的切片由脉冲式输送设备送到干燥塔上部的料仓中，靠自重落入干燥塔内的预结晶段。在搅拌状态下，切片通过预结晶后，进入干

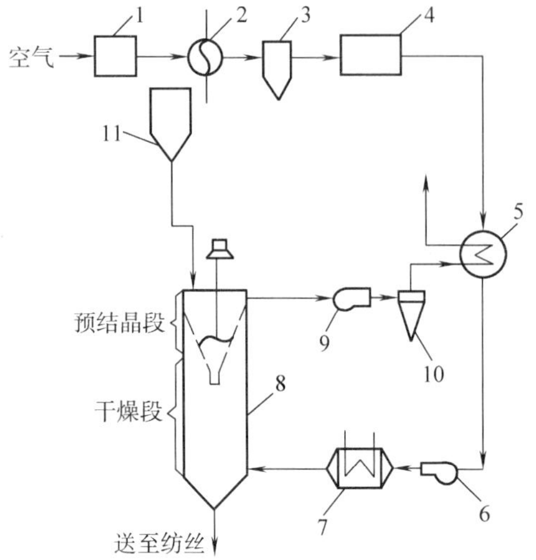

图 2-20　KF 干燥系统的工艺流程图

1—空气过滤器　2—空气冷却器　3—气水分离器　4—脱湿器　5—热交换器　6—干燥风机　7—干空气加热器　8—充填干燥塔　9—回风风机　10—旋风分离器　11—湿切片料仓

燥段。经过干燥的切片从干燥塔底出料，供螺杆挤出机纺丝使用或进入干切片料仓贮存。干燥空气由进风风机从大气中吸入，经过空气过滤器除尘后进入空气冷却器脱湿，脱出的冷凝水由气水分离器排出。脱湿后的空气分为两部分，主要部分进入脱湿器的干燥轮干燥区被进一步吸附脱湿，成为露点很低的干空气。干空气与干燥塔排出的含湿热空气在热交换器中进行热交换升温后，被干燥风机送至干空气加热器。加热到工艺温度的干空气从干燥塔底部进入干燥塔，对切片进行干燥和预结晶。吸风风机将塔内的含湿热风从干燥塔顶部吸出，由旋风分离器将切片粉末分出，换热降温后排入大气。经冷凝脱湿后，另一部分少量的空气被脱湿器内的再生风机吸入，被加热后进入干燥轮的再生区。

2. KF 式干燥系统的工艺参数　KF 式干燥系统的主要工艺参数见表 2-10。

表 2-10　KF 式干燥系统的主要工艺参数

工艺参数		数值范围
干燥温度	进口/℃	160～180
	出口/℃	90～120
标准状况下	风量/(m^3/h)	700～1200
	干空气露点/℃	−27～−20
	结晶干燥时间/h	3～7
	干燥能力/(kg/h)	240～400
	干切片含水率/(mg/kg)	17～30，最低 12

第五节　涤纶纺丝工艺与质量控制

一、概述

合成纤维的纺丝方法主要有熔体纺丝、溶液纺丝及其他纺丝法。熔体纺丝所得纤维质量好，工艺及设备简单，凡是能熔融而不分解的高聚物均应尽量采用熔体纺丝。聚酯纤维纺丝均采用熔体纺丝方法。

熔体纺丝有直接纺丝法和切片纺丝法两种。根据熔融方法的不同，切片纺丝法又可分为炉栅纺丝法和螺杆纺丝法。由于切片纺丝法工艺流程较长，工艺控制点较多，产品质量好，本节以切片纺丝为例展开讨论。

直接纺丝工艺过程简单，即连续缩聚后的熔体被输送到每个纺丝位进行纺丝，能省去如铸带、切粒、切片干燥、贮存和再熔融等工序，但生产的平衡性不易很好解决，更换纺丝组件或纺丝出现故障时，会影响后缩聚釜内熔体液面的稳定，而液面的波动易产生凝胶、焦化物等，影响纤维的质量。目前，这种方法主要用于短纤维或条件好的大型长丝企业生产。

炉栅（Firegrate）纺丝是指切片在炉栅纺丝机的炉栅上熔融后纺制成纤维的方法。炉栅是一个由不锈钢管盘成的扁平螺旋形蛇管，管间距离要使未熔融的切片不致下落。炉栅上的切片经热交换而熔融，熔体从管隙流入熔体潭，经计量泵压入喷丝组件，由喷丝板毛细孔喷出，冷却凝固成丝。

采用炉栅熔融成纤高聚物时，炉栅本身能自动控制熔体液面。起初成纤高聚物的熔融速度较计量泵输送纺丝熔体至喷丝头的速度大，因此熔体潭逐渐被充满，直至液面升高到螺旋管的上面。熔体涌至炉栅之上时，因熔体的导热性极差，成纤高聚物继续熔融的数量极少，熔体液面开始下降。当成纤高聚物切片重新和炉栅相接触时又继续熔融。这样的过程不断循环，从而达到自动调节熔融速度的作用。虽然炉栅有自动调节熔融速度和液面高度的作用，但是如果切片在炉栅内熔融后，熔体未能及时从喷丝头喷出，使炉栅内熔体液面逐渐上升而浸没切片，使液面到达温度比较低的上层空间时，熔体会与切片凝结在一起，则会产生“架桥”现象，令切片不能从上面落下来，导致整个熔融过程被破坏。此外，炉栅纺丝温度不易控制，容易造成聚酯熔体的氧化裂解，对环境也有影响，目前已基本淘汰。如今广泛应用的是利用螺杆挤出机进行熔融和挤出熔体。

螺杆挤出机纺丝是指切片在螺杆套筒内熔融而后用于纺丝的方法，其工艺流程如下：

（固体）切片→干燥→螺杆挤出机$\xrightarrow{\text{熔体}}$过滤→分配管→纺丝箱→计量泵→纺丝组件$\xrightarrow{\text{细流}}$冷却→丝条$\xrightarrow{\text{上油}}$卷绕（固体）

干燥切片从料斗连续进入螺杆加料段，螺杆在套筒内旋转，套筒用电热棒分段加热，切片熔融后经螺杆挤出，经计量泵压入喷丝组件，分配到各纺丝部位纺丝，冷却凝固后卷绕到纺丝筒管或喂入盛丝桶。

熔体纺丝的基本过程包括纺丝熔体的制备、熔体自喷丝孔挤出、熔体细流拉长变细与冷却固化，以及纺出丝条的上油和卷绕。从固体高聚物切片到初生纤维的形成仅是一个随着传热过程而产生的物态变化，很少产生化学变化，即固体高聚物在高温下熔融转变为流动的黏流体，并在纺丝压力下被挤出喷丝孔，然后冷却凝固而又变为固态丝条的过程。在纺丝过程中，熔体细流的运动速度连续增加，丝条不断变细，温度逐渐下降，聚合物大分子也不断改变其聚集状态，使熔体细流逐渐凝固成低预取向的初生纤维。

在聚酯纤维纺丝过程中，涉及一些专业名词术语，简介如下：

1. 联苯—联苯醚 它是由 76.5%的联苯和 23.5%的联苯醚组成的混合物。

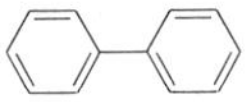 为联苯，其分子式为 $C_{12}H_{10}$，相对分子质量为 154.24。

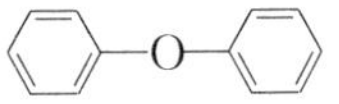 为联苯醚，其分子式为 $C_{12}H_{10}O$，相对分子质量为 170.24。

联苯—联苯醚为无色到淡黄色液体，流动性好，有特殊气味；固态色泽为黄色，凝固点为 12℃，沸点为 258℃，着火点为 138℃，自燃点为 540℃；具有腐蚀性、可燃性、毒性（属低毒类），能引起慢性中毒，且对皮肤和眼睛有轻微的刺激作用；热稳定性好，在 380℃以下可长期使用。

2. 高压纺丝和低压纺丝 根据熔体中的压力降高低，可分为高压纺丝和低压纺丝。组件压力降在 10MPa 以下的为低压纺丝，组件压力降在 30～110MPa 的为高压纺丝。

3. 喷丝板硅修整 喷丝板硅修整简称修板，其目的是除去喷丝板上的熔体升华物和硅氧化物（俗名硅油）的老化物，增强喷丝板的熔体剥离性，提高原丝的质量。

4. 前纺疵点 前纺庇点是融着丝、并丝、注头丝、僵丝和浆块等的总称，除融着丝外，其他又总称为异常丝。融着丝、并丝和僵丝多是由于冷却风量不足和冷却风吹出不匀造成的；注头丝主要是由于喷丝板喷丝孔挤出不畅所致；浆块是由于组件内漏、外漏或计量安装处漏浆所致。

5. 原丝断面不匀 原丝断面不匀是用原丝直径的粗细比（DVC）表征的，生产中当 DVC 大于 1.30 时，即可认为生产中有异常因素存在。

DVC 变大对成品质量指标有影响，而且在后加工生产中易出现断丝和缠辊。其控制措施如下：

（1）严格控制计量泵分组差值率，控制喷丝板的堵孔数。

（2）严格控制吹风的风量、风温、湿度。

6. 毛丝 它是指复丝中的单丝断头。产生原因如下：

（1）喷丝板孔挤出不畅形成注头丝和细丝、断丝。

（2）熔体中凝聚粒子或凝胶粒子使原丝产生缺陷形成断丝。

（3）原丝中的小浆块造成的断丝。

（4）原丝因上油不足或不匀产生的摩擦所引起的断丝。

（5）各卷绕辊不光滑而产生的断丝。

7. 融着丝 它是指两根纤维部分地黏合在一起，不易分开，且横断面呈葫芦形的纤维。

8. 异常丝 异常丝有并丝、僵丝、粗丝和竹节丝。

（1）并丝是两根以上的单丝黏着在一起不分开或不易分开的丝。

（2）僵丝是僵硬的丝。

（3）粗丝是直径超过正常丝的丝。

（4）竹节丝是形状像竹节一样的丝。

二、切片的熔融

纺丝熔体的制备过程也就是切片的熔融过程，切片的熔融是靠螺杆挤出机完成的。

（一）螺杆挤出机（Screw extruder）

1. 螺杆挤出机的作用　将固体的切片熔融成熔体，在一定的机头压力下定量输出熔体，并将物料压缩、排气、混合、均化。

2. 螺杆挤出机的组成　螺杆挤出机包括熔融输出装置（螺杆和套筒），加热冷却装置（电加热、联苯加热、水冷却）和传动系统（电动机、减速器）。

3. 螺杆挤出机的分类　按空间装置分为立式螺杆和卧式螺杆；按螺杆头数分为单头螺杆、双头螺杆和多头螺杆；按螺距变化分为等距螺杆和不等距螺杆；按螺槽深度分为突变螺杆、全区突变螺杆和短区渐变螺杆。

4. 螺杆挤出机的优点

（1）熔融快，使得换热面不断更新，加强了传热效果，使得切片与切片之间、切片与螺杆表面、切片与套筒表面产生摩擦，从而使一部分机械能转化为热能，生产能力大，成本低，投资省。

（2）传热效率高，停留时间短，热降解大大下降，停留时间约为 5～10min。

（3）适用于高黏度物料纺丝。

（4）可纺线密度范围广。

5. 螺杆的分段和分区　根据螺杆中物料前移的变化和螺杆各段所起的作用，通常把螺杆的工作部分分为三段，即进料段、压缩段和计量（均化）段。螺杆的分段并不是绝对的，也可以分为两段、四段，甚至不分段。螺杆各段长度比例与被加工物料的性质有关，可根据生产实践确定。

在整个挤出过程中，螺杆完成以下三个操作：切片的供给、切片的熔融和熔体的计量挤出，同时起到使物料混匀和塑化的作用。按物料在挤出机中的状态，可将螺杆挤出机分成三个区域：固体区、熔化区和熔体区。在固体区和熔体区物料是单相的，在熔化区则是两相并存，这和螺杆的几何分段：进料段、压缩段和计量段在一定程度上相一致。

事实上，物料在螺杆挤出机中的状态是连续变化的，不能机械地认为某种变化会局限在某段发生。进料段物料主要处于固体状态，但在其末端已开始软化并部分熔化；在计量段主要是熔融状态，但在其开始的几节螺距内还可能继续完成熔化作用。螺杆的这三个功能是彼此联系、不可分割的。对于稳定而均匀运转的螺杆挤出机，必须使螺杆各断面上的固体输送和熔体输送速度之和等于螺杆挤出的输出能力，且在熔化的任意断面上输送熔体的能力应等于相应断面上的熔化能力。因此，要全面地描述挤出过程，必须将固体输送、熔融和计量挤出理论综合成为一个完整的螺杆挤出理论，这样才可能对一台螺杆挤出机的全部操作特性如熔融能力、输出量、功率消耗、压力分布和温度分布等做出符合实际的理论预测。其分段和分区如表 2－11 和图 2－21 所示。

表 2-11 螺杆的分段

分　段	进料段	压缩段	计量段
作用	切片供给	切片熔融	熔体计量挤出
状态	固态（单相）	熔化（两相）	熔体（单相）

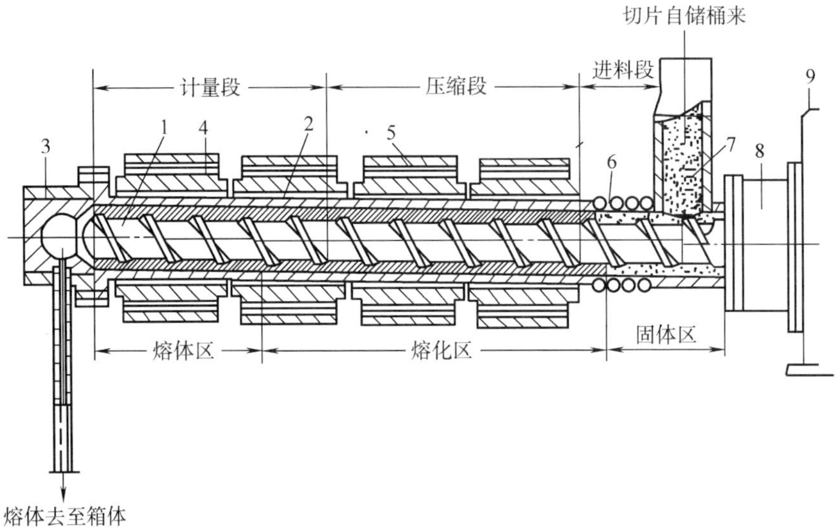

图 2-21 螺杆挤出机结构简图

1—螺杆 2—套筒 3—弯头 4—铝加热圈 5—电热棒 6—冷却水管
7—进料管 8—密封部分 9—传动及变速机构

6. 熔体的熔融过程 固体切片从料筒进入螺杆后，首先在进料段被输送和预热，然后经压缩段压实、排气并逐渐熔化，然后在计量段内进一步混合塑化，并达到一定的温度，以一定的压力定量输送至计量泵进行纺丝。切片在螺杆挤出机中经历着温度、压力、黏度、物理结构与化学结构等一系列复杂的变化。

7. 螺杆挤出机的结构特征 螺杆挤出机是由套筒、螺杆、测量头、减速机、驱动装置及其相应的控制系统组成的。驱动装置有直流驱动和交流驱动两种方式。以直流驱动 ϕ90mm 螺杆挤出机为例，讨论其结构与原理。

（1）螺杆的直径 D。螺杆的直径通常指外径，它决定了螺杆的产量。直径越大产量越高，目前世界上最大的螺杆外径为 300mm。不过如果外径过大会造成加热不均匀，易出现环结阻料现象，且加工困难。

（2）螺杆的长径比 L/D。螺杆的长径比一般在 20～30 之间。螺杆越长越有利于切片加热均匀、输出物料熔融均匀、压力稳定，可以减少漏流、逆流。但是如果螺杆太长，切片容易产生热分解、熔体发黄、加工困难且螺杆易弯曲变形。螺杆的工作长度是加料段、压缩段、计量段长度的总和。

(3) 螺距 t 和螺旋角 φ。螺距是指一个螺槽的距离，它一般不变。根据螺距的特征，螺杆又可分为：等深不等距（根深不变、外径不变但螺距下降）螺杆；等距不等深螺杆（突变、全区渐变和短区渐变）。

目前在生产中一般采用等距不等深螺杆。

一般认为高聚物的转换温度范围越宽，弹性越大，热稳定性好，此时应采用全区渐变螺杆，反之，则采用突变或短区渐变螺杆，几种主要熔纺品种的工作长度分配见表 2-12。

表 2-12 普通螺杆三段长度分配（占总工作长度的百分比，%）

螺杆类型	适用聚合物	进料段	压缩段	计量段
短区渐变	聚酯	30～45	25～35	25～45
全区渐变	聚烯烃	10～25	56～65	25～35
突变	聚酰胺	50～60	1～2 个螺距	22～25

螺杆直径确定以后，螺距 t 取决于螺旋角 φ，$t=\pi D\tan\varphi$。螺旋角不同，送料能力不同。螺旋角 φ 取值为 17°38′时，螺距等于螺杆的直径，此时螺旋角的正切值 $\tan\varphi=t/(\pi\cdot D)=1/\pi$，在螺杆制造时比较方便。

(4) 螺杆的压缩比。它表征螺杆的压缩作用，一般用 i 表示。

$$i=\frac{\text{进料段第一个螺距螺槽的体积}}{\text{计量段最后一个螺距螺槽的体积}}=3\sim3.5$$

压缩比主要取决于物料熔融后密度的变化，不同状态的物料其堆砌密度不同，压实和熔融后体积的变化也不同，螺杆的压缩比与此相适应。

(5) 混合头（鱼雷头）。熔体从螺杆挤出进入弯管时，流动形式急剧改变，由旋转运动变成直线运动，为了避免在螺杆顶端部分形成死角，加强物料的混合及物料挤出压力，一般将螺杆头部加工成锥形、圆头形或鱼雷头形，称混合头。有的螺杆有混合头，有的没有混合头。

如在螺杆出口端设有销钉式低温混合头（LTM），直径一般为（1～2）D，在很大程度上能提高熔融均匀性，对比图 2-22（a）和图 2-22（b）可见带销钉式低温混合头的螺杆熔体温差为±（1.5～2.0）℃，而普通螺杆则可达 5℃以上。

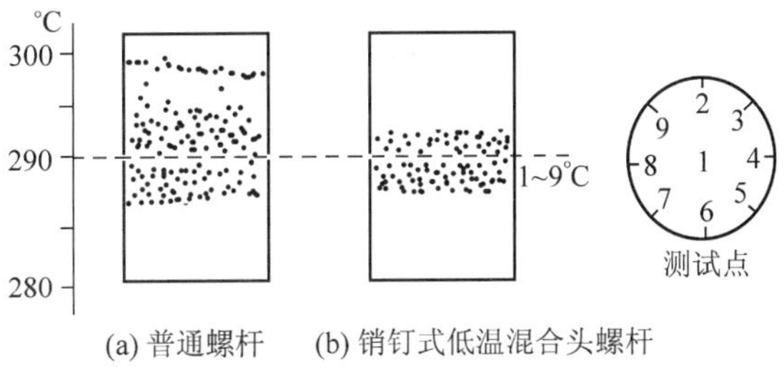

图 2-22 不同螺杆的熔体温度分布

（6）加热功率。

$$H=A\cdot F$$

式中：H 为加热功率（W）；A 为经验数，一般取 3～5W/cm^2；F 为套筒表面积（cm^2）。

VC406A 型螺杆的加热功率为 17.2kW，分配如下：1 区 4.23kW；2 区 4.32kW；3 区 3.15kW；4 区 2.1kW；5 区 2.1kW；法兰区 1.2kW。

（7）螺杆转速。螺杆的最低转速与最高转速之比为 1∶6 或 1∶(3～10)，常用转速为 50～60r/min。当转速升高时，产生的热量也随之升高。另外，转速升高，产生的摩擦致使局部过热，熔体的温度就不再是工艺上所控制的温度，并且会引起熔体的热分解，生产的丝发黄。但是如果转速过低，熔体走的较慢，停留在机筒内的时间长，会过早软化而黏结产生环结阻料，熔体出口压力太低，达不到工艺要求。不同直径的螺杆转速范围如表 2-13 所示。

表 2-13　不同直径的螺杆转速范围

直径 D/mm	30	45	65	90	120	150
转速 N/(r/min)	16～96	15～90	17～78	10～60	8～48	7～42

（8）测量头。测量头由测量头本体、保温外壳、保温层和熔体管道组成，一般用联苯蒸气加热。其组装方式为螺杆装入后，用六角螺栓固定在套筒上（中间用垫圈密封）。作用是测量熔体温度、压力和夹套导生温度。

（9）冷却。冷却区位于进料段的开始部分，采取夹套冷却水的方法冷却螺杆。冷却的目的是防止环结阻料，防止热量由螺杆传递到变速箱，保证传动部分的正常运行。冷却区的温度应低于 80℃。

（10）驱动电动机及其控制系统。螺杆挤出机的驱动系统有直流和交流驱动两种。直流驱动系统通过改变电流值来改变直流电动机的转速。在设定的压力条件下，螺杆挤出机根据熔体过滤器出口的压力来调整，以保证过滤器出口的压力恒定。交流驱动系统利用变频器改变频率来调节螺杆挤出机的转速，转速根据熔体过滤器出口的压力来调整。

（11）螺杆与套筒的间隙。这是螺杆挤出机的一个重要结构参数，特别是在计量段，对产量影响很大，漏流流量与间隙的三次方成正比。当间隙 $\delta=0.15D$ 时，漏流流量可达总流量的三分之一，故在保证螺杆与套筒不产生刮磨的条件下，间隙应尽可能小一些。但间隙越小，加工也越困难，剪切生热也大。间隙可由安装运转时的弯曲形成，而螺杆与套筒偏心也会使间隙难于控制，特别是在长螺杆的计量端，偏心后使间隙不匀，影响流量。一般小螺杆间隙 δ 应小于 $0.002D$，大螺杆间隙 δ 应小于 $0.005D$，一般间隙在 0.08mm 以下。

（12）材质。螺杆的材质要求较高，必须具有高强度、耐磨、耐腐蚀、热变形小等特性，才能满足工艺要求。螺杆常用的材料有 45# 钢、40Cr、38CrMoAlA、38CrWVAlA、1Cr18Ni9Ti 等，尤以前三者应用较多。

螺杆加工质量的关键是渗氮，若发生渗氮层剥落，并随熔体进入计量泵，将会使计量泵损坏。

8. 套筒（Sleeve） 它是挤出机中仅次于螺杆的主要部件，与螺杆组成了挤出机的基本结构，其实质上相当于一个压力容器和加热室，因此除考虑套筒的材质、结构、强度等外，还应考虑其热传导和热容量，以及在工作时的熔体压力、螺杆转动时的机械磨损及熔体的化学腐蚀作用等。大多数套筒是整体结构，长度太大也可分段制作，但不易保证较高的制造精度和装配精度，影响螺杆和套筒的同心度。

套筒上有5～6个加热区，用铸铝包覆加热棒制成，每区的加热功率约为6kW。

套筒的材料与对螺杆的要求相同，由于套筒的加工比螺杆更为困难，尤其是长螺杆的套筒，所以应在热处理或材质选择时，使其内表面硬度比螺杆高，一般用38CrMoAlA等材质。

9. 熔体在螺杆中的流动 在螺杆挤出机中，熔体除了受螺杆的推动产生顺流外，由于机头压力和螺杆与螺套中间隙的存在，还有逆流和漏流产生。熔体在挤出机内的实际流动状态比较复杂。熔体流动的速度分布如图2－23所示。

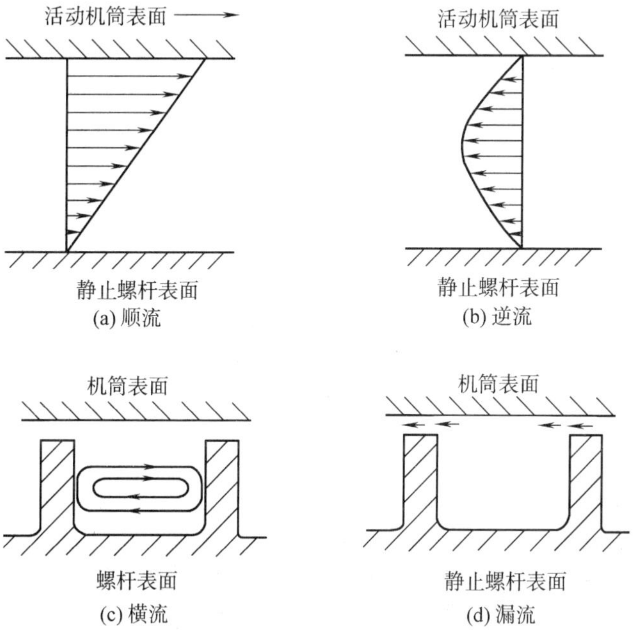

图2－23　熔体流动速度分布

（1）顺流。它是熔体在螺槽中受螺杆推动作用沿螺纹前进方向的流动，它是决定挤出量的主流。

（2）逆流。它是由机头压力引起的与顺流反方向的流动。在螺槽深度方向，其流速分布按抛物线规律分布，逆流的流量与熔体的黏度和压力有关。

（3）横流。这是由于螺杆的推动，在垂直于螺纹方向的分速度产生的流动。横流因受螺槽侧壁的阻挡，有利于提高熔体质量，对挤出量的影响可忽略不计。

（4）漏流。在机头压力的作用下，在套筒和螺棱的间隙中熔体以与机头相反的方向流动。漏流的流量与机头压力、螺杆与套筒的间隙以及熔体黏度有关。

（二）熔体过滤器

纺丝箱体前设置熔体过滤器可以延长组件的使用周期，保证熔体正常流动。当发生压力和温度急剧变化的情况时，需更换其过滤元件。滤芯材料常采用 ϕ20～25μm 的不锈钢线制成“无纺布”。双联过滤器（CPF）有两个过滤室，一用一备，当其中一室滤器滤饼积聚很多杂质需要更换时，可在不停产的情况下手动切换到另一室，如图 2－24 所示。

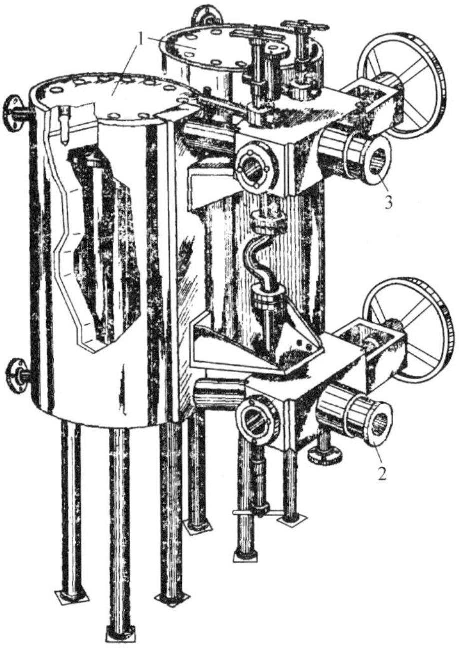

图 2－24　CPF 型立式熔体过滤器结构

1—过滤室　2—熔体进口　3—熔体出口

（三）静态混合器

当黏度很高的聚酯熔体在管道内流动时，靠近管壁的熔体流速比管中心熔体慢得多，这必然影响纺丝的均匀性。为使熔体进一步均匀化，通常在熔体管道上采用静态混合器，静态混合器的作用主要是当熔体通过时，能将同一截面上的熔体进行充分混合，使同一截面上的熔体质量均一化。静态混合器的结构和其对流体的分配如图 2－25和图 2－26 所示。

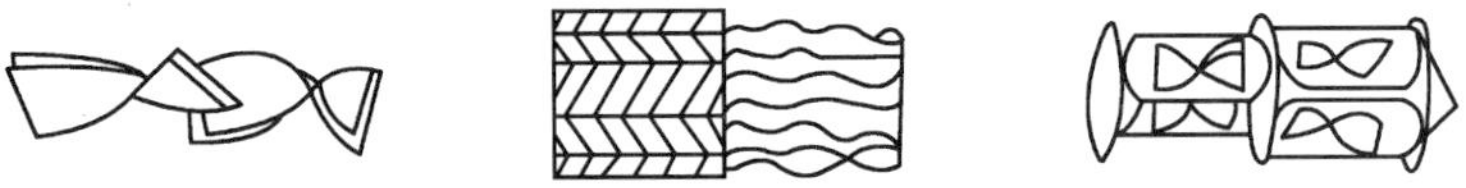

图 2－25　静态混合器

图 2－26　在静态混合器中流体的分配示意图

静态混合器的最佳设计应该是根据压力降、停留时间和期望达到的混合度，选择最适当的螺旋单元数，一般采用 6 个单元数，6 个螺旋单元的混合次数为 64（$=2^6$）。

三、纺丝

（一）纺丝机的结构及型号

纺丝机的种类及型号虽多种多样，但其基本结构类似，均包括以下一些组成部分：螺杆挤出机（熔体的形成），弯管、分配管、计量泵、纺丝组件及纺丝箱体（细流的形成），丝条冷却装置（细流的成型），丝条收集装置（初生纤维的形成）。

这些构成部分的结构并非一成不变，为制取高质量的卷绕丝，各部分结构仍在不断发展改进。

我国熔融纺丝机有多种型号，如 VC 系列、VD 系列、DDF 系列、KV 系列、HV 系列等。一般根据纺制纤维的类别来确定其准确型号，如长丝纺丝机中的 VC405、VC406、DDF-F 和 DDF-PM 等；短纤维纺丝机中的 VD405、VD406、DDF-S 和 HV452 等。它们能适应多种熔纺合成纤维的要求，如 PET、PA6、PA66 及 PP 等，改换品种时只需将螺杆和操作工艺条件适当的调整即可。

（二）纺丝设备简介

1. 纺丝箱体　纺丝箱体的结构示意图如图 2－27 所示。纺丝箱体的作用是对其内部的熔体分配管、计量泵和纺丝组件进行有效的集体保温，保温介质一般采用联苯—联苯醚，用导生锅炉电加热产生的导生蒸气送进箱体，冷凝液流回导生锅炉。

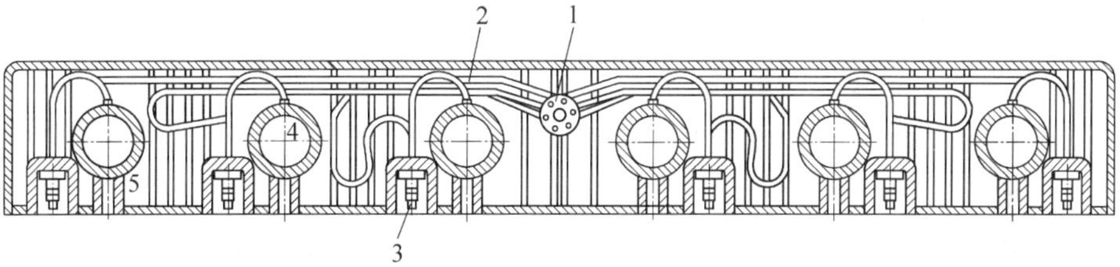

图 2－27　VD 纺丝箱体结构示意图

1—熔体分配头　2—熔体分配管　3—计量泵

纺丝箱体要求密闭性良好，以防止联苯泄漏，同时为了保持温度恒定，箱体外必须采用性能良好的绝热材料仔细包覆，绝热材料厚度通常为 100～140mm。熔体的所有通道都不得有死角。

2. 熔体分配管　熔体分配管起到将从螺杆中挤出的熔体均匀稳定地输送到纺丝组件的作用，对熔体分配管的基本要求是：熔体在管道中的停留时间要短、压力降要小，而且熔体在到达各个纺丝位的管道中停留的时间相等、压力降相同。

目前，熔体管道的分配方式有分歧式与放射式两种。分歧式熔体分配管又称分支式熔体分配管，其结构示意图如图 2－28 所示。以六位纺丝箱为例，对其分配过程进行说明：熔体在总管至纺丝箱后，先经过一个四通管件分成三个熔体支管，每根支管再各用一个三通管件将熔体分到六个纺丝位，其针形阀分别安装于每个纺丝位的组件座上，其管道路程较长，回折多，容易产生死角，因此熔体在管道内停留时间也较长，这种方式目前已很少采用。

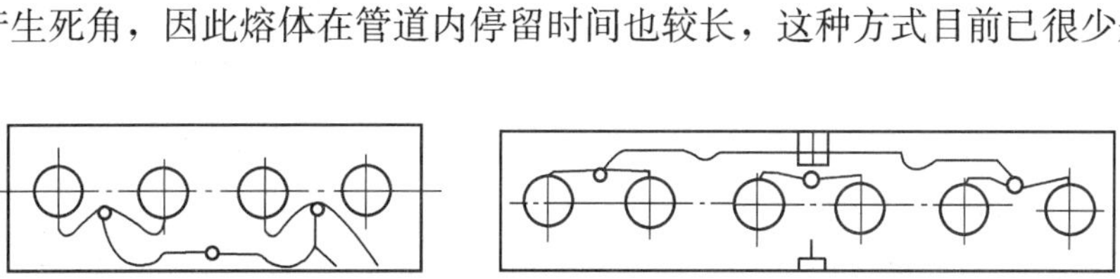

图 2－28　分歧式熔体分配管结构示意图

放射式熔体分配管又叫辐射式熔体分配管，其结构示意图如图 2－29 所示，其接头少，只需一个分配头，从分配头到纺丝位的长度要相等，通过不同弯曲形式，保证其阻力相同。

这种分配方式可以用较细的支管，减少熔体在箱体内的停留时间，国产 VD405、VC406 和 Barmag 纺丝机均采用这种分配形式，它是目前化纤熔纺采用较多的一种分配方式。

熔体在分配管中的停留时间可根据纺丝线密度，分配管内径和长度进行计算，通常停留时间在几分钟之内。

3. 计量泵 其作用是精确计量，均匀而连续地输送纺丝溶液，并能产生一定的工作压力，以保证纺丝溶液顺利地通过喷丝组件的过滤层。

（1）基本结构。熔体计量泵由一对齿轮、三块泵板和传动轴等组成，其基本结构如图 2－30所示。

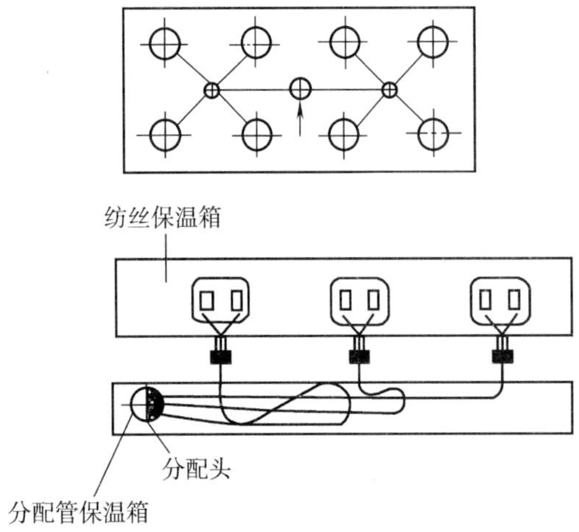

图 2－29　放射式熔体分配管结构示意图

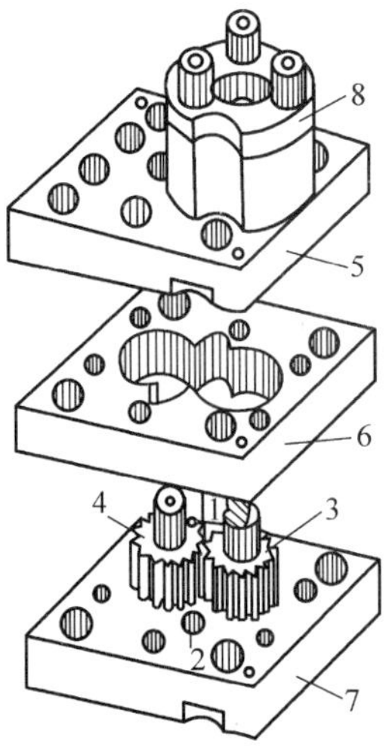

图 2－30　计量泵的结构示意

1—熔体进口　2—熔体出口　3—主动齿轮　4—被动齿轮　5—上板　6—中板　7—下板　8—联轴节

驱动电动机为同步电动机，变频调整。传动轴带有万向节和活套结构，以便于更换计量泵。计量泵的驱动系统为交流驱动，变频调整。

（2）工作原理。计量泵广泛采用外啮合齿轮泵，齿轮泵利用主动齿轮和从动齿轮齿间与外盖板、内盖板及中间板形成的封闭穴，把纺丝液从入口送往出口。主动齿轮靠键装在主动轴上，从动齿轮活套在从动轴上，由主动齿轮传动，一般主动齿轮和从动齿轮的齿数相同，齿廓曲线为渐开线。当齿轮啮合运转时，在吸入孔造成负压，对熔纺来讲，熔体将被吸入泵内并填满两齿轮的齿谷，齿谷间的熔体在齿轮的带动下，紧贴着“8”字形孔的内壁回转近一周后被送至出口，由于出口端容积的不断变化，而将熔体排出。齿轮泵的工作原理如图2－31所示。

（3）常见型号。熔体纺丝用计量泵属于高温齿轮泵类型，旧型号是 K 型，新型号是 JR

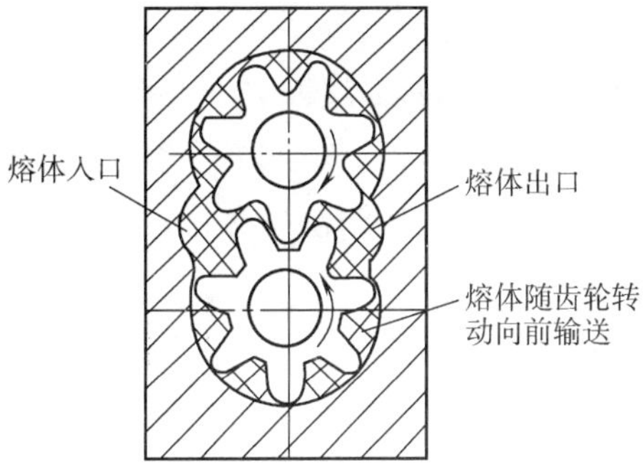

图 2-31 齿轮泵工作原理图

型。高压纺丝用齿轮泵为 JRG 型。其中 J 表示计量，R 表示熔纺，G 表示高压。此外，Y 表示黏胶，N 表示维纶，S 表示腈纶；JR+数字，数字则代表泵的流量，单位为 cm^3/r。

（4）对设备的要求。

①结构简单、便于装拆和加热。

②材质应耐 450℃高温，零部件各部分在高温下长期工作而无永久变形，无氧化剥层现象且保持高强度、高耐磨性和转动灵活性，常用材质如 Cr12MoV，W18Cr4V，W9Cr4V2 等。

③机械加工精度要高，这不仅是由于对计量泵要求供量精确，而且因为在泵本身及泵和泵座之间不用衬垫，都是靠各结合面和安装面的高精度加工质量来保证不发生泄漏的。

（5）工艺指标。

①泵供量。计量泵单位时间输出的熔体质量，单位为 g/min。

②流量。每一转泵所输出的熔体量，又叫公称流量，单位为 cm^3/r。

③泵的流量大小。有 $0.3cm^3/r$、$0.6cm^3/r$、$1.2cm^3/r$、$2.4cm^3/r$ 等。

④泵的效率$=\frac{\text{实际流量}}{\text{理论流量}}\times 100\%$。

总之，计量泵的选择要充分考虑聚合物的种类、纺丝速度成品纤维的规格等方面的因素，确定出计量泵的流量，从而选择出泵的型号、规格和工作转速。

（6）工艺要求。熔体计量泵的压力一般控制在 6～25MPa，并在温度 290～300℃的条件下将黏度为 250～300Pa·s 的熔体供给纺丝组件，流量不均率≤1.5%，清理时煅烧温度高达 450℃，纺丝熔体内不允许有铁离子。

4. 纺丝组件（Spinning pack） 纺丝组件由过滤砂（棕刚玉）、壳体、垫圈、包边滤网、O 型密封圈、分配板、过滤砂压板、喷丝板、紧圈、铝嘴、上盖等组成。熔体在组件内经过滤砂、过滤网过滤和分配板分配，再经喷丝板挤出成型，其结构如图 2-32 所示。

纺丝组件是熔体纺丝成型前最后通过的一组构件，除要满足熔体过滤、分配和纺丝成型的要求外，还应满足高度密封、拆装方便和固定可靠的要求。

（1）纺丝组件的作用。一是将熔体过滤，去除熔体中可能夹带的机械杂质和凝胶粒子，防止堵塞喷丝毛细孔眼，从而延长喷丝板的使用周期；二是使熔体能充分混合，防止熔体发生黏度的差异，提高可纺性；三是把

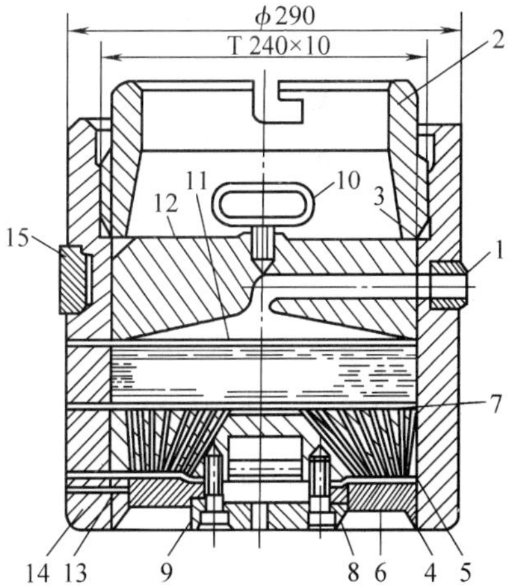

图 2-32 纺丝组件结构示意图

1，13—垫圈 2—压帽 3—O 型密封圈 4—喷丝板 5—承压板 6，7—包边滤网 8—螺钉 9—压板 10—吊环 11—滤网 12—分配板 14—外壳 15—定位块

熔体均匀地分配到喷丝板的每一小孔中形成熔体细流。

(2) 过滤层材料。纺丝方法不同，过滤层用的材料就不同，目前常使用的过滤层材料有金刚砂、海砂、超细玻璃珠和过滤网等，粒度为 20 目、40 目、60 目、80 目等。金属网一般为不锈铁丝的平织网，有单层和多层之分。其作用都是利用过滤层来清除熔体中的微小杂质和残留在熔体中的气泡。一般常压纺丝用金属网、高压纺丝用金属网和海砂的组合。

为了提高过滤效果和延长过滤层的使用寿命，可采用先粗滤、后细滤的过滤方式。另外，在实践中发现粗滤对过滤效果影响较明显。

(3) 喷丝板。喷丝板的形状有圆形和矩形两种，其中圆形喷丝板加工方便，容易密封，使用比较广泛。矩形喷丝板主要用于纺制短纤维，优点在于采用侧吹风时，成型丝条冷却条件比较均匀。

圆形结构又分为平板型、凸缘平板型、平板环型、凸缘环型等[15]。一般圆形板的直径在 52～160mm 之间，板厚在 6～25mm 之间，在保证耐压强度条件下，尽可能做得薄一些。

熔体纺丝与湿法纺丝相比，对喷丝板材质的要求相对较低，需要一定的强度，耐高温和耐腐蚀性能。常规熔体纺丝中，涤纶长丝喷丝板材质一般采用不锈耐酸钢[16]。

喷丝板的结构参数包括孔数、孔排列方式、孔程、孔的几何形状和长径比等。喷丝孔的几何形状直接影响熔体的流动特性。喷丝孔通常由导孔和毛细孔构成，除纺异形丝的喷丝孔外，毛细孔通常为圆柱形的，导孔则有圆筒漏斗形、圆锥形、圆筒平底形和双曲面形等几种形式，如图 2-33 所示。最为常见的是圆形导孔，其加工最为方便；为了控制流体的切变速率和获得较大的压力差，则要采用圆锥形和双曲面形导孔，但其加工较困难。

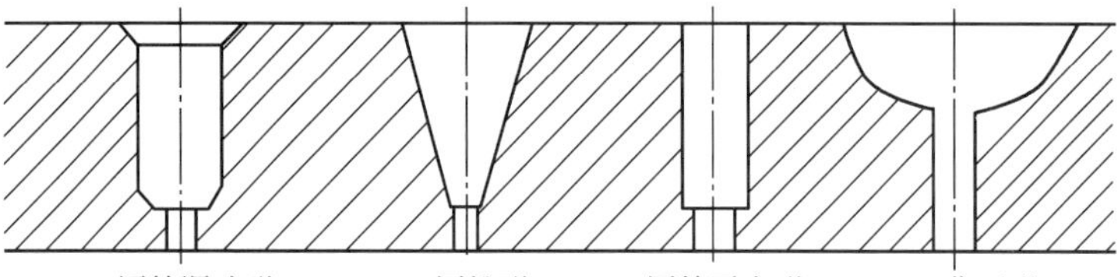

(a) 圆筒漏斗形　(b) 圆锥形　(c) 圆筒平底形　(d) 双曲面形

图 2-33 喷丝板孔的几何形状

导孔底部与毛细孔相连接的过渡部分的角度（导流角）应有利于熔体流动，避免死角和形成涡流。导流角采用 60°、90°、116°和 120°几种，我国标准规定为 90°。导流角减小虽有利于流动，但加工困难。导孔的直径有 2mm、2.5mm、2.8mm 和 3mm，国内均采用 3mm，除毛细孔长度外，余下板的厚度便是导孔的深度。

喷丝孔的直径是根据成纤高聚物熔体在喷丝孔内流动的剪切速率梯度所决定的。不同的高聚物，熔体黏度不同，最适宜的剪切速率梯度就不同。一般来说扩大孔径，挤出胀大现象减轻，因此对高黏度熔体的纺丝较为有利。聚酯短纤维喷丝板的孔径大约为 0.20～0.30mm 之间；长丝喷丝板的孔径则有 0.20mm、0.25mm、0.30mm 和 0.45mm，长径比 1.2～2.0。

喷丝板的孔数主要取决于纺丝品种，通常纺单丝时用 1 孔、2 孔或 4 孔的喷丝板。常规长丝产品的孔数为 6～48 孔，如 5tex/18f、7.56tex/18f、7.56tex/24f、8.33tex/36f、16.67tex/30f、16.67tex/36f 等，细旦纤维的孔数为 48～80 孔，如 5tex/48f、7.56tex/66f 等，取决于长丝产品的规格与性能。

喷丝板孔眼的排列方式首先应考虑必须使各根纤维都有均匀一致的冷却条件，且应使熔体流动分配均匀，这样才能保证出丝均匀，这对多孔短纤维喷丝板尤为重要；还应考虑孔眼的增多不会使喷丝板强度削弱。孔眼排列有同心圆形、菱形、星形等形式，如图 2－34 所示。

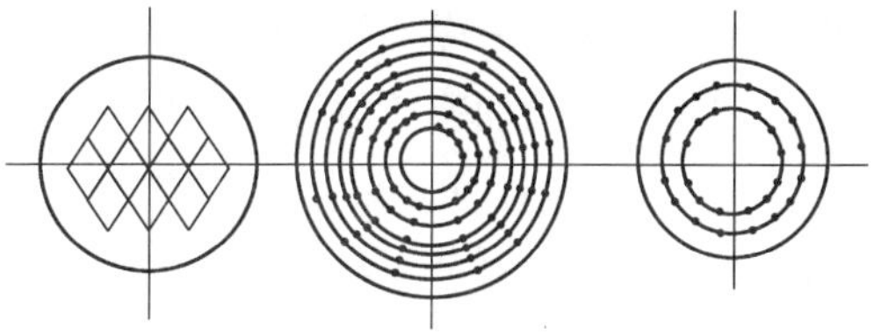

(a) 菱形　(b) 星形　(c) 同心圆形

图 2－34　喷丝板孔的排列方式

常规喷丝孔的截面为圆形，若为生产各种仿毛、仿麻、仿绸产品，以表现纤维特性，截面为异形，有△形、♯形、Y 形等。

喷丝板要求耐化学腐蚀和耐高温，因此加工精度要求较高。喷孔的加工精度为▽ 9，具体对喷丝板加工要求如下：喷丝孔直径偏差±0.004mm；喷丝板底面不平度偏差≤±0.04mm；喷丝板深度偏差±0.008mm。

喷丝孔的轮廓需圆整光洁，不能成锯齿形，喷丝板各部位需达到▽ 6 以上光洁度。

四、丝条的冷却和卷绕

（一）丝条冷却

1. 丝条冷却过程　熔体从喷丝板的小孔中喷出以后，在外力的作用下被拉细，同时在冷却风的作用下被冷却固化，最终形成了初生纤维，这个过程被称为纤维的冷却成型。在熔体细流冷却成型过程中，根据熔体喷出喷丝孔后的状态，可以将熔体细流的冷却成型过程分为三个区域，即膨化区、形变区和稳定区。

（1）膨化区。当熔体从喷丝孔喷出后，其流动状态发生了剧烈的变化，聚酯熔体在从喷丝板孔喷出时，由于弹性能的释放，熔体细流的直径大于喷丝孔的直径，这种现象称为膨化现象或叫出口胀大效应。发生这种变化的区域称为膨化区。

膨化现象对纺丝成型是不利的，膨化现象严重时，会产生线密度不匀、熔体破裂、黏结板面、出丝不良等现象。纺丝过程必须尽量减少熔体的膨化程度。膨化现象与高分子的性质、喷丝孔的几何尺寸以及熔体的温度等因素有关。熔体黏度越高，喷丝孔的长径比越小，熔体在喷丝孔中的流动速度越快；纺丝温度不当，膨化现象就越严重。

（2）形变区。形变区是指熔体出膨化区至丝条固化点之间的区域。在形变区熔体细流一方面在拉伸力的作用下细化，同时又在冷却吹风的作用下逐渐固化，纤维的取向和结晶都发生在这个区域。因此，这个区域是对外界条件最敏感的区域，也是决定初生纤维质量的关键区域。用于丝条冷却的吹风装置集中分布在形变区，因此，冷却条件的正确与否直接影响丝条凝固的位置和线密度的均匀性。

（3）稳定区。从丝条的固化点到卷绕筒子之间的区域称为稳定区。在这个区域内，熔体细流已固化为固态丝条，纤维的取向、晶体结构已经形成，丝条结构基本上不再发生变化。

2. 丝条冷却固化条件 丝条的冷却成型是一个单纯的物理过程（传热和受力变形）。丝条冷却固化条件对纤维结构与性能有决定性的影响，为提高聚酯熔体细流的冷却速度及其均匀性，生产中常采用冷却吹风。

冷却吹风可以加速熔体细流冷却，有利于提高纺丝速度；而且加强了丝条周围空气的对流，使内外层丝条冷却均匀，为采用多孔喷丝板创造了条件；冷却吹风可提高初生纤维的质量和拉伸性能，又有利于提高设备的生产能力。

（1）丝条的吹风方式。冷却吹风方式常见的有侧吹风和环吹风两种。

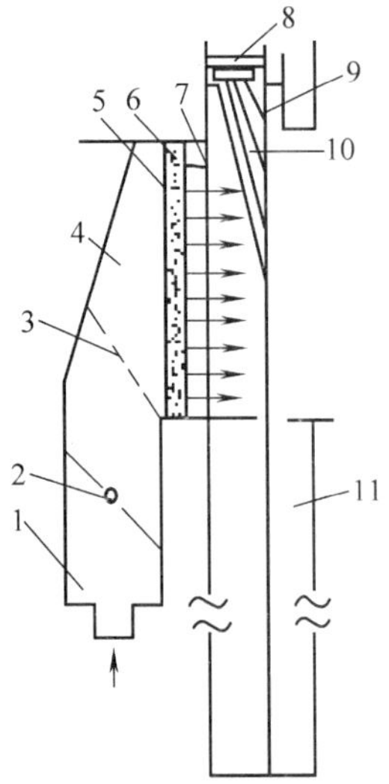

图 2－35　侧吹风结构图
1—侧吹风进风管　2—调节阀
3，5—多孔阀　4—稳压室
6—金属网　7—整流板
8—纺丝组件　9—缓冷管
10—丝条　11—纺丝甬道

在纺长丝时，由于喷丝板孔数少，比较容易达到均匀冷却，多数采用侧吹风。侧吹风结构如图 2－35 所示。而在涤纶短纤维生产中，则普遍采用环吹风，它对多孔喷丝板纺出丝条的冷却成型效果良好、品质较高、疵点含量显著下降，且卷绕丝的双折射率与断面不均匀率及成品丝强伸度不匀率明显下降。

（2）侧吹风。用风机把一定的温湿度空气均匀地从纺丝窗侧面通过过滤层和多孔隔板吹向丝条。采用侧吹风时，空气直接吹在纤维还未完全凝固的区域，并与纤维成垂直方向，故传热系数高，冷却效果好，但往往不够均匀。

侧吹风装置一般由风道、风量调节器、框式过滤器、蜂巢板整流、纺丝仓、上油装置和纺丝甬道组成。其工艺流程为：经稳压调湿的空风进入侧吹风装置后，经风量调节器调整风量，并经框式过滤器过滤和多孔板分配后，通过蜂巢板整流吹向纺丝窗，与丝条进行热交换，完成对细流的冷却。

侧吹风装置的风道为渐缩式，且内部设有多孔导流板，使侧吹风在纵向有良好的速度分布，从而有利于丝条的冷却和固化。气流分配组件中设有 5 层 50 目或 36 目的不锈钢丝网，以增加侧吹风仓内的静压和对空气的进一步过滤。框式过滤器由两层 30 目不锈钢丝网组成，可拆卸，主要作用是除去空气中较大的灰尘颗粒。

纺丝甬道的下方设有可调式排风口，根据纺丝速度和侧吹风风量调整其大小，以保证每一个纺丝位有相同的侧吹风风速，并保证空气在甬道中的稳态流动，使纺丝过程正常进行。

侧吹风的风温一般控制在（20±1）℃，风湿控制在（60±3）%，风速控制在 0.3～0.7m/s。

（3）环形吹风。用风机把一定温湿度的空气均匀地从纺丝窗四周通过过滤层和导流材料吹向丝条。

随着喷丝板孔数的增多和纺丝速度的提高，侧吹风已不能满足均匀的拉伸，这是因为侧吹风是从一个方向吹向丝条的，会形成不均匀的冷却效果，同时凝固中的丝条会偏离垂直位置而产生弯曲，甚至互相碰撞后黏结成并丝等，而环形吹风是从丝束的周围吹向丝条的，正好克服以上缺点。

图 2－36 为环形吹风装置的结构示意图。冷风进入风管前用调节阀控制风量，经倾斜多

孔板到达阻尼层，阻尼层可用金属网、金属毡等材料制成。风经过阻尼层可使送入纺丝筒的风更加均一，同时也有过滤杂质的作用，因此阻尼层需定时更换和清洁。阻尼层前方为多孔分配板，用以调节风速分布。

环形吹风装置主要控制冷风的速度，一般为 0.5m/s，上边小下边大，保证冷风能够均匀穿透丝条。

纺丝筒的直径大小要适中，直径太大，风速变小，冷却不均匀，易造成丝条黏结；直径太小，风速大，丝容易摇晃，单丝容易断，不匀率大。纺丝筒又称吹风环，其顶端离喷丝板约 150mm，以免生产出不合格的丝条。

冷风的温湿度要求恒定，需设置专用的空调设备。

(4) 纺丝甬道。纺丝甬道的作用在于保护纤维并使其继续冷却，甬道是铝制的圆筒形或矩形筒子（圆筒形一般用于环吹风，矩形筒一般用于侧吹风），圆筒形管子为 ϕ280mm，矩形管子为 255mm×305mm，长度 3.2～7.0m。

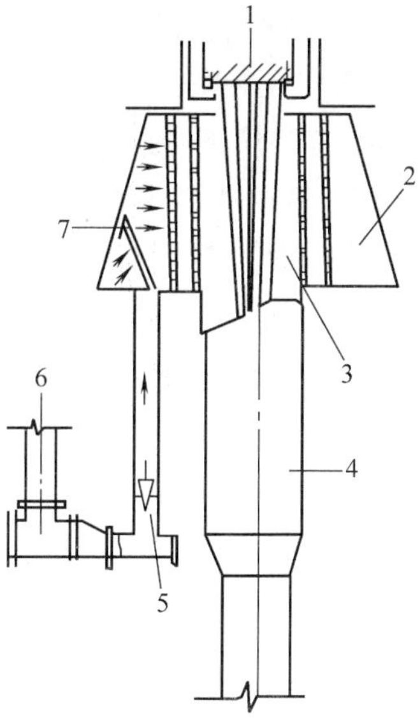

图 2－36　环形吹风装置结构示意图

1—喷丝板　2—阻尼层　3—多孔板　4—纺丝筒　5—调节阀　6—进风管　7—多孔分配板

纺丝甬道的长度偏短为好，因为甬道长时，甬道内气流紊乱，湍流严重，丝摆动幅度较大，易与甬道壁碰撞摩擦，增大纤维的不匀率，有时甚至导致毛丝线断头。实践证明，丝束在甬道内温度降低很少，说明甬道长度对丝束冷却影响不大，想利用增加甬道长度来加快丝束冷却，显然是不合理的，应当从改善侧吹风着手，或采用环形吹风，因此甬道长度以 3.5m 左右为佳。

3. 冷却吹风工艺条件　在熔体细流的冷却变形过程中，冷却风的参数和熔体温度是否均匀稳定都给该过程带来影响，稍有不匀时，丝束的凝固位置（即凝固点）就会上下波动，发生线密度不匀，这种卷绕丝的上下不匀，在拉伸时不能弥补，会给纺丝造成困难，如，条干不匀、织物结构不匀、色泽不匀。因此，冷却风的风温、风湿、风速和风量等是影响纤维均匀性的关键因素。

(1) 风温与风湿。风温的选定与成纤高聚物的玻璃化温度、纺丝速度、产品的线密度、吹风方式等因素有关。在采用单面侧吹风时，随着送风温度的提高（在 22～32℃范围内），卷绕丝断裂强度有所提高，最大拉伸倍数的变化不太明显，强伸度不匀率有所下降。

随着纺丝速度的提高，热交换量增加，应加快丝条的冷却速度，并采用较低的风温。如纺速为 1500m/min 时，送风温度确定为 22℃；在纺速 600m/min 时，送风温度则以 29℃为好。风温的高低直接影响初生纤维的预取向度，卷绕丝的双折射率总是随风温的升高而减小，而在某一温度以上时，则随风温的升高而增大。

用作熔纺冷却介质的空气湿度对纤维成型有一定的影响。具有一定湿度的空气可防止丝束在纺丝甬道中摩擦带电，减少丝束的流动；还可提高介质的比热和给热系数，有利于丝室温度恒定和丝条的及时冷却。此外，湿度对初生纤维的结晶速度和回潮伸长均有一定影响。在涤纶纺丝成型时，送风湿度对纺丝质量的影响不太大，这主要是由于涤纶吸湿性小，且在纺丝过程中又基本上不发生结晶；纺制短纤维时，从对卷绕成型要求稍低等因素考虑送风湿度，可采用相对湿度为70%～80%的风，也可采用相对湿度为100%的露点风。

（2）风速及其分布。风速和风速分布是影响纺丝成型的重要因素。风速的分布形式多种多样，在采用不同孔径均匀分布的环形吹风装置时，纺丝成型效果良好。对侧吹风而言，风速分布一般有均匀直形分布、弧形分布及S形分布三种形式。

在单面侧吹风时，风温为26～28℃、送风相对湿度为70%～80%，风速为0.4～0.5m/s的范围内较好，且随着纺速的提高，最佳风速点向较大风速偏移。相反，在环形吹风时，最佳风速点向较小风速偏移，显然这是由于环形吹风易于穿透丝束。如果风速过高，风不但穿透丝层且有剩余动能，造成丝束摇晃湍动，在喷丝板处气流形成涡流，使纤维品质指标不匀率上升。总之，不论采用何种吹风方式，应选择适合的风温与风速，使纺丝成型正常，疵点减少，获得的卷绕丝均匀性高且后拉伸性能良好。

（3）冷却吹风位置。冷却吹风位置对于冷却效果及丝的质量有一定的影响，吹风窗（环）顶部离喷丝板距离一般约为15cm。这是由于熔体细流在离开喷丝板后立即被冷却，会使拉伸应力上升，初生纤维取向度增高且径向产生双折射率差异，影响纺丝的顺利进行。特别在用高分子量的聚酯纺制涤纶帘子线时，往往采用徐冷方式，即在喷丝板与吹风窗之间有一个区间不仅要保温，且装设加热环（徐冷环），使丝条的冷却速率降低，塑性区延长，凝固点下移，从而减小喷丝头拉伸张力，减小初生纤维的预取向度，以利于后拉伸倍数的提高，从而获得高强力纤维。

吹风面离丝束外缘距离一般约为1cm；吹风面宽度较喷丝板直径宽5cm即可，采用环形吹风时，环吹头内径较喷丝板直径大约2cm；吹风面高度在单面侧吹风时为30～70cm之间，对卷绕丝质量影响不大，而环形吹风高度仅20cm。

（4）风量的影响。对线密度不匀率影响最大的是冷却风的风量和风速分布。由于侧吹风窗单面向室内敞开，在侧吹风风量不大时，室内野风（野风是工艺控制以外风的统称）会进入侧吹风窗内，对丝束冷却起干扰作用，而且野风不规则、不均匀，受人员走动，门窗开关和室外风的风向、强弱、温度、湿度等因素的影响，导致丝束冷却不均匀，造成较大的线密度波动。因此，侧吹风风量大小的选择要依据是否有野风的干扰。纺丝丝束越粗，纺速越高，则送风量越大，在一定范围内提高冷风量，对成品质量有益；但过大时会造成丝条剧烈波动，影响冷却的均匀性，且会使喷丝板面温度下降，影响丝束成型和均匀冷却。

另外，卷绕丝的双折射率随着送风量的增加，有先下降后平衡再上升的趋势，因此，在生产上常取双折射率较低的稳定范围作为工艺条件。

除了上述冷却吹风条件外，丝室温度也会影响纤维的冷却成型过程，应加以控制。涤纶纺丝时丝室温度为30～40℃。

（二）卷装

卷装主要用于短纤维的生产中，卷绕则应用于长丝。成纤的丝条经纺丝室和甬道冷却固化后，几乎完全干燥，为避免产生静电，并进行正常的卷装，必须先进行给湿和上油，然后按一定的规律卷装起来。根据后加工特点，卷装形式也有所不同，长丝一般卷绕成筒管；而短纤维则盛丝于大型丝筒。因此，整个卷装机由上油机构、导丝机构、卷装机构三部分组成，其作用是存放纤维。对卷装机的要求是卷装能力要大（200kg左右），落丝的张力、速度要恒定。

1. 上油（Oiling）、给湿（Dewing） 上油、给湿的作用是使卷装、集束等后加工工序顺利进行。对油剂的要求是可增加纤维间的抱合力，减少纤维与纤维之间、纤维与机械之间的摩擦，消除或减少纤维的静电。

上油方式一般可采用由齿轮泵计量的油盘上油或喷嘴上油以及油盘和喷嘴兼用等三种形式，其中油盘式结构如图 2－37 所示。

油盘系统由油盘、油槽、油循环装置组成。油盘是一对金属陶瓷相结合的氧化铝辊，其下部浸在油槽中，油剂附着在陶瓷辊上，纤维通过与油盘的摩擦上油。纤维的上油率与以下因素有关：

（1）油盘的转速 n。n 越大，上油率越大。

（2）油盘伸入油槽的深度 h。h 越大，上油率越大。

（3）纤维与油盘接触程度。接触程度越紧，上油越多。

（4）油剂黏度。油剂黏度越大，上油率越大。

纺丝油剂是由多种组分复配而成的，主要成分有润滑剂、抗静电剂、集束剂、乳化剂和调整剂等，高速纺的纺丝油剂还具有良好的热稳定性。

纤维上油量一般借助调节辊的转速来进行调节，每条生产线的 24 对油盘由同一台电动机集中传动，转数用无级变速器调节。每一个纺丝位的油盘可用电磁离合器控制开停。

油剂循环系统用于保证油剂在循环过程中不滞积、堵塞，使油剂浓度和质量始终稳定。油剂中不能有泡沫，否则影响上油的均匀性。

喷嘴上油一般由油剂高位槽、计量泵、喷嘴三部分组成，它主要用于长丝生产，特别是高速纺长丝的生产。其结构如图 2－38 所示。

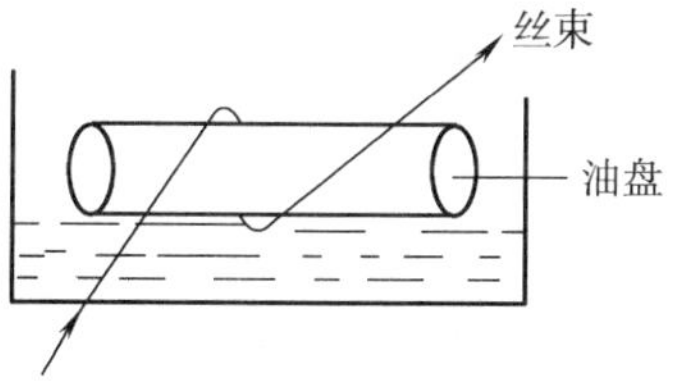

图 2－37　油盘式上油装置

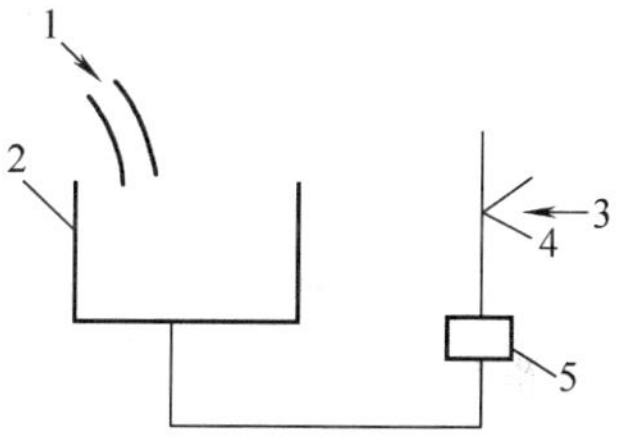

图 2－38　喷嘴式上油装置

1—油　2—高位槽　3—丝束　4—挡板　5—油剂计量泵

不同纺丝上油方式的比较见表 2－14。

表 2－14　不同纺丝上油方式比较

项　　目	常 规 纺	中速纺或高速纺
纺速/(m/min)	1500	2500～3500
上油方式	油盘	喷嘴
位置	卷绕前	纺丝窗下端
上油量	油轮自然上油	计量泵计量
效果	纤维上油均匀性欠佳	纤维上油均匀性好

2. 卷装机构 卷装机构一般由绕丝辊、牵伸辊、喂入辊、盛丝桶等组成，其结构如图

2－39所示。

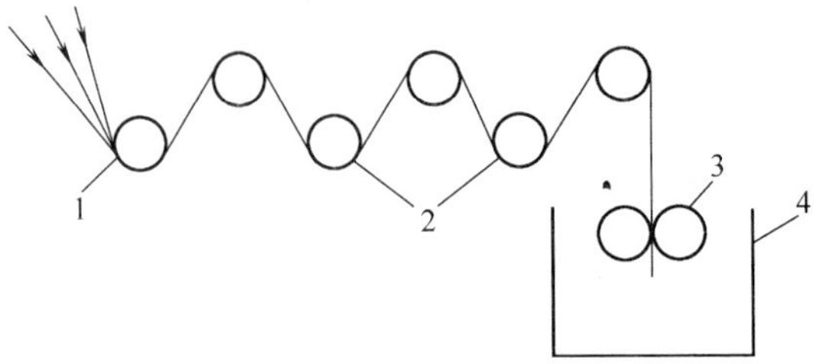

图2－39　卷装机构示意图

1—绕丝辊　2—牵伸辊　3—喂入辊　4—盛丝桶

绕丝辊的作用是集中丝束，每三个位有一个绕丝辊。牵伸辊的作用是给丝条一定的张力，卷绕速度一般约为1000m/min。

盛丝桶现以方形为主，也有圆形的，要求丝束下落均匀，取出自如。目前的发展趋向是增大盛丝桶、实现换桶自动化和盛丝桶运输机械化。

五、纺丝过程中的工艺控制

纺丝工艺参数的影响归结起来有三个方面：一是对可纺性的影响，它直接关系到纺丝是否可以顺利进行；二是对卷绕丝的均匀性和后加工性的影响，它和成品纤维质量直接有关；三是纺丝机产量，这和提高设备生产率、劳动生产率有关。熔体纺丝过程中有许多参变数，这些参变数决定纤维成型的历程和纺出纤维的结构和性能，生产中通过控制这些参数来制得符合性能要求的纤维。这些工艺参数主要有温度、压力、冷却条件、泵供量等。

（一）温度

1. 螺杆挤出机各区的温度　切片熔融温度通常选择在熔点以上20℃左右，应低于其分解温度。为便于温度调节，螺杆是分区加热的。根据螺杆的长短，加热区可分为3～6区。

一般熔融的初期温度应结合切片的结晶度考虑，温度略低；中段由于切片发生相变，需热量大，温度应高些；后段主要是使熔体进一步均化，温度应趋近于纺丝箱内温度。即三段采用所谓的低—高—低的模式，但也有由高向低或由低向高的模式，主要取决于切片特性和螺杆特点[7]。

为保证熔融质量的稳定，各加热区温度波动通常控制在±(1～2)℃。以国产VC406纺丝机为例进行分析讨论，各区温度如下：

$T_1=(280\pm2)$℃，$T_2=(285\pm2)$℃，$T_3=(290\pm2)$℃，$T_4=(288\pm2)$℃，$T_5=T_4-(2\sim5)$℃。

2. 法兰区温度 T_6　法兰区是螺杆与弯管相连的中间部分，法兰区本身长度较短，但散热较大，故 $T_6=T_5-(0\sim2℃)$。

3. 弯管温度 T_7　弯管起输送熔体及保温的作用，弯管较长，熔体在其中行进1.5min，对聚酯的降解影响很大。一般弯管区温度可接近或略低于纺丝熔体温度，$T_7=T_m+(14\sim20)$℃。

4. 纺丝箱体温度 T_8　纺丝箱体是输送并分配熔体到每个纺丝部位的部件。此区温度能直接影响熔体的纺丝成型，是纺丝工艺温度中的重要参数，熔体在其中停留时间为 1～1.5min。箱体能加热熔体并起保温匀温的作用，适当提高箱体温度有利于纺丝成型，并改善初生纤维的拉伸性能，但也不宜过高，以免黏度下降，$T_8=T_m+(18\sim34)$℃。

5. 纺丝温度 熔体流出喷丝板孔道前的温度称纺丝温度，用 T_s 表示，其中 $T_s>T_f$（T_f 为黏流温度）。

特性黏度与相对分子质量、温度关系很大。由于高聚物的相对分子质量很大，因此黏度很大。为了得到相应的黏度，温度需严格控制，才能得到合适的初生纤维，为后加工的顺利进行打好基础。对于相对分子质量特别大的高聚物，T_s 比 T_m、T_f 高的幅度应更大些，但一定要小于 T_d，即 $T_d>T_s>T_f$。

一般工艺控制 $T_s=T_m+(14\sim22)$℃，如：285～288℃。T_s 若偏高，纺丝时易注头，成品的伸长率偏大；T_s 若偏低，拉伸时易毛丝、断头；T_s 若波动，则纤维易产生染色偏差，一般波动±1℃。

总之，熔体温度作为一项重要的纺丝工艺，直接影响到纺丝质量和生产操作。控制好适当的螺杆各区温度，或者控制熔体输送温度、箱体温度等参数，其目的是为了使切片很好地熔融，聚合物的降解尽可能小，且使熔体具有恒定而适宜的温度。若熔体温度过高，热降解大，则会造成注头丝；若温度过低，则易使熔体剪切应力上升，从而造成硬丝，给纺丝生产带来困难，并影响初生纤维的质量[17]。

进入喷丝板前的熔体温度和纺丝箱体温度有关，进入纺丝箱体的熔体温度和纺丝箱体的温度应尽量接近，纺丝箱体温度各处温差越小越好。喷丝板表面温度因和空气接触，一般低于箱体温度，为顺利纺丝，喷丝板表面温度宜比熔体温度高 4～10℃。

熔体温度对卷绕丝双折射率有影响，熔体温度高时，冷却缓慢，卷绕丝双折率减小，后拉伸倍数可以提高，因此一般纺高强力丝时熔体温度要高些，可在喷丝板周围加加热套，如图 2-40 所示。但熔体温度过高，断头将增加，如图 2-41 所示。

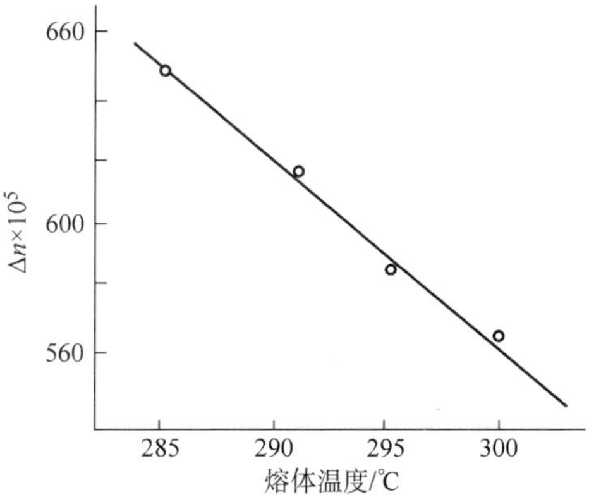

图 2-40 熔体温度对双折射的影响图

（喷丝孔数：840 纺速：935m/min）

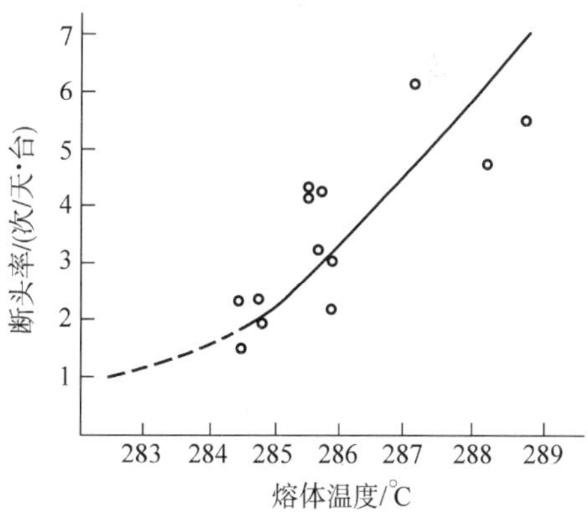

图 2-41 熔体温度和断头率的关系

（泵供量：486g/min）

（二）熔体的均匀性

熔体的均匀性对纺丝成型过程和纤维质量有很大影响。熔体的均匀性反映在熔体各部分黏度的均匀性与熔体内机械杂质的多少两个方面。

1. 黏度 切片的结构不匀，或有凝胶粒子的存在，都会引起黏度不匀，从而使丝条结构不匀，出现硬头丝，导致后拉伸不匀。

2. 杂质 杂质的存在会阻塞喷丝孔，造成滤层压力升高和使用周期缩短。

熔体黏度不匀或存在胶粒会导致纺丝断头、线密度不匀、产生硬头丝、后拉伸困难、染色性不匀等缺陷。熔体黏度不匀除由于熔体温度不匀等因素外，主要是由于固态的结晶高聚物中已经部分取向和包含着敛集密度不同的微纤、球晶、晶粒等，同时掺杂有较疏松的、非取向的或无定形的其他结构单元。

为确保熔体均匀，应控制切片干燥的均匀性，在熔融和纺丝过程中杜绝与氧气接触，防止熔体氧化裂解，严格控制各加热区的温度，尽量减少温度波动。

（三）泵供量 *G*

泵供量是指计量泵单位时间所输出的熔体克重，单位为 g/min。熔纺计量泵的泵供量除与泵的转速有关外，还与熔体黏度、泵的进出口熔体压力等因素有关。当泵的转速 N 上升时，则 G 上升；熔体黏度可通过温度来控制；当压力小时，泵供量随压力上升而上升，当熔体压力达到 1962kPa（20kgf/cm^2）时，泵供量不再随压力变化，但压力也不能太大，否则易出现漏浆等不良现象。螺杆挤出量应与总的泵供量相等，为此，要使泵供量恒定，就必须保持一定的熔体压力，即要求螺杆转速一定，挤出量恒定。

（四）熔体压力

熔体压力是指纺丝组件中纺丝熔体的压力，而不是指螺杆挤出机出口处的熔体压力，其主要影响丝的线密度和结构，数值一般要求为 9.81～49.05MPa（100～500kgf/cm^2）。

为使纤维成型良好，就应使熔体均匀稳定地分配到每一个喷丝孔中，这个任务由纺丝组件中的耐压板、分配板及粗滤网、滤砂来完成，且尽可能使组件内储存的空间加大，保证纺丝组件内熔体压力均匀，喷丝良好。

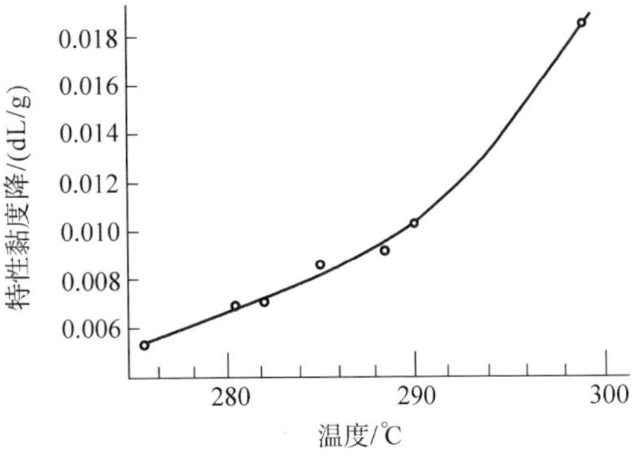

图 2-42 PET 熔体温度和特性黏度降的关系

（五）熔体停留时间的影响

PET 熔体在高温下将发生部分降解，使黏度下降，且停留时间越长，黏度下降越大。图 2-42 是熔体温度和单位时间黏度降的关系。因此在设计时应选择适当的管径和尽量缩短输送距离，并保证至各喷丝板的分配管道等长[7]。

由于 PET 的降解，端羧基含量增加，直接影响了纤维的质量，特别是强伸度的大小。

（六）冷却条件的影响

1. 风温 风温和丝束冷却速度直接有关，为保持纺丝稳定，风温偏差要小，最好控制在±1℃以内。风温的中心值可视不同纺丝机的结构和原丝质量确定。风温低，冷冻量大，能耗大。由于冷却风温会直接影响喷丝板温度，当温度过低时喷丝板更换率会明显增加；而温度过高，易引起毛丝、断头，并影响未拉伸丝的质量。一般风温在 20～30℃之间选择。

2. 风湿 风湿高，热含量高，冷却效果好，但易结露。风湿和风温一样，应根据不同的纺丝机结构和原丝要求确定。一般认为含湿量柱在 14～18g/kg（干空气）最佳，生产中风湿一般为 65％～85％之间。

3. 风量和风速 冷却风的风量和喷丝板熔体吐出量有关，吐出量大则风量应相应增加。单丝根数多，风量也应增大些。风速应按可保证风能均匀地吹到所有丝条上来选择。风速一般控制在 0.3～0.7m/s 之间。

（七）纺丝速度

卷绕线速度通称纺丝速度，纺丝速度越高，纺丝线上的速度梯度也越大，且丝束与冷却空气的摩擦阻力提高，会使卷绕丝的分子取向度提高、双折射率增加、后拉伸倍数降低。当卷绕速度在 1000～1600m/min 范围内时，卷绕丝的双折射率和卷绕速度成直线关系；若卷绕速度达到 5000m/min 以上时，就可能得到接近于完全取向的纤维。

有资料指出，涤纶纺丝时，卷绕速度每提高 100m/min，初生纤维在 70℃下的最大拉伸比则降低 0.1；当卷绕速度高至 1500m/min 以上时，这种影响就减小。在高速纺丝条件下，卷绕丝的预取向度高，因而最大拉伸比和自然拉伸比都相应减小。

在常用的纺丝速度范围内，随着纺丝速度的提高，初生纤维的卷绕张力和双折射率有所增大，同时熔体细流冷却凝固速度加快，也导致纤维中的内应力增大，从而使初生纤维的沸水收缩率增大。

进一步提高纺丝速度至 3000～3500m/min 时，纤维的双折射率随纺速增加的速率基本达到最大值，但其结晶度仍很低，不具备成品纤维应有的物理力学性能。但是如将高速卷绕技术与后拉伸变形工艺相结合，得到全拉伸涤纶长丝，则具有增大纺丝机产量，省去后拉伸加捻与络筒工序及改善成品丝质量等优点[18]。

（八）卷绕的温湿度

为确保初生纤维吸湿均匀，卷装成型良好，卷绕车间的温湿度要控制在一定范围内。一般生产厂卷绕车间温度冬天控制在 20℃左右，夏天控制在 25～27℃，相对湿度控制在60％～75％范围内。若生产长丝，由于对卷装成型要求更高，卷绕车间温湿度更应严加控制。

总之，影响熔体可纺性和卷绕丝均匀性的因素可归纳为图 2－43 和图 2－44[7]。

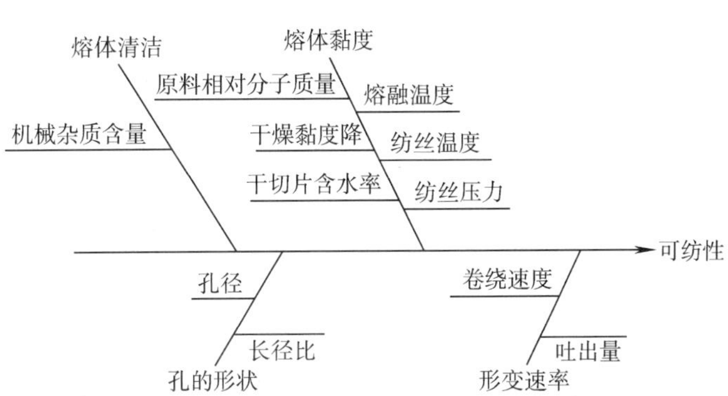

图 2－43 影响可纺性的因素图

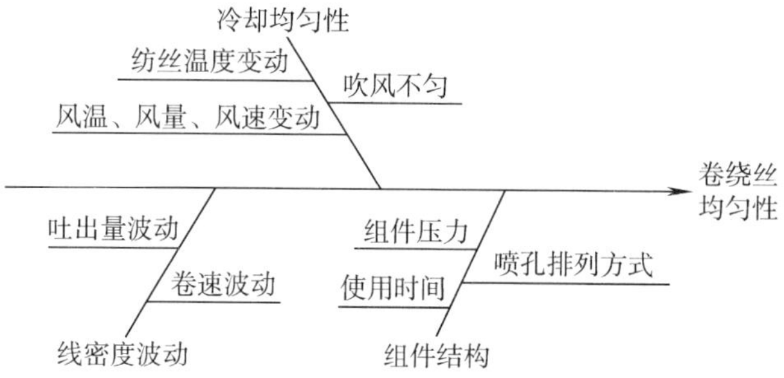

图 2-44　影响卷绕丝均匀性的因素图

第六节　聚酯短纤维的后加工

一、后加工的意义及工艺流程

(一) 目的和要求

在前纺中最后形成的初生纤维虽然已经凝固成型，但其取向度和结晶度很低，甚至是无定形的，不具有纺织加工性能，使用价值低，且强度也低，伸长率大，尺寸稳定性差，抱合性不佳。后加工就是把前纺工序中的卷绕丝通过拉伸、卷曲、热处理和切断等工序，使纤维结构和表面形态发生改变，从而具有良好的物理性能，以满足纺织加工的需要。

聚酯纤维（涤纶）是由许多聚对二甲酸乙二酯大分子组成的，在拉伸前卷曲着的大分子排列很不规整。尽管纤维经过喷丝头拉伸有一定的预取向，但由于纺速等问题，预取向度仍很小，分子排列仍不规则，结构呈无定形态，因此纤维强度很低，仅为 1cN/dtex，而伸长率却很高，无实用价值，所以要通过拉伸能使卷曲的大分子伸直，并沿着纤维轴向整齐排列，使分子间的作用力增强，同时产生部分结晶，从而促使纤维结构紧密、强度提高、伸长减少。

纤维在拉伸过程中还会产生内应力，这部分应力不消除则会使纤维结构不稳定，在热的作用下产生收缩，因此，纤维仍无使用价值。为了解决这个问题，必须将拉伸后的纤维进行热处理。在这个过程中，一方面使纤维冻结的内应力消除，降低纤维收缩率；另一方面提高纤维的结晶度并使晶体取向，这样便能得到结构稳定的纤维，改善服用性能，从而使其具有良好的使用价值。此外，聚酯短纤维的后加工，还需根据纺织品种的要求进行卷曲和切断。卷曲可提高纤维摩擦系数、弹性、手感和保暖性能等，切断可满足工艺长度的要求。因此概括地说，后加工的拉伸是为了提高纤维强度；热定型是为了稳定纤维结构；卷曲是为了增强纤维间的抱合力。

(二) 工艺流程

根据纤维品种的不同，后加工流程和设备均有差异。目前国内生产的聚酯短纤维可分为普通型和高强低伸型两类。

聚酯短纤维后加工主要由集束、拉伸、定型、卷曲、上油、切断和打包等工序组成。目前我国典型的聚酯短纤维工艺流程如下：

集束→上下导丝架→八辊导丝机→一道七辊$\xrightarrow{\text{油剂浴加热（第一次拉伸）}}$二道七辊$\xrightarrow{\text{热水或过热蒸汽加热（二次拉伸）}}$三道七辊→紧张热定型机$\xrightarrow{\text{油剂浴冷却}}$四道七辊$\xrightarrow{\text{收幅架、张力架}}$卷曲机$\xrightarrow{\text{皮带输送}}$松弛干燥定型机$\xrightarrow{\text{捕结器}}$喷油机$\xrightarrow{\text{张力架}}$切断机$\xrightarrow{\text{风送开松}}$打包机

上述工艺流程适用于高强低伸型聚酯短纤维的生产，若生产普通型纤维，则不需要经过紧张热定型机和油浴冷却槽部分。本工艺流程较为复杂，多用于大中型厂生产，对于小型工厂多采用五辊拉伸机。高强低伸型聚酯短纤维生产工艺流程如图 2-45 所示[20]。

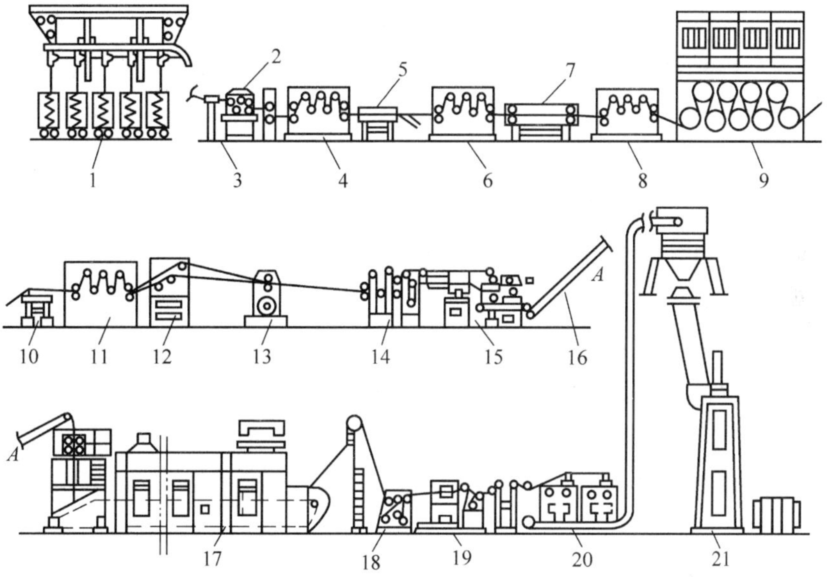

图 2-45　聚酯短纤维后加工工艺流程图

1—集束架　2—八辊导丝机　3—导丝架　4—一道七辊　5—油剂浴加热器　6—二道七辊　7—热水或过热蒸汽加热器　8—三道七辊　9—紧张热定型机　10—油冷却槽　11—四道七辊　12—重叠架　13—二辊牵引机　14—张力架　15—卷曲机　16—皮带输送机　17—松弛热定型机　18—捕结器　19—牵引机　20—切断机　21—打包机

二、初生纤维的存放和集束

（一）存放

卷绕丝存放的目的是使纺丝冷却成型时冻结的内应力得以消除和平衡，这是因为刚成型的初生纤维预取向度较高且不均匀，还需要时间平衡。在存放过程中，内应力消除、预取向度下降，即双折射率下降，直至最终趋于平衡，从而提高了纤维的拉伸性能。另外，在此过程中也能使前纺时的油剂得到均匀扩散。卷绕丝存放时间要控制适当，双折射率的变化主要发生在 8h 之内，8h 后趋于平衡。图 2-46 为聚酯纤维卷绕丝双折射率与存放时间的关系。

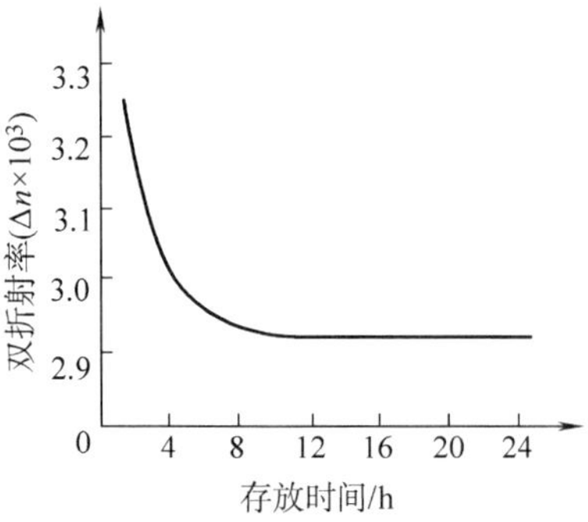

图 2-46　聚酯纤维卷绕丝双折射与存放时间的变化

过长的存放会因纤维老化而变脆，拉伸困难。因此，存放的时间在实际生产中，一般为 8～24h，最多不超过 7d。在生产中，存放是在平衡间进行的，平衡间位于前纺与后纺的连接处，需恒温恒湿，这样才能使丝束中的含水率稳定，否则会使丝条干燥发毛，造成拉伸时毛丝、断头和绕辊。

(二) 集束的工艺控制

集束是聚酯短纤维后加工的第一道工序，集束的主要作用是根据后加工设备的能力，把若干个盛丝桶中的初生纤维（卷绕丝）引出，穿过集束架上的各个导丝器，集成一束扁平而又整齐的丝束，在 0.02～0.03cN/dtex 的预张力条件下送入拉伸机进行拉伸。

1. 集束纤维（Collectionfiber）的总线密度　集束纤维的总线密度通常指成品纤维的总线密度，它的大小主要由拉伸机的生产能力和卷曲轮的宽度决定。由于卷曲机上卷曲轮宽度一定，这就要求进入卷曲机的丝片宽度与卷曲轮宽度相匹配，一般以每毫米的卷曲轮宽度承担 $(0.44\sim0.67)\times10^4$ dtex 为宜。拉伸机的生产能力与卷曲轮宽度相适应。为了保证拉伸、卷曲的正常运转和丝束质量，集束的总线密度一般控制在 ±5% 的变动范围，最大不超过 12%，一般卷曲机的加工能力在 $(30\sim150)\times10^4$ dtex 之间（指成品丝的线密度）。

2. 集束张力　将数十万根单丝集合在一起，进行集束拉伸，使进入拉伸机的每根丝条张力一致、均匀。集束张力的控制，可通过集束架上的张力调整装置来进行，一般集束张力值约在 0.0044cN/dtex。

3. 丝束存放时间和条件　卷绕丝的存放时间，一般根据卷绕丝（初生纤维）的双折射率的变化来确定。存放时间不宜超过 7d，存放温度为 20～28℃，相对湿度为 65%～75%。

4. 集束桶数的计算

$$\text{集束桶数}=\frac{\text{卷曲机加工线密度}}{\text{桶中丝的线密度（成品丝）}}=\frac{\text{卷曲机加工线密度}}{\text{位数}\times\text{单丝成品丝线密度}\times\text{孔数}}$$

例如：卷曲机加工线密度为 133.33×10^4 dtex（总的加工能力），生产 1.67dtex 的毛型纤维。喷丝板孔数为 500，24 位，则其集束桶数的计算如下：

$$\text{集束桶数}=\frac{133.33\times10000}{24\times1.67\times500}=66.53\ \text{（桶）}$$

即 67 桶，规模为一个大中型化纤企业。

三、拉伸工艺控制

(一) 拉伸的定义及目的

拉伸是通过外界机械的强制作用，迫使初生纤维在一定的温度下产生单轴形变的过程。通过拉伸使纤维的结构单元获得稳定的取向结构，从而达到提高成品纤维强度的目的。

拉伸是化学纤维制造中必不可少的工序，常被称为化学纤维的第二阶段，或称二次成型。

它不仅是使纤维的物理—机械性能提高的必要手段，而且是检验之前各道工序进行好坏的关口。需要指出的是，高速纺丝由于纺速高达 4000m/min，甚至 6000m/min 以上，在克服气流对丝条摩擦阻力的同时，丝条已经受到了充分的拉伸，可以省去后拉伸工序，而直接用于变形丝加工，或可使纺丝、拉伸、变形三道工序连续进行。

拉伸过程中分子的运动有链段运动和分子链的滑移，结果是使纤维发生了两种取向，即小尺寸的取向为链段的排列达到整齐，大尺寸的取向为大分子链排列达到整齐。

（二）拉伸过程的进行方式

随着纤维品种和纺丝方法的不同，产生的初生纤维的性质也不一样，进而拉伸过程进行的方式也就有所不同。根据拉伸时纤维所在的介质来分，一般有以下几种方式：

1. 干拉伸（空气浴） 拉伸时初生纤维处于空气包围之中，纤维与空气介质及加热体之间有热量传递，常用的有以下两种方式。

（1）室温拉伸。适用于玻璃化温度在室温附近的初生纤维。拉伸时，不对纤维进行加热，而拉伸产生的热量传递给空气介质，空气起冷却作用。

玻璃化温度 T_g 低于室温或低于室温附近的情况下，一般采用室温干拉伸，此时 $T_{拉} > T_g$，理论上链可以很好地运动，但具体情况要具体分析。例如，丙纶等规度高，T_g 虽为−20℃，但其结晶度高，结构紧密，同时为了避免拉伸时产生空洞而使纤维发白甚至造成毛丝断头，因此还需热拉伸才行；锦纶玻璃化温度 T_g 虽然为 45℃，但由于纤维中含有少量低分子，能起到增塑作用，反而可以进行室温拉伸。

（2）热拉伸。加热方式有热盘、热板或热箱加热。适用于玻璃化温度较高，或者是拉伸应力较大的纤维（包括拉伸纤度较粗而玻璃化温度 T_g 并不高的纤维），这是一种边将纤维加热边进行拉伸的方式。通过加热使被拉伸纤维的温度升高到 T_g 以上；对于纤度较粗、拉伸应力较大的纤维，则通过加热，可促进分子热运动，降低拉伸应力，有利于拉伸顺利进行。热拉伸在生产中应用较多，如涤纶长丝的拉伸。

2. 蒸汽浴拉伸 拉伸时以饱和水蒸气（或过热水蒸气）为介质，包围被拉伸的纤维，由于加热和水分子的增塑作用，使纤维的拉伸应力有较大的下降。

（1）饱和蒸汽浴拉伸。在腈纶短纤维生产中，丙烯腈共聚物的 T_g 约为 85～95℃，经预热处理的凝固丝，由于所含溶剂的增塑作用，使 T_g 下降到 75℃左右，为了进行高倍拉伸，必须把纤维温度升高至超过 T_g 约 25℃，即升温至 100℃左右，因此生产中往往采用 0.2MPa 的饱和蒸汽浴将纤维进行 5～6 倍的加热拉伸。

（2）过热蒸汽浴拉伸。在聚酯短纤维生产中，无定形的初生纤维（T_g＝69℃）经第一道水浴或油浴拉伸后，部分结晶 PET 的 T_g 升高至 79～81℃，为了进一步拉伸，往往采用 170～180℃的过热蒸汽使纤维加热至 130～150℃，同时进行第二道拉伸，以降低拉伸应力。

3. 湿拉伸 这种拉伸，纤维被液体介质（水、油剂浴或溶剂与沉淀剂的混合液）所包围，不但有热量传递，也可能发生传质过程，甚至化学反应。湿拉伸分为两种方式：液浴法和喷淋法。

（1）液浴法。由于拉伸时纤维完全浸在液浴中，纤维与介质之间的传热及传质过程进行的较快而且较均匀。特别是对总线密度较大的丝束，要求拉伸时传热均匀来说，液浴法十分适合。聚酯短纤维生产中，第一级拉伸或第二级拉伸，常采用热水浴拉伸。

（2）喷淋法。它是在拉伸时将热水或热油剂喷淋到纤维上，边加热边拉伸。如黏胶长丝的拉伸。

总之，蒸汽浴拉伸和湿拉伸都可用于玻璃化温度较高且结构不紧密的纤维，因为水、油剂等可以进入纤维内部，促使链段运动。

（三）拉伸原理

1. 拉伸曲线 纤维在拉伸时有如图 2－47 所示的 4 种曲线。

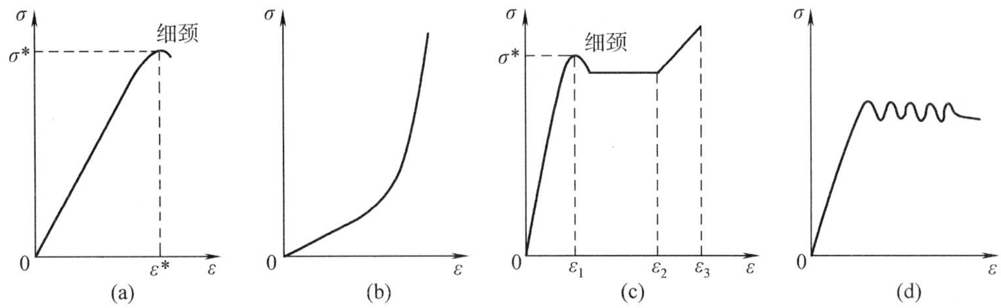

图 2－47 拉伸曲线图

在图 2－47 中：

（a）型曲线：又称凸型曲线。模量 $E=\frac{\text{应力}}{\text{应变}}=\frac{d\sigma}{d\varepsilon}$，通常希望模量在拉伸过程中能不断增加，但本曲线表明，随着拉伸的进行，ε升高，E 下降，并且细颈不发展，直至被拉断，越拉越省力，出现凸型曲线的初生纤维属于不可拉伸型，拉伸时会出现脆性断裂。开始时，ε升高，σ 升高。当 $\sigma=\sigma^*$ 时，ε升高，σ 急剧下降，同时出现应力集中和细化点，克服了 σ^* 以后，纤维发生塑性形变，立刻被拉断。初生纤维应避免出现凸型拉伸曲线。

（b）型曲线：又称凹型曲线。随着拉伸进行，模量逐渐增加，即ε上升，E 上升，越拉越费力。拉伸中纤维均匀变细，不出现细化点，同时产生自增强作用，拉伸能顺利进行。一般湿法纺丝中初生纤维的拉伸属于凹型曲线。

（c）型曲线：又称先凸后凹型曲线、反 S 型曲线或 S－S 型曲线等。前段属于凸型，当 $\sigma>\sigma^*$ 时，应力集中产生细化点，发生塑性流动，分子结构更加紧密，材料强度升高，转变为凹型，属可拉伸型，熔纺初生纤维的拉伸属于该类型。

当$\varepsilon<\varepsilon_1$ 时，形变是均匀的，是可逆的普弹形变。从分子角度上讲，是键长、键角的运动。当$\varepsilon_1<\varepsilon<\varepsilon_2$ 时，发生高弹形变，形变集中到一个或数个细颈处，细颈不断发展，最后到达整根纤维，形变不均匀。从分子角度上讲，是分子链段的运动。当$\varepsilon_2<\varepsilon<\varepsilon_3$ 时，发生塑性形变。从分子角度上讲，是大分子链的滑移，σ 升高，ε也升高。

（d）型曲线：又称不规则曲线。发生细颈时，产生跳动，不能拉伸。

2. 自然拉伸比（$N_{自}$）、名义拉伸比（R）、最大拉伸比（N_{max}）

自然拉伸比 $$N_{自}=\frac{A_1}{A_2}=\frac{L_2\rho_2}{L_1\rho_1}=\frac{L_2}{L_1}$$

最大拉伸比 $$N_{max}=\frac{A_1}{A_3}=\frac{L_3\rho_3}{L_1\rho_1}=\frac{L_3}{L_1}$$

式中：A_1 为纤维原横截面积；A_2 为纤维产生细颈时的横截面积；A_3 为纤维断裂时的横截面积；L_1 为纤维原长；L_2 为细颈产生时的长度；L_3 为纤维断裂时的长度；ρ_1、ρ_2、ρ_3 分别为纤维原长时、细颈产生时和断裂时的相对密度，且近似相等。

名义拉伸比（R）又称为后拉伸倍数，计算式如下：

$$R=\frac{V_2}{V_1}$$

式中：V_1 为第一辊速度；V_2 为第二辊速度。

名义拉伸比在自然拉伸比和最大拉伸比之间，即 $N_{自}<R<N_{max}$。若 $R<N_{自}$，则纤维会出现一节一节的竹节丝；若 $R>N_{max}$，则纤维被拉断。

3. 结构与拉伸条件影响拉伸曲线

（1）结晶度。结晶度越大，结构越紧密，纤维越不易拉伸。随着结晶度的升高，使应力—应变曲线沿着如图 2－47 中的（b）→（c）→（a）型的方向转化，导致屈服应力增加，并使自然拉伸比有所增大。（b）型结晶度很小，（c）型部分结晶，（a）型结晶度大。一般来说，希望初生纤维结晶度不要太高，以保持良好的可拉伸性，待热定型时再增加其结晶度。

（2）取向。一般熔纺初生纤维的预取向度都较低，但它对后拉伸的影响却不应忽视。随着预取向度的增大，大分子链沿纤维轴向排列规整性提高，使大分子链和链段的运动以及大分子间的滑移变得困难，宏观表现为其形变特性沿着（c）→（b）型的方向转化，即自然拉伸比有所减小，并转变为均匀拉伸，屈服应力和拉伸模量都有所增大，致使拉伸操作中易于出现毛丝断头，给拉伸带来困难。

总之，为了提高初生纤维的可拉伸性，使拉伸倍数增大、拉伸顺利，并使成品纤维强度较大、断裂延伸较小，应适当控制纺丝条件，不要使初生纤维预取向度太高。

（3）拉伸温度。一般要高于 T_g，温度越低，纤维越脆。温度升高，则应力—应变曲线沿着如图 2－47 中的（a）→（c）→（b）型的方向进行。

初生纤维拉伸时，适当地提高拉伸温度到 T_g 以上是必要的，而且在多级拉伸时，随着拉伸过程中发生取向和结晶等结构的变化，拉伸温度要逐级提高。显然，拉伸温度应低于非结晶高聚物的黏流温度或结晶高聚物的熔点，否则，不可能进行有效的拉伸取向。

（4）拉伸速度。拉伸速度增大时，对应力—应变曲线的影响与降低温度的影响相类似，在（c）型形变范围内，使屈服应力 σ^* 和自然拉伸比 N 都有所增大。如果原来属于（b）型形变，则随着拉伸速度升高，逐渐由（b）型向（c）型转化。

（5）初生纤维（Primary fibre）相对分子质量。一般来说，随着初生纤维相对分子质量的增大，拉伸时的屈服应力有所提高。初生纤维要避免（a）型不可拉伸的情况，就必须具备一定的初始模量和较高的断裂强度，才能经得起一定应力下的拉伸作用而不至一拉就断。纤维的强度依赖于相对分子质量的大小，只有高聚物的数均分子量达到一定值后，纤维才能显示出一定的机械强度。如要制备高强度和高韧性的纤维，应采用较高的相对分子质量。当然，也不是相对分子质量越大，可拉伸性就越好，随着相对分子质量的增大，大分子间的作用力加强，使分子间的相对滑移变得困难，即难以实现塑性形变。塑性形变是拉伸总形变中的有效部分，它与塑性黏度有关，塑性黏度大，塑性形变就小。而塑性黏度随相对分子质量的提高而迅速增大，因而相对分子质量的增大，大大增加了塑性形变的困难。所以，相对分子质量如超过一定限度，反而会使纤维的可拉伸性降低。

（6）小分子的存在。初生纤维中存在水、溶剂、单体等低分子物质时，可使大分子间距离拉开，减小了大分子间的作用力，因而降低了松弛活化能，使链段以及大分子链结构单元的运动变得容易，也就是说使高聚物的 T_g 降低，这种现象称为塑化或增塑作用。增塑作用对拉伸过程的影响，与提高温度相似，能使屈服应力 σ^* 降低，并使应力—应变曲线的水平段缩短，即促使由（c）型形变转化为（b）型形变。

（7）纤维的线密度。随着初生纤维线密度增加，拉伸应力和自然拉伸比有所增大，拉伸曲线沿着（b）→（c）→（a）方向发生转变。

（四）拉伸过程中的三种形变

初生纤维是兼具黏性和弹性的高聚物黏弹体。初生纤维的拉伸就是使高聚物黏弹体在牵伸张力的作用下产生很大的形变。在此过程中，一方面高聚物的各种运动单元（链段、大分子链、微晶、非晶区等）沿着作用力的方向（即纤维轴向方向）取向，另一方面由于热运动而使运动单元解取向。

显然，拉伸是为了使纤维的结构单元获得稳定而巩固的取向，从而达到提高成品纤维物理机械性能的目的。从理论上说，初生纤维的拉伸过程可近似地看做是在恒定应力作用下，形变随时间（t）而发展的过程，因而可借用高聚物的力学松弛——蠕变来描述，其蠕变方程为：

$$\varepsilon(t)=\varepsilon_1+\varepsilon_2+\varepsilon_3=\frac{\sigma_e}{E_1}+\frac{\sigma_e}{E_2}(1-e_r^{-\frac{t}{2}})+\frac{\sigma_e}{\eta_3}t$$

式中：ε 为拉伸形变；ε_1 为普弹形变；ε_2 为高弹形变；ε_3 为塑性形变；σ_e 为应力；E_1 为普弹形变的弹性模量；E_2 为高弹模量；η_3 为塑性黏度。

从式中可以看出，拉伸过程的形变 ε 是时间的函数，并由普弹形变 ε_1，高弹形变 ε_2 以及塑性形变 ε_3 组成。

1. 普弹形变 ε_1 普弹形变是瞬时发生的（“瞬时”一般指 10^{-2}s 之内），是大分子主链的键角和键长受力后发生形变的反映，形变（ε_1）与应力（σ_e）同相位，应力去除，形变马上回复，即 ε_1 和时间无关。普弹形变的弹性模量（E_1）很大，形变很小，只有总形变值的 1%左右。

2. 高弹形变 ε_2 高聚物的高弹形变是大分子链在张力的作用下，由蜷曲构象转化为伸展构象的宏观表现。高弹形变的特点是形变值很大，可伸长至原长的 10 倍，所以它对拉伸总形变贡献很大，要达到几倍的拉伸，一定要在高弹形变的基础上进行。但因它能回复，所以这种拉伸效果是不稳定的。高弹形变的另一个重要特点为形变落后于应力，即形变有明显的时间依赖性，在外力去除后，形变也能完全回复，但回复也需要时间。由于高弹形变随时间而发展并逐渐趋向于平衡，所以又称之为推迟高弹形变。

3. 塑性形变ε_3　塑性形变实际上是一种黏性流动，它在外力作用下随着时间的延长而持续增大，只要时间允许，它会无限发展下去。外力去除后，它将作为永久形变而保存下来，即这种形变是完全不可回复的。塑性形变是高聚物在外力的作用下，大分子链间产生相对滑移的宏观反映。

在拉伸过程中，要发展塑性形变，每种形变的关系如下：

（1）高弹形变和塑性形变联系紧密，不可分割；

（2）由大分子位移产生的塑性形变，是不可回复的；

（3）高弹形变是塑性形变的前提，塑性形变是高弹形变的结果。

（五）拉伸过程的工艺流程及设备简介

以普通纤维为例，其工艺流程如下所示：

上油→八辊导丝机→一道七辊→油水浴槽→二道七辊→过热蒸汽箱→三道七辊

聚酯短纤维的质量除了主要取决于拉伸工艺和运转操作外，拉伸设备的性能也是很重要的因素。为了生产高质量的聚酯短纤维，拉伸工序的设备应具备以下的性能：能够均匀地供给未拉伸丝，并给予均匀拉伸；运转操作方便，控制容易，运转性能良好；运转费用低，生产能力大；要有安全保护措施，如绕辊检测等。

主要设备的作用分述如下。

1. 上油　上油的目的是为了补充油剂，因为在存放过程中，有部分油剂蒸发。它是为了使油的浓度不变而进行的油剂循环。其设备结构如图 2－48 所示。

2. 八辊导丝机　八辊导丝机是由分丝架、导丝辊组成的。其结构如图 2－49 所示。

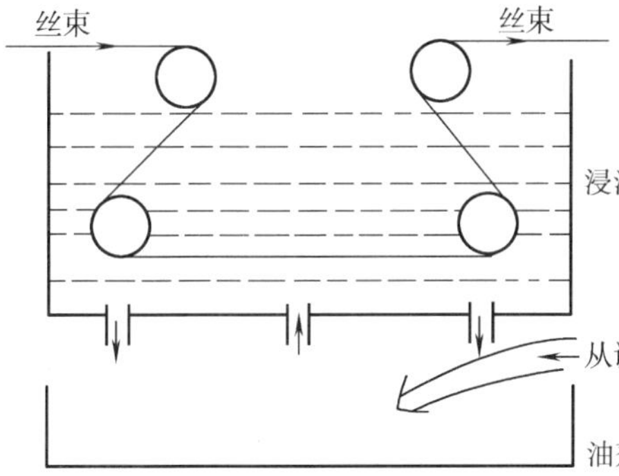

图 2－48　上油槽结构示意图

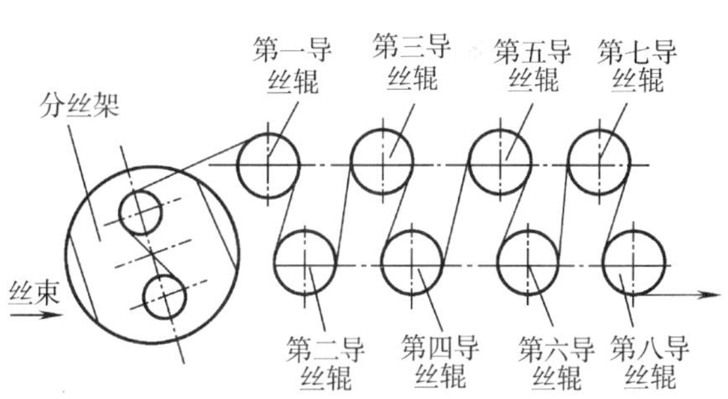

图 2－49　八辊导丝机示意图

分丝架的作用是为了把纤维分成片状。导丝辊的作用是给纤维一定的张力，均匀喂入拉伸辊。第一道七辊与导丝机速比为 1.0202～1.0408，如 1.0306。

3. 拉伸辊　拉伸辊按单机辊数不同可分为五辊拉伸机和七辊拉伸机，目前以七辊拉伸机最为普遍，其结构示意图如图 2－50 所示。

第一道拉伸机里有一个冷却辊，第二道拉伸机里的第一个辊上有毛刷，来清理废丝，第三道拉伸机上装有导丝板。辊的直径一般为 318.20～319.20mm。为了减少丝条打滑，按丝的前进方向，辊的直径以 0.25mm 递增。辊一的直径最小为 318.20mm，辊七的直径最大为 319.20mm。为了减少打滑现象，导丝辊上一般还装有橡胶压辊。

4. 油水浴槽 油水浴槽的目的是加热丝条，所用设备与上油槽一样。只是油水浴槽油循环的作用是保持温度相同，而上油槽油循环的作用是保持油的浓度不变。

5. 过热蒸汽箱 过热蒸汽箱的作用是进一步加热丝条，它的结构如图 2－51 所示，过热蒸汽箱的管尺上有小孔，蒸汽不直接喷向丝束，这样就能保证温度的均匀。

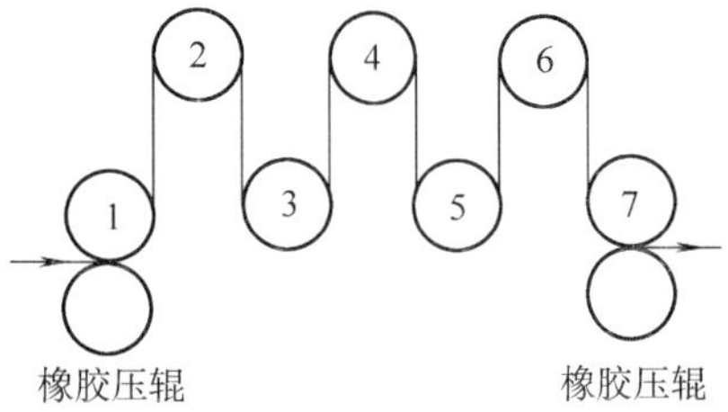

图 2－50　拉伸辊结构示意图

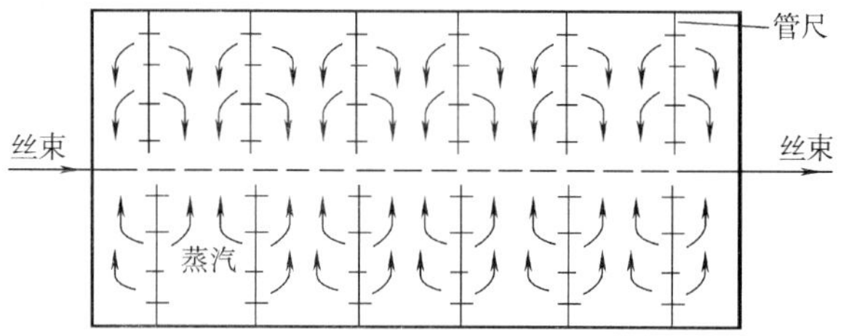

图 2－51　过热蒸汽箱结构示意图

（六）拉伸的工艺条件

影响成品丝质量的因素有聚合物、纺丝、冷却、纺速、拉伸条件等。其中拉伸条件包括拉伸温度、拉伸速度、拉伸倍数及分配以及拉伸点的移动等。

1. 拉伸温度 拉伸温度与介质对拉伸点的控制有较大的影响，随着拉伸温度的提高，丝条的屈服应力和拉伸应力减小，有利于拉伸。拉伸屈服应力随温度升高而下降，且在高聚物的玻璃化温度以上时下降尤为明显。在拉伸温度低于 T_g 时，拉伸性能不高，甚至不能正常操作，因此第一级拉伸温度一般控制在 T_g 以上，但不应过高地超过 T_g，以防止发生流动变形，实际控制在 70～90℃之间最好[1]。

当纤维经过第一级拉伸后，已有一定程度的取向，结晶度也有所提高，T_g 也随之提高。进行第二级拉伸时，就必须采取更高的拉伸温度，目前某些工厂中采用过热蒸汽加热，温度控制在 150（棉型）～180℃（毛型）之间，使丝束表面温度达到 95～100℃。

2. 拉伸速度 在二级拉伸工艺中，丝束的拉伸是通过三台拉伸机来完成的。在拉伸过程中，随着拉伸速度的提高，拉伸应力有所增加，这是因为拉伸中纤维的形变是一个松弛过程，形变的发展需要一定的时间。可采用适当提高拉伸温度的措施来降低拉伸应力，提高拉伸速度。如果拉伸速度太快，形变来不及发展，就必然会使纤维中的应力增加。但由于拉伸过程发热，会使被拉伸纤维的实际温度升高，从而使拉伸应力减小。因此，当拉伸速度超过某一值后，拉伸应力又有降低的趋势，提高拉伸速度就是提高生产能力。目前涤纶短纤维生产中拉伸时丝束喂入速度 v_1 一般为 30～45m/min，出丝速度 v_3（一般为三道七辊拉伸机的线速度）为 140～180m/min，也有达到 280m/min，如仪征化纤。毛型短纤维的出丝速度则要低些。

3. 拉伸倍数及分配　拉伸倍数应根据卷绕丝的应力—应变曲线来确定，选择在自然拉伸倍数和最大拉伸倍数之间，若拉伸倍数小于自然拉伸倍数，则被拉伸纤维中细颈尚未扩展到整个纤维，必然包含较多的未拉伸丝，这样的纤维没有实用价值；而当拉伸倍数达到最大拉伸倍数时，纤维就会断裂。

拉伸倍数与成品丝强度要求、原丝质量以及纺丝速度等因素有关。对于高强低伸型成品丝，拉伸倍数要求大，而对于低强高伸型成品丝，拉伸倍数则应小些；从原丝质量上，可结合 S-S 曲线，定出自然拉伸比倍数与最大拉伸比倍数；从纺速上讲，纺速越快，拉伸倍数越小，纺速每增加 100m/min，拉伸倍数则下降 0.1%。如常规纺速为 1000m/min，则后拉伸倍数为 3～4 倍；高纺速为 3200m/min，则后拉伸倍数为 1.8 倍；超高速纺纺速为 6000m/min 则后拉伸倍数为 1 倍，即不需要后拉伸。因此，正确地设定拉伸倍数，是保证拉伸丝质量和拉伸进程能否顺利进行的关键。

随着拉伸倍数的增加，纤维的强度也不断增加，拉伸比提高 0.1 倍，则成品纤维强度约可提高 0.13cN/dtex。对于民用丝，要求有一定伸长率，柔软而有弹性，拉伸倍数可低些，一般为 3.5～4 倍；而对于高强力丝或帘子线则要求强度高、伸长小，拉伸倍数可高些，一般不小于 5 倍。

采用二级拉伸工艺时，在总拉伸倍数基本不变的情况下，随着一级拉伸倍数的增加，二级拉伸倍数缩小，纤维的断裂强度有所提高，伸长率与沸水收缩率也随之下降；当一级拉伸倍数提高到某一定值时，即占总拉伸倍数的 90%时，再继续提高，则纤维性能变差，表现为断裂强度下降，伸长率和沸水收缩率上升。目前生产中当总拉伸倍数为 4.0～4.4 倍时，第一级拉伸倍数控制在总拉伸倍数的 85%为好。

4. 拉伸点的控制　通常把拉伸过程中出现细颈的位置叫做拉伸点。由于各单根纤维的细颈不可能同时在一个位置上产生，而往往在 2～3cm 的区域内展开，因此，确切地说应称为拉伸区，在生产上希望拉伸点（区）的距离越短越好。工艺上为了稳定拉伸点，一般在一、二道拉伸机之间设有加热装置，使纤维内部形成稳定的温度梯度，当纤维的实际温度上升至在相应的拉伸应力下能发生屈服变形时，纤维会出现细颈。

纤维拉伸时的结构变化如图 2－52 所示。

如前所述，在加热拉伸时屈服应力大大降低，纤维生热减小，加上热传导的加强，实际升温将大大减低，可近似看成加热条件下的等温拉伸，所以此时拉伸点能准确控制在一、二道拉伸机之间的加热器中，拉伸均匀性也大大改善。

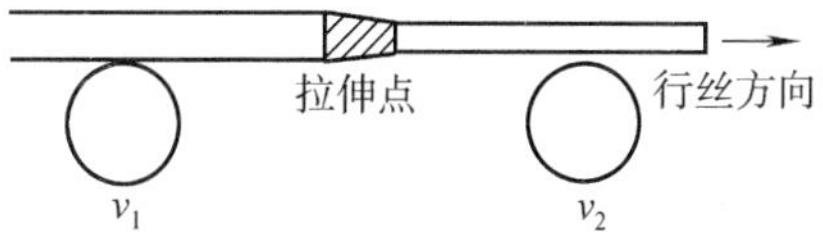

图 2－52　初生纤维拉伸示意图

5. 拉伸介质的选用　拉伸是在传热物质中进行的，该传热物质称为拉伸介质。涤纶短纤维后加工过程中，拉伸介质为热水（油浴）或蒸汽。

拉伸介质的作用主要有两方面，一是起导热作用，快速而均匀地加热丝束，并带走拉伸产生的热量；二是起膨润增塑的作用，降低拉伸应力，改善拉伸性能。

对于两级拉伸来说，其拉伸介质可以是水浴（油浴），也可以是蒸汽，但由于水浴加热和蒸汽加热各有其利弊，因此选择拉伸介质时应综合考虑各方面的要求。

水对纤维有增塑作用，且加热均匀，又能很好地吸收拉伸放出的热量，用于第一级拉伸的较多。第二级拉伸由于温度要求高，而水温一般只能控制在90℃左右，又由于拉伸速度比第一级更快，水容易被带出、飞溅。因此，第二级拉伸介质大多用蒸汽。

为进一步简化流程，亦有不用水或蒸汽作为介质的干热拉伸，这种方式用热辊加热丝束，直接在空气中进行热拉伸，但是这种拉伸机结构比较复杂，操作难度较大。

四、卷曲工艺控制

涤纶短纤维主要用于与棉、毛、黏胶纤维等进行混纺。棉纤维、羊毛具有天然的卷曲状态，并且纤维的截面呈各种不规则的形状，所以纤维之间的抱合性好，纺织加工性能良好。但是未经卷曲加工的涤纶，由于纤维的截面呈圆形，纤维表面光滑，刚性强，因此与其他纤维混纺时的纺织加工性能较差。而涤纶短纤维的卷曲可增加纺纱时纤维之间的摩擦力和抱合力，可以提高纤维和纺织品的弹性，改善织物的抗皱性，还能赋予织物优良的保暖性。

此外，涤纶短纤维吸湿性小，导电性差，摩擦系数大，使其在纺丝、后拉伸及纺织加工过程中静电严重，生产不能顺利进行。为了改善上述情况，用油剂处理纤维是行之有效的手段，油剂能调节纤维与纤维、纤维与金属之间的动、静摩擦，赋予纤维平常、柔软的手感，能给予纤维适当的吸湿性，提高其导电性，减少毛丝的断头。

（一）卷曲前的上油

纤维上油的方式有许多，通常可归纳为下列三种：

1. 浸渍式（Impregnation-type） 将丝束浸在油剂浴中进行上油。其特点是上油均匀，上油误差小，不超过10%，但含水量多，丝温低，只能用于低温卷曲。

2. 喷淋式（Spray-type） 通过油管和喷嘴将油剂喷到丝束表面进行上油。其特点是丝束温度降低少，含水量低，但上油效果不太好，上油量很不准确，误差大约在20%～30%，油剂损失较多，对操作环境有所污染。

3. 罗拉式（Rolle-typer） 采用油剂罗拉与丝束直接接触进行上油，其特点是上油均匀，效果好，上油量误差在5%左右，丝束温度下降少，含水量低，适合于高温卷曲。但供油系统要求严格，不能断油运转；清洗油剂罗拉时要谨慎，防止损坏。

根据以上三种上油方式的特点，建议采用双面罗拉接触上油方式，上油前丝束温度为165℃，上油后在140℃左右，这样就便于进行高温卷曲。

（二）上油工艺参数的制定

上油工艺参数主要有上油量和上油轮转速两方面。

1. 上油量 上油过程中所需的油剂量可根据单位时间内丝束的处理量，成品丝要求的含油率、上油效率以及油剂浓度等来决定，通过油剂计量泵的转速来控制，而与上油轮本身的转速无关。

2. 上油轮转速　上油轮的转速大小与上油量无关，但要受到丝束运转速度的限制。实验表明，上油轮转速太低，易使上油不匀率增大，只有当上油轮表面线速度（v_{oil}）与丝束运行速度（v_{tow}）之比大于0.1时，上油不匀率才下降，油轮线速度越接近于丝束速度，上油不匀率越低。

（三）卷曲方法和卷曲特性

1. 卷曲方法　合成纤维的卷曲方法有化学卷曲法和机械卷曲法两种。

（1）化学卷曲法。又称纺丝卷曲法，是在纺丝过程中形成卷曲纤维的一种方法。它是利用特殊的凝固成型条件，造成纤维截面的不对称性而形成卷曲；也可采用双组分纺丝法，纺制复合纤维。用这种方法得到的卷曲度高而稳定，且具有天然纤维的卷曲性能。

（2）机械卷曲法。是在热水或水蒸气加热下，通过机械挤压卷曲。这种卷曲仅是纤维外观上的卷曲，纤维内部结构变化不大，而且这种卷曲是折叠的，卷曲稳定性也较差，但由于方便易行而应用广泛。目前常用填塞式卷曲法，图2-53为SL561型卷曲机结构示意图。

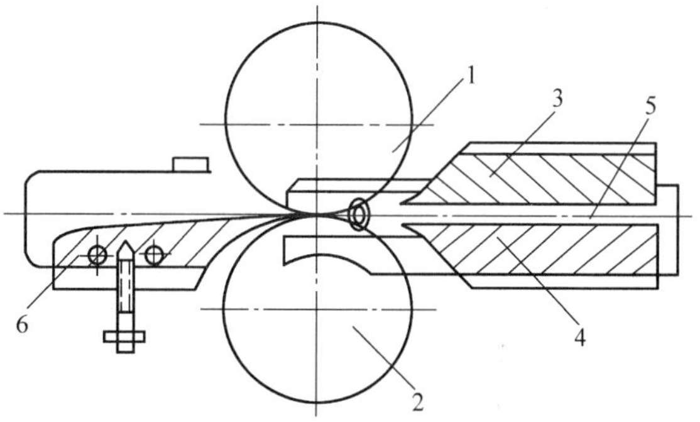

图2-53　SL561型卷曲机结构示意图
1—上卷曲轮　2—下卷曲轮　3—上卷曲刀　4—下卷曲刀　5—卷曲箱　6—导丝板

丝束经导辊被上下卷曲轮夹住卷入卷曲箱中，由于上卷曲轮采用压缩空气加压，并通过重锤来调节丝束在卷曲箱中所受的压力，使丝束在卷曲箱中受挤压而卷曲，卷曲刀用螺钉与卷曲箱整体固定，并与卷曲轮表面保持一狭小缝隙，以保证卷曲质量并延长卷曲轮的使用寿命。

2. 卷曲特性　生产中，用于表征纤维的卷曲性能的主要是卷曲数和卷曲度以及卷曲回复率。

卷曲数是指一定长度（25mm或1cm）的纤维上波纹的数目，单位用个/25mm或个/cm来表示，如图2-54所示一般化学纤维的卷曲数为4～6个/cm。可由下式计算：

$$J_n=\frac{J_A}{2\times25}$$

式中：J_n为卷曲数（个/cm）；J_A为纤维在25cm内全部卷曲峰和卷曲谷数。

卷曲度是卷曲纤维在一定张力下长度增加部分所占的百分数，亦即因卷曲而缩短的部分占挺直纤维长度的百分数。它表示卷曲后纤维的缩短程度，与卷曲数和波幅有关，适当的卷曲率可以提高纤维的可纺性，一般卷曲度在10%～15%为宜。卷曲度用J表示，其计算公式如下：

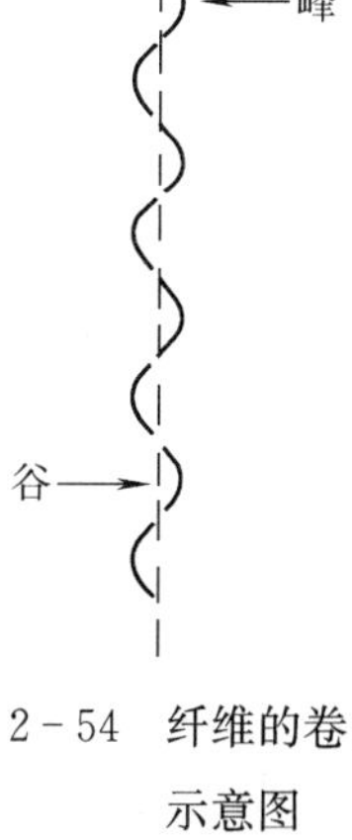

图2-54　纤维的卷曲示意图

$$J=\frac{L_1-L_0}{L_1}\times100\%$$

式中：J 为纤维卷曲度；L_0 为纤维在轻负荷下测得的长度（mm）；L_1 为纤维在重负荷下测得的长度（mm）。

轻负荷通常是指 0.0018dN/tex，而重负荷则可根据纤维种类的不同分为两种，即 PVA、PA、PP、PVC 对应的重负荷为 0.05dN/tex，而 PET、PAN 所对应的重负荷为 0.075dN/tex。

卷曲数和卷曲度反映了卷曲程度，其数值越大，表示卷曲波纹越细密。一般来说，涤纶短纤维的卷曲数为 10～18 个/25mm，卷曲度为 10%～18%。棉型涤纶短纤维取上限值，毛型涤纶短纤维取下限值。

卷曲回复率反映了纤维受力后卷曲回复的能力，卷曲回复率越高，表示卷曲受力后回复的能力越好。用 J_W 表示，可由下式计算：

$$J_W=\frac{L_1-L_2}{L_1}\times 100\%$$

式中：J_W 为纤维卷曲回复率；L_1 为纤维在重负荷下测得的长度（mm）；L_2 为纤维在重负荷释放后，经 2min 回复后，再在轻负荷下测得的长度（mm）。

（四）卷曲机理

使涤纶纤维产生卷曲的外部条件是机械挤压，而形成卷曲的内部条件则是聚对苯二甲酸乙二酯的线型大分子在高温下具有塑性。当温度上升到 T_g 以上时，分子链运动活跃，这时纤维变得柔软，在外力作用下就易变形（卷曲就是纤维变形）。卷曲机就是给湿热状态下的纤维以外力使之形成卷曲波纹的机械。

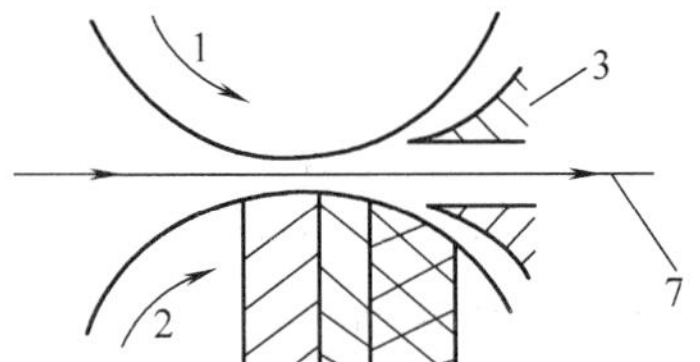

图 2-55　填塞式机械卷曲原理图
1，2—卷曲轮　3—填塞室　4—一次卷曲区　5—二次卷曲区　6—三次卷曲区　7—丝束

填塞式机械卷曲时，丝束被一对回转的卷曲轮夹持住，输送至卷曲箱中。开始时，由于卷曲箱内是空的，进入的纤维不会受到阻碍，因此不发生卷曲。随着纤维的不断输入，卷曲箱内充满了丝束，后面输入的丝束受到前面丝束的阻碍，因此，刚过卷曲轮夹持点，纤维就可能往上下左右移动。左右两边是卷曲箱侧板，这就迫使丝束（或丝片）只能上下卷曲，图 2-55 为填塞式机械卷曲原理图。

纤维在卷曲箱内形成卷曲的全部过程可分为一次卷曲、二次卷曲和三次卷曲。最初形成的是细密的波折（第一次卷曲）。第一次卷曲是在两卷曲轮之间的狭小空间中，约距夹持点3～4mm 处产生的，它只与卷曲轮直径有关，而与卷曲刀无关。从卷曲效果来看，第一次卷曲即纺织加工所要求的纤维卷曲，对决定卷曲度和卷曲数起主要作用。完成第一次卷曲的丝片继续向前推进，由于卷曲辊面间距增大，同时又受到前面丝片的阻力，迫使丝片弯曲以填满空间，这种弯曲是丝片折片的弯曲，属于一种折叠形状，称之为第二次卷曲。第二次卷曲形成的区域在卷曲刮刀之前，上下轮距离约 6～10mm 处，就其形状和作用来看，它不是真正的纤维卷曲，可能在丝束切断时卷曲消失。经第二次卷曲后，纤维丝片再往前行进，进入上下卷曲刀所控制的区域内，即空隙不再变大，此时进行第三次卷曲。第三次卷曲是在卷曲刀刀口上完成的，并由卷曲刀来稳定。与第二次卷曲相比，第三次卷曲更难保持丝片的弯曲形状，实质上是特定位置上的第二次卷曲，是改变了原来弯曲程度的第二次卷曲。

从整个卷曲过程来看，所谓卷曲，主要指第一次卷曲，它决定了成品丝的卷曲数和卷曲度，而第二次卷曲和第三次卷曲则主要对第一次卷曲起保护作用，因此，在进行卷曲操作时，主要是掌握和控制好第一次卷曲。

（五）卷曲工艺的制定与控制

1. 卷曲丝束的总线密度和丝片厚薄均匀度 卷曲丝束的总线密度和纤维的卷曲效果密切相关，若丝束的总线密度过大，丝片就厚，纤维的卷曲度降低，卷曲效果变差；如果丝束总线密度过小，丝片太薄，造成丝片进丝不匀，则易使纤维出现卷曲横斑，即在丝层厚的部分卷曲密度大，丝层薄的部分卷曲密度小。如果控制不好还会出现毛边、断丝以及引起切断时产生超长和倍长纤维，所以，在给定卷曲轮的宽度情况下，卷曲丝束的总线密度应保持恒定。根据生产实践经验，一般每毫米卷曲轮宽度丝束最佳卷曲线密度为（0.44～0.66）$\times 10^4$dtex。如卷曲轮宽度为270mm时，丝束总线密度约为174.4$\times 10^4$dtex。

2. 卷曲温度 卷曲温度主要是控制进入卷曲填塞箱的丝束温度，丝束温度又通过蒸汽预热箱进汽量进行微调，填塞式机械卷曲温度是在机械力作用下使纤维产生永久性弯曲变形的温度，因此这就需要卷曲温度高于玻璃化温度 T_g（经拉伸后纤维的 T_g 约为80℃），使纤维产生很大的不可逆塑性形变，卷曲温度越高，卷曲度越大。因此，要合理控制卷曲温度，以保证卷曲的质量。实践证明，控制丝束进入卷曲机的温度为130℃时，卷曲效果最好[23]。

对于不同种类的纤维，其所要求的卷曲温度也不相同。生产普通涤纶时，在拉伸后丝束本身还有一定温度，不必另行加热，也能达到良好的卷曲效果。而生产高强度、高模量的涤纶短纤维时，由于纤维预先经过紧张热定型，结晶度和取向度较高，所要求的卷曲温度也应提高，这时一般在进入卷曲机前要进行预热处理，使卷曲温度保持在100～130℃，才能达到良好的卷曲效果。否则，由于温度过低，丝束会像“甘蔗皮”一样，出现毛边、波纹太小等卷曲不良的现象。

当然，卷曲温度也不能太高，否则卷曲丝束会发生黏结，造成卷曲不良，尤其要注意纤维由于挤压而产生热量使温度升高，故卷曲辊需用冷水冷却。

生产高强低伸型纤维时，卷曲温度为130℃。在这样高的温度下，丝束变形阻力大大降低，有利于稳定卷曲效果。如果温度达不到，就要影响纤维的卷曲数和卷曲度，因此，生产中要确保丝束有足够的温度，尤其是冬季更要注意。另外，卷曲轮中通80℃热水的目的是防止丝束因局部挤压过热形成黏结。资料表明，如果卷曲温度在136℃以上，卷曲数的变动增大，是应该避免的情况。

3. 丝束的张力 卷曲的均匀性可分为横向均匀性和纵向均匀性。横向均匀性主要取决于丝束的厚薄是否均匀一致。纵向均匀性则主要取决于喂入丝束的张力是否均匀以及填塞箱压力是否稳定。

卷曲丝束进入卷曲机前的张力对卷曲效果影响很大。张力过小，易造成丝束不稳定，很难保持良好的平行，由于跳动而产生倾斜卷曲，导致卷曲不匀性增加，卷曲度减小；张力过大，上下卷曲轮对丝束的握持力不足以牵引丝束，会造成丝束在卷曲轮之间严重打滑，从而引起丝束喂入卷曲轮的速度波动，使得一次卷曲消失，二次卷曲升高，单丝断头率增加，卷曲效果下降，此外张力过大，还会使设备容易发热，丝束温度升高而产生黏结，从而影响到纤维的强力，因此丝束进入卷曲机前应设置张力调节装置。

为了保证卷曲质量，纤维应尽量平行，张力应保持恒定，在丝束进入卷曲机之前设置张力调节装置或者控制卷曲机与拉伸机的传动速比。生产中一般卷曲速度比未拉伸速度快10%左右，张力一般控制在（0.158±0.044）cN/dtex。

4. 卷曲压力 卷曲压力分为卷曲轮之间的压力（主压）和填塞箱的压力，也即上卷曲刀的压力（背压）两种。卷曲主压力是由下卷曲轮压缩空气气缸产生的卷曲轮压力，调节气缸压力也就是调节主压力。主压力与卷曲轮摩擦系数之积为卷曲轮对丝束的摩擦力，它大于丝束的张力和推力之和时，卷曲才能正常进行。背压力是指卷曲箱尾部活动刮刀的压板对丝束产生的阻力。在主压提供的夹持丝束前进的动力和背压提供的阻止丝束前进的阻力的共同作用下，丝束弯折变形，从而形成了卷曲。

两种压力中，背压是决定丝束卷曲数的主要因素。根据欧拉公式可知，背压力大，则卷曲长度 L 就小，即产生丝束的卷曲数多；反之，背压力小，则丝束的卷曲长度 L 就大，即产生丝束的卷曲数少。显然，压力太小达不到卷曲效果，但压力过大，则因纤维挤压过度，而使其强度有所下降。主压对卷曲效果的影响不是那么直接，它主要影响纤维的运行过程。主压过小，丝束前进的动力不够，容易产生跳动；主压太大，丝束表面又易产生光斑。

实际生产中，主压和背压都应严格控制。卷曲主压和背压的控制范围均为0.24～0.32MPa，现场操作中可以根据具体情况做适当调整，以满足卷曲要求。

5. 卷曲机械及前道工序 卷曲机两侧的聚四氟乙烯板磨损或卷曲轮位置不正都会引起毛丝和卷曲度不均匀；前道工序中丝束不应有毛丝、松散丝，且在丝束进入卷曲机时要保持机身平正和具有一定的张力，防止丝束产生倾斜卷曲而引起长度不匀、卷曲不良。

五、热定型工艺控制

热定型（Heat setting）是合成纤维后加工生产中一个重要的工序。它对拉伸、卷曲效果能否固定及成品纤维能否符合使用要求起着相当显著的作用。

（一）热定型的概念、作用、目的及本质

1. 热定型的概念、作用 热定型主要用于受热后易收缩变形的锦纶或涤纶等热塑性合成纤维及其混纺物的加工。热塑性纤维的织物在纺织过程中会产生内应力，在染整工艺的湿、热和外力作用下，容易出现褶皱和变形。热定型就是对处在一定张力下的纤维进行加热处理，使之固定于新状态的工艺过程。纤维经热定型后，其尺寸稳定性可得到提高，在湿热等染整加工条件下和以后的服用过程中都不易变形。

2. 热定型的目的

（1）消除内应力，提高纤维的尺寸稳定性。

（2）进一步改善纤维的物理机械性能，如钩接强度、钩伸性、耐磨性等，以及固定卷曲度（对短纤维）或固定捻度（对长丝）。

（3）改善纤维的染色性能。

3. 热定型的作用　将纤维加热到一定的温度，通过链段的热运动，舒解了部分处于不平衡状态的不稳定的分子间作用力，重建在平衡位置上的分子间作用力，消除纤维内部存在的内应力，同时结晶结构进一步发展，使纤维结构得到巩固和强化。

4. 纤维拉伸后尺寸不稳定的原因　在纺丝和拉伸过程中，纤维所经历的时间很短，大分子松弛的时间较长，但是并不完全一致，致使大分子链段有的处于松弛状态，有的处于紧张状态，内部存在很大的应力。

在拉伸过程中，塑性形变得到了发展，同时也有高弹形变的发生。纤维被降至室温后，部分高弹形变被冻结在纤维内，如果受热会加强链段的自由运动，大分子就会产生一种回复到较卷曲状态的趋势。

（二）热定型进行的方式

热定型可以在张力作用下进行，也可以在无张力作用下进行。根据张力的大小，纤维热定型时可以完全不发生收缩或部分发生收缩。

1. 根据热定型时纤维的收缩状态区分　若根据热定型时纤维的收缩状态来区分，则有下列四种热定型方式：

（1）定张力热定型。热定型时张力恒定，纤维不收缩，而略有伸长（如1%左右）。

（2）定长热定型。热定型时纤维既不收缩，也不伸长，对纤维所施加的张力则是递减的。

以上两种方式统称为无收缩热定型，或紧张热定型。

（3）部分收缩热定型。也可称控制收缩热定型，通过调节辊筒速度，纤维在定型中有一定的收缩。

（4）自由收缩热定型。也可称松弛热定型，纤维处于松弛状态。

2. 根据热定型时所在介质或加热方式区分　若按热定型时所在介质或加热方式来区分，则有以下几种方式：干热空气定型、接触加热定型、水蒸气湿热定型、浴液（水、甘油等）定型等。

3. 根据使用效果区分　若根据使用效果分，则有以下几种方式：

（1）暂时热定型。在纤维使用过程中，稍经湿热和机械作用，定型效果就会消失。

（2）永久热定型。在纤维使用过程中，稍经湿热和机械作用，定型效果不会消失。

（三）定型机理

当纤维受接近于恒定的应力 σ_0 作用（沿纤维轴方向发生形变）时，总形变可表示如下：

$$\varepsilon=\varepsilon_1+\varepsilon_2+\varepsilon_3$$

纤维的收缩是高弹形变造成的，定型的效果是使高弹形变转变。具体分析如下：

（1）定张力热定型。高弹形变转变成塑性形变，同时产生新的高弹形变。

（2）定长热定型。高弹形变转变成塑性形变，同时产生新的高弹形变，因为张力逐渐减小，所以新产生的高弹形变没有定张力热定型大。

（3）部分收缩热定型。部分高弹形变转变为塑性形变，部分高弹形变回复。

（4）自由热定型。高弹形变完全回复。

前两种热定型，即紧张热定型因为新的高弹形变产生，所以紧张热定型后需再进行松弛热定型，才能使其结构稳定。

纤维后加工过程中的形变如图 2－56 所示。

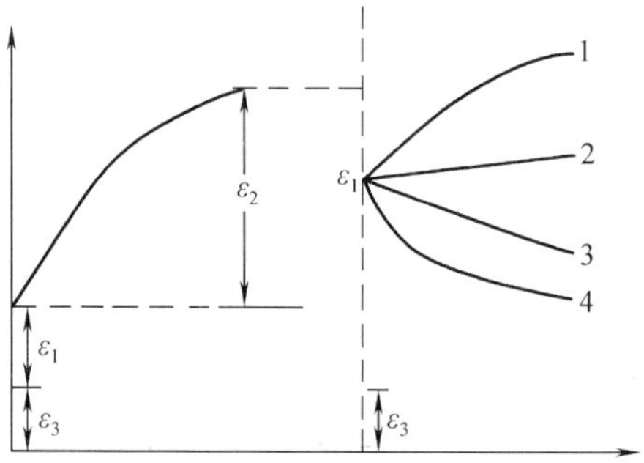

图 2－56　纤维后加工过程中的形变示意图
1—定张力　2—定长　3—部分收缩
4—自由收缩

（四）热定型设备及工艺控制

热定型方式不同，所采用的工艺条件也不相同，热定型后纤维的结构和性能也就不同。不同类型的合成纤维热定型时，所发生的纤维结构和性质的变化以及它们的定型机理是各不相同的。生产普通型涤纶短纤维一般在链板式或圆网式热定型机上进行松弛热定型；生产高强低伸型涤纶短纤维时，通常采用热辊式定型设备，在一定的张力下进行紧张热定型，然后再进行松弛热定型。

1. 链板式松弛热定型机　松弛热定型机有链板式和圆网式两种，链板式的结构如图 2－57所示。

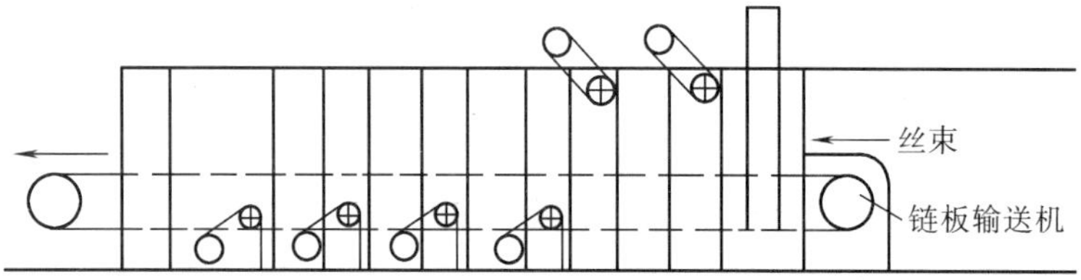

图 2－57　松弛热定型机结构示意图

由两台卷曲机输送带喂入两根丝束，进入左右各一对喂丝辊和沟槽辊。丝束由此进入两个横向摆动的摆丝斗，再落于链板倾斜面被托持进入烘房。丝束在松弛状态下进行烘干、热定型和冷却，再经引丝架、捕结器而被引入切断机。全机共分三区、十个单元：前一单元为冷却区，中间六个单元为热定型区（120～125℃），后三单元为烘干区（110～115℃）。各区间设有过渡区及隔板，借以分隔和稳定各区的温度和气流。

每一单元均由主室和侧室所组成，在主室内，中间是链板，上部装有加热器，下部有过滤网板及底部隔板，在侧室内装有风机及风道。主室与侧室以隔板分开，进风由风道流入主室，经上部加热器加热后，风温升高并吹向丝束，透过丝束及链板被吸入风机，形成循环气流。

干燥区温度一般为 110～115℃，热定型区温度较干燥区温度稍高，为 120～130℃，冷却区吹冷风。干燥和定型时间一般为 15～20min，干燥定型时间和温度可相互调节，通常随着干燥定型温度的提高，时间可相应缩短。

2. 紧张热定型机　紧张热定型机常采用九辊式，图 2－58 为一个定型辊的结构示意图。

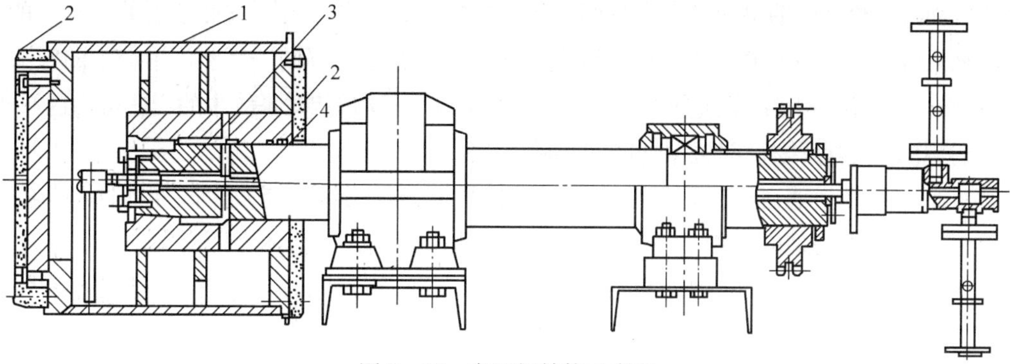

图 2-58　定型辊结构示意图

1—定型辊　2—石棉保温板　3—进气管　4—冷凝水排放管

紧张热定型机共有九个定型辊，上四下五或上五下四交叉排列。定型辊筒表面要求既光洁又耐磨，一般镀硬铬并经特殊抛光处理；辊筒两端面为石棉保温板。在进气管尾部插入一根镍铬—镍硅热电偶，用以测定辊筒内的温度。

定型辊加热有联苯—电加热和蒸汽加热两种。联苯加热结构简单，但易泄漏而污染环境，同时耗电量较大。蒸汽加热结构较复杂，特别是进气头密封性要高，但蒸汽加热的汽化热较高，蒸汽压力不变，它的冷凝水温度也不变，从而保证稳定加热。另外，蒸汽加热能耗较低。

紧张热定型机的传动机构由九个热定型辊分两组传动，以上四下五为例，前四个为一组，通过一台 PIV 无级变速器传动及调速，后五个为一组，通过另一台 PIV 无级变速器传动及调速。总传动借助于拉伸机长轴传动，两组传动轮之间用双排滚子链连接。热定型机的速度和拉伸机速度相同，并同步。

丝束在紧张热定型时产生绕辊，会影响热定型机的正常运转，而且高温下产生绕辊就更易损伤辊筒表面，所以在热定型过程中，必须防止绕辊，一旦发生，必须迅速检测，及时处理。为此，在紧张热定型机上设有绕辊检测和去除装置。

3. 热定型工艺控制

(1) 干燥温度。因在干燥区采用的是热风干燥，即利用热空气使丝束中的水分汽化而干燥，故干燥区温度必须设定在 100℃以上。干燥温度的设定还必须考虑到油剂的耐热性不超过定型温度，因此松弛热定型干燥区的温度为 110℃为宜，由仪表控制盘上的 TRCA（温度指示控制器）进行控制和记录。

(2) 热定型温度。松弛热定型温度是决定成品纤维质量的重要因素之一，热定型温度与纤维卷曲度、沸水收缩率密切相关。纤维的卷曲度和定型温度相互制约，热定型温度在100～160℃范围内，卷曲度随着定型温度升高而减小，且纤维强度下降，伸长率增大，染色性也差，甚至引起油剂的挥发，影响纤维的纺织加工性能，因此，定型温度不宜太高，约在115～125℃之间。定型温度也用仪表控制盘上的 TRCA 仪表进行控制和记录。

(3) 冷却温度。丝束冷却温度在 40～50℃以下即可。丝束若不能充分冷却，则在输送过程中产生静电效应，影响切断的正常运转。

(4) 松弛热定型时间。对于固定长度的松弛热定型机来讲，松弛热定型时间主要由帘板的前进速度而定。帘板的前进速度，一方面视热定型的效果而定，另一方面还需兼顾丝束的输送速度。如果两者速度不协调，丝束在帘板上就会倒塌，对定型不利。目前，生产中的定型时间为 15～30min，相应的帘板前进速度为 0.24～0.3m/min，通过传动系统中的变速机构进行调节。

（五）热定型对纤维物理机械性能的影响

热处理时所发生的结构变化和松弛过程引起纤维物理机械性能发生改变，这种改变取决于纤维的性质和热处理的条件，特别是对纤维物理机械性能的影响。

1. 对纤维结晶度和取向度的影响 热定型温度越高，结晶速率越快，结晶度增长越明显。但当温度超过 200℃时，热定型的效果反而下降。由图 2-59 可以看出，纤维密度随热定型温度的上升而提高。

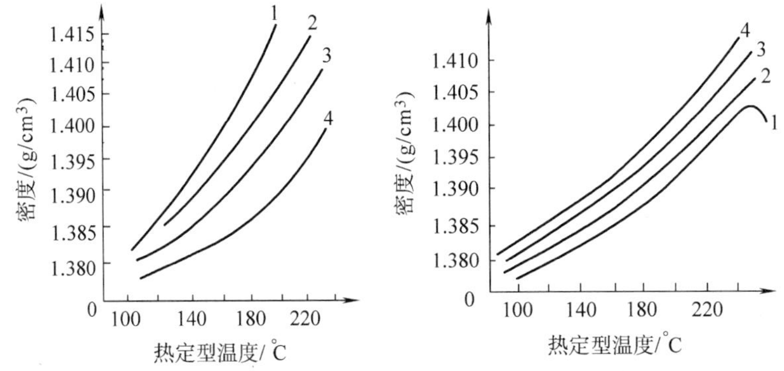

(a) 紧张热定型　　(b) 松弛热定型

图 2-59　不同定型时间下紧张热定型温度与纤维密度的关系

定型时间：1—10s　2—10^2s　3—10^3s　4—10^4s

热定型过程中纤维取向度的变化和定型方式密切相关。在紧张热定型过程中，纤维取向度略有增加，如图 2-60 所示。但在松弛热定型过程中，在 140℃以下取向度是明显下降的，如图 2-61 所示；而在 140～170℃，取向度回升，这很可能是由于非晶区分子二次结晶所造成的。

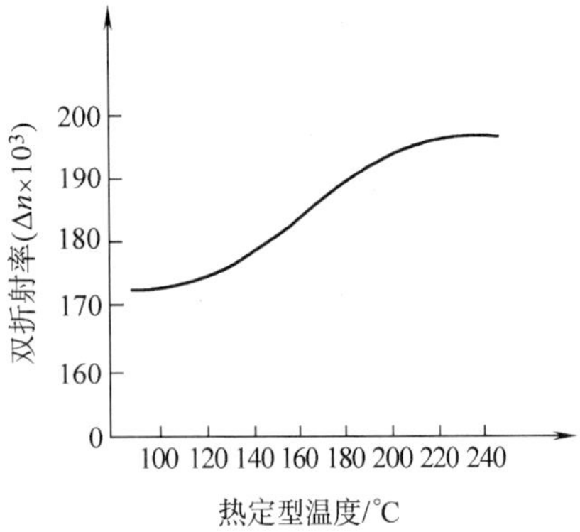

图 2-60　紧张热定型时定型温度和纤维双折射率的关系

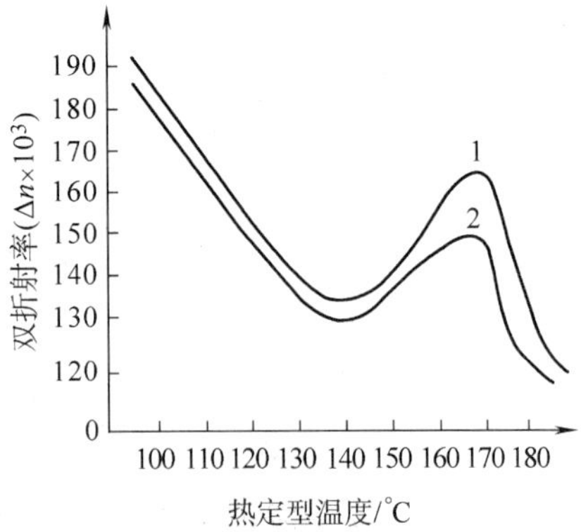

图 2-61　松弛热定型时定型温度和纤维双折射的关系

定型时间：1—10s　2—10^2s

2. 对强伸度的影响　紧张热定型时，温度越高，纤维强度越高，伸长率越小。而松弛热定型时，温度越高，强度越低，伸长率越大。图 2－62 及图 2－63 为按图注条件，先进行紧张热定型再进行松弛热定型后纤维的强伸度变化。

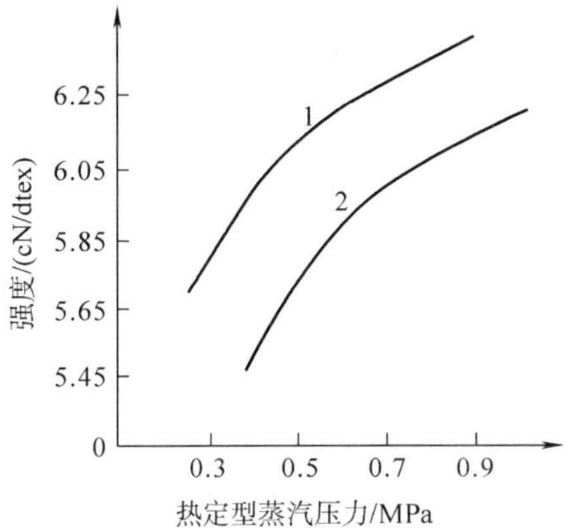

图 2－62　热定型条件和强度的关系

1—松弛热定型，115℃

2—紧张热定型，140℃（半消光，1.54dex）

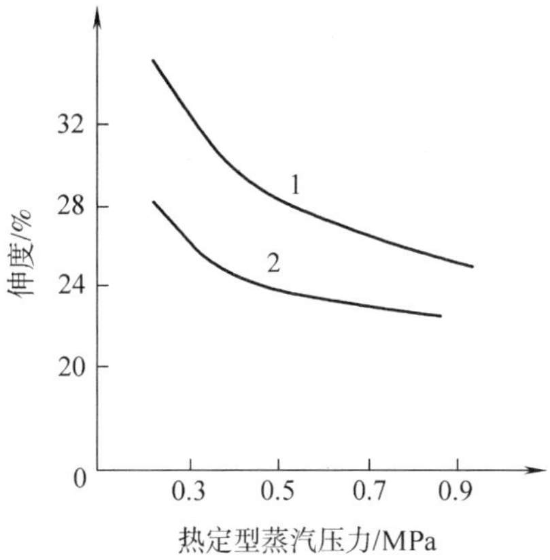

图 2－63　热定型条件和伸长率的关系

1—松弛热定型，140℃

2—紧张热定型，115℃（半消光，1.54dtex）

图 2－64 是伸长 10％时的应力和热定型条件的关系。由图可见，要获得高模量的纤维，紧张热定型温度应偏高，松弛热定型温度要偏低。

3. 对沸水收缩率的影响　提高热定型温度，沸水收缩率降低，如图 2－65 所示。紧张热定型时，温度达到 200℃左右时，沸水收缩率达到平衡。松弛热定型时，温度达到 140℃左右时，沸水收缩率达到平衡。因此，通常紧张热定型温度选在 200℃以下，松弛热定型温度选在 140℃以下。

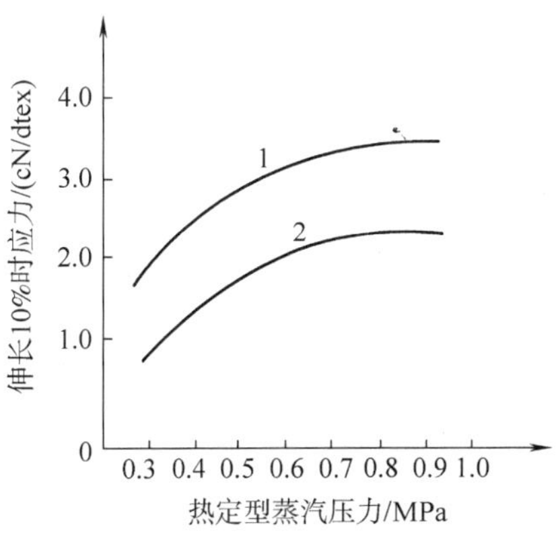

图 2－64　伸长 10％时的应力和热定型条件的关系

1—松弛热定型，115℃

2—紧张热定型，140℃（半消光，1.54dtex）

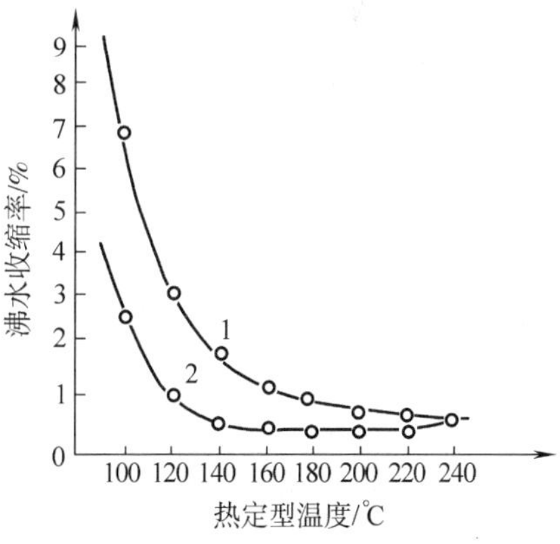

图 2－65　热定型温度和沸水收缩率的关系

1—紧张热定型（定型时间 40s）

2—松弛热定型（定型时间 16min）

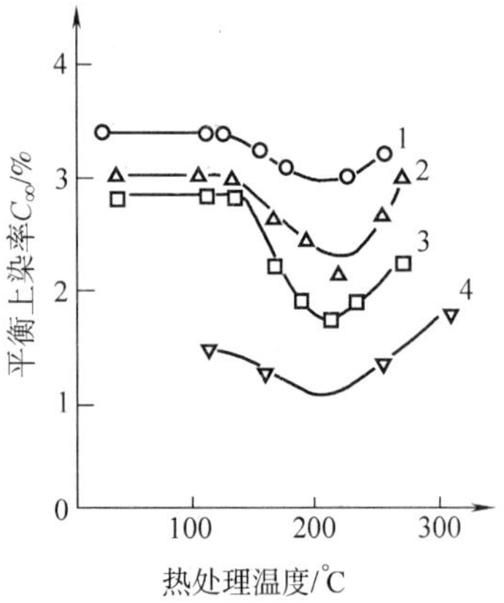

图 2-66 热定型温度与上染率的关系
1—未拉伸（染浴温度 100℃）
2—拉伸 3 倍（染浴温度 100℃）
3—拉伸 4.5 倍（染浴温度 100℃）
4—未拉伸（染浴温度 80℃）

4. 对纤维染色性的影响 纤维的染色性和纤维的结晶度及取向度有关，纤维内大分子排列越规整，染色性越差。显然，紧张热定型的纤维染色性较差，上染率偏低。其温度与上染率的关系如图 2-66 所示。

对后续企业，如印染厂而言，更关心的是批与批之间纤维上染率的差异。为了满足用户的需要，热定型温度务必严格控制。

六、切断

由于涤纶短纤维主要用于和棉花、羊毛以及其他化学纤维进行混纺，因而在作为成品纤维送纺织厂加工时，必须切成一定的长度，以满足不同品种织物的纺织要求。

（一）纺织加工对切断长度的要求

作为纺织纤维来说，涤纶短纤维根据不同纤维或织物的要求，有不同的切断长度。棉型纤维用于和棉花混纺，其切断长度要求为 38mm；中长纤维用于和黏胶、腈纶等其他化学纤维混纺，其切断长度要求为 51～76mm；毛型纤维用于和羊毛混纺，其切断长度要求为 70～110mm。

（二）切断方式

根据切断前的丝束状态可将切断方式分为湿切断和干切断；根据切断机握持丝束的方法可分为沟轮式切断和压辊式切断。

1. 湿切断和干切断 所谓湿切断，是将经过拉伸卷曲后的湿丝束先进行切断，然后再干燥定型。而干切断是将卷曲后的湿丝束先进行干燥定型，然后再将干丝束切断。湿切断与干切断相比，具有如下缺点：

（1）纤维的切断长度不易控制，超长纤维多；

（2）油剂的水分对橡胶压辊有影响；

（3）切断后湿纤维开松不均匀会影响定型的均匀性；

（4）短纤维在干燥定型时易紊乱打结，使纺织加工时开松困难。

因此，生产中一般采用干切断方式，卷曲后丝束含水量少，又经过冷却输送带吸去多余水分，纤维基本上处于干燥状态，因而也属于干切断方式。

2. 沟轮式切断和滚压式切断 沟轮式切断过程即丝束经张力调整后进入切断机，被一对旋转着的沟轮夹持，利用从沟轮沟槽中通过的水平方向旋转的切断刀将夹持在沟轮上的丝束切断。沟轮式切断机生产能力小，目前大多为国内小型化纤企业采用。

滚压式切断过程即丝束经张力调整后进入切断机，被层层缠绕在做回转运动的刀盘轮上，刀盘轮外缘周围排列固定刀片，刀刃向外，刀背向内辐射排列。当丝束在刀盘轮上缠绕足够厚度时，受到压辊从外层向内层逐渐传递的压力作用，最终将内层丝束切断，切断纤维利用刀盘转盘的离心力进行开松后，进入打包机。

滚压式切断机与沟轮式切断机相比，具有以下优点：

（1）生产能力大。滚压式切断机的丝束切断速度快，为 200～300m/min，最快可达 500m/min。切断丝束线密度很大，为（167～333）$\times 10^4$dtex（150～300 万旦）。

（2）切断纤维质量好。滚压式切断机在切断丝束时，切断刀以准确的角度与丝束接触，从而保证切断纤维端部整齐，减少了超长和倍长纤维的数量；另外，滚压式切断机是靠压力切断的，因此不会产生切断热，在纤维的端部不会产生熔化粘连。

（3）纤维的开松性能好。滚压式切断机切断纤维后，不需要特殊的开松装置，因为刀盘转轮的高速旋转产生的离心力，可使切断纤维开松。

（4）滚压式切断机运转时噪声小、切断刀的连续切断周期长。沟轮式切断机切断纤维，是靠刀刃和丝束的撞击，而滚压式切断机切断纤维是靠压力切断，刀和丝束无撞击，所以刀刃不易钝化，后者切断刀连续切断周期约为前者切断刀的 10 倍。但滚压式切断机换刀时间长，磨刀较困难，切断刀片加工制造也较复杂，因此滚压式切断方式更适用于大规模生产。

（三）切断工艺的选择和控制

1. 丝束的张力　丝束的张力大小直接影响到丝束的切断长度。张力大则切断长度小，张力小时切断长度大，因此在丝束进入切断机前需调节张力，保持张力恒定，以保证成品纤维均匀一致并符合要求的切断长度。

张力松紧调节采用三辊张力机来进行，根据张力松紧变化可微调切断机的运转速度，以保持丝束恒定。张力机后面的砝码用来平衡张力调节罗拉。

生产中要求切断前丝束张力为 0.0132cN/dtex，所需总张力约为 230.3N（23.5kgf）。

2. 切断刀数　切断刀数的确定主要取决于生产纤维的切断长度和刀盘刀刃外径，计算公式如下：

$$\text{切断刀数}=\frac{\pi（\text{刀盘刀尖外径}+\text{切断常数}）}{\text{切断长度}}$$

式中：切断常数是综合考虑丝束张力、丝束卷曲程度、压辊间距、压辊压力等影响因素的一个经验常数，根据生产实际，该常数为 30mm。此切断刀盘刀尖外径为 649mm。

根据上述公式和以上数据，可以计算生产不同品种纤维时的切断刀数。生产棉型纤维时，切断长度为 38mm，所需切断刀为 56 把；生产中长纤维，切断长度为 51mm 时，需切断刀 42 把；切断长度为 65mm 时，需切断刀 33 把。生产毛型纤维时，其切断长度为不等长，从70～100mm 呈一定长度分布，故刀盘上设计刀间距从 70mm 起逐渐加大，每个间距增大 1.277mm，最后增至 100mm，整个刀盘装有 25 把刀。

3. 切断机压辊与刀刃的工作间距　此间距一般根据切断丝束的总线密度来决定。当切断丝束总线密度小于 111$\times 10^4$dtex（100 万旦）时，压辊与刀刃的间距设定为 3～5mm；当切断丝束总线密度为（111～167）$\times 10^4$dtex（100～150 万旦）时，其间距设定为 4～6mm。

4. 压辊压力　由于辊压式切断方式是使压力从丝束外层向内层传递，从而将丝束压在刀尖上切断的，因此如果压辊压力波动，则会影响到丝束的切断长度，生产中需严格控制。

5. 刀刃检测间距 刀刃检测间距是指切断压辊后退至刀刃报警限位开关时与刀刃的距离。该限位开关用来检测刀刃缺口或钝化的情况，当运转过程中刀刃有缺口或磨钝等折损时，该处刀刃就不能及时将丝束切断，从而使该处丝束变厚，变厚的丝束推动压辊后退，退至一定程度带动限位开关动作，进行报警并使切断机停车检查。

刀刃检测间距的设定应恰当，太小容易产生误检测，太大则遗漏报警，会产生超倍长纤维。一般要求刀刃检测间距比压辊与刀刃的工作间距大 2～6mm。刀刃检测间距一般设定为 12mm。

七、打包

打包（Packing）是涤纶短纤维生产的最后一道工序，即把纤维打成一定重量的包，以便入库、出厂。打包工序所进行的各个过程对纤维的物理化学性质无任何影响，是一个单纯的机械加工过程。

（一）工艺流程

切断机位于打包机上方，切断后的涤纶短纤维由于自重而落入打包机储料斗，再送入计量斗，经自动计量，当达到规定重量后，则计量斗出口门自动打开，使纤维进入打包箱中。纤维在打包箱中，通过压缩空气预压气缸，预压 4 次。然后联动操作控制打包箱旋转 180°，并借助油压泵通过主压缩板压缩纤维，待压实压紧后，打包操作工将铁皮穿过纤维包进行捆包。打好包后，经输送管道送出，然后运至成品中间库。入库包应由操作工在纤维包上刷上唛头，标明生产日期、班别、批号、重量、品种规格和纤维质量等级。

（二）对纤维包的要求

产品的包装质量，也是产品质量的一个重要方面，因此打包操作也十分重要，应确保打包机正常运转，计量准确，防止超重包、超轻包、破包等不正常情况发生。一般用户对纤维包主要有以下几点要求：

（1）纤维包重量应准确恒定，尽量避免波动，以便纺织厂准确配棉。纤维包唛头上净重应是纤维的实际重量，不能有虚假数字。

（2）纤维包外观要好，表面要平整，不能有凸肚、腰鼓形，钢带应结实牢靠。防止在贮存及运输过程中发生塌包、破包、铁带崩断，影响运输搬运工人的安全和造成纤维的损失。

（3）纤维包唛头必须清晰，各项内容填写清楚，便于纺织厂根据批号、等级、重量、规格等进行使用。

（4）纤维包应根据具体情况，增加必须的包装条件，防止在运输中弄湿和沾污纤维。

第七节　普通涤纶长丝的后加工

涤纶长丝前纺工序与短纤维基本相似，所不同的是长丝对切片的要求更高，对纺丝工艺参数更加严格，但涤纶长丝后加工比短纤维简单。由于长丝的规格较多，故其后加工过程也有所不同，分别如下：

纺丝成型（前纺）→平衡→ 拉伸加捻 →无定形复丝

拉伸加捻 →复捻→ 定型→ 络筒→ 有捻定型复丝

拉伸加捻 →低弹假捻→ 低弹弹力丝

一、涤纶长丝的分类

- 涤纶长丝
  - 初生丝
    - 未拉伸丝（常规纺纺丝）——UDY
    - 半取向丝（中速纺丝）——MOY
    - 预取向丝（高速纺丝）——POY
    - 高取向丝（超高速纺丝）——HOY
  - 拉伸丝
    - 拉伸丝（低速拉伸丝）——DY
    - 全拉伸丝（纺丝拉伸一步法）——FDY
  - 变形丝
    - 常规变形丝——TY
    - 拉伸变形丝——DTY
    - 空气变形丝——ATY

其中，普通涤纶长丝的初生丝为未拉伸丝，其纺丝速度相对较低，为 1000～1500m/min，简称 UDY 丝，其后加工产品有拉伸丝和变形丝两种。拉伸丝的生产以 UDY 为原丝，拉伸加捻速度为 600～1100m/min 的产品称为低速拉伸丝，简称 DY 丝；常规变形丝则以 DY 为原丝，采用小转子对 DY 丝进行假捻变形的产品称常规变形丝，简称 TY 丝，变形的速度为 120～160m/min。DY 和 TY 丝均可纺制 33～167dtex 的长丝。随着化纤行业整体水平的发展，这两个产品只在一些传统的老化纤企业或小企业生产，其共同特点是工艺成熟，设备运转稳定，产品质量好，但技术含量低，效率低下；特别是 TY 丝，它以 DY 丝为原丝，从工艺程度上讲，非常不合理，已被 POY-DTY 替代，在市场上只占很小份额。

二、普通拉伸丝的工艺控制

（一）拉伸加捻

拉伸加捻（Draw twisting）的工艺流程如下：

筒管→导丝钩→橡胶压辊→喂入辊→分丝器→第一拉伸盘→热板→分丝器→第二拉伸盘→加捻筒管

长丝与短纤维一样，纺丝成型后得到的卷绕丝通常需在恒温恒湿条件下存放一定时间，才可进行拉伸加捻。

长丝的拉伸和加捻，一般包括初捻和拉伸加捻两个工序。初捻是对未拉伸丝条施加适当的捻度，增加单根纤维之间的抱合力，以便均匀地进行拉伸。在实际生产中，一般不再进行初捻，而使拉伸加捻在同一台设备上完成，以拉伸为主并给予少量的捻度。这种捻度较小的丝称为弱捻丝，弱捻丝在出厂前通常需要再补充加捻，即进行复捻或后加捻，以得到较高的

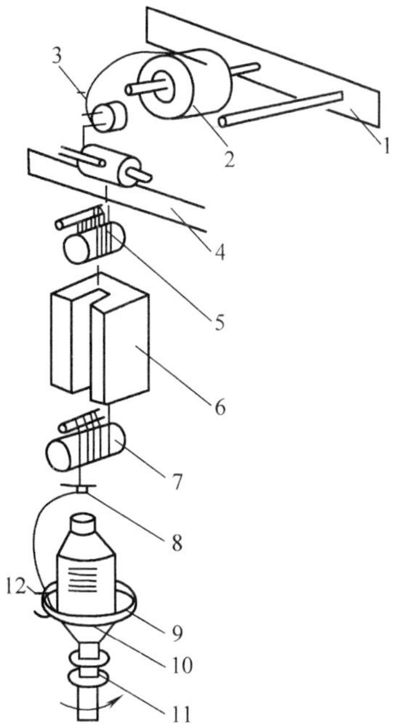

图 2－67　拉伸加捻机的结构示意图
1—筒子架　2—卷绕丝　3，8—导丝架
4—喂入辊　5—上拉伸盘　6—加热器
7—下拉伸盘　9—钢领　10—筒管
11—废丝轴　12—钢丝圈

捻度。相对于这种复捻后捻度较高的丝而言，拉伸加捻机上所得到的弱捻丝通常又被称为无捻丝。

1. 拉伸加捻机　拉伸加捻机（Stretch-twisters）是由纺织加工中环锭式加捻机演变而来的，拉伸加捻机的结构如图 2－67 所示。

普通涤纶长丝一般采用双区热拉伸，拉伸速度为 150～300m/min，锭子转速为 7000～10000r/min，捻度由锭子转速和第二拉伸盘的线速度决定。丝条在喂入辊和第一拉伸盘间，进行第一段拉伸，在第一和第二拉伸盘间进行第二段拉伸，两段拉伸的配比分别为（3.4～4.1）∶（1.1～1.3）。

为使拉伸顺利进行，要选择好加温的方式。在第一与第二拉伸盘之间，若采用接触式热板加热时，容易产生毛丝；若采用非接触式热槽加热，则可获得染色均匀的成品丝，避免产生毛丝，且能在高速下进行拉伸。

拉伸温度必须严格控制，热盘（第一拉伸盘）温度一般应控制在玻璃化温度以上 10～20℃范围内。若热盘温度过高，拉伸时容易断头，甚至使丝条发生熔化，且拉伸点上移，丝条产生松动现象，拉伸不均匀性增大；如热盘温度过低，则拉伸时所需热量不足，使拉伸点下移，也会使拉伸不均匀且出现未拉伸丝、成品丝染色不匀等现象。同一台拉伸机上各热盘间温度的差异应越小越好，以保证成品丝质量均匀，通常要求各锭位间热盘温差控制在±2℃以内。

在一定拉伸速度下，如热板温度过低，则拉伸形变阻力大，易产生毛丝。随着热板温度的提高，则拉伸张力减小，有利于进行拉伸，同时可以提高纤维强度和降低沸水收缩率。但热板温度过高，则拉伸张力太小，大分子发生松弛，产生解取向，纤维强度反而有所下降。第一段拉伸温度（丝条温度）控制在 T_g 以上，此时仅发生取向而很少发生结晶；第二段拉伸温度通常选择在结晶速率最快的温度区间，即 140～190℃，以保证拉伸取向和结晶相变两个过程同时顺利进行。

2. 拉伸工艺的控制　拉伸工艺参数包括初生纤维的平衡、拉伸倍数、拉伸温度、拉伸速度、卷绕条件等。

（1）初生丝的平衡。由于熔体纺丝过程中的急剧形变，初生丝内部分子间存在着内应力，结构极不稳定。在卷绕筒子的表层和内层之间，存在着更明显的差别。如果将这种初生丝立即拉伸，容易产生毛丝和断头，增加强度和伸长率的不匀率。因此，必须将刚落筒的卷绕丝在一定的温、湿度条件下放置一定的时间，使其内应力减小或消失、结构相对稳定及油剂完全扩散均匀后，再进行拉伸。

平衡间要控制好三个工艺条件，即平衡的时间、平衡的温度、平衡的湿度。平衡时间一般控制在 8～12h，平衡时间过短达不到应有的效果，过长则易老化，使毛丝、断头率增加。平衡温度一般控制在 (25±1)℃，平衡的湿度取 75%±3%为宜。

(2) 拉伸倍数。拉伸倍数会直接影响成品丝的强伸度和线密度等。拉伸倍数高，则成品纤维强度高、伸长率小、线密度小；但过高，则会使丝条断裂，产生毛丝和断头。拉伸倍数过低，则会使拉伸不匀，出现“橡皮筋”丝等。

在纺速一定的情况下，拉伸倍数选择的原则是：大于自然拉伸倍数，小于断裂拉伸倍数，通常选择在 3.5～4.2 之间。

拉伸时应固定拉伸点，拉伸点的上下移动会导致拉伸丝线密度不匀和拉伸张力的波动，使染色不匀率加大，固定拉伸点的效果见表 2-15。

表 2-15　固定拉伸点的效果

拉伸点变动范围/cm	拉伸张力变动范围/cN	内应力变动范围/cN	染色均匀度
50	24.5	29.4	不匀
5	5.88	22.5	稍有不匀
极小（测不出）	3.92	9.8	均匀

(3) 拉伸温度。初生丝的玻璃化温度为 69℃，拉伸温度应高于这个温度，以减小拉伸应力，才能进行正常拉伸。否则，单丝表面容易破裂，使内部易出现空洞，并产生毛丝和断头。但拉伸温度也不易过高，若高于 110℃时，大分子的取向度反而会随温度的升高而降低，这主要是由于分子链的活动太强所致。实际生产中，热盘温度控制在 80～90℃。

同时，为使产品质量均一稳定、色差减小，同一台拉伸机或加工同品种、同批号原丝的各机台之间，热盘温差应尽可能小，一般控制在±1℃的范围内。拉伸温度直接影响纤维的沸水收缩率、染色不匀率、上染率和强伸度以及毛丝的关系。拉伸温度与沸水收缩率的关系如图 2-68 所示。

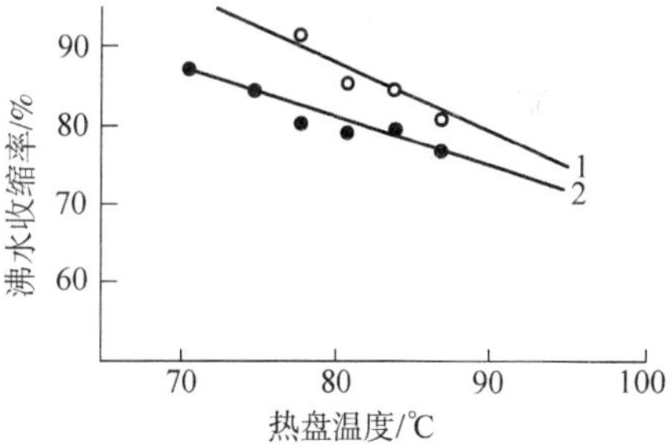

图 2-68　热盘温度与沸水收缩率的关系
1—83dtex　2—166dtex

(4) 拉伸速度。拉伸速度取决于拉伸加捻机的产量和丝的质量。随着拉伸速度的提高，由于拉伸热效应导致拉伸应力下降，产品沸水收缩率降低，纤维上染率增加。因此，在设备条件和卷绕丝质量允许的情况下，一般取比较高的拉伸速度（大于 800m/min）为宜，但拉伸速度也不能过高。速度过高，纤维大分子链的形变来不及发展，导致内应力增加，发生毛丝和断头的概率增大。

(5) 定型温度。拉伸后的丝条，内部存在较大的内应力，必须进行热定型，才可消除部分内应力，使拉伸丝性能稳定，同时还可促使丝条进一步结晶，强化其物理性能，一般采用热板进行丝条的热定型。由于涤纶在 160～190℃之间的结晶速率最高，并且缝式加热器长度一般为 200～400mm，纤维在其间停留时间很短，所以定型温度控制在 180℃左右。

(6) 拉伸丝的卷绕成型条件。成型条件主要有卷绕张力、锭速、钢丝钩型号、卷绕角、锥面角等。

卷绕张力由锭速和钢丝钩大小来决定。对大卷装来说，锭速逐渐降低，卷绕张力才不致随筒子直径增大而增大。近似于恒张力或者卷绕张力逐渐变小，可使成品筒子内外松紧大体一致，筒子内外层丝的性能均一。卷绕张力的许用范围在 0.088～0.176cN/dtex 之间。为此，锭速选择在 1600～7500r/min 之间，可基本上保持筒子的表面线速度一致。

钢丝钩型越小，自重越大，相同锭速下形成的卷绕张力也越大。为使锭子尽量在较低的速度下运转，在生产线密度较大的拉伸丝时，可选号数小一些的钢丝钩，如 167dtex 用 23# 钢丝钩；生产线密度较小的拉伸丝时，用号数比较大的钢，如 55dtex 用 26# 钢丝钩[8]。

卷绕角是指丝束在卷绕过程中，为达到一定的丝饼宽度，通过兔子头横向摆动，保持丝束与筒管切线方向形成一定夹角[24]。卷绕角由钢领升降速度控制，能防止出现叠丝。一般钢领升降时间为 20s。升降速度要均匀，换向时平稳，无停顿现象，使成型纹路适中即可。

筒子的锥面角度大，易造成丝条滑脱塌边；角度小，又会使筒子的卷装量变小。一般可在小于临界角 23°的情况下确定。

拉伸过程中，出现毛丝、断头的现象可参阅图 2-69 和图 2-70 来查找。

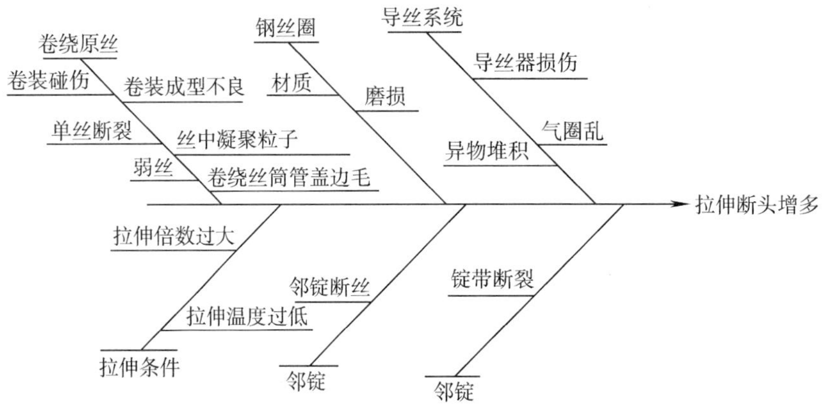

图 2-69　拉伸断头增多的因素图

(二) 复捻 (Second-twist)

生产无捻无定型涤纶复丝时，经拉伸加捻后就直接检验包装出厂。若生产有捻有定型复丝时，还需进行复捻、热定型、络筒等工序。

经拉伸加捻后的复丝，只能加捻到 20～80 捻/m，这样低的捻度不能直接用于纺织品生产，因此必须在结构比较简单的双层加捻机或倍捻机上进行复捻，以增强纤维的抱合力，提

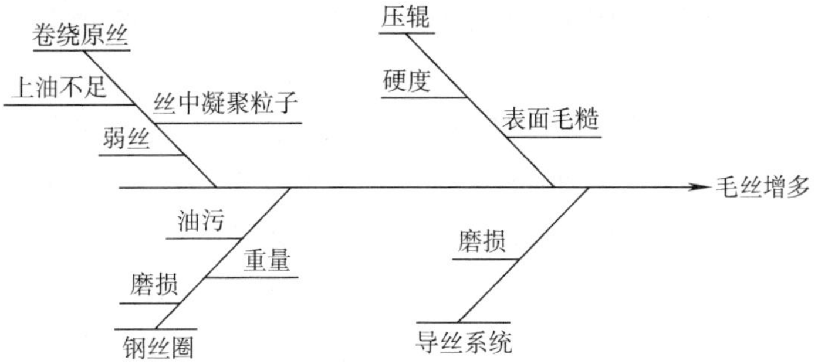

图 2-70 拉伸毛丝增多的因素图

高纺织加工质量，并将丝条绕到网眼筒管上，以便进行热定型。经受加捻的丝多半用于制造民用布匹和针织品，通常捻度为 100～300 捻/m。

复捻丝的捻度主要视纺织加工的需要而定。随着纺丝熔体黏度的提高，原丝的线密度和伸长率变大，强度下降。为防止加捻时丝束发生扭结，最适宜的最终捻度 R，与成品丝的公支数 N_m 有关，可用经验公式近似计算如下：

$$R=15\sqrt{N_m}$$

其工艺示意图如图 2-71 所示。

捻度由锭子转速和摩擦辊转速决定。

（三）热定型

热定型是为了稳定尺寸，消除内应力，改善纤维的染色性能，并去除水分。

为了减少长丝在纺织加工中的扭结和疵点的产生，消除织物在染色和使用中受热时显著的收缩趋势，同时使纤维捻度固定，使纤维内部结构和纤维形状稳定。此外，拉伸加捻机上的加热板对丝条虽有定型作用，但丝条在热板上停留时间极短，因此纤维内应力消除不完全，结晶结构不完善。为使纤维形状稳定，捻度固定，并有利于纺织加工和染色，所以必须进行热定型。

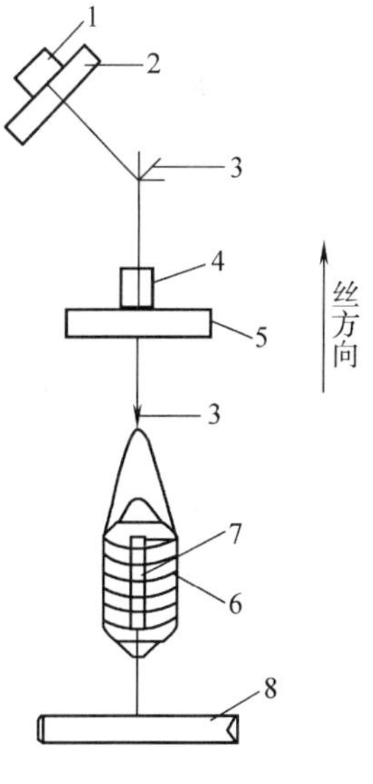

图 2-71 双层加捻机示意图

1—摩擦辊 2—网眼筒管 3—导丝钩 4—橡胶压辊 5—张力器 6—筒管丝 7—锭子 8—传动锭带

目前，普通长丝的热定型有蒸汽热定型、干热定型、深冷定型 3 种，一般采用蒸汽热定型。

蒸汽热定型一般采用间歇式水蒸气热定型，即在热定型锅中间歇分批进行。为提高热定型锅效率，通常定型和干燥分开进行，定型后另在 60℃下干燥约 3h；也可在同一设备中先定型，随后抽真空，利用余热干燥 1～1.5h。一般蒸汽定型温度在 110～130℃，定型时间为20～60min。

热定型参数的选择取决于加热介质、丝的线密度、捻度、网眼筒管、绕丝厚度和纤维的使用温度、纤维染色上色率等因素。若要获得完全不收缩的纤维，定型温度应高于纤维使用温度 30～40℃，但不能高于其自身软化点，否则晶体的取向将遭到破坏。此外，定型温度还与加热介质有关，如在蒸汽或水中，由于小分子的增塑作用，温度可以适当降低。

从定型结晶度出发，定型温度应为结晶速度最快的温度（140～200℃）且结晶时间较长为好，但也不能忽视结晶度对染色性的影响，由于随着定型温度的升高和时间的延长，结晶度提高，上色率却明显变差，所以在生产中拟定工艺参数时要全面考虑。

由于在纺织加工过程中，会使织物中存在内应力，要使织物形状稳定，必须对织物再次进行定型。这样反复热定型，会使织物手感变差，因此也可将未定型的纤维织成织物后再一并定型，以减少热定型次数，从而改善手感。

(四) 络丝

纤维在定型后，在恒温条件下平衡几个小时，然后进入制备长丝的最后一道工序，即络丝，又称倒筒，其目的是将丝倒成紧密稳定形状的筒子，以便纺织厂加工和运输。

在倒筒时还要上油，使丝条表面更润滑并改善手感，减少纺织加工过程中的静电效应。

倒筒是将丝条从网眼筒管倒至纸管上，喂丝速度为 250～300m/min，在倒筒机上进行，丝条倒成双斜面宝塔形。此过程采用交叉绕法，它能获得好的紧密度和均匀的卷绕结构，使其在纺织加工时易从筒管上退下来。

丝的张力对卷绕成型有直接影响，过高或过低都会造成倒筒困难，所以丝的张力要正确调整，可按以下经验公式来控制。

$$张力\ (cN)=\frac{单丝线密度\ (dtex)}{10}$$

长丝成品上油量为 0.5%。对成品油剂要求抗静电和耐热性较高，所以选择集束性好，并耐磨的中性油剂。目前使用的长丝油剂组成为白油 75.4%、汽油 7.4%、油酸 13.2%、三乙醇胺 3.0%和丁醇 1%。上油后纤维质量比电阻为10^6～10^8g·Ω/cm以下。

络筒后的丝筒必须经过检验，以确定纤维出厂的等级。检验分级后即可包装出厂。

三、常规变形丝的加工

常规变形丝采用 UDY-DY-TY 的工艺路线，即以 DY 丝为原丝，采用小转子进行假捻变形，其工艺流程如图 2-72 所示。

由于目前涤纶变形丝主要采用 POY-DTY 的工艺路线，因此在此不再作具体讨论。

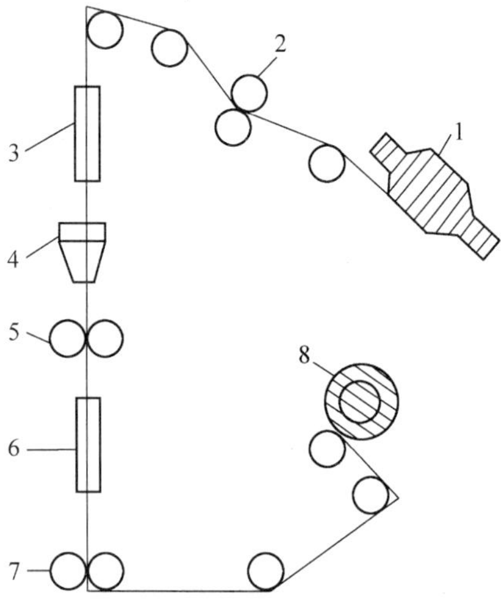

图 2-72 常规变形丝工艺流程图

1—原丝 2—喂入辊 3—第一加热器 4—假捻转子 5—中间辊 6—第二加热器 7—输出辊 8—变形卷装丝

第八节 聚酯纤维的结构、性能、改性及用途

聚酯的结构可分为分子内结构和分子间结构，它决定了聚酯纤维的性能。

一、聚酯分子的结构

（一）分子内结构

聚对苯二甲酸乙二酯（PET）的分子链结构可用下列分子式表示：

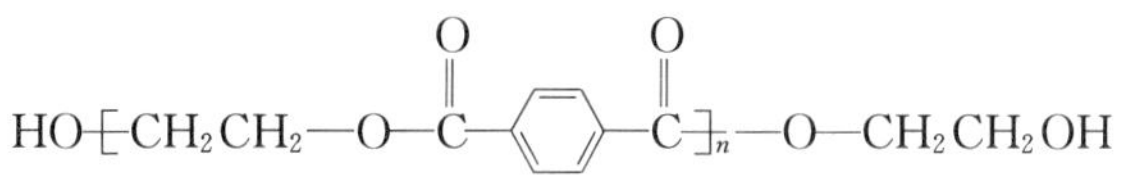

大分子链中的基本链节有如下结构：

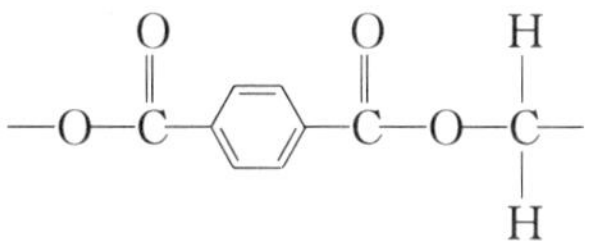

PET 大分子的两端有两个相同的羟乙基，中间为一个苯环，每个重复单元是由酯基连接成的对称苯环结构线型大分子。对苯二甲酸乙二酯的结构具有对称性，在缩聚形成大分子时，这种对称的结构能促使各种官能团沿着大分子 C—C 主链的两侧整齐排列，表现出高度的几何规整性。这一分子结构特点决定了 PET 纤维不同于其他合成纤维的很多特性。

PET 分子结构的重要特征是，重复单元中含有柔软的链段和移动困难的苯环。酯基和苯环形成共轭的整体，链绕刚性基团自由旋转时，柔软的链段不能单独转动，只能和苯环作一个共同的整体一起振动。其原因是苯环上的 π 电子云与脂肪链上碳原子的电子云形成了共轭体系，阻碍了脂肪链上碳原子的自由旋转，因此 PET 大分子链表现出很大的刚性，使 PET 纤维表现出一些固有的特征，如熔点较高、纤维的刚性较大、强度较高等。

1. 相对分子质量及其分布 一般认为，成纤 PET 的平均分子量不能低于 13000。对于聚对苯二甲酸丁二酯（PBT）来说，平均分子量在 15000 以上才具有良好的可纺性。但平均分子量也不能过高，否则将造成熔体黏度增大，使纺丝困难。一般来说，对于纤维级 PET 的聚合度应在 100 左右，分子链长度约为 107.5nm，平均分子量约 20000；制造高强度产业用丝的聚酯，平均聚合度应更高一些，平均分子量约为 30000，分子链长度 150～200nm 较为合适。

对于可纺性聚酯，除要求具有一定的相对分子质量外，还要求其相对分子质量分布在一定的范围内，通常用相对分子质量分布宽度来表征相对分子质量的分布状况，其定义为：

$$相对分子质量分布宽度=\overline{M}_w \cdot \overline{M}_n-\overline{M}_n^2=\overline{M}_n^2\left(\frac{\overline{M}_w}{\overline{M}_n}-1\right)$$

常用$\overline{M}_w/\overline{M}_n$表征相对分子质量分布的宽窄，称为相对分子质量分布宽度指数。

一般来说，相对分子质量分布窄的聚酯熔体或切片的可纺性好，分布较宽的聚酯可纺性差，一般聚酯的相对分子质量分布宽度指数≤2。

2. 端基结构 从理论上讲，PET 分子中只含有—CH_2CH_2OH，即端羟基。但由于水解、热降解及杂质的存在，聚酯中还含有羧基（—COOH）及其盐和醛基，用 DMT 法生产的聚酯可能有甲酯基存在。聚酯中总端基数与相对黏度 η_r 有一定的关系，即随着 η_r 提高，总端基数量下降。

3. 老化结构与凝胶 由于杂质的存在和副反应（老化）的影响，聚酯中可能存在着支链结构。老化导致相对分子质量分布变宽。从纤维加工过程中截留在过滤介质上聚酯的分析结果得知，聚酯中含有不熔的凝胶——交联网状结构的物质，其形成原因可能是原料中含有或由于老化生成的三官能团以上的化合物所致。

4. 醚链节和环状齐聚物的存在 醚链节的存在主要是由于 EG 脱水生成 DEG（二甘醇）与对苯二甲酸反应，结合到大分子的主链中造成的。工业级 PET 中含有 $0.6\times10^{-2}\sim1.5\times10^{-2}$ 质量分数的一缩乙二醇，因此，可以认为工业级的商品 PET 是一种共缩聚聚酯。醚链节的存在有利于改善 PET 的染色性能，故有些厂家（如美国杜邦公司）在缩聚之前，加入少量的 DEG，以保证聚合物中 DEG 含量稳定，以提高聚酯的染色性能。

在工业级的 PET 和 PBT 中还含有少量的环状齐聚物。环状齐聚物总量占纤维总量的 1.92%，其中主要以环状三聚体为主，其熔点为 314～316℃，占环状齐聚物总量的 70%左右。在 PET 中还发现含醚键环状低聚物：

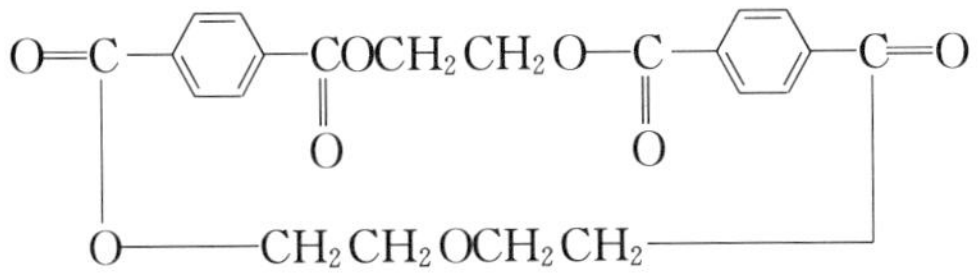

环状聚合物能被溶剂萃取，受热时析出纤维表面，对染色等后加工产生不良影响。

（二）构象（Conformation）

高聚物大分子在不同环境和加工条件下存在不同的构象，高聚物大分子有反式（T）和旁式（G）两种构象。PET 的反式和旁式构象是：

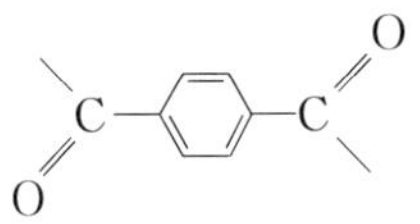

反式构象

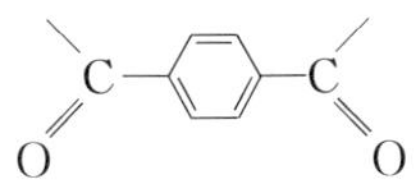

旁式构象

相同聚酯大分子的构象可以相互转变，在不同的环境和加工条件下两种构象的比例不同。在低位能态时，旁式构象的浓度较大；高位能态时，反式构象的浓度较大。有序态时，反式构象的浓度较大；无序态时，旁式构象的浓度较大。构象的转变，可以用红外光谱仪测定和表征。PET 纤维的很多特性及其加工过程皆可以通过构象浓度予以解释。

PET 的构象在结晶态内和无序态内是不同的。在晶态中，—OCH_2CH_2O—总呈反式构象，两个羰基与苯环之间基本上是同平面，即呈反式构象。此时，PET 分子键具有近于平面的构象。虽然共轭体系有利于平面构象，但羰基平面与苯环平面有可能偏转。据报道，羰基平面旋转出苯环平面 6.2°，由于 —CH_2CH_2— 能绕 O—CH_2—链作较大的旋转，—OCH_2CH_2O—所在平面可偏离苯环平面 20°左右，偏离角度的大小与结构完整性有关。

二、聚酯纤维的性能

（一）物理性质

1. 颜色　聚酯纤维（涤纶）一般为乳白色并带有丝光，生产无光产品需在纺丝之前加入消光剂 TiO_2，生产纯白色产品需加入增白剂，生产有色丝则需在纺丝熔体中加入颜料或染料。

2. 表面及横截面形状　常规涤纶表面光滑，横截面近似于圆形。如采用异形喷丝板，可制成各种特殊截面形状的纤维，如三角形、Y 形、中空等异形截面丝。

3. 密度　涤纶在完全无定形时，密度为 1.333g/cm^3；完全结晶时，密度为 1.455g/cm^3。通常涤纶具有较高的结晶度，其密度为 1.38～1.40g/cm^3，与羊毛（1.32g/cm^3）相近。

4. 回潮率　标准状态下，涤纶的回潮率为 0.4%，低于腈纶（1%～2%）和锦纶（4%）。

此外，由于涤纶的吸湿性低，因此其湿强度下降少，织物洗可穿性好；但加工及穿着时静电现象严重，织物透气性和吸湿性差。

5. 热性能　涤纶的软化点 T_S 为 230～240℃，熔点 T_m 为 255～265℃，分解点 T_d 为 300℃左右。涤纶在火中能燃烧，发生卷曲，并熔成珠，有黑烟及芳香味。

6. 耐光性　涤纶的耐光性仅次于腈纶，这与其分子结构有关，涤纶仅在 315nm 光波区有强烈的吸收带，所以在日光照射 600h 后强度仅损失 60%，与棉相近。

7. 电性能　由于涤纶的吸湿性低，故其导电性差，在 −100～160℃范围内的介电常数为 3.0～3.8，是一种优良的绝缘体。

（二）力学性能

聚酯纤维的应力—应变曲线见图 2－73。其力学性能的特点如下：

1. 强度高　干态强度为 4～7dN/tex，在湿态下强度不下降。

2. 伸长率适中　伸长率一般在 20%～50%。

3. 模量高　在大品种的合成纤维中，以涤纶的初始模量为最高，其值可高达 14～17GPa，故涤纶织物的尺寸稳定，不变形、不走样、褶裥持久。

4. 回弹性（Resilience）好　涤纶的回弹性接近于羊毛，当伸长 5%时，去除负荷后伸长几乎完全可以回复，故涤纶织物的抗皱性超过其他合纤织物。

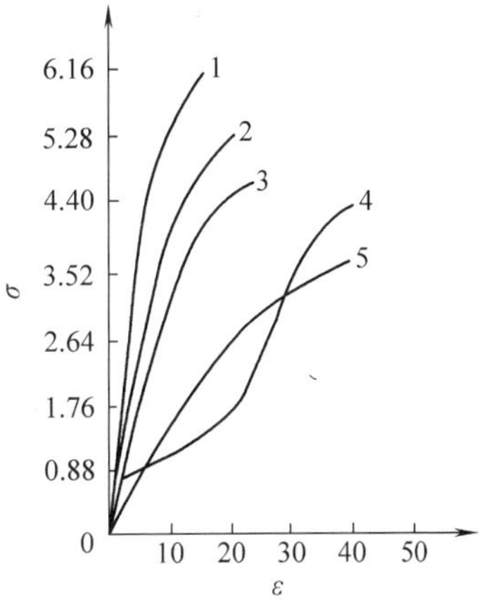

图 2－73　聚酯纤维的应力—应变曲线

1—强度　2—伸长率　3—模量

4—回弹性　5—耐磨性

5. 耐磨性（Wear-resistance） 涤纶的耐磨性仅次于锦纶而超过其他合成纤维，干、湿态下耐磨性几乎相同。

（三）化学稳定性

涤纶的化学稳定性主要取决于其分子链结构。涤纶除耐碱性较差以外，耐其他试剂的性能均较优良。

1. 耐酸性 涤纶对酸（尤其是有机酸）很稳定，在100℃下于质量分数为5%的盐酸溶液内浸泡24h，或在40℃下于质量分数为70%的硫酸溶液内浸泡72h后，其强度均无损失，但在室温下不能抵抗浓硝酸或浓硫酸的长时间作用。

2. 耐碱性 由于涤纶大分子上的酯基受碱作用容易水解，在常温下与浓碱、高温下与稀碱作用，能使纤维破坏，只有在低温下对稀碱或弱碱才比较稳定。

3. 耐溶剂性 涤纶对一般非极性有机溶剂有极强的抵抗力，即使对极性有机溶剂在室温下也有相当强的抵抗力。例如在室温下于丙酮、氯仿、甲苯、三氯乙烯、四氯化碳中浸泡24h，纤维强度不降低。在加热状态下，涤纶可溶于苯酚、二甲酚、邻二氯苯酚、苯甲醇、硝基苯和苯酚—四氯化碳、苯酚—氯仿、苯酚—甲苯等混合溶剂中。

（四）耐微生物性

涤纶耐微生物作用，不受蛀虫、霉菌等作用，收藏涤纶衣物不需防虫蛀，织物保存较容易。

三、聚酯纤维的改性

在合成纤维中，聚酯纤维具有适合纺织应用和产业应用的多种性能，因而自其大规模生产以来取得了令人瞩目的发展。但随着世界科学技术的进步和世界工业的发展，聚酯纤维在性能和功能上不能完全满足人们的要求[25]。发展和创新的结果使人们开发了一大批差别化、功能化及高性能的合成纤维。

（一）差别化聚酯纤维新品种开发的应用技术

化纤生产技术装备的发展向更高速、高效优质化、大型连续短流程化、自动省力化、一机多用柔性化、细旦复合多功能化以及设备单元结构模块化的方向发展，差别化聚酯产品开发的技术大致可以归纳为以下几个方面[26]：

（1）复合纺超细纤维（包括海岛形和橘瓣形等）的纺丝技术及纺丝组件设计；

（2）复合纺双组分功能性纤维或差别化纤维的纺丝技术；

（3）熔体直纺制备细旦、微细旦聚酯纤维的成套技术；

（4）各种截面喷丝板的设计及异形纤维的纺丝技术；

（5）三异纤维的纺丝技术及同板混纤喷丝板的设计；

（6）异收缩混纤纱复合加工技术；

（7）聚合物改性（包括共聚、接枝等）制备功能性聚酯及其纤维的制备；

（8）聚合物改性（包括共聚、接枝等）制备智能纤维以及智能面料的开发应用；

（9）纳米粉体原位聚合制备功能性聚酯及其纤维；

（10）多种有机或无机纳米粒子的制备和分散技术；

（11）有机或无机纳米粒子/聚合物基复合聚酯材料的制备及纺丝技术；

（12）天然纤维和合成纤维、化纤长丝与短纤多维结合技术；

（13）新型聚酯（PTT，PBT）的合成及其纤维、共混纤维的纺丝成型技术和产品应用研究；

（14）生物可降解聚酯类纤维（PHBV，PLA）的制备技术和应用开发。

（二）舒适性聚酯纤维

服装的舒适感是指服装穿着者在一定环境条件下的心理感受或主观评价。对于聚酯纤维舒适改性方面的探索，早已跨越单纯对天然纤维的模仿，进入纤维自身发展的新时期。如日本开发的“新合纤”，由其加工的织物因为具有天然纤维的优点又高于天然纤维而备受消费者欢迎，代表了未来合成纤维的发展趋势。

在开发聚酯纤维的舒适改性方面，美国杜邦和日本帝人等公司起步较早，并取得了相应的专利。目前，我国台湾的一些化纤厂商也都相继开发出了各具特色的具有吸湿排汗功能的异形涤纶。它们都是通过纤维截面异形化来增加毛细管作用，使织物通过纤维上或纤维间的毛细通道产生的芯吸作用而具有干爽导湿性能。芯吸作用越大，导湿性能越好。

在以聚酯为原料的纤维（织物）创新中，其关键技术集中在以下几个方面：

1. 化学改性 化学改性主要通过共聚、共混的方法来完成对常规聚酯的改性，可通过接枝共聚的方法，在大分子结构内引入亲水基团，从而增加纤维吸湿排汗性能。常采用引入羟基、酰氨基、羧基、氨基等，具体包括：

（1）采用功能性共聚单体聚合形成新型共聚物；

（2）与功能性添加剂共混以纺制出所需纤维；

（3）采用辐射等特殊方法对纤维进行特殊基团的接枝共聚；

（4）对纤维或织物进行涂层整理。

2. 物理改性 物理改性主要通过改变喷丝板微孔的形状，纺制具有表面沟槽的异形纤维；或采用与含有亲水基团的聚合物共混合复合共纺的方法，研制生产具有吸湿排汗功能的纤维，它包括：

（1）聚合及纺丝条件变化形成新型纤维如中空、多孔纤维；

（2）对纤维进行特殊处理如碱处理，使其表面形成凹凸结构；

（3）对纤维进行超细化、横截面异形化以形成有利于吸湿排汗的结构。

3. 工艺技术方面改性 工艺技术方面改性是指通过对纤维进行变形加工，不同种类、线密度的纤维混合以及新型加工原理等手段，甚至以上技术联合应用都可以改善纤维的吸湿排汗性能，开发出高品质面料[25]。

（三）共混改性制备微弹性聚酯纤维

PBT 纤维是聚对苯二甲酸丁二酯纤维的简称，1970 年由美国 Celanes 公司首次作为工程塑料投放市场，商品名为“X-917”；20 世纪 70 年代后期，日本 Teijin（帝人）公司首先推出了商品名为 Fenecell（菲尼塞尔）的 PBT 纤维。PTT 纤维是由美国 Shell Chemical（壳牌化学）公司于 1995 年研制开发成功的新型纺丝聚合物，是以对苯二甲酸和 1,3-丙二醇为单体生产的高质量聚酯原料。

PBT、PTT纤维具有良好的耐久性、尺寸稳定性和优良的弹性等特点，纤维及其制品的手感柔软，吸湿性、耐磨性和纤维卷曲性好，拉伸弹性和压缩弹性极好，弹性回复率优于涤纶。纤维又具有良好的染色性能，可用普通分散染料进行常压沸染，而无需载体。染得的纤维色泽鲜艳，色牢度及耐氯性优良。

共混改性是改善单组分高聚物性能缺陷、开发性能互补的新型高聚物的一种有效途径。PBT和PTT是聚酯类大家族中的主要成员，利用它们各自的特点，通过共混可以达到优势互补的目的。PBT和PTT虽具有优良的回弹性，但纤维尺寸稳定性不如PET，而PET纤维的回弹性较差，将PET与PBT或PTT共混制得的纤维具有优良性能。

（四）聚酯类生物可降解纤维

生物降解高分子材料是指在自然环境中，在微生物的作用下能很快降解的生物材料，生物降解高分子材料按照其降解特性可分为半生物降解高分子材料和完全生物降解高分子材料。

聚乳酸酯纤维（PLA）是先从淀粉中提取乳酸合成为聚乳酸，再通过熔融纺丝制备而成的。聚乳酸纤维有较好的力学性能，又有良好的生物降解性能。主要用于医疗缝合线、纺织面料等方面，还可以作为农林、水产、造纸、建筑等的纤维材料，具有较好的环保性能。

乙交酯与丙交酯共聚得到乙交酯丙交酯共聚物（PGLA），由其制得的纤维具有优良的力学性能，手感柔软，作为医用缝合线兼具了可吸收和非吸收缝合线的许多优点，在医用缝合线的应用中占有较大的比例。

PHBV是羟基丁酸酯和羟基戊酸酯的共聚物，属聚羟基脂肪酸酯（PHA）中的一种。PHBV的性能与通用树脂相当，并具有原料丰富、生物相容性和降解性好、被生物吸收周期长等特点。可以应用于医疗领域如医用缝合线、骨夹骨钉、药物控释包装材料、卫生用品等。PHA是一类天然脂肪族聚酯，它是由一些微生物把某些有机化合物作为自己的碳源，通过生命活动而合成的，合成后的PHA是作为一种能量和碳的储存介质存在于微生物体内的，与哺乳动物体内的糖元类似。PHA还包括有聚羟基丁酸酯（PHB）。

四、聚酯纤维的用途

聚酯纤维强度高、模量高、吸水性低，作为民用织物及工业用织物都有广泛的用途。

（一）民用方面的应用

作为纺织材料，涤纶短纤维可以纯纺，也特别适合于与其他纤维混纺；既可与天然纤维如棉、麻、羊毛混纺，也可与其他化学短纤维如黏胶纤维、醋酯纤维、聚丙烯腈纤维等短纤维混纺。其纯纺或混纺制成的仿棉、仿毛、仿麻织物一般具有聚酯纤维原有的优良特性，如织物的抗皱性和褶裥保持性、尺寸稳定性、耐磨性、洗可穿性等，而聚酯纤维原有的一些缺点，如纺织加工中的静电现象和染色困难、吸汗性与透气性差、遇火星易熔成空洞等缺点，可随亲水性纤维的混入在一定程度上得以减轻和改善。在床上用品方面，用作被面、枕套、床单、床罩、蚊帐、台布和絮棉等。

涤纶加捻长丝（DT）主要用于织造各种仿丝绸织物，也可与天然纤维或化学短纤维纱交织，还可与蚕丝或其他化纤长丝交织，这种交织物保持了涤纶的一系列优点。

聚酯变形纱（主要是低弹丝 DTY）是我国近年发展的主要品种。它与普通长丝的不同之处是高蓬松、大卷曲度、毛感强、柔软，且具有高度的弹性伸长率（达 400%）。用其织成的织物具有保暖性好，遮盖性和悬垂性优良，光泽柔和等特点，特别适合于织造仿毛呢、哔叽等西装面料，外衣、外套以及各种装饰织物如窗帘、台布、沙发面料等。

涤纶空气变形丝 ATY 和网络丝的抱合性、平滑性良好，可以以筒管丝的形式直接用于喷水织机，适合织造仿真丝绸、薄形织物及中厚型织物。

（二）工业方面的应用

聚酯纤维在工、农业及高新技术领域应用也日益广泛。如帘子线、输送带、缝纫线、帆布、土工布、帐篷、绳索、电绝缘材料等工业领域以及用作沙发布、家具布、窗帘布、窗纱布、贴墙布、地毯、雨披、伞布和汽车内部装潢布等；在非纤方面，用超细丝做成的人造鹿皮，用作皮大衣、皮夹克、女式上衣等。

如涤纶强力丝的强度和初始模量高，耐热性、耐疲劳性和形态稳定性好，特别适用于纺制轮胎帘子线。使用涤纶帘子线制造轮胎，可减少其平点现象。

☞ 复习指导

1. 了解聚酯纤维的概念及发展，了解聚酯纤维新产品的发展趋势。
2. 掌握酯交换的原理及粗对苯二甲酸精制的目的，掌握聚酯缩聚的反应机理。
3. 了解切片的铸带与切粒，掌握有色切片与消光切片的制备，掌握聚酯切片的质量控制。
4. 了解切片的输送方式，掌握切片干燥的目的及工艺原理，了解切片干燥的方式，掌握 BM 式与 KF 式干燥系统的工艺控制。
5. 了解聚酯切片的熔融过程，了解熔融过程所需设备的结构与作用，掌握螺杆挤出机的结构与作用。
6. 掌握纺丝过程中纺丝箱体、熔体分配管、计量泵、纺丝组件的结构与作用，
7. 掌握纺丝过程中的工艺控制，了解纺丝组件的清洗和检测。
8. 了解聚酯短纤维后加工的意义，掌握聚酯短纤维后加工的工艺流程与质量控制。
9. 了解涤纶长丝的分类，掌握普通拉伸丝的工艺流程与质量控制。
10. 掌握聚酯分子的结构与聚酯纤维的性能，了解聚酯纤维的改性与用途。

☞ 思考题

1. 简述聚酯纤维的概念。
2. 制备聚对苯二甲酸双羟乙酯的方法有哪几种？
3. 简述酯交换的原理。
4. 粗对苯二甲酸精制的目的是什么？

5. 简述聚酯缩聚的反应机理，并写出反应式。
6. 简述间接纺丝中铸带和切粒的工艺流程。
7. 为何涤纶生产中要加入消光剂？简述生产中消光剂的加入方法。
8. 应从几个方面来控制聚酯切片的质量？
9. 脉冲式输送包括哪几个过程？
10. 切片为何要进行干燥？常用的干燥方式有几种？
11. 预结晶器的结构和工作原理是什么？
12. 通常把螺杆的工作部分分为哪几段？并简述各段的作用。
13. 涤纶生产过程中的工艺控制主要从哪几个方面入手？
14. 简述纺丝组件清洗常用的几种方法。
15. 解释什么是毛丝，并阐述毛丝产生的原因。
16. 简述聚酯短纤维后加工的目的和要求。
17. 简述我国典型的涤纶短纤维后加工工艺流程。
18. 简述初生纤维存放的目的和集束的作用。
19. 什么是拉伸？初生纤维拉伸的目的是什么？
20. 论述拉伸过程进行的方式。
21. 短纤维后加工中，采用水浴拉伸工艺时为什么要固定拉伸点？如何固定？
22. 为什么涤纶短纤维要进行卷曲？什么是卷曲数？
23. 为什么丝束在卷曲前要进行预热？
24. 阐述短纤维后加工中，紧张热定型对纤维物理—机械性能的影响。
25. 短纤维后加工中，松弛热定型的作用是什么？如何控制松弛热定型温度？
26. 纺织加工对切断长度的要求是什么？
27. 简述涤纶长丝的分类。
28. 简述拉伸加捻丝后加工流程。
29. 拉伸工艺条件对拉伸加捻丝质量有何影响？

主要参考文献

[1] 郭大生，王文科. 聚酯纤维科学与工程［M］. 北京：中国纺织出版社，2001.

[2] 王鸣义. 世界聚酯纤维新产品开发和应用市场趋势［J］. 产业用纺织品，2008（5）：1－5.

[3] 韩雪清. 国内外聚酯纤维供需形势分析及发展预测［J］. 合成纤维工业，1997，20（3）：12－15.

[4] 蒋士成，吴剑南. 2010年中国聚酯产业链发展展望和建议［J］. 当代石油石化，2005，13（5）：1－13.

[5] 王显楼. 涤纶生产基本知识［M］. 2版. 北京：中国纺织出版社，1993.

[6] 董纪震，罗鸿烈，王庆瑞，等. 合成纤维生产工艺学（下册）［M］. 北京：中国纺织出版社，1993.

[7] 贝津龙，徐炽. 聚酯纤维手册［M］. 2版. 北京：中国纺织出版社，1995.

[8] 陆惠宝，辜昌基. 涤纶生产技术问与答［M］. 北京：中国纺织出版社，1995.

[9] 张玉梅. 切片输送系统控制线路的分析 [J]. 化纤与纺织技术，2006 (4)：36 - 40.
[10] 苏建斌，马登峰，陈振国，等. 聚酯切片结晶干燥设备的应用 [J]. 合成纤维，2006 (9)：30 - 33.
[11] 杨始. 聚酯（PET）树脂切片的干燥和结晶 [J]. 聚酯工业，2005，18 (6)：55 - 75.
[12] 杨爱英，顾廷安. BM公司聚酯干燥设备性能分析 [J]. 聚酯工业，1997 (1)：42 - 53.
[13] 徐心华，李允成. 涤纶长丝生产 [M]. 北京：纺织工业出版社，1991.
[14] 王艳秋，刘秀玲. 涤纶生产中两种干燥设备及其工艺的解析 [J]. 黑龙江纺织，1997 (69)：35 - 36.
[15] 王永恒，石彩杰，崔再治. 喷丝板的设计 [J]. 聚酯工业，2006，19 (3)：27 - 30.
[16] 高翔. 浅析涤纶长丝喷丝板结构改进 [J]. 合成纤维工业，2004，27 (2)：53 - 54.
[17] 刘松梅，潘守伟. 利用废弃聚酯生产棉型涤纶短纤维工艺探讨 [J]. 山东纺织科技，2008 (1)：51 - 53.
[18] 邬国铭. 高分子材料加工工艺学 [M]. 北京：中国纺织出版社，2000.
[19] 郭合信，何锡辉，赵耀明. 纺粘法非织造布 [M]. 北京：中国纺织出版社，2003.
[20] 肖长发，尹翠玉，程博文，等. 化学纤维概论 [M]. 2版. 北京：中国纺织出版社，2005.
[21] 蔡再生. 纤维化学与物理 [M]. 北京：中国纺织出版社，2004.
[22] 姚穆，周锦芳，黄淑珍. 纺织材料学 [M]. 北京：纺织工业出版社，1980.
[23] 徐云山，周骏. 涤纶短纤维的卷曲 [J]. 聚酯工业，2002，15 (4)：44 - 46.
[24] 王敏，沈家庆. 卷绕成型的技术分析 [J]. 合成纤维. 2005，1：29 - 30.
[25] 马晓光，刘越，崔河. 舒适性聚酯纤维及其发展 [J]. 合成纤维，2004 (5)：30 - 33.
[26] 张瑜，张彦，刘峻，等. 改性聚酯纤维的国内外开发动态 [J]. 纺织导报，2006 (1)：51 - 54.

第三章　聚酰胺纤维纺丝工艺与质量控制

第一节　概　述

聚酰胺纤维（Polyamide fiber）是世界上最早投入工业化生产的合成纤维品种，开始生产于 1938 年。它是由脂肪族二元酸和二元胺或 ω-脂肪族氨基酸经缩聚反应合成的聚酰胺为原料，再经熔融纺丝所制得的一类合成纤维的总称。由于在其成纤高分子结构中都含有酰胺键 $-\overset{\overset{\displaystyle O}{\|}}{C}-NH-$ ，故统称为聚酰胺纤维。它属于杂链类合成纤维的一种。其中以聚己内酰胺纤维（Nylon 6，我国称为锦纶 6，聚酰胺 6）和聚己二酰己二胺纤维（Nylon 66，我国称为锦纶 66，聚酰胺 66）的产量最大，其他还有聚酰胺 1010、聚酰胺 610、聚酰胺 6T 等品种[1]。

聚酰胺纤维根据使用单体种类的不同一般可以分为两大类。一类是由二元胺和二元酸缩聚而得，通式为：

$$\left[HN(CH_2)_xNHCO(CH_2)_yCO\right]_n$$

另一类是由氨基酸缩聚或由内酰胺开环聚合而得，通式为：

$$\left[NH(CH_2)_xCO\right]_n$$

根据单体种类的不同其命名方法各不相同，对由二元胺和二元酸缩聚而得的聚酰胺纤维，其命名可由二元胺和二元酸的碳原子数目不同，得到不同的品种和名称。对于这类缩聚产物，可命名为聚酰胺 x（$y+2$）。如聚己二酰己二胺或称聚酰胺 66，其中前一个数字 x 是二元胺的碳原子个数，后一个数字 $y+2$ 是二元酸的碳原子个数。聚酰胺 610 纤维是由己二胺和癸二酸制得。

而对于由氨基酸缩聚或由内酰胺开环聚合而得的聚酰胺纤维，其命名是根据其结构单元所含碳原子数目得到不同的品种和名称的。对于这类缩聚产物，可命名为聚酰胺 $x+1$。例如聚酰胺 6 纤维就是由含 6 个碳原子的己内酰胺开环聚合而得的。其他聚酰胺纤维的命名，依此类推，因此从数字标号和名称中可以知道其化学组成。

聚酰胺纤维的原料来源广泛，主要采取对石油化学工业、煤化学工业和农副产品的综合利用。

聚酰胺纤维品种很多，其主要品种如表 3－1 所示，本章主要介绍工业化生产及应用较多的聚酰胺 6 和聚酰胺 66 两大品种的单体来源，聚合物制备以及熔融纺丝和纤维的后加工。生产工艺流程如图 3－1 和图 3－2 所示。对于其他品种的聚酰胺纤维，在此不多作讨论。

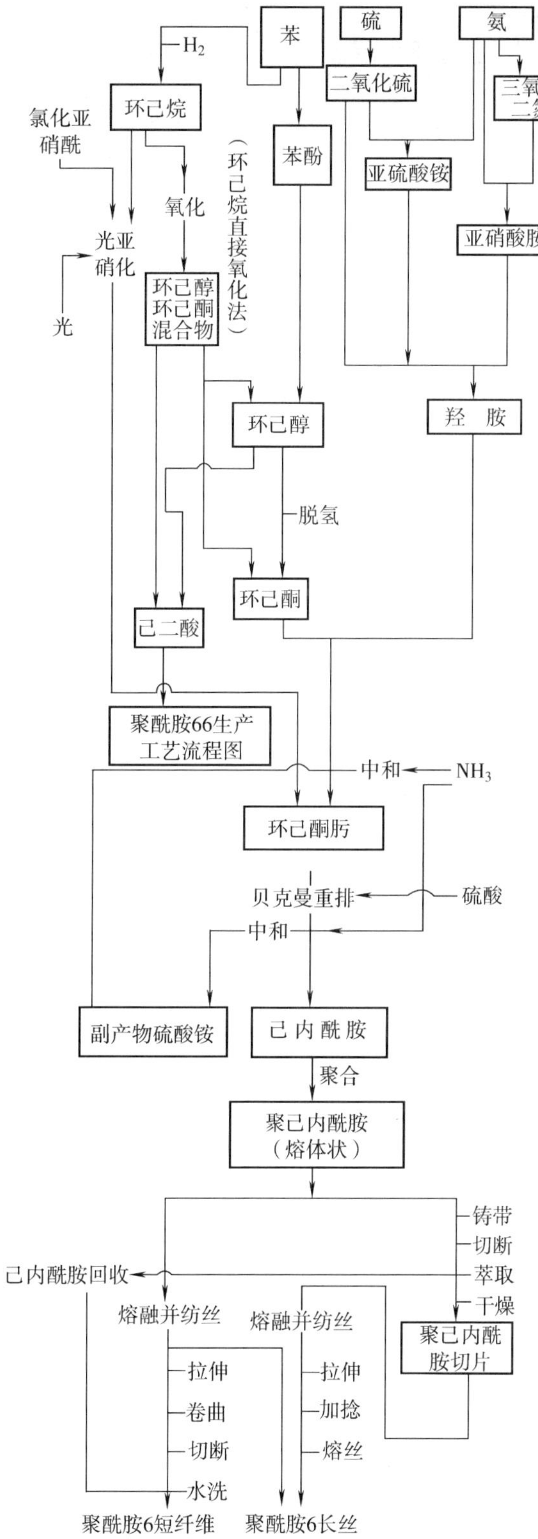

图 3-1　聚酰胺 6 纤维生产工艺流程图

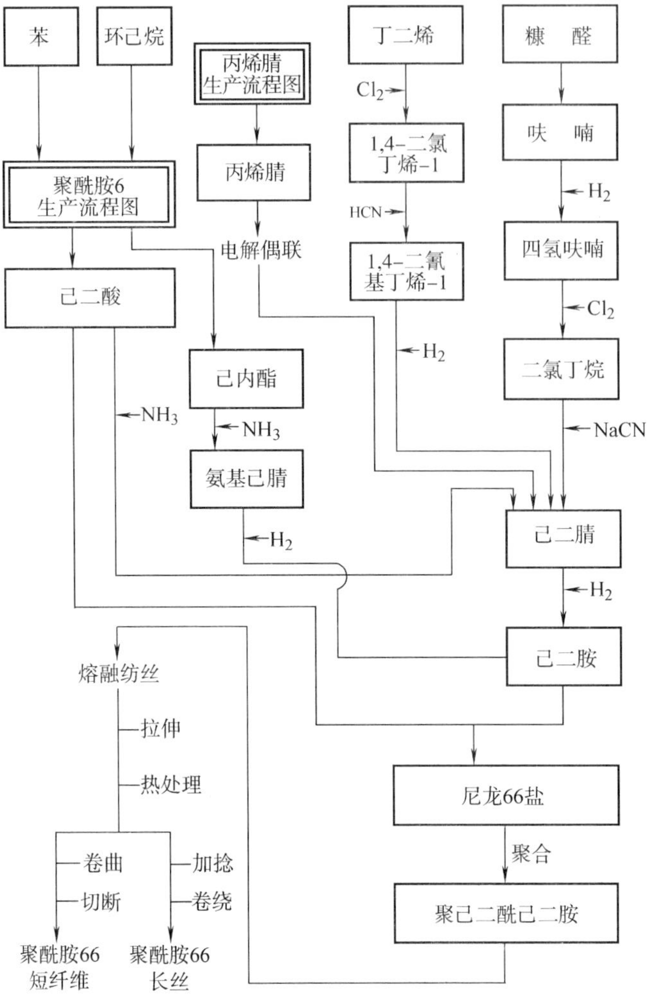

图 3-2 聚酰胺 66 纤维生产工艺流程图

表 3-1 聚酰胺纤维的主要品种

纤维名称	单体或原料	分子结构	国内通用名称
聚酰胺 4	丁内酰胺	$\text{-[}NH(CH_2)_3CO\text{]}_n\text{-}$	锦纶 4
聚酰胺 6	己内酰胺	$\text{-[}NH(CH_2)_5CO\text{]}_n\text{-}$	锦纶 6
聚酰胺 7	7-氨基庚酸	$\text{-[}NH(CH_2)_6CO\text{]}_n\text{-}$	锦纶 7
聚酰胺 8	辛内酰胺	$\text{-[}NH(CH_2)_7CO\text{]}_n\text{-}$	锦纶 8
聚酰胺 9	9-氨基壬酸	$\text{-[}NH(CH_2)_8CO\text{]}_n\text{-}$	锦纶 9
聚酰胺 11	11-氨基十一酸	$\text{-[}NH(CH_2)_{10}CO\text{]}_n\text{-}$	锦纶 11
聚酰胺 12	十二内酰胺	$\text{-[}NH(CH_2)_{11}CO\text{]}_n\text{-}$	锦纶 12
聚酰胺 66	己二胺和己二酸	$\text{-[}NH(CH_2)_6NHCO(CH_2)_4CO\text{]}_n\text{-}$	锦纶 66
聚酰胺 610	己二胺和癸二酸	$\text{-[}NH(CH_2)_6NHCO(CH_2)_8CO\text{]}_n\text{-}$	锦纶 610

续表

纤维名称	单体或原料	分子结构	国内通用名称
聚酰胺 1010	癸二胺和癸二酸	$\left[NH\ (CH_2)_{10}NHCO\ (CH_2)_8CO \right]_n$	锦纶 1010
聚酰胺 6T	己二胺和对苯二甲酸		锦纶 6T
MXD6	间苯二甲胺和己二酸	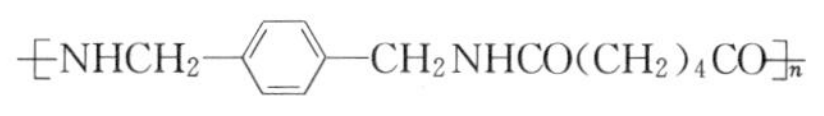	锦纶 MXD6
凯纳（Qiana）	二（4-氨基环己基）甲烷和十二烷二酸	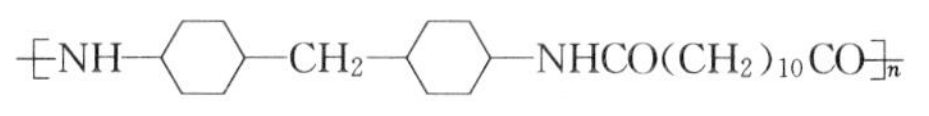	奎阿纳
（PACM-12）聚酰胺 612	己二胺和十二烷二酸	$\left[NH\ (CH_2)_6NHCO\ (CH_2)_{10}CO \right]_n$	锦纶 612

第二节 聚酰胺的制备与质量控制

聚酰胺的制造方法很多，但工业上较重要的方法有熔融缩聚法、开环聚合法和低温溶液聚合法三种。低温溶液聚合法包括界面聚合和溶液聚合。根据原料单体以及聚合体的特性不同生产上采用不同的制备方法。例如聚酰胺 66，由于该聚合物有合适的熔点，且分解温度比熔点高，所以可以采用熔融缩聚法制备；而对于单体为环状化合物的聚己内酰胺等聚合体的制备，则常用开环聚合法制备；对于熔点高、分解温度与熔点接近的一类聚酰胺，由于不宜采用熔融缩聚法，均采用界面或溶液聚合法。

一、单体的制备

（一）己内酰胺

聚酰胺 6 纤维的单体是己内酰胺（Caprolactam）。20 世纪 50 年代以前，生产己内酰胺是以煤焦油产品中的苯酚为原料。20 世纪 50 年代以后，随着石油化学工业的发展，出现了以石油化工产品苯为原料经过环己烷氧化制取环己醇、环己酮的新技术。传统生产己内酰胺的主要方法是苯/环己烷（环己烷由苯加氢制得）法，其次是苯酚和甲苯法，三种原料生产能力所占的比例分别约为 78.6%、19.9%和 1.5%。苯酚法是最早使用的一种生产方法，技术比较成熟，产品质量较好，但工艺路线长，原料成本高，副产品硫酸铵较多，因此已逐渐被其他方法代替，不过目前仍有一些厂家采用此方法生产己内酰胺。

目前，世界上约有 95%的己内酰胺是通过源于拉西环法（Raschig）的“酮—肟”工艺路线生产的，它们的共同特点是都经过环己酮和环己酮肟这两个中间产物。环己酮与羟胺反应生成环己酮肟，环己酮肟再在发烟硫酸作用下，发生贝克曼（Beckmann）重排反应生成己内酰胺。肟化和贝克曼重排反应通常都会产生大量的副产物硫酸铵，这样不仅污染环境，而且增加了生产成本[2]。现今各国仍在不断完善己内酰胺的合成技术，向着设备大型化，提高效率，减少副产物硫酸铵和完全没有副产物硫酸铵的方向发展。

从苯和甲苯出发，减少副反应、提高各阶段反应的产率、缩短反应步骤、没有副产物硫酸铵，是当前各国己内酰胺合成路线科研的主要课题。

（二）己二胺和己二酸

聚酰胺 66 纤维的单体是己二胺（1,6 - Diaminohexane；Hexamethylene diamine）和己二酸（Hexanedioic acid；Adipic acid）。在煤化学时期，生产己二酸的主要原料是苯酚。随着石油化学工业的发展，20 世纪 70 年代主要是用苯为原料生产己二酸，主要工艺路线是环己烷两步氧化法。生产己二胺的方法主要是己二酸法、丁二烯法和丙烯腈电解偶联法。己二酸法是最早的方法，也是比较成熟的方法，国外将近 90％的工业装置采用此法。丙烯腈电解偶联法是 20 世纪 60 年代发展的新方法，具有较好的技术经济效果，成本低，且原料丙烯来源丰富，特别适合大型工业生产，此法生产的产品质量好，虽然是消耗电能较大，但仍是一个较有前途的生产路线。

己二胺工业生产的原料路线经历了糠醛路线、己二酸路线、丁二烯路线和丙烯路线。目前，己二酸路线占统治地位。从发展历史来看，工业生产己二胺的方法有了实质性的改变。主要表现在：己二胺的生产原料已经由苯转变为丙烯、丁二烯等直链烯烃。随着工业化的发展，烯烃来源丰富，价格低廉，工艺过程短，产品成本低，有利于大型工业化生产。

图 3 - 3 概括了聚酰胺 6 和聚酰胺 66 单体的合成路线。

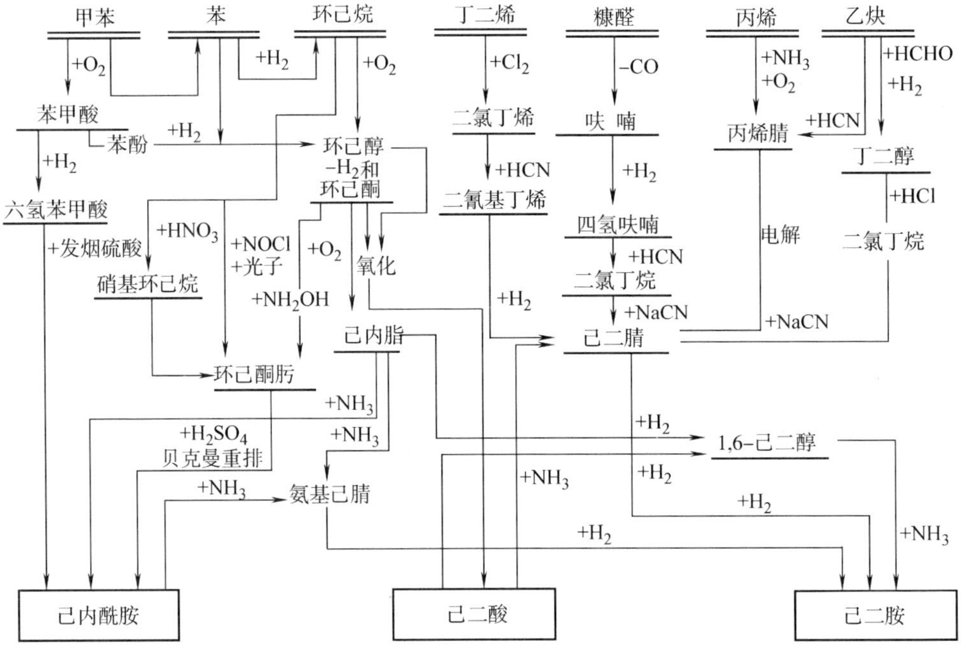

图 3 - 3　聚酰胺 6 和聚酰胺 66 单体的合成路线

二、聚己内酰胺的合成

聚酰胺 6（聚己内酰胺）可以由 ω - 氨基己酸缩聚制得，也可由己内酰胺开环聚合制得。

但是，由于己内酰胺的制造方法和精制提纯均比 ω-氨基己酸简单，因此在大规模工业生产上都是采用己内酰胺作为原料。己内酰胺开环聚合制备聚己内酰胺的生产工艺可以采用三种不同的聚合方法：水解聚合、阴离子聚合（由于采用碱性催化剂，也称碱聚合）和固相聚合。水解聚合工艺在纤维用聚己内酰胺的工业生产中占优势。

（一）己内酰胺的开环聚合

环状化合物能否转变成聚合物，由热力学函数决定的。环状化合物的自由能 F_1 大于聚合物的自由能 F_2，即满足 $\Delta F=F_2-F_1<0$，聚合反应才能进行。己内酰胺开环聚合生成聚己内酰胺时，仅仅是分子内的酰胺键变成了分子间的酰胺键，这就像其他没有新键产生的基团重排反应一样，反应进行的自由能 ΔF 变化很小，所以己内酰胺开环聚合具有可逆平衡的性质，它不可能全部转变成高聚物，而总残留有部分单体和低聚体。例如在 250℃时，聚己内酰胺的平衡体系中，单体、二聚体、三聚体达 10%～11%。采用连续聚合法时，聚合物中低相对分子质量物质有 10.3%，其中己内酰胺占 75%，低聚物占 25%；采用间歇聚合法生产的聚己内酰胺中，低相对分子质量物质占 11.6%，其中己内酰胺占 42%，低聚物占 58%。

热力学上能够聚合的环状单体，还必须满足动力学的条件才能聚合。己内酰胺在热力学上是能够聚合的环状单体，但是相当纯的无水己内酰胺在密封的试管中被加热时，并不能发生聚合。必须要有适当的条件，才能使开环聚合反应顺利进行。

己内酰胺转化成线型高聚物，除了必须有适当的温度条件外，还必须有活化剂（或称开环剂、催化剂）存在。工业上普遍采用添加少量的水作为催化剂使己内酰胺开环聚合，称为水解聚合。也可以用其他方法使己内酰胺转化成线型高聚物，如借助于氢氧化钠或其他碱性物质使之开环聚合，称为碱性催化聚合，但这种方法还没有在大规模纤维生产中应用。

一般认为，整个聚合反应过程中既存在链式聚合反应的特征又存在逐步缩聚反应的特征，水或酸为催化剂时，在聚合机理上属于逐步开环聚合反应。工业上己内酰胺水解聚合是将单体和 5%～10%的水加热到 250～270℃ 经 12～14h，即可制得用于纺制纤维的聚己内酰胺[3]。聚合中的三种平衡反应如下：

（1）己内酰胺水解开环成氨基酸：

$$H_2O+O{=}\underbrace{C\text{———}NH}_{(CH_2)_5}\rightleftharpoons HOOC(CH_2)_6NH_2 \qquad (3-1)$$

（2）氨基酸本身逐步缩聚：

$$\text{—}COOH+H_2N\text{—}\rightleftharpoons\text{—}CONH\text{—}+H_2O \qquad (3-2)$$

（3）氨基上氮原子向己内酰胺亲电进攻，导致内酰胺的聚合：

$$\text{—}NH_2+O{=}\underbrace{C\text{———}NH}_{(CH_2)_5}\rightleftharpoons\text{—}NHCO(CH_2)_5NH_2 \qquad (3-3)$$

己内酰胺开环聚合［式（3-1）和式（3-3）］的速度比氨基酸自缩聚［式（3-2）］的速度至少要大 1 个数量级。因此上述反应机理中氨基酸自缩聚只占很少的比例，主要由开环聚合形成聚合物。

己内酰胺水解聚合具有如下特点：聚合物的聚合度随时间的延长而逐渐增大，故为逐步机理；但它又与缩聚有所不同，单体之间并不发生反应，聚合体间也不发生反应，没有小分子水析出，初期单体转化率不高，反应体系中自始至终都存在单体。这些特点都与典型的逐步聚合反应不同，是逐步开环聚合所特有的。

在机理上分析，可以考虑氨基酸以双离子［$^-OOC(CH_2)_5NH_3^+$］形式存在，先使己内酰胺质子化而后开环聚合，因为质子化单体对亲电进攻要活泼得多［式（3－4）］，无水时聚合速度较低；有水存在时，聚合速度较高，随着时间的延长，聚合速度降低。

$$-NH_3^+ + O{=}\underbrace{C\text{———}NH}_{(CH_2)_5} \rightleftharpoons -NH_2 + O{=}\underbrace{C\text{———}\overset{+}{N}H_2}_{(CH_2)_5} \rightleftharpoons -NHCO(CH_2)_5NH_3^+ \quad (3-4)$$

最终的聚合度与平衡水浓度有关。为了提高聚合度，转化率达80%～90%时需将引发用的大部分水脱出，采用加单官能团羧酸的办法来控制聚合度。

己内酰胺最终聚合产物含有8%～9%的单体和3%左右的低聚物，纯聚酰胺6加热时也有单体产生。这是七元环单体在发生开环线型聚合和发生成环反应之间形成的平衡关系。可用热水浸取或真空蒸馏的办法除去聚己内酰胺中的平衡单体和低聚物，并在100～120℃和133.32 Pa条件下真空干燥，将水分降至0.1%以下[3]。质量传递和水的去除是控制反应速率的主要因素。

由于聚合过程具有可逆平衡性，而且链交换、缩聚和水解三个反应同时进行，故最终反应混合物不仅包含聚合物、单体和水，还含有不需要的线型和环状齐聚物形式的低分子物。

己内酰胺采用碱性物质作为催化剂时，例如金属钠或氢氧化钠，可以进行阴离子聚合，聚合速度很快，反应可以在几分钟内完成，甚至可以在低于聚己内酰胺熔点的温度以下进行，得到相对分子质量极高（聚合度可达1×10^5以上）的聚己内酰胺，因此被称为“快速聚合”。但这种聚合反应难以控制，聚合物的相对分子质量很不稳定，在熔体纺丝时会发生很大的黏度变化。此法早期，一般引发后直接浇入模具内聚合，称为浇注聚酰胺。现已将此应用于合成纤维的生产试验，进行连续纺丝，并取得了成功。

除水解聚合和碱性催化聚合外，聚己内酰胺也可以同聚酯一样采用固相聚合，以提高聚合度。

（二）聚己内酰胺的生产工艺

己内酰胺的聚合有间歇聚合和连续聚合两种，间歇聚合是将引发剂、分子量调节剂和己内酰胺一起加入聚合釜中，在一定的温度和压力下进行聚合。当相对分子质量达到预定要求后，便将聚合物从釜底排出，并用水急冷，经铸带、切粒，即得聚己内酰胺树脂。此法设备比较简单，更换品种及开停车较为方便，但各批聚合物的均匀性差，操作比较繁杂，因此只适应于小批量、多品种的生产，而大规模生产则以采用连续聚合法为宜。

在己内酰胺连续聚合工艺中，用得最多的是常压连续聚合，这一方法根据聚合管的外形不同，分为直型和U型两种，尤以常压直型连续聚合管法（又称直型VK管）最为广泛。但对高黏度聚合体（用于制造轮胎帘子线等）除了用常压法外，也采用高压密闭聚合法和先常压后抽真空的二段聚合法。

1. 连续聚合生产流程

将己内酰胺投入熔融锅中，经熔化，由活塞泵抽出并过滤后达到混合罐，再由泵输送并经过滤送往己内酰胺熔体贮槽；聚合用的助剂（消光剂二氧化钛，开环剂去离子水，分子量稳定剂醋酸或己二酸，热稳定剂醋酸铜与溴的混合物等）经调配、混合和过滤后，送入助剂贮槽；己内酰胺熔体、助剂、TiO_2 等各自通过计量泵，由各自的贮槽定量地送入聚合管（VK管）上部，在进入管之前，己内酰胺熔体先预热，己内酰胺熔体与各种助剂和二氧化钛等在VK管上部均匀混合后，逐步向下流动，在管中经加热、开环聚合、平衡、降温等过程，制得聚己内酰胺，聚合物从聚合管底部由输送泵定量抽出，送往铸带、切粒。其具体工艺流程如图3-4。

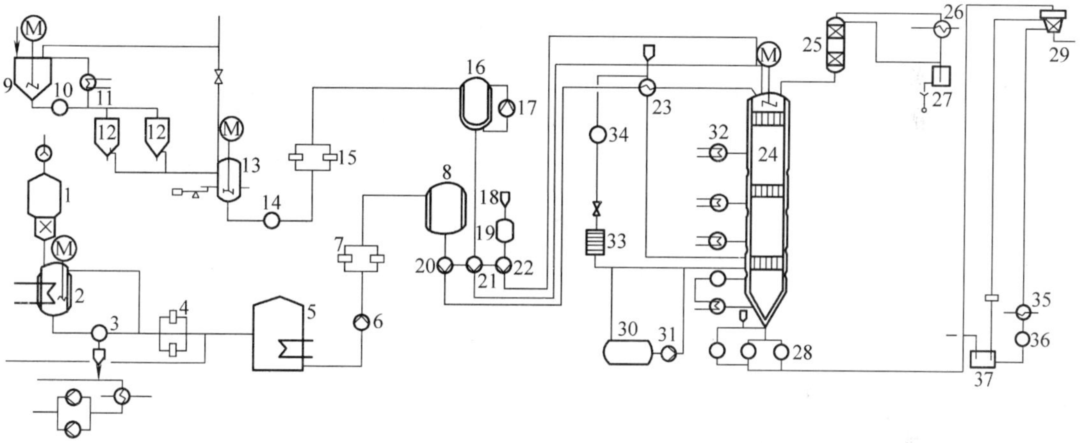

图3-4　KF型连续聚合生产流程

1—己内酰胺投料器　2—熔融锅　3，6，10，14，17，20，21，22，28，31，34，36—输送泵　4，7，15—过滤　5—己内酰胺熔体贮槽　8—己内酰胺熔体罐　9—TiO_2 添加剂调配器　11，23，26，32，35—热交换器　12—中间罐　13—调制计量罐　16—高位贮槽　18，19—去离子水加入槽　24—VK聚合管　25—分馏柱　27—冷凝水受槽　29—铸带切粒机　30—联苯贮槽　33—过滤机　37—水循环槽

VK管顶部装有分馏柱和冷凝器，用以排出参与反应的水和回收带出的低分子物。

2. 聚合工艺控制

（1）配料比。将己内酰胺送入VK管的同时，还需加入适量的开环剂和分子量稳定剂，其用量与己内酰胺量的比称为配料比。

生产中普遍采用蒸馏水或去离子水作开环剂。由于己内酰胺水解聚合反应中有诱导期存在，随着水用量的增加，诱导期缩短，且反应速率也随着加快，从而缩短了达到平衡所需的时间。

水用量不但影响反应速度，而且直接影响聚合物的平均分子量。在反应初期，水用量越多，则反应速度越快；在反应后期，水用量越多，则聚合物的平均分子量越低。这是由于在反应后期，大分子中的酰胺键和水存在着水解平衡的关系所致。

$$—CONH— + H_2O \rightleftharpoons —COOH + —NH_2$$

因此在聚合物反应后期，尽可能除去反应体系中的水分，是提高和稳定聚合产物相对分子质量的一个极为重要的措施。

在实际生产中，一般使用3%的水量较合适。

对用于纺制纤维的聚己内酰胺的平均分子量，根据纤维品种的不同要求不同。在聚合时，加入适当的分子量稳定剂，起封闭聚己内酰胺端基的作用，控制分子链的增长，以保证其熔体有一比较稳定的黏度。

生产上常用的分子量稳定剂是醋酸或己二酸。醋酸价格较便宜，在液体己内酰胺中不会产生沉淀，且在大分子上生成的端基较稳定，它的缺点是沸点较低，在高温下易挥发，使产物的平均分子量产生波动。而采用己二酸作分子量稳定剂时，由于己二酸在熔融的己内酰胺中溶解性差，所以应加强贮存和输送时的保温并避免产生死角。稳定剂己二酸的加入量视设备的排水情况、原料纯度、对产物平均分子量的要求而定。当排水越彻底，原料中碱性杂质越多，稳定剂用量越多；当其他条件不变，而平均分子量要求越高时，则用量越少。例如要求平均分子量为13000左右时，己二酸的用量约为己内酰胺加入量的0.3%～0.35%；当要求平均分子量为16000～17000时，己二酸用量约为0.15%。在保持平均分子量不变的情况下，排水越彻底，稳定剂加得越多，则聚合物分子量的稳定性就越好。采用醋酸为分子量稳定剂时，其加入量通常为己内酰胺的0.025%～0.13%。

(2) 聚合温度。提高反应温度能加快己内酰胺的聚合反应速率，缩短聚合时间，但也使平衡时相应的单体含量增加，并且易产生热裂解作用，使平均聚合度降低。

聚合管各段温度的选择和控制是影响聚己内酰胺产量和质量的关键因素之一。物料在VK管上段，主要是升温开环和排水，需要吸收较多热量，所以必须保持一定的温度，一般控制在240℃。为了加快反应速度，也有采用上段温度为260～280℃的工艺，但上段温度不能过高，否则聚己内酰胺有分解的危险。

聚合反应主要在VK管的中段进行，以链增长为主，是放热反应，但是这种环状化合物的聚合反应仅仅是分子内的酰胺键变成分子间的酰胺键，没有产生新键的基团重排反应，因而反应自由能变化很小，宏观表现为没有通常聚合反应放出的大量聚合热。中段温度一般控制在250～260℃。

物料在VK管的下段，处于聚合反应平衡阶段，这时温度低些，一般控制在250℃，有利于产物平均分子量的提高和均匀分布，且可减少产物中低分子物的含量。

VK管各段温度选定后，就应力求稳定，以保证获得优质的聚合物。一般采用联苯和联苯醚的混合物作为加热介质，并结合高精度、高灵敏度的自动控温系统实现这一目标。

(3) 聚合时间。随着聚合时间的增加，己内酰胺单体的转化率和聚己内酰胺的平均分子量都相应增加，直至达到平衡。反应达到平衡的时间，则视反应温度、开环剂用量等反应条件而定，一般说来，聚合初期温度越高，达到平衡所需的时间就越短（图 3－5）。聚合初期用水量也对达到平衡所需的时间有强烈影响（图 3－6），水用量越大，达到平衡所需要的时间就越短。

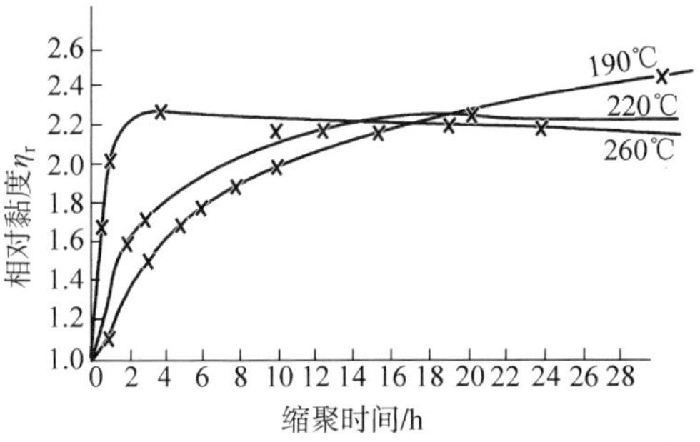

图 3－5　聚合温度与聚合时间对聚己内酰胺黏度的影响

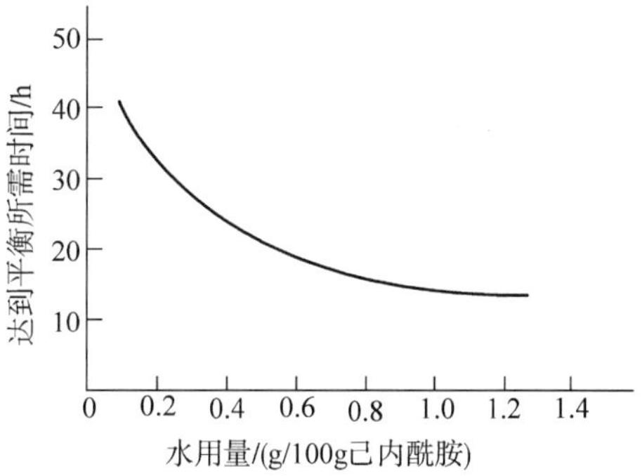

图 3－6　聚合温度为 250℃时，达到平衡的时间和用水量的关系

工艺控制的聚合时间，则视配方、温度及所要求产物的平均分子量等情况而定。如生产平均分子量为 13000 左右的聚己内酰胺，当水用量为 3%时，己二酸用量为 0.3%，上段温度为270～280℃时，聚合时间控制在 20～30h 之间。实际上，在上述条件下，经过 12～18h，其平均分子量已接近所要求的数值，其余时间主要用以使相对分子质量分布趋于平均。

另外，聚合所需时间与分子量稳定剂的用量有很大关系。例如，生产高黏度聚己内酰胺聚合物时，己二酸用量一般减少到 0.1%～0.15%，聚合时间则要适当延长到 40h 左右。

物料在 VK 管中的聚合时间，等于聚合管内物料的总体积除以出料的速度，一般采用改变出料泵的转速来延长或缩短聚合时间。

（4）防氧化作用。在原料的熔融、聚合、萃取、干燥和纺丝等生产过程中，若物料在高温下接触空气中的氧，则会被氧化而发黄，且聚己内酰胺氧化后会产生网状结构，造成纺丝和拉伸困难，使成品丝发脆，强度下降。

聚合管中温度很高，必须防止空气进入。在正常生产时是靠进料中的水分蒸发和连续滴水来使 VK 管内保持正压，以防止氧气侵入，但当由于某种原因停止进料或在开停车时，则必须通入氮气加以保护。

（三）聚己内酰胺切片的纺前处理

经聚合、铸带、切粒后的聚己内酰胺切片还需经萃取、干燥等处理，才能送至纺丝机进行熔体纺丝，此过程称为纺前处理。

1. 切片的萃取

（1）萃取的目的。萃取的目的是除去切片中大部分单体和低聚物，以降低低分子化合物的含量。由于己内酰胺的聚合反应是一个可逆平衡反应，当反应达到平衡后，聚合物内还含有大约 10%的单体和低聚物，这些低分子物在熔融纺丝过程中会汽化蒸发，不仅使挤出成型时产生毛丝，而且会恶化生产环境。同时，低聚物在初生纤维中形成薄弱环节，使纤维的机械强度降低。但少量的低分子物的存在，对纤维质量影响不大，反而起增塑作用，有利于纤维的拉伸。目前，未经脱单体的聚合体，也可以采用不经铸带、切粒和脱除单体而直接送去纺制聚酰胺 6 短纤维，但纺制长丝和帘子线时，一般均需通过萃取除掉聚合物中大部分单体和低聚物。

(2) 萃取工艺。切片萃取工艺有间歇式和连续式两种。间歇式萃取是把切片投入萃取锅中，控制一定的浴比、温度和时间，分批间歇进行。

间歇式萃取的优点是批量小，周期短，便于更换品种；缺点是水和蒸汽耗用量大，产量小，操作麻烦，易造成切片粉碎，且萃取时水中的单体含量低，回收困难。一般大规模生产都采用连续萃取设备。连续式萃取是使切片不断从萃取设备顶部向下运动，萃取水则从设备底部逆流自下而上运动，在水和切片的对流中，使切片中的可萃取物溶解于水中，整个过程连续不断地进行。

现以 KF 型设备为例，说明连续萃取的工艺流程如图 3-7 所示。

KF 型连续萃取塔为一圆柱形密闭不锈钢塔，底部呈圆锥形，总高 19m，分数节，用法兰连接，塔径 1.93m（平均），在塔的下部和上部均有蒸汽加热盘管。

聚酰胺 6 切片通过输送料斗和切片贮罐，连续从顶部进入萃取塔，整个塔内均装有物料，切片从顶部不断向下运动，去离子水通过加热升温后，从底部进入萃取塔，并从塔底向上流动，在与切片逆流接触中，便可洗去切片中的低分子物，并由塔顶部溢流而出，至回收槽。经萃取的切片从塔底排出，通过一个特殊的闸阀后，用泵通过水压送往分离器，水被强制通过分离装置流入回水分离罐中，并可作为输送切片水而被回收利用。萃取后的切片则用氮气保护流从分离器送至旋风分离器，蒸发和吹去部分表面水分后，进入连续干燥塔干燥。

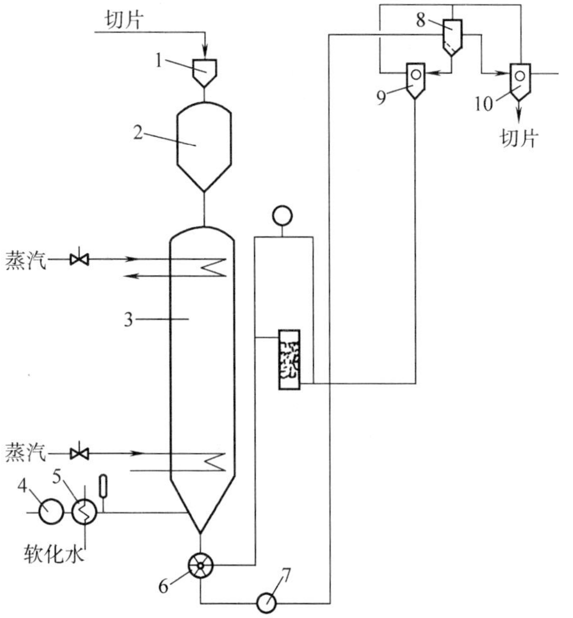

图 3-7　KF 型连续萃取流程简图

1—切片输送料斗　2—切片贮罐　3—连续萃取塔　4—水泵　5—加热器　6—切片出料阀　7—切片输送泵　8—分离器　9—回水罐分离器　10—切片旋风分离器

该萃取塔有较高的萃取效率，仅需少量去离子水，浴比约为 1∶1，萃取后切片的低分子物含量≤0.5%，而萃取水中可萃取物含量则较高，通常约 10%。由于塔下用热水将切片加热到一定温度，而塔上部物料又由加热盘管来加热（约 115℃），故扩散系数较高，萃取时间较短；切片出口温度较高（100℃以上），在分离器中切片表面水分会自然蒸发掉一部分。

萃取系统的水温、切片进出量、水流量等均为自动监测和控制。

在萃取中，影响因素主要有切片尺寸、萃取水温度、水中的单体浓度和萃取浴比等。

切片粒子越小，其比表面积越大，且切片内部与表面距离越短，有利于低分子物的扩散和溶解；萃取水温度越高，水和单体等低分子物的活动能力就越大，扩散系数也越高。在控制萃取工艺的诸多因素中，使萃取水温升至常压沸点以上是提高萃取效率的有效手段，在连续萃取工艺中，萃取水温度一般为105～110℃；萃取水中的单体浓度对环状低聚物的扩散系数和溶解度影响也很大，萃取水的单体浓度在60%时，环状低聚物的扩散系数和在己内酰胺—水环状低聚物体系中的溶解度最大；萃取浴比大，萃取水用量多，萃取速度和深度则可提高，但会增加从萃取水中回收萃取物的难度，也会增加能耗。在连续萃取工艺中，浴比为1∶(1～3)。经萃取后，切片中的热水可萃取物含量小于0.8%，甚至可降至0.5%以下。

2. 切片的干燥 萃取后切片虽经机械脱水，但仍含有10%左右的水分，在纺丝前必须将湿切片进行干燥，使含水率降至0.06%以下，否则聚酰胺熔融时会发生水解，使黏度下降，纺丝的断头率增加，甚至无法进行正常纺丝。

聚己内酰胺切片干燥设备和聚酯干燥设备类似，通常有间歇式和连续式两类，在大规模生产中一般采用连续干燥设备，如KF型连续干燥设备。

干燥过程应主要控制干燥温度，氮气的含湿量、纯度和流速等工艺参数。温度升高，干燥速率加快，可缩短干燥时间，但切片长时间受高温作用，容易引起大分子降解而变黄，通常切片进入干燥塔的温度为100℃左右。塔内物料温度控制在120℃，干切片冷却后为50℃，送入塔内的氮气温度为120～125℃。控制塔内气流压力为2×10^4Pa，若气流压力太大，速度过快，则会扰乱塔内切片的运动，影响干燥的均匀性。

干燥系统使用高纯度氮气，含氧率小于3mg/kg，以避免切片在高温下被氧化、降解和色泽变黄。经KF型设备干燥后的切片含水率≤0.05%，可符合高速纺丝的要求。

三、聚己二酰己二胺的制备

聚己二酰己二胺（聚酰胺66）由己二酸和己二胺缩聚制得。为了获得相对分子质量足够高的聚合体，要求在缩聚反应时己二胺和己二酸的摩尔数相等，因为任何一种组分过量都会使由酸或氨端基构成的链增长终止。由于这个原因，在工业生产聚己二酰己二胺时，先使己二酸和己二胺生成聚酰胺66盐（简称66盐），然后用这种盐作为中间体进行缩聚制取聚己二酰己二胺，通常采用熔融缩聚的方法生产聚己二酰己二胺。目前工业生产聚己二酰己二胺有间歇缩聚和连续缩聚两种方法。过去国内外大多采用间歇法生产聚己二酰己二胺，近年来大型工厂已倾向于连续聚合工艺，其操作方便、劳动生产率高、工艺先进、经济合理，是聚己二酰己二胺生产发展的方向。

我国引进的五大器式聚己二胺己二酸连续缩聚装置，是在五个主要设备（蒸发器、预热器、反应器、闪蒸器、后缩聚器）中完成缩聚过程的，故称为五大器式连续缩聚。它具有生产设备较先进、自控程度较高、生产能力较大等特点，日产12～16t。工艺流程如图3-8所示。

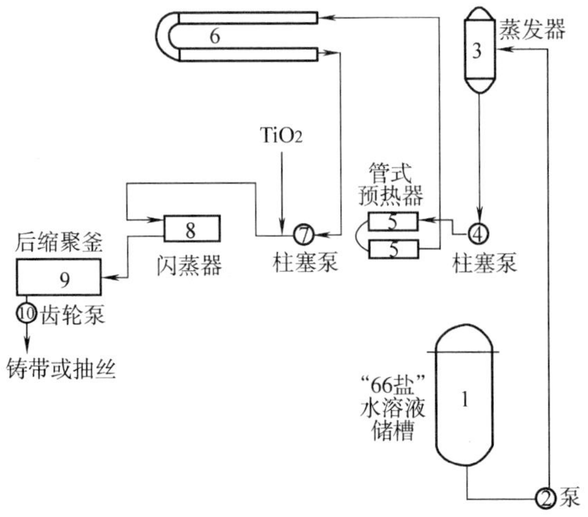

图 3-8　新型连续法生产聚酰胺 66 树脂的合成流程示意图

首先在调配罐中将 66 盐调配成浓度为(50±0.1)%，pH 值为 7.85±0.1 的水溶液，以便溶液在管道中的输送和控制己二酸和己二胺的等摩尔比。用槽车把"66 盐"水溶液运来，倒入"66 盐"水溶液储槽 1 中，其容积巨大，有 250m^3、500m^3 和 1000m^3 不等。在液面上需充氮气，防止"66 盐"氧化变质。物料温度在 27℃左右。从储槽 1 流出的"66 盐"水溶液用泵 2 打至蒸发器 3 中，蒸发器 3 为立式圆柱形设备，无搅拌，常压操作，内装有可通加热蒸气的蛇形管，在蒸发器 3 的"66 盐"水溶液被加热浓缩至质量分数为 65%左右，物料出口温度为 108℃。提浓后的"66 盐"水溶液经柱塞泵 4 进入管式预热器 5，在此，物料预热至 210～220℃，压力升至 1.8MPa，然后进入卧式 U 形管式反应器 6，用导生油加热，物料温度由进口时的 210～220℃增至 250℃，时间约为 2.5h，反应程度为 85%左右[4]。

从 U 形管出来的物料黏度较大，用柱塞泵 7 打入闪蒸器 8，在闪蒸器 8 内注入消光剂 TiO_2，在闪蒸器 8 中物料由压力 1.8MPa 迅速降至常压，水分大部分蒸发，闪蒸器 8 内装有加热蛇管，提供足够的热量，使缩聚产生的小分子水排出并使物料保持熔融状态；由闪蒸器 8 出来的聚合物其温度约为 275℃，随即进入后缩聚釜 9，完成最后的缩聚，物料在后缩聚釜 9 中的停留时间为大约 40min，温度为 280℃左右，其中有螺旋推进器，以 58r/min 的转速进行搅拌，水的排除是通过后缩聚器控制器中的螺旋推进器的旋转，使聚合物在螺旋片上形成薄膜，从而使水分从薄膜表面蒸发，得到黏度为 70～120Pa·s 的合格聚己二酰己二胺聚合物。缩聚好的熔体经齿轮泵 10 加压打出，送至铸带或直接送至纺丝工序。

聚己二酰己二胺聚合体中低分子物含量少，一般仅有 0.1%，因此与聚己内酰胺不同，切片不需经萃取脱除单体，而只通过干燥，控制切片含水率在 0.08%以下，即可进行熔融纺丝。

四、聚酰胺的结构和性质

（一）聚酰胺的结构

1. 分子结构　聚酰胺的分子是由许多重复结构单元（即链节）通过酰胺键连接起来的线型长链分子，在晶体中呈完全伸展的平面锯齿形结构。重复结构单元数目（聚合度）决定了大分子链的长度和相对分子质量。聚酰胺相对分子质量大小及其分布范围宽窄，对其纤维加工性能和产品性能影响很大，过高或过低都会对加工性能和产品性能带来不利影响。适合纺制纤维的聚酰胺的平均分子量要控制在一定的范围内，通常纺制纤维用的聚己内酰胺数均分子量为 14000～20000 左右，聚己二酰己二胺的数均分子量一般控制在

20000～30000 左右。其相对分子质量分布对纺丝和拉伸也有一定的影响，因此要求有适当的相对分子质量分布，研究表明对于聚己二酰己二胺，表征相对分子质量分布宽窄的多分散指数 $M_W/M_n=1.85$，对于聚己内酰胺，通常 $M_W/M_n=2$，过长的聚合时间会使相对分子质量分布变宽。

2. 晶态结构 X射线衍射分析表明，线型聚酰胺在固态时只是部分结晶的，结晶度通常在 50%以下。同其他聚酰胺比较，聚己内酰胺的晶态结构很复杂，其晶体可能有下列几种类型的变体：γ型，α型，β型。其结晶数据见表 3－2。聚己内酰胺中存在的各种晶体结构的相对数量取决于该样品的热历史和加工历史。而且晶体结构在加工过程中可以发生进一步的变化。图 3－9 为聚己内酰胺 α 型和 γ 型晶体的 X 射线衍射图。

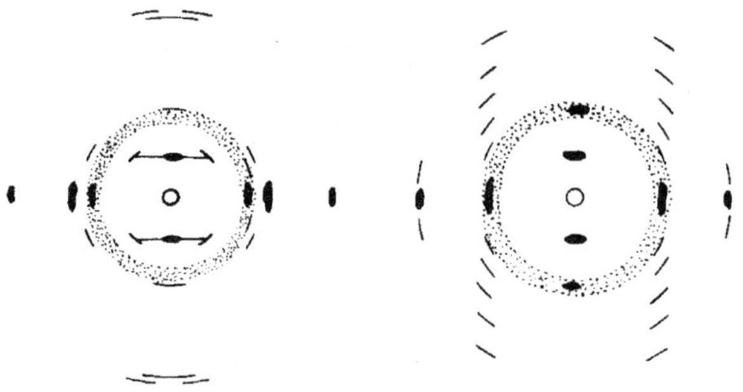

(a) α 型　　(b) γ 型

图 3－9　聚己内酰胺晶体的 X 射线衍射图（垂直于纤维轴）

表 3－2　聚己内酰胺的结晶数据

晶型	晶系	晶胞参数				晶胞中的单体单元数	结晶密度/(g/cm³)
		a (nm)	b (nm)	c (nm)	交角 (°)		
α	单斜	0.966	0.832	1.72*	γ=65	8	1.21
α	单斜	0.945	0.802	1.708*	γ=68	8	1.241
α	单斜	0.481	1.71*	0.761	γ=79.5	4	1.21
α	单斜	0.956	1.724*	0.801	γ=67.5	8	1.24
α	单斜	0.965	1.72*	0.811	γ=66.3	8	1.208
γ	斜方	0.478	1.682*	0.824	—	4	1.131
γ	单斜	0.935	1.660*	0.481	β=120	4	1.165
γ	六方	0.479	0.479	1.67*	—	2	1.13
γ	斜方	0.482	0.782	1.670*	—	4	1.19
γ	单斜	0.933	1.69*	0.478	β=121	4	1.16
β	斜方	0.478	1.639*	0.824	—	4	1.17
β	六方	0.48	0.48	0.86*	—	1	1.10

* 纤维周期。

α 型晶体是最稳定的形式，在几种晶体结构中密度最高。在 α 型晶体中，聚己内酰胺分子具有完全伸展的平面锯齿形构象，并集合成本质上在同一平面内的氢键薄片，相邻分子链的方向是逆平行的，用这种方式排列可生成无应变的氢键。

γ 型结晶其相邻分子链是平行的，只可能生成一半氢键，故其结晶不稳定。这种晶型的酰胺基平面和亚甲基的锯齿面不在同一平面上，其分子链比 α 型晶体略有收缩。

由于 γ 型和 β 型晶体结晶不稳定，通过对样品进行不同的处理（如在空气及水中拉伸及加热），这种不稳定的结构有转变成 α 型晶体结构的趋势。

根据 Illers 等人的研究报道，将聚己内酰胺熔体骤冷后，在低于 130℃ 的温度下热处理时，只形成 γ 型结晶，若继续提高温度，可出现 γ 型和 α 型两种晶型共存，而在 210℃以上进行热处理时，则只形成 α 型晶体。通常聚合所得的聚己内酰胺经熔融、成型、冷却固化后，在高温下亦形成 α 型结晶，但 α 型结晶经碘处理后，又可转化为 γ 型结晶。

聚己二酰己二胺的晶体结构有两种：α 型和 β 型。图 3－10 为聚己二酰己二胺 α 型和 β 型晶体的 X 射线示意图。班（Bunn）和加纳（Garner）测定了聚己二酰己二胺的结构，认为聚己二酰己二胺的分子链在晶体中具有完全伸展的平面锯齿形构象（图 3－11），并由氢键固定这些分子形成片，这些片的简单堆砌结果形成 α 结构的三斜晶胞，图 3－12 为聚己二酰己二胺 α 型晶体结构示意图。可以用具有 a=0.49nm，b=0.54nm，c=1.72 nm，α=48.5°，β=77°，γ=63.5°的三斜晶系来描述聚己二酰己二胺 α 型晶体结构。晶胞中原子位置的测定完全证实了预期的分子结构，而且红外吸收光谱也同这些晶体的结构一致，当然不能排除无定形区中其他结合的可能性。

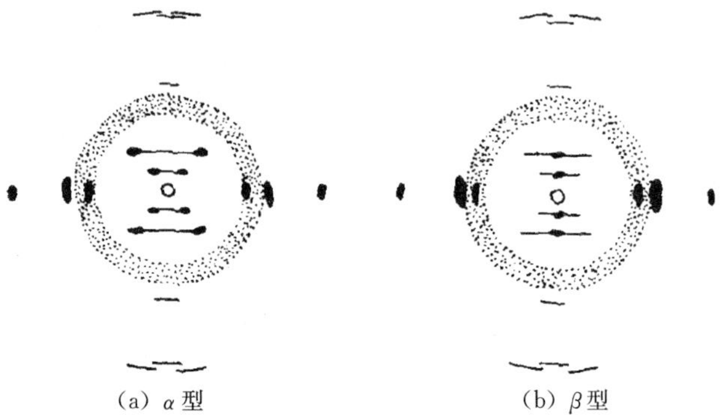

图 3－10　聚己二酰己二胺晶体的 X 射线衍射图（垂直于纤维轴）

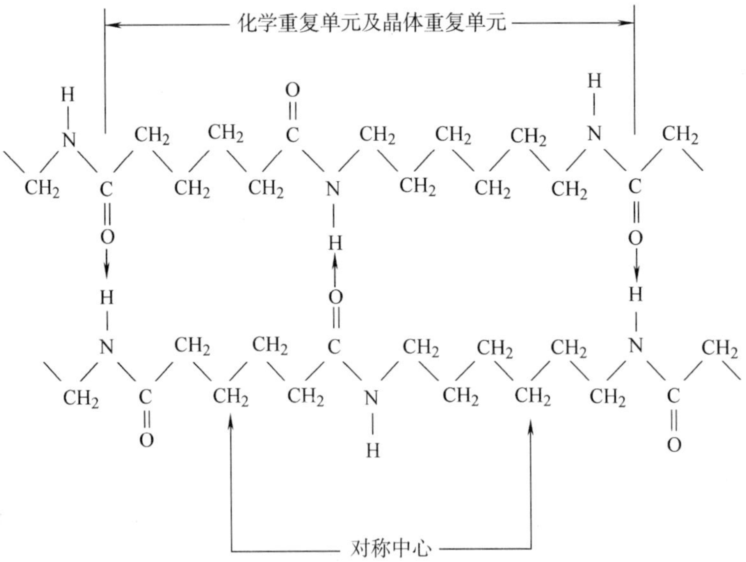

图 3－11　晶体中聚己二酰己二胺分子链排列示意图

有关 β 型晶体的资料不多，在热力学意义上，β 型结构的晶体显然是不稳定的，由于纤维的 X 射线照片中出现子午斑和层线条纹，因此可以认为 β 型晶体结构相当于 α 型晶体结构的轻微扰动。

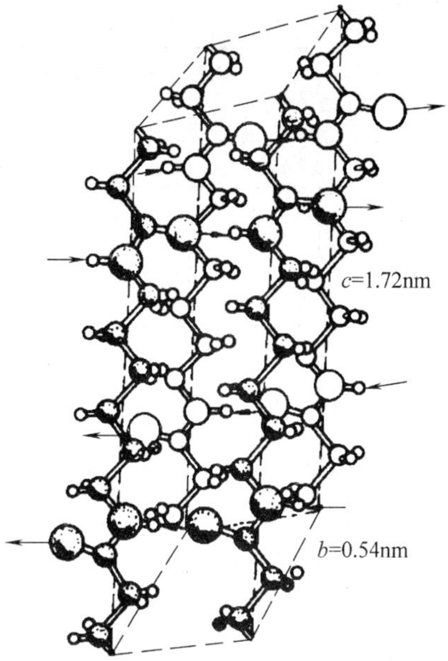

图 3-12　聚己二酰己二胺 α 型晶体结构示意图

(二) 聚酰胺的物理和化学性质

1. 密度　聚己内酰胺的密度随着内部结构和制造条件不同而有差异，不同晶型的晶态密度的数值不同，α 型晶体密度计算值为 1.230g/cm³，β 型晶体为 1.150g/cm³，γ 型晶体为 1.159g/cm³，无定型区的密度为 1.084g/cm³。通常聚己内酰胺是部分结晶的，因此测得的密度在 1.12～1.14g/cm³ 之间。由于聚己二酰己二胺也是部分结晶的，通常其密度值范围在 1.13～1.16g/cm³ 左右。几种主要聚酰胺的密度数据见表 3-3。

2. 熔点　聚酰胺是一种部分结晶的高聚物，具有较窄的熔融范围，使用的测定方法不同，所得的熔点数值也不同。表 3-4 列出了用不同方法测得的几种聚酰胺的熔点。

表 3-3　聚酰胺的密度（25℃）

聚酰胺种类	结晶相密度/(g/cm³)	非结晶相密度/(g/cm³)	常规法成型所得纤维密度/(g/cm³)
聚酰胺 6	1.23	1.10	1.12～1.16
聚酰胺 66	1.24	1.09	1.12～1.16
聚酰胺 610	1.17	1.04	1.06～1.09
聚酰胺 11	1.12	1.01	1.03～1.05
聚酰胺 12	1.11	0.99	1.01～1.04

表 3-4　用不同的方法测得的几种聚酰胺的熔点

方法	熔点/℃			
	聚酰胺 6	聚酰胺 66	聚酰胺 11	聚酰胺 610
Fisher-Johns 法（ASTM D-789）	220 (218～226)	260 (256～263)	191 (188～194)	219 (216～223)
毛细管法（HG/T2235—1991）	219 (214～223)	259 (254～266)	190 (188～193)	217 (212～221)
Kofler 逐步加热法（ASTM D-2117）	221 (214～230)	261 (250～268)	191 (185～196)	220 (212～230)

续表

方　法		熔点/℃			
		聚酰胺 6	聚酰胺 66	聚酰胺 11	聚酰胺 610
X 射线法		206	267	192	227
DSC 法	开始	220	261	188	221
	峰值	224	264	192	224
	结束	226	269	194	226

目前一般采用差示扫描量热法（DSC）来测定聚合物的熔点，如图 3－13 所示的吸热峰温度即为熔点。用 DSC 测定聚己内酰胺的熔点时经常观察到多重峰现象。根据 Weigel 等人的研究报告，聚己内酰胺最多可出现 5 个吸热峰，其中有两对峰分别与 α 型和 β 型结晶的熔融相对应。

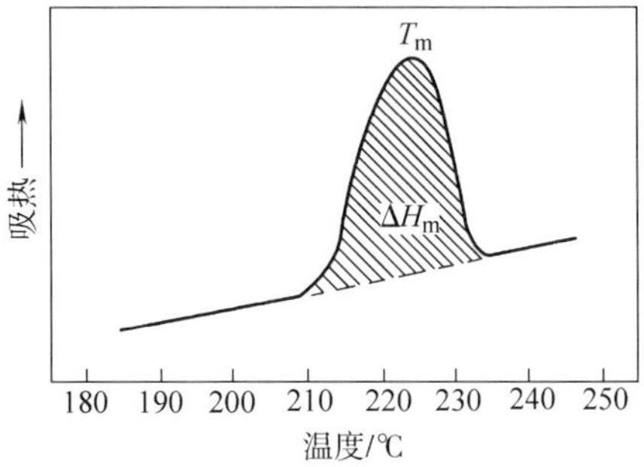

图 3－13　聚己内酰胺的 DSC 熔融峰（升温速度：20℃/min）

3. 玻璃化温度　聚酰胺的玻璃化温度与测定方法和测定条件有关，表 3－5 列出了聚酰胺的玻璃化温度（T_g）。

表 3－5　聚酰胺绝干时的玻璃化温度（T_g）

测定方法	T_g/℃					
	聚酰胺 66	聚酰胺 6	聚酰胺 610	聚酰胺 612	聚酰胺 11	聚酰胺 12
黏弹性的损耗峰 tan δ	75.65	80.78	67.70	60	53	54
DSC	48	50	46	46	43	41

因为水是聚酰胺的塑化剂，故随着聚合物的吸湿，玻璃化温度有所下降。

4. 熔体黏度　弗洛利及其同事认为熔体黏度和重均分子量之间有下列经验关系：

$$\lg\eta_m = A + B\overline{M}_w^{\frac{1}{2}} + \frac{C}{T}$$

式中：η_m 为在绝对温度 T 时测得的熔体黏度；$\overline{M}_w$ 为重均分子量；A、B 和 C 为常数，可以通过测量一系列已知相对分子质量的熔体的黏度来确定。这个关系在很宽的相对分子质量范围都适合于线型聚酰胺。

聚己内酰胺的熔体黏度随数均分子量增大而增加，在恒定温度下，存在下列关系成立：

$$\lg\eta = A + C\lg\overline{M}_n$$

式中：η 为熔体黏度（Pa·s）；$\overline{M}_n$ 为数均分子量；A 、C 为常数。

聚己内酰胺的熔体黏度也依赖于温度、单体含量等因素，由于低聚物与高聚物之间存在着与温度有关的平衡，因此情况较聚己二酰己二胺复杂的多。图 3－14 所示的曲线表示聚己内酰胺水萃取物含量（低聚物）与熔体黏度的关系。

从图 3－14 中可知，如果用熔体黏度的测量结果来判断聚己内酰胺的可加工性，除了测量温度要相同以外，还必须在低聚物含量和含水量相同的情况下，才能得到可用的数据。

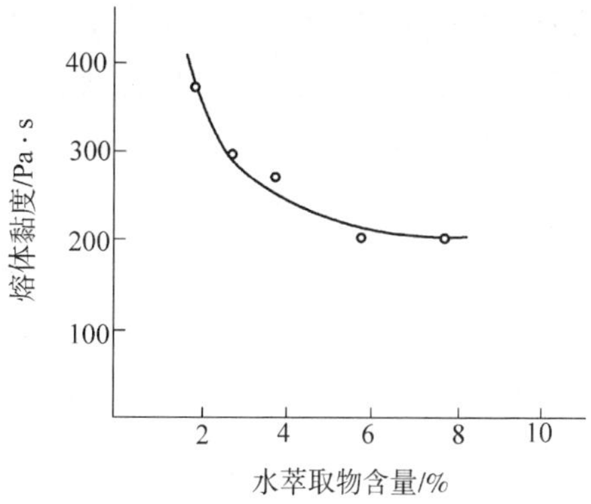

图 3－14　聚己内酰胺熔体黏度与水萃取物含量的关系

5. 吸湿性　聚酰胺 6 和聚酰胺 66 相对于其他合成纤维，有较好的吸湿性，水分子可进入酰胺的非结晶区与酰胺键结合。聚酰胺的吸湿性还受环境温度、相对湿度等因素的影响。

6. 耐化学药品性　聚酰胺的耐碱性很好，但耐酸性较差，通常可溶于有机酸和无机酸以及它们的浓水溶液中；聚酰胺也可溶于苯酚和某些醇中，特别在高温时更易溶解。聚己二酰己二胺和聚己内酰胺在稀酸溶液中会被水解成单体和低聚物，而在室温下的浓酸溶液中可以溶解，但水解速率极低。聚酰胺在煮沸的多元醇中可能发生溶胀、丧失形状或溶解，而一般的有机溶剂对聚内酰胺只起溶胀作用。

第三节　聚酰胺纺丝工艺与质量控制

一、概述

除特殊型的耐高温和改性聚酰胺纤维外，其他各种聚酰胺纤维均采用熔体纺丝法成型。由于一般聚酰胺是热塑性树脂，有明显的熔点，其熔融温度低于分解温度，因此可采用螺杆挤出机进行熔融纺丝。

聚酰胺纤维主要以切片熔融纺丝法为主，虽然在生产上也有采用缩聚后熔体直接纺丝的，但由于其技术要求高，质量较难控制，特别是聚酰胺 6，其聚合体内含有 10%左右的单体和低聚物，会造成纺丝困难，使纤维结构不均匀，因此聚酰胺 6 直接纺丝法目前大多限于生产短纤维，而对于长丝品种则主要采用切片纺丝法。

20 世纪 70 年代后期，聚酰胺的熔融纺丝技术有了新的突破，熔体纺丝的速度从原来仅为 1000～1500m/min 的常规纺，发展到速度达到 4200～4500m/min 的高速纺，所得的卷绕丝由原来结构和性能都不太稳定的未拉伸丝（UDY）转变为结构和性能都比较稳定的预取向丝（POY）。进入 20 世纪 80 年代后，随着科技和机械制造技术的进一步提高，在聚酰胺纤维生产中，超高速纺丝，即机械卷绕速度达 6000～8000m/min 的一步法制取全拉伸丝（FDY）、高取向丝（HOY）工艺，已经实现工业化生产。

聚酰胺纤维熔体纺丝的原理及生产设备与聚酯纤维基本相同，但由于聚合物的特性不同而造成工艺过程及控制有些差别。从国内外生产发展情况来看，聚酰胺纤维的常规纺已逐步被高速纺取代，因此本节着重介绍聚酰胺纤维高速纺丝工艺及特点。

二、聚酰胺纤维高速纺丝工艺对切片和纺丝设备的要求

1. 对切片含水率和熔体纯度的要求 与常规纺相比，高速纺丝时，由于高速运行的丝条与空气间的摩擦力较大，因此，丝条在到达卷绕装置时张力比常规纺丝时大得多。这时，如果丝条中含有气泡或较大直径的机械杂质，在高张力下，就容易因应力集中而产生单丝断裂，形成毛丝，影响卷绕丝的质量。因此高速纺丝对切片中的含水率和机械杂质含量要求更加严格。

一般要求高速纺丝时聚酰胺切片含水率必须小于0.06%；熔体中不允许含有直径在6μm以上的杂质存在。切片中的水分可以通过对切片的干燥去除。对于聚己内酰胺切片，由于聚合机理的特点（属于开环聚合），切片中存在单体，所以纺前准备除干燥除水外，还需进行脱单体和脱低聚物。因为聚合物中含有单体和低聚物一方面会使纺丝产生毛丝，使丝条经不起拉伸、纤维强度下降；另一方面单体和低聚物的存在对聚合物大分子也起到增塑作用有利于丝条拉伸，所以聚己内酰胺切片纺短纤维时可以不脱单体，而长丝生产必须进行脱单体。单体脱除方法见本章第二节二、（三）“聚己内酰胺切片的纺前处理”，在此不再重复。对于聚己二酰己二胺，其聚合机理属逐步缩聚，切片中不存在小分子单体，纺丝前只需控制切片含水率，不需要脱单体。

在纺丝前，必须去除熔体中的机械杂质和凝胶粒子，一般采用熔体预过滤器。熔体预过滤器常安装在螺杆挤出机出口至纺丝箱体入口之间的熔体分配管路上，对直接纺则安装在增压泵与纺丝箱体之间，其形式多为列管式，其过滤介质一般为拆装方便的多层金属网管或烧结金属元件。使用熔体预过滤器可使熔体内的杂质大大减少。

对于聚酰胺6纺丝生产线，如果聚合原材料和生产工艺控制严格，切片中杂质极少时，可省去熔体预过滤器处理。

2. 对纺丝设备的要求 聚酰胺高速纺丝的卷绕速度比较高，所以要求每个纺丝头的挤出量比普通纺丝的挤出量大得多，为此需增加螺杆挤出量并提高纺丝熔体的均匀性。

当选定螺杆直径 D 及其长径比 L/D 后，可通过增加螺纹深度、适当减少计量段螺杆与套筒的间隙或提高螺杆转速等手段增加螺杆的挤出量。此外，可以使用带有混炼段或副螺纹的新型螺杆以提高挤出机的产量和提高熔体的均匀性，如销钉型螺杆是在螺杆压缩段与计量段之间的螺槽中设置一定数量的销钉，可将未熔融的固相物料分离细化以增加固相与液相的接触面积，及时吸收熔体过多的热量而迅速熔化，加速固相颗粒的熔融速度。设置在计量段或螺杆头部的销钉有分流、剪切和混合的作用，能通过销钉的激烈搅拌，细化和粉碎物料中的固态物质，促使其加速熔化。由于销钉与物料的剪切摩擦作用，有利于物料的熔化，同时打乱物料的流动状态，减少温度与压力的波动，提高熔体黏度、温度的均匀性和稳定性。因此，可以通过提高螺杆转速的方式来增加挤出量，该新型螺杆与同类型普通螺杆相比可以提

高 30%的产量。

3. 丝条冷却和上油方式　由于高速纺丝的速度快，丝条在空气中冷却停留时间短，为了加强冷却效果，满足成型的需要，高速纺丝时应适当加高纺丝吹风窗的高度，有时也适当增大吹风速度，其冷却方式多采用侧吹风。由于高速纺丝丝条的张力较大，因此不会因风量的增大而引起丝条摆动而影响其质量。

聚酰胺高速纺丝的上油方式与聚酯基本相同，其上油机构在纺丝窗下方的甬道入口处，采用喷油嘴上油。

三、聚酰胺高速纺丝工艺与质量控制

（一）纺丝温度、速度和冷却成型条件

1. 纺丝温度　聚酰胺 6 高速纺丝设备与聚酯基本相同，但由于聚合物特性的不同使两者在纺丝工艺和质量控制方面有些差别。聚酰胺 6 的熔点为 215℃，这主要是因为聚酰胺 6 中有小分子单体存在，起到增塑剂的作用，使熔体流变性增强，所以纺丝温度在 265～280℃，比聚酯低。但温度也不能过低，否则熔体黏度上升，会增加纺丝计量泵的负担，容易出现漏料现象，熔体胀大严重，甚至出现熔体破裂，生产的丝发白，无光泽、手感硬，后加工时断头率增加，难以拉伸；而纺丝温度过高时聚合物容易发生热分解，使相对分子质量下降，出现气泡丝而形成所谓的注头丝。因此，纺丝温度波动越小越好，一般不超过±1℃。

由于聚酰胺比聚酯更易被空气中的氧氧化而发黄，使聚合物相对分子质量降低，黏度下降，可纺性变差，因此聚合物在熔体挤出阶段，必须向挤出机通入氮气或二氧化碳，使其与外界隔绝，防止熔体被空气中的氧氧化。

2. 纺丝速度　由于聚酰胺纤维分子间的结合力大，容易结晶，吸水性强，所以纺丝速度比聚酯高，至少在 4000m/min 以上，当纺丝速度较低时（如 1500～3500m/min），预取向丝会因吸湿量高而膨润变形，使卷装筒子成型不良。在纺速高于 4000m/min 时，预取向丝的取向度和结晶度提高，使其因吸湿而产生的各向异性膨胀显著减小，从而获得较好的筒子成型。聚酰胺高速纺纺丝速度一般在 4000～5200m/min。

3. 冷却成型　聚酰胺 6 纺丝冷却成型条件与聚酯基本相同，风温 20～30℃，风速 0.3～0.5m/s，相对湿度 60%～75%，这是因为虽然聚酰胺 6 纺丝温度较低，但其玻璃化温度也较低，在 50～75℃之间。从熔体细流冷却至玻璃化温度，丝条的温度降与聚酯相近，因此散热量也大致相近。

（二）预取向丝取向度与卷绕张力

聚酰胺 6 预取向丝的取向度与纺丝速度和卷绕张力有关。在卷绕张力的作用下，丝条受到拉伸而发生分子取向或结晶取向，这主要发生于纺丝头与上油装置之间。从喷丝头开始至上油装置可划分为如下所述三个区域（图 3-15）[5]。

1. 第一区　流动形变区　熔体离开喷丝板微孔的控制后，约距喷丝板面 5～10mm 的距离内，由于熔体流速突变产生的弹性形变能和静压能的释放，会产生直径膨胀变大的现象，

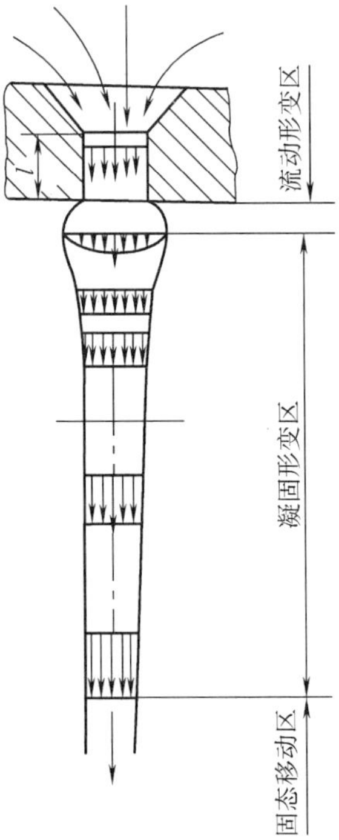

图 3－15　冷却固化过程图

称为膨化现象。膨化区的存在对纺丝是不利的，使丝条不均匀，也易黏附在喷丝板上，造成断头、毛丝。适当降低熔体的黏度（提高纺丝温度）和选用长径比大的喷丝孔，可以降低膨化程度。在流动形变区内虽已降温，但流动性能很好，故受拉力作用后很容易变细，所产生的大分子轴向有规则排列（称为大分子的取向）的程度较低，又因大分子的松弛作用，使取向度很小。

2. 第二区　凝固形变区　在该区域内，熔体细流在卷绕机构的牵引下于一定的冷却条件下，逐渐凝固成丝条。凝固形变区中的变化最大，发生了直径、温度、黏度和大分子结构等变化，也是冷却固化的最重要区域。

（1）直径的变化。因为导丝盘或卷绕机构牵引速度 v（称为纺丝速度或卷绕速度）大大超过喷丝速度 v_0（即为熔体在微孔中喷射的速度），使丝条拉长变细，直到温度降至凝固点以下，直径及速度就不再发生变化了，如图 3－16 所示。

（2）熔体的温度和黏度变化。熔体细流受到周围空气的冷却作用，温度迅速下降，黏度很快上升，当黏度达到一定值时就失去流动性，成为固态，图 3－17 是丝条传热过程图。

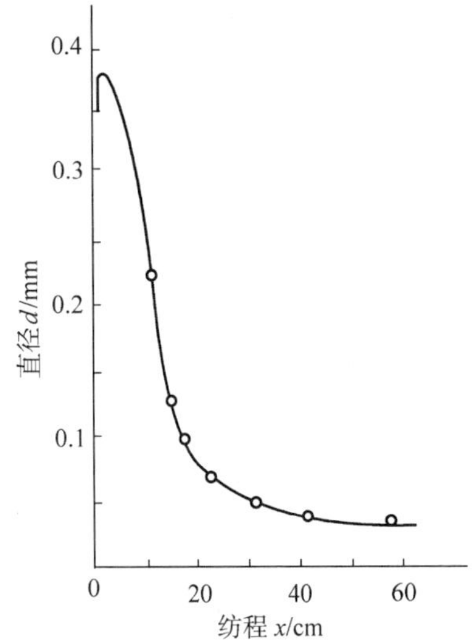

图 3－16　熔体直径变化曲线

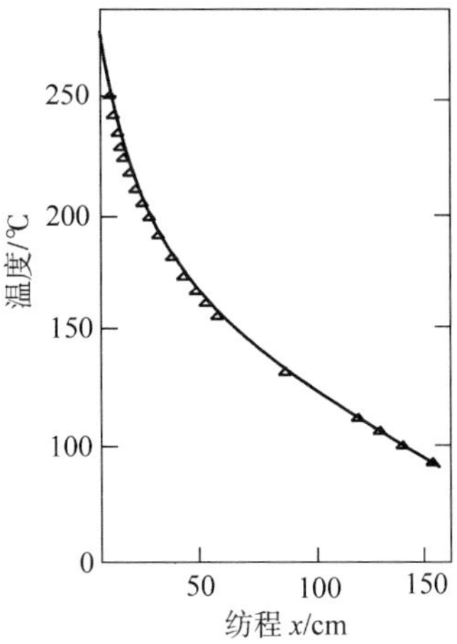

图 3－17　丝条传热过程图

（3）丝条内部结构的变化。在该区域内主要结构变化是取向度和结晶度。由于结晶需要一定时间，并需要在要熔点以下、玻璃化温度以上才能进行，而聚酰胺 6 纤维高速纺时，纺丝速率很高，从熔融态到固态的温度下降速度极快，在纺程中往往来不及结晶就已降至玻璃化温度以下，故丝条内部结构尚处于无定形的结构状态。

大分子链在外力作用下，沿着作用方向（丝条的轴向）有规则排列的程度称为取向度，并用双折射率“Δn”的大小来衡量取向度的高低（Δn 大表示取向度大）。当纺丝速度较低（$v \leqslant 1000$m/min）即常规纺丝时，丝条的取向度很小，且易回复，属未取向丝，须在后加工中再继续拉伸，来增加取向以提高纤维强度。在高速纺时（对于聚酰胺 $v > 4000$m/min）丝条有较大的取向度，此时产生的取向度称为预取向度，以便与后加工拉伸取向区别。只有当纺丝速度高达 6000～8000m/min 以上时才可以达到完全取向，获得不再需要后拉伸的全取向丝。

距喷丝板约 40～80cm 处固化结束，温度下降到玻璃化温度以下（此处即为凝固点）。

在第二区中，细流状聚合物处于高弹态，形变与分子取向同时发生。在此，一方面由于聚合物熔体细流温度高于玻璃化温度，分子链仍有足够的活动能力；另一方面由于交联结构的初步形成，分子链和链段在适当的卷绕张力下，会产生明显的取向。卷绕速度越高卷绕张力越大，纤维的取向度也越大。因此熔体细流在靠近凝固点之前存在着最佳的取向条件。

3. 第三区　固态移动区　从凝固点开始，丝条以相同的牵引速度移动，成型结束。为了使丝条进入导丝盘或卷绕机构时温度能下降至 50℃左右，一般仍需有一定的冷却距离。故丝室下面有 5～7m 长的甬道，但当纺丝速度提高时，甬道所起的作用较小。

在该区，丝条已是凝固的预取向丝，由于分子链段的活动性较小，相对形变困难，在此条件下，恒定的张力已不能再使取向度提高了。

由上述可知，预取向丝的取向度主要取决于在临近凝固点前单丝所受的张力。若作用在丝条的张力很小，则取向度低，甚至造成解取向。若把已冷却但还未取向的丝条突然处于高张力下，则单丝会断裂，这是因为在未取向的丝条结构中，张力分布不均匀，这种情况经常发生在急剧冷却时。

（三）纺丝速度对卷绕丝结构和性能的影响

图 3－18 所示为聚酰胺纤维的取向度（用双折射率 Δn 表征）与纺丝速度的关系。聚酰胺纤维的取向度随纺丝速度的增加而增加，当纺速在 1400m/min 以下时，其取向度随纺速的提高而急剧增大，当纺速达到 1400m/min 以上时，取向的增大缓慢，纺速到达 3500m/min 以上时，取向度又会有较显著的增大。因为高速纺的目的是取得大而稳定的预取向度，以减小后拉伸倍数，所以聚酰胺纤维在 3500m/min 以下的高速纺丝无实际意义。

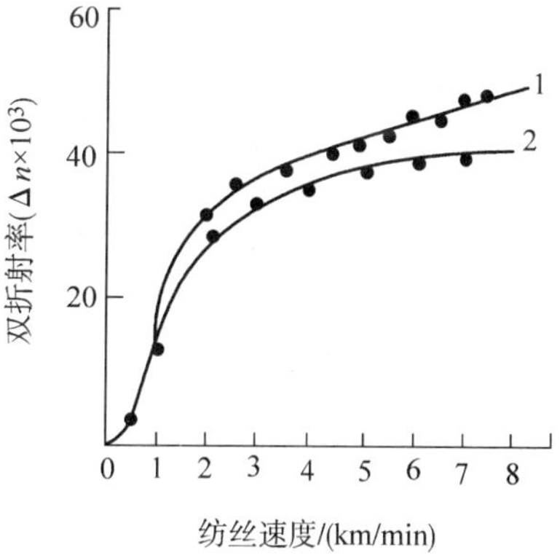

图 3－18　卷绕丝双折射率与纺丝速度的关系

1—聚酰胺 66　2—聚酰胺 6

与聚酯相比，聚酰胺纤维在纺丝成型过程中容易产生结晶，这是因为聚酰胺纤维吸湿性较高，大分子间存在氢键，且大分子的柔顺性好，故链段易于运动而砌入晶核，因此在纺丝过程中，当丝条接触到油剂或吸收空气中的水分后，即伴随着产生结晶，且随着纺速的变化，其结晶形态也有所不同。如聚酰胺 6 纤维，当纺速＜3000m/min 时，主要生成 α 晶型及拟六方晶型；而在 4000m/min 以上的纺速时，主要生成 γ 晶型，当进行超速纺（纺速高达 7000m/min）时，

则 γ 晶型显著减少，α 晶型又重新增多，并且在丝条断面上呈双层结构，包含高取向的皮层（γ 晶型）和低取向的芯层（α 晶型）。这是由于在超高速纺丝条件下，丝条受急速冷却作用，使纺丝拉伸应力集中于丝条表层而造成的结果。

生产实践证明，当纺丝速度超过 1500m/min 时，随着纺速的提高，由于纤维中晶核的迅速增加和丝条到达卷装工序的时间缩短，水分来不及渗透到微晶胞的空隙中去，因此丝条绕到筒子上后，将继续吸收水分，使晶核长大成晶粒，并使丝条伸长，而导致松筒塌边，以致不能进行后加工。随着卷绕速度的进一步提高（大于 3500m/min），由于大分子的取向度随着卷绕速度的增加而明显提高，产生取向诱导结晶，丝条到达卷装工序时结晶度也随之增加，其后结晶效应明显减弱，因而卷装后丝条的伸长也就大大减少。当纺速高达 4000m/min 以上时，丝条的伸长率相当于常规纺，因此在此速度下仍可卷绕。

为了实现卷绕工艺的最大稳定性，尤其是防止复丝中单丝线密度差异，生产聚酰胺预取向丝（POY）的纺速以 4200～5000m/min 为宜。

四、聚酰胺高速纺丝拉伸一步法工艺

聚酰胺高速纺丝拉伸一步法工艺（即 FDY 工艺，生产全拉伸丝）是在 POY 工艺基础上发展起来的。由于它是在同一机台上完成高速纺丝、拉伸和热定型的，因此这一工艺简称为 H4S（High Speed-Stretch-Set-Spinning）技术，该工艺现已被国内外生产厂家所广泛使用，具有广阔的发展前景。

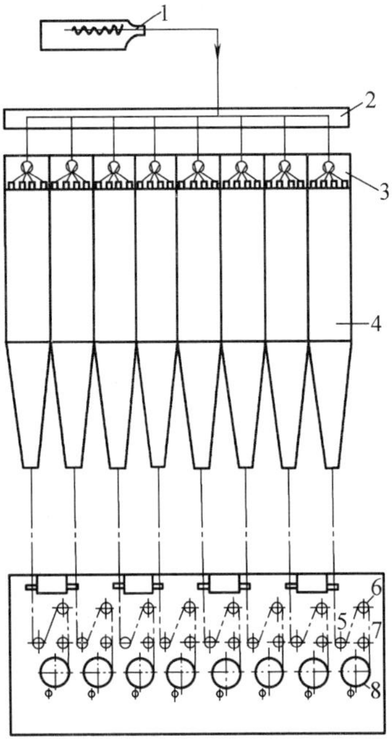

图 3－19 聚酰胺 6 FDY 生产流程图

1—螺杆挤出机 2—熔体分配管 3—纺丝箱体 4—纺丝甬道 5，6，7—第一、第二、第三导丝辊 8—高速卷绕头

（一）生产流程

图 3－19 为聚酰胺 6 全拉伸丝（FDY）生产流程图[6]，其流程与聚酯（FDY）生产流程基本相同，不同的只是螺杆挤出机各区温度和各牵伸辊的速度。具体过程是：来自切片料斗的聚己内酰胺切片进入螺杆挤出机后，在挤出机内通过热能和机械能使之熔融、压缩和均匀化，聚合物熔体经螺杆末端的混炼头流向熔体分配管，进入纺丝箱体；熔体经计量泵、纺丝组件，由喷丝板压出而成为熔体细流，并在冷却室的恒温、恒湿空气中迅速凝固成为丝条，经喷油嘴上油后，丝条离开纺丝甬道，被牵引到第一导丝辊，以一定的速度将丝条从喷丝板拉下，得到预取向丝（POY）。丝条自第一导丝辊出来后被牵引到第二导丝辊（一般为热辊，起定型作用），并通过改变两导丝辊的速度比来调节所要求的拉伸比，丝条最后经过第三导丝辊，以控制一定的卷绕张力和松弛时

间，然后进入卷绕装置；在卷绕机的上方配有交络喷嘴，又称网络喷嘴，在喷嘴中通入蒸汽或热空气，当丝条通过喷嘴时，由于热空气的作用使单丝之间交络、缠结，产生沿丝条轴方向上的缠结点，并同时起热定型作用；最后成品丝卷绕在筒管上，满卷的丝筒落下后经检验、分级和包装，便得到锦纶长丝 FDY 产品。

（二）全拉伸丝生产工艺及质量控制

聚酰胺 FDY 设备与聚酯类同，此处不再赘述。本节着重讨论纺丝过程中，各主要工艺参数对成品丝质量的影响。

1. 纺丝温度 聚酰胺熔体的纺丝温度主要取决于聚合物的熔点和熔体黏度。纺丝温度必须高于熔点而低于分解温度，聚酰胺 6 和聚酰胺 66 的熔点分别为 215℃和 255℃，而两者的分解温度相差不大，大约在 300℃左右，为此聚酰胺 6 的纺丝温度可控制在 270～280℃，聚酰胺 66 则控制在 280～290℃左右[7]。聚酰胺 FDY 与聚酰胺 POY 的纺丝温度相近，只是对纺丝温度的要求更为严格，纺丝时必须控制好温度波动。特别对于聚酰胺 66，其熔点与分解温度之间的范围较窄，因此纺丝时允许温度波动范围更小，一般控制在±1℃之内。

无论聚酰胺 6 还是聚酰胺 66，熔体的黏度均随相对分子质量增大而增大，在相对分子质量相同的情况下，熔体黏度随温度升高而减小。聚酰胺 6 的熔体黏度还与低聚物含量及水含量有关，低聚物有增塑剂的作用，在温度相同时，低聚物含量高则熔体黏度有所降低。因此，在选择纺丝温度时应考虑这些因素[8]。

纺丝温度选择是否恰当，直接影响到纤维的质量和纺丝过程的正常进行。纺丝温度过高，会使聚合物的热分解加剧，造成相对分子质量降低和出现气泡丝，并因熔体黏度太低而出现毛细断裂，形成“注头”丝；当纺丝温度过低时，则使熔体黏度过高，增加泵输送的负担，往往出现漏料，而且使挤出物胀大现象趋于严重，甚至出现“熔体破裂”（Melt fracture）现象，还会出现硬头丝，使后拉伸时断头增加，甚至不能拉伸，对纤维的质量造成不良影响，因此生产上应严格控制好纺丝温度。

2. 冷却条件 纺丝时应选择适当的冷却条件，并保证其稳定、均匀。避免受到外界条件的影响，从而使熔体细流在冷却成型过程中所受的轴向拉力保持稳定。对于一定的冷却吹风装置（FDY 机目前多采用侧吹风），冷却条件主要指冷却空气的温度、湿度、风量、风压、流动状态及丝室温度等参数。通常冷却吹风风温 20～30℃，冷却风风速一般为 0.4～1.0m/s，比普通纺风速要高，这是因 POY 丝的张力大，不会因为风量的增大而引起丝条的摆动，所以大的风速不会影响丝的质量；相对湿度为 60%～80%，冷却吹风窗的高度可适当加高，在保证不使喷丝板温度降低的情况下，冷却吹风上部应靠近喷丝板，以保证纺丝的顺利进行。

3. 纺丝速度和喷丝头拉伸倍数 纺丝速度一般指丝条在卷绕辊处的线速度，聚酰胺全拉伸丝纺丝速度很快，目前已达到 4000～6000m/min，甚至更高，由于熔体纺丝法的纺丝速度很高，因而喷丝头拉伸倍数也较大。

卷绕速度和喷丝头拉伸倍数的变化给卷绕丝的结构和拉伸性能带来一定影响。喷丝头拉伸倍数越大，剩余拉伸倍数就越小。图 3－20 为聚酰胺 6 和聚酰胺 66 卷绕丝剩余拉伸倍数与纺丝速度的关系。可以看出，纺丝速度在 2000～3000m/min 之间，剩余拉伸倍数随纺丝速度的增加而迅速减少，当纺速高于 3000m/min 时，剩余拉伸倍数变化较为缓慢。这一规律可作为高速纺丝与常规纺丝的分界点，当纺丝速度超过此界限时，就能有效地减小后（剩余）拉伸倍数。FDY 机通过第一导丝辊的高速纺丝和第二导丝辊的补充拉伸，便可获得全拉伸丝（FDY）。

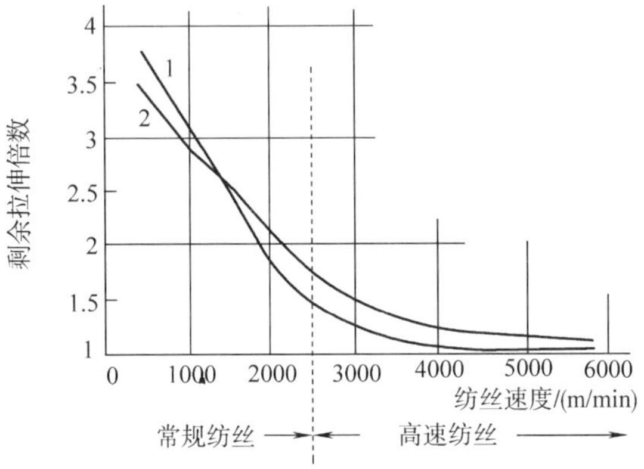

图 3-20 卷绕丝剩余拉伸倍数与纺丝速度的关系

1—聚酰胺 66 2—聚酰胺 6

对聚酰胺 FDY 的纺丝，因速度高，要获得优良的 FDY 产品，设定好各导丝辊的速度很关键，一般第一导丝辊速度与 POY 卷绕线速度相近，在 4000～4500m/min；第二导丝辊速度与第一导丝辊速度比起到二次拉伸作用，所以第二导丝辊速度一般在 5000～5500m/min；第三导丝辊速度可以比第二辊速度略低，对丝条起到松弛内应力的作用，也可以高于第二导丝辊速度，起进一步拉伸的作用。因此聚酰胺 FDY 生产过程中要严格控制各导丝辊速度及导丝辊之间的速比。

4. 上油 高速纺丝上油比常规纺丝上油更为重要，它直接影响纺丝拉伸卷绕成型工艺的正常进行和丝条的质量，特别是丝条与机件的高速接触摩擦，更容易产生静电，引起毛丝和断头，因此要施加性能良好的纺丝油剂。

常规纺丝采用油盘上油，但对于高速纺丝，油盘上油不但均匀性差，而且油滴会飞离油盘污染环境，因此 FDY 工艺中常采用上油量比较均匀、计量精确的油剂齿轮泵和喷油嘴上油的上油方式，但是在 FDY 纺丝过程中有两次拉伸（喷头拉伸、导丝辊间的拉伸），在拉伸过程中，油剂由于受热挥发，使丝的抱合性变差，易产生毛丝和断头，所以为了避免纺丝过程中因拉伸受热产生毛丝、断头，影响正常生产，同时也为了保证 FDY 产品含油的均匀性和含油量以利于后道工序的加工，FDY 在生产中常采用二次上油。第一道上油位置与 POY 相似，在冷却吹风窗底部，第二道上油则在第二导丝辊后卷绕前。

高速纺丝所用的油剂型号种类繁多，但基本都是由润滑剂、抗静电剂和乳化剂三种组分组成。丝条的含油量根据织造方法而定。一般用于机织物的丝条含油量为 0.4%～0.6%，用于针织物的则可高达 2%～3%。油剂含量既不能过少也不能过多，过少时，丝条表面不能均匀地形成油膜，摩擦阻力增大，集束性差，易产生毛丝；含量过多，则会使丝条在后加工过程中造成油剂下滴及污染加剧。

5. 拉伸倍数 FDY 工艺是将经第一导辊的预取向丝（POY）连续绕经高速运行的辊筒来实行拉伸的，拉伸作用发生在两个转速不同的辊筒之间，后一个速度大于前一个，两个辊筒的表面线速度比即为拉伸倍数。纺制聚酰胺 FDY 一般第一导辊的速度可达 POY 的生产水平（4000～4500m/min），而拉伸的卷绕辊筒速度则高达 5500～6000m/min。对于不同的聚合物，拉伸辊筒的组数、温度及排列方式也有所差异，对聚酰胺因为 T_g 比较低，模量也稍低，所需的拉伸应力相应较小，故可采用冷拉伸形式，根据设备型号和生产品种的不同，采用第一辊不加热或微热而第二辊进行加热的形式，以实现对纤维的热定型。

聚酰胺纤维的强度随着拉伸倍数的增加而提高，伸长率则相应降低，但拉伸倍数如果超过临界值，则纤维内的大分子因承受不了强大的拉力而发生滑移和断裂，使取向度和强力下降，因此拉伸倍数要考虑成型丝条的性质。对于已具有一定取向度的预取向丝，其剩余拉伸比较小，所以聚酰胺 FDY 工艺的拉伸倍数一般只有 1.2～1.3 倍。

6. 交络作用　FDY 生产过程的设计，是以一步法生产直接用于纺织加工的全拉伸丝为目的，丝条在高速纺丝、卷绕过程中无法加捻，故 FDY 设备常在第二拉伸辊下部对应于每根丝束设置网络喷嘴，以保证每根丝束中具有每米约 20 个交络结点，以增加丝的抱合性，改善成品丝的光泽。除了赋予交络结点（网络），即对丝束产生交络作用外，喷嘴的另一个作用是热定型，为此在喷嘴中通入蒸汽或热空气，以消除聚酰胺纤维经冷拉伸后存在的后收缩现象。

丝束经交络后，便进入高速卷绕头，卷绕成为 FDY 成品丝。原则上卷绕头的速度必须稍低于第二拉伸辊的转速，这样可以保证拉伸后的丝条得到一定程度的低张力收缩，获得令人满意的成品质量和卷装。聚酰胺 FDY 的卷绕速度一般为 5000m/min 左右。

第四节　聚酰胺纤维的后加工工艺与质量控制

根据产品的用途和品种不同，聚酰胺纤维的后加工工艺和设备也不同。本节将介绍聚酰胺长丝、弹力丝、帘子线、膨体长丝（BCF）以及短纤维的后加工工艺及设备。

一、POY 存放（平衡）

与聚酯相同，对于聚酰胺纤维无论是普通纺丝生产的 UDY 还是高速纺丝生产的 POY 丝，在进行后加工之前，丝都必须在恒温恒湿条件下存放一定时间。因为成型的聚酰胺初生纤维，其纤维内部和表层含油、含水及其预取向度是不均匀的，故需存放（平衡）一段时间，使内应力减小或消除；另外，得以使前纺卷绕时所加油剂扩散均匀，从而改善纤维的拉伸性能。存放时间一般为 8h 以上。

二、聚酰胺长丝后加工

普通长丝又称拉伸加捻丝（DT 丝），它是由常规纺的卷绕丝（UDY）或高速纺的预取向丝（POY）在拉伸加捻机上经拉伸和加捻（或无捻），制取的具有高强度、低伸长的长丝，以适合于纺织加工的需要。由高速纺丝拉伸一步法制得的 FDY 丝也属于普通长丝。

现在聚酰胺长丝的生产多为 POY-DT 工艺，即以高速纺的 POY 为原料，在同一机台上一步完成拉伸加捻作用。

（一）长丝后加工工艺流程

POY-DT 工艺流程如下图 3－21 所示。

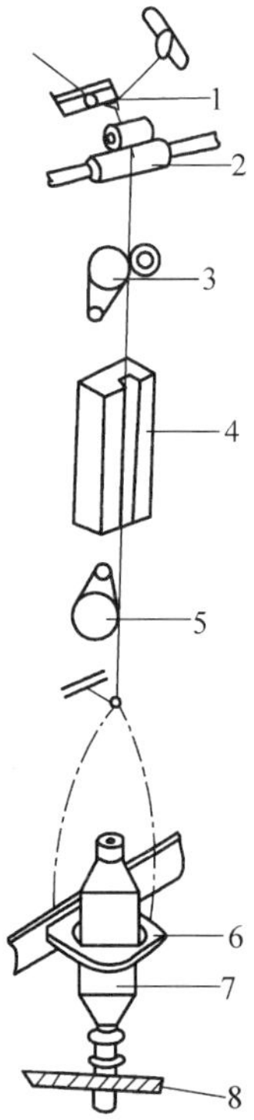

图 3-21 牵伸加捻机流程图
1—导丝钩 2—喂丝罗拉 3—热拉伸盘
4—加热器 5—冷拉伸盘 6—钢领板
7—双锥形卷装 8—龙带

从图 3-21 可看出，卷绕丝从筒子架引出，经导丝器、喂丝罗拉到达拉伸盘，在喂丝罗拉和拉伸盘之间进行冷（或热）拉伸，从拉伸盘引出的拉伸丝，再经导丝钩和上下移动着的钢领板，随锭子的旋转，被卷绕在筒管上，并获得一定的捻度，成为拉伸加捻丝。

（二）拉伸加捻工艺

1. 拉伸 在聚酰胺长丝后加工过程中，拉伸是一个关键工序。拉伸工艺路线及参数的选择原则应考虑两方面的问题：一方面，根据不同的使用要求，确定工艺路线和参数，使长丝根据用途不同而具有不同的物理机械性能和纺织性能，如强度、伸长率、弹性、沸水收缩率、染色性等，图 3-22 为聚酰胺纤维在获得一定拉伸比时，拉伸张力与温度的关系；另一方面，还必须从实际操作的实施和控制的可靠性、经济指标等来决定，同时要尽量减少纤维在拉伸过程中的断头率，否则将严重影响纤维的质量与产量，妨碍后加工过程的正常进行。

影响拉伸加捻的主要因素：

（1）原丝质量。用于生产聚酰胺长丝的原丝可以是未取向的卷绕丝（UDY）或预取向丝（POY），其质量决定于高聚物的质量和纺丝成型条件。

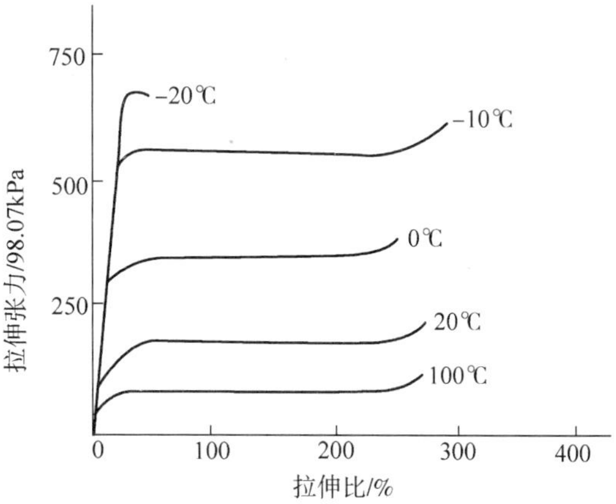

图 3-22 聚酰胺纤维在获得一定拉伸比时，拉抻张力与温度的关系

卷绕丝的可拉伸性起初随相对分子质量的增大而增加，并在一定相对分子质量下达到最大值，接着又随相对分子质量的增加而下降，一般来说，拉伸丝的强度也随相对分子质量的增大而增加，而且伸长率也有所增加。相对分子质量分布对拉伸性能的影响，一般认为相对分子质量分布均匀的纤维拉伸性能较为稳定。

聚酰胺 6 纤维与其他合成纤维不同的是其聚合物中含有低分子化合物（水萃取物），低分子化合物的存在降低了大分子间的相互作用力，起着增塑剂的作用，使纤维易于拉伸（图 3-23），但纤维的断裂强度却并不能同时改善。而且低分子化合物含量过高，则易于游离在丝的表面，沾污拉伸机械，给拉伸带来困难[7]。

（2）拉伸倍数。正确地确定拉伸倍数是保证拉伸丝的质量和拉伸过程能否顺利进行的关键。随着拉伸倍数的增加，纤维的取向度和结晶度都会进一步提高，从而使纤维的强度增大、伸长率下降、沸水收缩率增加。

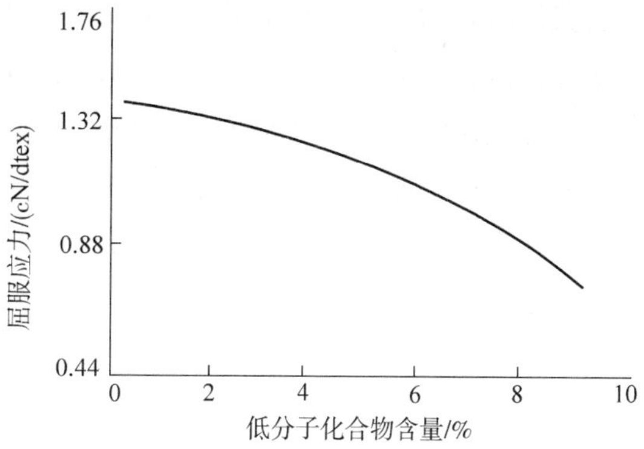

图 3－23　聚酰胺 6 卷绕丝的屈服应力与低分子化合物含量的关系

拉伸倍数的选择决定于原丝的性质和对成品的质量要求，民用丝要求有一定的伸长率，柔软而且有弹性，染色性好，因此拉伸倍数选择的较低，UDY 拉伸倍数一般为 3.5～4 倍即可。若采用 POY，因已具有一定的取向度，故拉伸倍数应适当降低，一般为 1.2～1.3 倍。高强力丝及帘子线要求强度高，伸长率小，因此拉伸倍数要求高些，一般在 5 倍以上（对 UDY），此时易采用二段或三段拉伸。另外，确定拉伸倍数，要考虑线密度及打滑的影响，细丝拉伸时易断，拉伸倍数要低些，粗丝在拉伸过程中容易打滑，拉伸倍数要高些。

选择的拉伸倍数，必须小于断裂拉伸倍数，而大于自然拉伸倍数，否则拉伸点（区）就会由给丝辊移向拉伸辊，而在另一段上产生新的拉伸点，出现未拉伸丝，丝条产生粗细不匀现象而影响丝的质量。

（3）拉伸温度。拉伸时必须使分子链有一定的活动性，因此必须选择适宜的拉伸温度，一般拉伸温度要求高于玻璃化温度 T_g，另一方面拉伸温度又必须低于软化温度，此温度一般在熔点以下 20～40℃。温度过高时，解取向的速度很大，不能得到稳定的取向。聚酰胺 6 纤维的玻璃化温度约为 35～50℃，熔融温度约为 215～220℃。对于民用单、复丝，一般可在室温下进行拉伸；而对于强力丝或短纤维，则应在一定温度下（约 150℃）进行拉伸。帘子线等高强力聚酰胺 6 长丝，因采用较高倍数的拉伸，为了降低拉伸时所需张力，并使拉伸均匀，也需采用热拉伸。聚酰胺 66 纤维的玻璃化温度约为 40～60℃，熔融温度约为 265℃，均比聚酰胺 6 纤维高，且纤维中无小分子的增塑作用，所以拉伸时必须对纤维进行加热升温。

一般说来，适当提高温度可增大最佳拉伸倍数，并降低拉伸应力（图 3－24），从而减少断头率，拉伸丝的强度也稍有增大。因此热拉伸对提高纤维的物理机械性能是有利的。

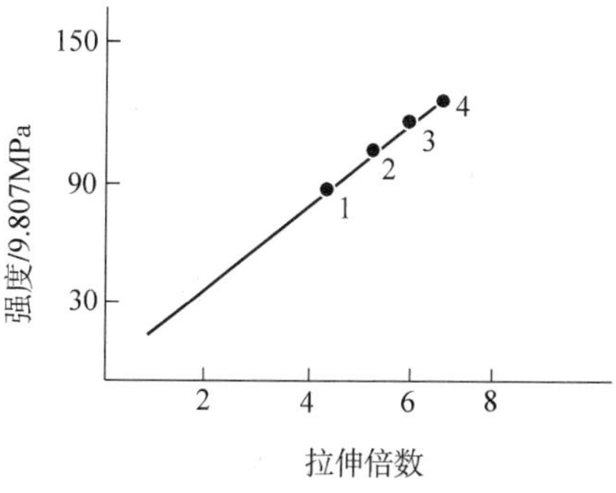

图 3－24　聚酰胺 6 在不同拉伸温度下对应的最大拉伸倍数和强度

1—20℃　2—135℃　3—185℃　4—215℃

（4）拉伸速度。在拉伸过程中，当拉伸倍数和拉伸温度一定时，提高拉伸速度，拉伸应力也相应增加；但另一方面拉伸热效应也会随拉伸速度的提高而增加，从而使拉伸应力降低。前者是主要因素时，拉伸速度提高使拉伸应力随着提高；后者是主要因素时，拉伸速度提高则使拉伸应力减小，因此随拉伸速度的增大，拉伸应力也出现一个极大值，即开始增大，随后又减小。但在实际拉伸条件下，速度变化的范围较小，如在200～700m/min的范围内，拉伸张力只出现单调的变化，随着拉伸速度增大，聚酰胺丝的拉伸张力增大。

另外，拉伸速度的选择与拉伸温度有关，若拉伸温度高，分子链活动能力大，松弛时间短，拉伸速度也可相应提高；反之，拉伸温度低，分子链活动能力小，松弛时间长，拉伸速度也需要适当降低，否则拉伸速度过快易产生应力集中，使纤维被拉断，出现毛丝、断头。

以上是影响拉伸加捻的主要因素，另外拉伸车间的温湿度也是影响拉伸过程能否顺利进行的工艺条件之一，拉伸加捻车间要求恒温恒湿，一般温度控制在（22±1)℃，相对湿度控制在60%～70%。不同的拉伸加捻设备，适合加工不同线密度的原丝，因此加工聚酰胺DT丝要根据原丝和成品丝线密度，选择适宜的设备。

用于生产聚酰胺纤维的国产拉伸加捻机类型有VC443型复丝拉伸加捻机，VC432型、VC432A型重旦拉伸加捻机及VC451型单丝拉伸加捻机。PQ668型和PQ668A型复丝平牵机丝速600～1200m/min，牵伸倍数1～1.5倍，适用于涤纶，锦纶和丙纶的UDY、MOY、POY复丝的牵伸定型、网络处理或无网络上油处理、卷绕成直边型卷装，可直接供织造厂使用。

目前拉伸加捻机的发展趋势是高速度、大卷装、高效能和自动化，如德国辛泽（Zinser）公司的519型拉伸加捻机就属于此类型，其拉伸速度可提高到2500m/min，锭子转速达2000r/min，卷装净重达4kg，并具有自动装载筒子架机构和自动落纱的拔筒插管机。

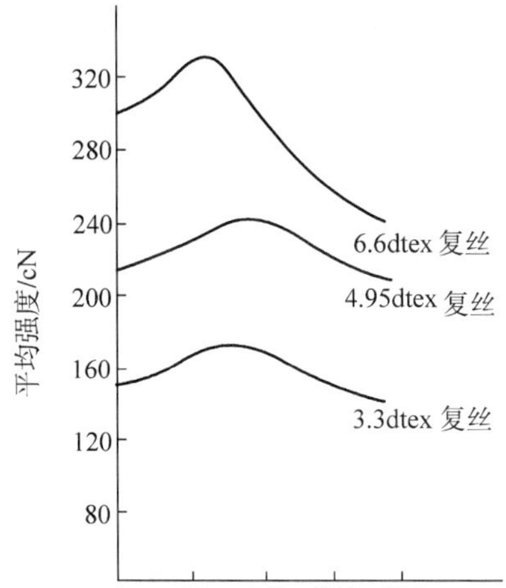

图3-25　捻度与强力的关系

2. 后加捻工艺　经过拉伸加捻机后的纤维，尽管已经获得一定的捻度（5～20捻/m)，但因捻度太少，所以仍称为无捻丝。聚酰胺长丝除以无捻丝（拉伸丝）形式出厂外，有时还要根据纤维品种和纺织后加工的要求，特别是针织物用丝，对拉伸丝需要进行后加捻处理，可以在层式加捻机或备捻机上进行。

后加捻的目的是增加长丝的捻度，加捻后的丝条捻度达100～400捻/m，纤维抱合得更好，从而增加了纱线的强力，提高纺织加工性能。随着捻度增加，丝条强力也逐渐增加，但是当捻度增加到一定值后，强度反而下降（图3-25)，强力达极限值的捻度称为临界捻度。

3. 压洗　压洗是聚酰胺6直接纺丝所得纤维在后加工所必须进行的工序，直接纺丝中所得丝条的单体含量约7%～8%，低分子物质的存在将影响丝条染色的均匀性，而且存放时间稍久，低分子物会析出在丝条表面，像发霉的霉点一样，继而使丝条发黄变脆，严重影响丝的外观和内在质量，因此必须洗出部分单体。根据纤维品种不同，压洗要求不同。对于民用丝因纺织加工过程中会附带起到去除低分子物的作用，压洗要求可以低一些，而对于特品牵伸丝，要求低分子物含量低于1.5%，若用作弹力丝则不需要压洗。

洗除低分子物的方法有压洗和吸洗，其中压洗方法较好，压洗时用 101.325～303.975kPa（1～3）atm 的水就可容易地从网眼筒管里通过丝层将低分子物压洗出来；而吸洗时水的压力不能超过 101.325kPa，要达到同样的效果，丝层要薄，或洗涤时间增长，故一般不用吸洗。压洗水的温度一般在 98～102℃。压洗后的聚酰胺 6 长丝经烘干热定型、络筒分级检验即可装箱出厂。

三、聚酰胺弹力丝后加工

现代的聚酰胺弹力丝生产与聚酯相似多采用假捻变形法，由于聚酰胺纤维的模量较低，织物不够挺括，因此产品一般以高弹丝为主。高弹丝的生产仅使用一个加热器，这是与低弹丝生产工艺的最大区别。

（一）假捻法聚酰胺高弹丝生产工艺流程

用摩擦式拉伸变形法生产聚酰胺高弹丝，工艺流程与聚酯基本相同，有些设备与聚酯拉伸变形可以通用，如当今使用较多的日本村田公司生产的 333 - Ⅱ、33 - H；巴马格公司生产的 FK6 - 600型、FK6 - 700 型、FK6 - 1000 型等加弹机都是既可以加工聚酯又可以加工聚酰胺，只是在加工聚酰胺时，第二热箱不进行加热。也有单区牵伸变形机生产高弹丝的专用设备高弹机，如 Scragg 公司的 SDS8 型、ICBT 公司的 FT900 型高弹丝等。无论是哪种设备，对加工聚酰胺高弹丝而言，其工艺流程基本相同，如图 3 - 26 所示[9]。

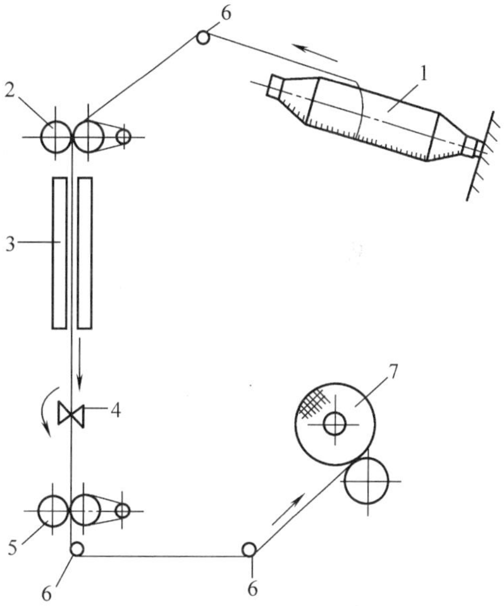

图 3 - 26 高弹变形加工流程图

1—原丝卷装 2—喂入罗拉 3—加热器 4—假捻器 5—输出罗拉 6—导丝杆 7—成品卷装

原丝（拉伸丝或预取向丝）连续通过导丝器、喂入罗拉，再通过加热器（热箱），使丝条在假捻器至喂入罗拉之间得以加捻和热拉伸。通过加热器和假捻器的丝已具有很高的捻度，当丝条出假捻器的丝条进入假捻器与输出罗拉之间的解捻区，因丝条在高捻度下定型，因此解捻后丝成为螺旋状的集合体，具有高弹性。经解捻定型的丝，会发生与解捻方向相反的转矩，其转矩在针织加工时，由于丝松弛而缠结，这会影响针织加工的正常进行。因而，对于针织用变形丝，需将捻向不同的两束丝合捻，以抵消其转矩，而用于机织加工的高弹丝，则不需合股并捻。

现代假捻变形的合股工序可以在同台假捻变形机上完成；将相邻两个锭位的假捻器捻向分别设置为一个 S 捻一个 Z 捻，经输出辊后，将捻向相反的两根丝条合股后卷绕于筒管上即可获得优质的合股变形丝。这既减少了加工工序，又提高了生产效率。

将合股并捻的变形丝直接络筒或成绞，以便于染色。成绞后的合股丝呈自由状态置于恒温恒湿条件下，平衡 24h，使松弛回缩并稳定弹性。对筒装变形丝的存放时间应尽量减短，以减少不必要的弹性损失。

（二）聚酰胺高弹丝拉伸变形工艺与质量控制

聚酰胺高弹丝的生产与聚酯弹力丝大致相同，均可采用牵伸变形联合机，即假捻变形机、DTY 机。拉伸变形工艺参数的选择原则与聚酯弹力丝相近，首先应考虑假捻张力与解捻张力的比。为了使加工性能和变形丝性能良好，加捻和解捻张力应尽可能接近一致，或 T_2/T_1 值稍高于 1。假捻张力主要受拉伸倍数 *DR* 和假捻器速比 D/Y 两个因素影响，一般拉伸倍数提高，加捻张力 T_1 和解捻张力 T_2 随之增大，张力比 T_2/T_1 也会有所上升；而假捻器速比 D/Y 增加，加捻张力 T_1 上升，解捻张力 T_2 下降，张力比 T_2/T_1 呈下降趋势。图 3－27 和图 3－28分别显示了解捻张力与速比 D/Y 和解捻张力与纤维卷缩刚性的关系，从中可看出假捻张力的适宜范围在 8～10cN 之间。

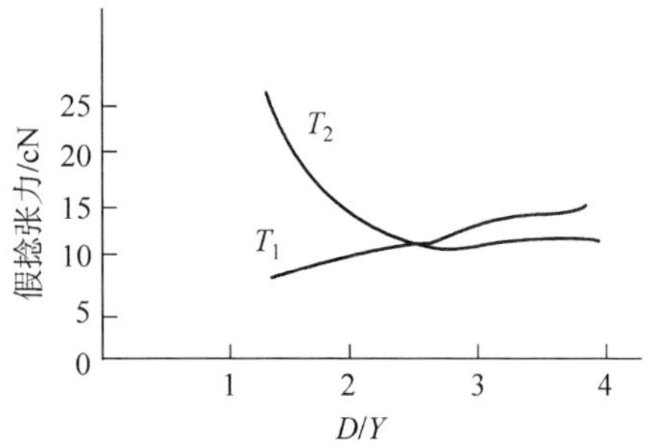

图 3－27　假捻张力与 D/Y 值的关系

（POY44～56dtex/13f 拉伸比 1.28，加工速度 500m/min，加热器长 1.35m，喷镀金刚石的摩擦盘）

T_1—加捻张力　T_2—解捻张力

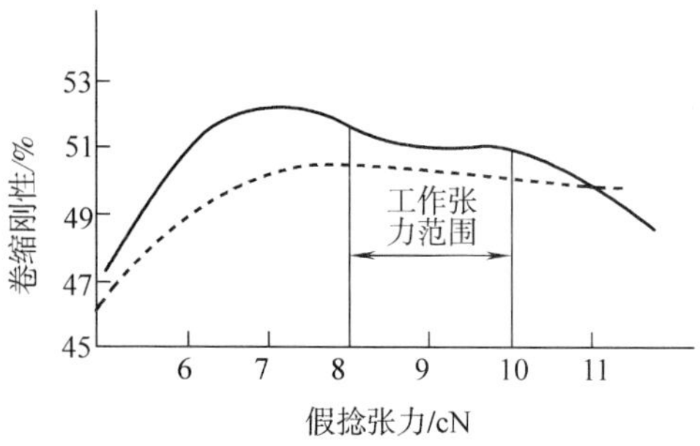

图 3－28　假捻张力与卷缩刚性的关系

（POY 42dtex/10f）

为了提高变形丝质量增加变形丝的稳定性和防止气圈的形成，对于高速拉伸假捻变形多采用空气冷却板或水冷却板进行强制冷却。聚酰胺 66 冷却距离对丝温的影响列于表 3－6。由表可见冷却板的冷却效果比空气冷却要好。从板冷却和空气冷却的温度差 ΔT 看出，约 0.75m 的冷却距离最佳。生产聚酰胺高弹丝的典型工艺条件见表 3－7。

表 3－6　冷却距离对聚酰胺 66 变形丝温度的影响

冷却距离/m	冷却时间/s	T（空气）/℃	T（板）/℃	$\Delta T=T$（空气）－ T（板）/℃
0	0	193.0	193.0	0
0.25	0.0375	152.3	134.5	17.8
0.5	0.075	121.4	96.4	25.0
1.0	0.15	80.3	55.3	25.0
1.5	0.225	56.8	37.9	18.9
2.0	0.3	43.2	30.4	12.7

表 3-7 生产聚酰胺高弹丝的典型工艺条件

工艺参数	聚酰胺 66	聚酰胺 6
POY 原丝规格	44dtex/10f	92dtex/24f
加工速度/(m/min)	700	602
假捻形式	摩擦式 1/5/1	皮圈式
D/Y 值	2.23	0.59
拉伸比	1.352	1.252
假捻张力比（T_2/T_1）	12/10	—
加热器温度/℃	220	170
加热时间/s	0.2	0.2
冷却时间/s	0.1	0.1
卷绕超喂率/%	5.4	5.2

（三）拉伸变形工艺对聚酰胺 66 高弹丝性能的影响

1. 加工速度 DTY 加工速度，在加弹机上，通常是指纤维在第二罗拉处的表面线速度，加工速度越高，产量越大，加弹机加工速度最高可以达到 1000m/min 以上，但是加工速度过高成品丝易出现毛丝降等、断头率上升，甚至使生产无法进行。实际加工速度一般在 600～800m/min 之间，主要由原丝质量决定。原丝质量好加工速度可以适当提高。

2. 牵伸倍数 *DR* DTY 牵伸倍数 *DR*，在加弹机上是第二罗拉的表面线速度与第一罗拉的表面线速度的比值，由于不同聚合物的流变性不同，POY 的纺丝速度各不相同，加弹机牵伸倍数 DR 和 POY 丝的剩余拉伸倍数有关，剩余拉伸倍数越大，其加弹机牵伸倍数 DR 也应该越大，一般在自然拉伸倍数和最大拉伸倍数之间进行选择，对聚酰胺纤维来说，由于前纺 POY 速度高（在 4000m/min 以上），剩余牵伸倍数较低，聚酰胺纤维加弹时牵伸倍数 DR 一般在 1.20～1.30 之间。牵伸倍数 DR 主要影响成品丝线密度、毛丝及卷绕张力，随着牵伸倍数 DR 的增加，成品丝线密度降低，出现毛丝降等的概率上升，卷绕张力下降。

3. 假捻器速比 假捻器速比 D/Y（或 VR），一般是指假捻器的表面线速度与第二罗拉表面线速度的比值。假捻器速比 D/Y 的大小，对 DTY 成品质量影响较大，它不仅影响假捻张力、卷绕张力，同时对 DTY 成品丝是否会出现毛丝、紧点及松圈降等也起到至关重要的作用。假捻器速比 D/Y 的高低，甚至还直接影响了 DTY 成品丝的染色性能。可以说假捻器速比 D/Y 是 DTY 加工生产中一个非常重要的工艺参数。假捻器速比 D/Y 高，加捻张力增加，解捻张力和张力比下降，卷绕张力也降低，使 DTY 成型松软、在储存和运输中易塌边变形，同时 DTY 易出现紧点和松圈降等；相反假捻器速比 D/Y 低时，加捻张力下降，解捻张力和张力比上升，卷绕张力也增大，导致 DTY 成型不良，如凸肩，不易退绕；假捻器速比 D/Y 过低毛丝降等增加，断头率增大，增加工人的劳动强度。设备不同则假捻器速比 D/Y 也不相同，对聚酰胺加弹丝假捻器速比 D/Y 的具体范围，一般由生产所需的假捻张力、解捻张力和张力比而定，如日本村田公司 33－H 设备的速比 D/Y 可以在 0.967～2.447 间选择。

4. 超（欠）喂率 在加弹机上第二和第三罗拉表面线速度的差与第二罗拉表面线速度的比的百分率称第二超（或欠）喂率用 OF_2 表示。其值的大小可以根据生产需要进行调节，如日本村田公司的 33－H 加弹机可以通过更换传动箱中的同步齿轮与齿形带进行调节。第二超喂率 OF_2 的高低主要影响 DTY 成品丝的卷曲收缩率，DTY 成品丝的卷曲收缩率随第二超喂率 OF_2 的升高而明显增加。第一超喂率在 33－H 设备上与牵伸比 DR 相同，实际为欠喂，第二罗拉速度高于第一罗拉速度，所以一些设备不提第一超喂率。第三超喂率一般指卷绕辊与第二罗拉间的速比百分率用 OF_3 表示。超（欠）喂率的高低主要影响假捻张力和卷绕张力的大小，进而影响成型。不同设备、不同线密度的纤维后加工超欠喂率各不相同。如 33－H 加弹机的第二超喂率 OF_2 可以在－24.97～25.55 间根据加工丝的特性进行调整。

5. 加热温度和时间

(1) 加热温度和时间对卷缩刚性的影响。POY 变形热箱温度越高纤维的流变性越好，越有利于丝的变形加工，但当温度高于纤维软化温度时，纤维间容易发生粘连、并丝，使 DTY 蓬松性下降，产品手感发硬，成品质量下降。在第一热箱温度容许范围内，第一热箱温度主要影响 DTY 成品的卷曲收缩率，温度升高卷曲收缩率增大。

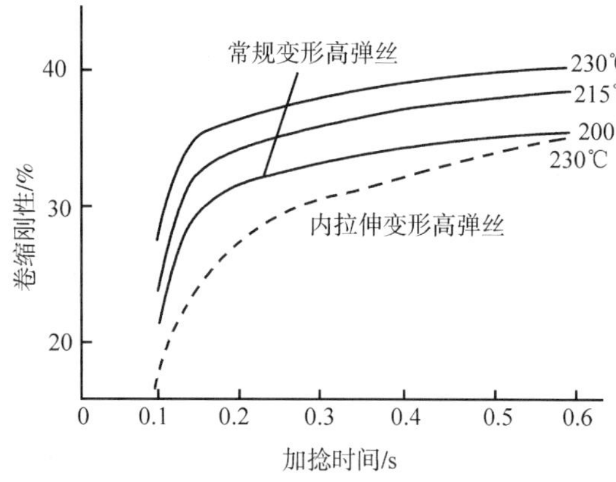

图 3－29　加热时间和温度对聚酰胺 66 高弹丝卷缩刚性的影响

如图 3－29 所示，内拉伸变形丝比常规变形丝的卷缩刚性高，并随加热温度和时间的增加而提高，当加热时间增加至 0.2s 以后，则卷缩刚性增加则很少。

假定加热器具有均匀的温度，将丝条分布在不同温度的加热器中定型约 0.5s 后，丝的温度可由下式计算：

$$\ln\left(\frac{T_H-T_L}{T_H-T}\right)=\frac{703t}{9C_p \cdot \mathrm{Tt}}$$

式中：T_H 为加热器温度（℃）；T_L 为环境温度（℃）；T 为经加热时间 t 秒后的丝温（℃）；C_p、Tt 分别为丝的比热容和线密度（tex）。

对于不同加热温度 230℃、215℃和 200℃用图解法求得其定型常数 α（定型速度的量度）的平均值分别为 $26.7s^{-1}$、$24.35s^{-1}$ 和 $22.75s^{-1}$（表 3－8）。由表可见，尽管加热温度提高卷缩刚性增加，但定型速率增加很少。

表 3－8　锦纶 66 预取向丝在内拉伸变形时定型常数 α、加热时间和温度的关系

编　号	温度/℃	平均定型常数 α/s^{-1}	丝达最大收缩率的时间/s
1	230	26.7	0.19
2	215	24.3	0.19
3	200	22.7	0.21
4	230	8.5	0.44

（2）加热温度和时间对卷缩稳定性的影响。高弹丝在后加工及其织物的使用过程中要经受高的张力，因此卷缩稳定性尤为重要。聚酰胺 66 预取向丝经内拉伸变形和拉伸丝经常规变形所得高弹丝的卷缩稳定性与加热时间和温度的关系，如图 3－30 所示。由图可见，高弹丝的卷缩稳定性随着加热温度的提高和加热时间的增加而上升。虽然聚酰胺 66 预取向丝内拉伸变形和拉伸丝常规变形高弹丝的卷缩刚性好，但卷缩稳定性较差。

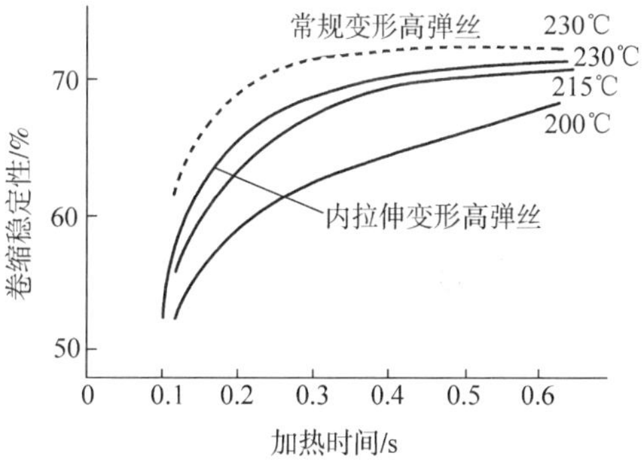

图 3－30　以不同温度变形所得锦纶 66 高弹丝卷缩稳定性与加热时间的关系

（3）加热温度和时间对染色性能的影响。不同加热温度和时间对染色丝反射率的影响如图 3－31所示。对于聚酰胺 66 预取向丝经内拉伸变形的高弹丝在加热时间为 0.2s 时，反射率有一极小值（上色最深），这是三个不同加热温度下高弹丝所表现出的共同特性。而在相同加热时间下，加热温度最低的，反射率最高，这与涤纶高弹丝相反。

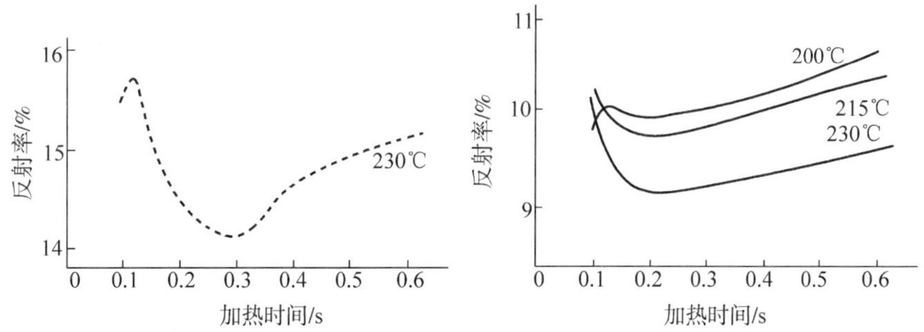

(a) 聚酰胺66常规变形高弹丝

(b) 聚酰胺66预取向丝在不同温度下的内拉伸变形高弹丝

图 3－31　变形加热时间对高弹丝染色性质（反射率）的影响

6. 冷却距离对高弹丝性质的影响

(1) 冷却距离对卷缩刚性的影响。冷却距离对聚酰胺66高弹性丝卷缩刚性的影响如图3-32所示，经2m长加热器加热的高弹丝具有较高的卷缩刚性。对于经过两种不同长度加热器的高弹丝，在冷却距离为1.0～1.25m时，其卷缩刚性有明显的最大值，当大于这个距离里时，则卷缩刚性稍有下降。

(2) 冷却距离对卷缩稳定性的影响。在聚酰胺66拉伸变形时，冷却距离对卷缩稳定性即蓬松性的影响如图3-33所示。卷缩稳定性随冷却距离的变化情况类似于卷缩刚性的变化。在一定的范围内有极大值。另外，不同的冷却设备，对丝条的冷却有差异，空气冷却和冷却板冷却相比，用冷却板冷却，会引起卷缩稳定性的轻度降低。1m长的冷却板和相同距离的空气冷却相比，对高弹丝蓬松性有轻微的不良影响；而在空气冷却长度增加到1m以上时，对变形丝的蓬松性不利。

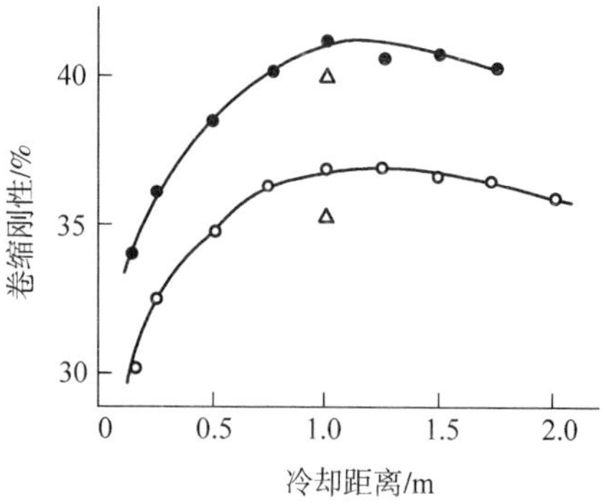

图3-32 聚酰胺66拉伸变形时冷却距离对卷缩刚性的影响

○—1m长加热器加热 ●—2m长加热器加热

△—冷却板冷却

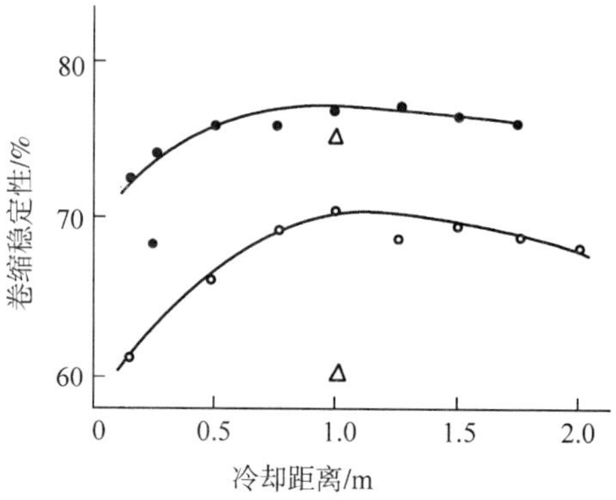

图3-33 聚酰胺66拉伸变形时冷却距离对卷缩稳定性的影响

○—1m长加热器加热 ●—2m长加热器加热

△—冷却板冷却

(3) 冷却距离对染色性能的影响。在聚酰胺66拉伸变形时，若冷却距离短，则反射率较小，高弹丝染色较深；当冷却距离大于0.5m时，则对染色性的影响最小；当冷却距离大于1m时，对高弹丝蓬松性和卷缩稳定性的影响，以及在冷却距离小于0.5m时，对染色性能影响的原因尚不十分清楚。

以上是拉伸变形工艺对聚酰胺66高弹丝性能的主要影响因素，影响聚酰胺66高弹丝质量的还有其他一些因素，如假捻器夹角（皮圈式）、生产车间的温湿度等都会影响高弹丝的性能，这些都需要根据具体设备、实际生产条件而定，这里不再赘述。

四、聚酰胺膨体长丝的生产

聚酰胺膨体长丝（BCF）是采用SDTY法，即纺丝、拉伸和喷气变形加工一步法进行连续生产的。该法具有投资低、废丝少、设备保养容易、操作人员少、生产成本低等优点。

聚酰胺 BCF 呈三维卷曲，手感柔软，覆盖性能好，不掉毛、不起球，耐磨，清扫方便等特点，是生产簇绒地毯的理想材料。美国和西欧的大面积全覆盖式地毯均以锦纶簇绒地毯为主。2000 年全世界锦纶 6 BCF 的消耗量约 125 万吨。2005 年我国锦纶 6 BCF 的产量在 5 万吨左右。现阶段我国的高档宾馆、饭店、办公场所主要使用进口锦纶 6 BCF 簇绒地毯，2000 年进口锦纶 6 BCF 2 万吨。随着我国居民生活水平的提高对聚酰胺 BCF 的需求量日益增加。我国 20 世纪 90 年代初相继从瑞士、德国等国引进成套设备和技术，生产聚酰胺 BCF 产品，品种有三叶网络丝（750～1800dtex/64f）、单色丝、加捻定型丝、定型弯头纱和间隔染色丝等中、高档地毯丝。

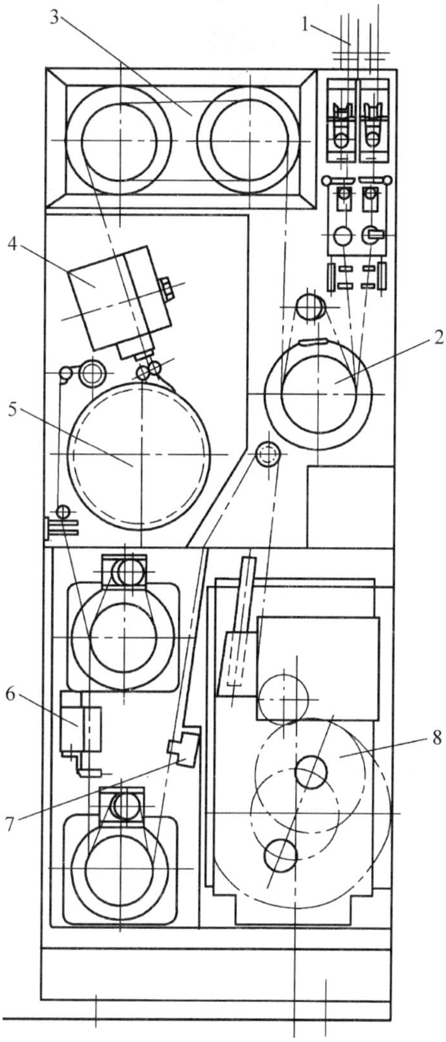

图 3－34 BCF 拉伸、变形、卷绕联合机

1—初生丝条 2—第一加热辊 3—加热牵伸箱 4—热流体喷射装置 5—冷却鼓 6—网络喷嘴 7—传感器 8—卷装

(一) BCF 加工的工艺流程

用纺丝、拉伸和变形一步法生产 BCF，不仅可生产 BCF 地毯长丝，而且还可以生产 BCF 短纤维。

1. BCF 地毯长丝生产的工艺流程 聚酰胺 BCF 短程纺与聚丙烯 BCF 基本相同，流程如图 3－34所示。具体工艺流程为：

纺丝→热拉伸→热喷气变形→空气冷却→卷绕→变形地毯长丝筒子

图 3－34 为生产 BCF 地毯丝的典型联合机示意图。纺出的丝束经过喂入辊引向热拉伸辊拉伸 3.5～5 倍，然后进入喷气变形箱。向箱内吹入过热蒸汽或热空气，在热和湍流介质的作用下，纤维发生变形，形成卷缩和蓬松的变形丝。由喷气变形箱排出的丝束落在回转的筛鼓上，并在回转中使卷缩的丝束被强制冷却定型。BCF 经过空气喷嘴形成网络丝，最后经张力和卷绕速度调节器进行卷绕。当丝束一旦断头时，切丝器自动启动，切断丝束，把丝吸入废丝室。

2. BCF 短纤维生产的工艺流程

纺丝→热拉伸→热喷气变形→空气冷却→切断→纤维输送→成包的 BCF 短纤维

(二) BCF 加工工艺

BCF 产品有聚酰胺和聚丙烯两大类。作为地毯制品最重要的特性是覆盖性、蓬松性、回弹性、柔滑的手感、光润的外观等。而聚酰胺 66 BCF 地毯丝具有蓬松性好、抗倒伏、耐磨损、耐腐蚀、防火、防静电、易清洗等优点，是生产中、高档地毯的最佳材料。地毯用聚酰胺 BCF 的单丝线密度为 17～22dtex，丝束根数为 50～150 根，总线密度为 556～4444dtex。

聚酰胺 BCF 生产工艺条件见表 3-9。

表 3-9　聚酰胺 BCF 的生产工艺条件

拉伸	温度/℃	喂入辊温度	60～120
		拉伸辊温度	100～190
	速度/（m/min）	喂入速度	300～1000
		拉伸速度	1000～3500
	拉伸倍数		3.5～5
变形	温度/℃	过热蒸汽	130～230
		热空气	150～250
	空气喷射压力/kPa		196.1～490.3
	卷绕速度/(m/min)		600～3000
	超喂率/%		15～30
冷却	冷却空气温度/℃		25

SDTY 法用于生产线密度大的丝最为适宜。对于线密度小的丝，喷气变形发展的倾向是多束丝一起变形。

用 SDTY 法生产的 BCF 的一般特性如表 3-10。

表 3-10　聚酰胺 BCF 的一般特性

规格/(dex/f)		933/40	1444/68
品种		聚酰胺 6	聚酰胺 66
BCF	线密度/dtex	1219	1689
	沸水收缩率/%	2.5	1.6
卷缩特性	未处理丝/%	6.5	7.0
	处理丝/%	26.6	30.1
	潜在卷缩率/%	20.1	23.1

续表

规格/(dex/f)			933/40	1444/68
品种			聚酰胺 6	聚酰胺 66
蓬松特性	未处理丝	初荷重/(cm^3/g)	20.7	18.5
		荷重/(cm^3/g)	9.5	8.7
		除去荷重后/(cm^3/g)	13.0	10.5
	处理丝	初荷重/(cm^3/g)	36.6	33.2
		荷重/(cm^3/g)	20.5	19.7
		除去荷重后/(cm^3/g)	24.3	23.4

五、聚酰胺短纤维后加工工艺特点

聚酰胺短纤维的生产过程在熔融和聚合等方面与长丝生产工艺基本相同，但纺丝一般是采用直接纺丝法。短纤维的纺丝生产设备在向多孔高产发展，如喷丝板孔数可高达 1000～2000 孔，卷绕一般都采用棉条桶大卷装。聚酰胺短纤维的后加工与聚酯短纤维基本相同，都包括集束、集中拉伸、热定型、卷曲、切断、打包等处理工序，这里不再多述。但对于聚酰胺 6 短纤维，由于含有较多的单体（约 8%～10%），其后加工过程除需经上述工序外，还必须经过水洗，以使单体含量降低到 1.5%以下。相应还需要上油，压干，开松，干燥等辅助过程，才能得到短纤维成品。水洗采用热水，因此同时也起一定的热定型作用。水洗的方法一般有长束洗涤或切断成短纤维后淋洗两种，可分别在水洗浴槽和淋洗机中进行。开松过程需进行两次：一次是水洗上油后进行湿开松，以利于干燥进程的进行；另一次是在干燥后进行干开松，以增加纤维的开松程度，干燥设备有链式干燥机和网式圆筒干燥机等类型。

第五节　聚酰胺帘子线的生产工艺与质量控制

帘子线是产业用纺织材料的重要品种之一，是橡胶制品的骨架材料，广泛用于轮胎、胶管、运输带、传动带等领域。20 世纪 60 年代合成纤维的聚酰胺帘子线逐步取代了黏胶帘子线，主要用于子午线轿车轮胎。聚酰胺帘子线具有强度高，耐冲击、耐疲劳性能好，但具有尺寸稳定性差，与橡胶黏着性差等缺点。使用时，必须经过浸胶及热伸张处理，以提高其尺寸稳定性及黏着性。大量应用于载重车、飞机的轮胎以及胶带、胶管中。芳香族聚酰胺帘子线，20 世纪 70 年代由美国开发，强度及模量高，耐高温和尺寸稳定性更好，但成本高，与橡胶黏着不好。适用于高级轿车、军用车、飞机等对性能要求高的轮胎。由于轮胎加工技术的改进及美国与西欧一些国家公路路面质量的提高，涤纶及钢丝的子午轮胎帘子布已成第四代产品，但对于路面质量较差的国家和地区，特别是第三世界国家，强度高、韧性和回弹性好的聚酰胺帘子线仍是第一选择。

一、聚酰胺帘子线生产的特点

聚酰胺帘线丝一般采用切片法生产。在生产中，聚合至拉伸的工艺与普通长丝基本相同。但某些工序存在一些不同之处。

（一）聚合与纺丝

1. 聚合 由于要求帘子线丝的强度高于一般的长丝，因此必须用高黏度（相对黏度3.2～3.5）或高分子量（相对分子质量大于20000）的聚合体来制备。为了制取高黏度的聚合体，聚酰胺6目前采用加压—常压（或真空）或加压—真空闪蒸—常压后聚合的聚合工艺。采用直接纺丝法生产加工聚酰胺66帘子线时，通常采用加压预缩聚—真空闪蒸—后缩聚工艺；用切片纺丝法生产时，也可用固相后缩聚以提高切片的黏度。

2. 纺丝成型 目前国内外在帘子线纺丝技术上最突出的特点是采用高压纺丝法，压力约在29400～49000kPa。这样，高黏度的聚合物可在较低温度下纺丝，有利于产品质量的提高。最近高压纺丝的压力已达196000kPa。高压纺丝的实现一般采用两种方式：加大喷丝头组件内过滤层的阻力；选用喷丝孔长径比大的喷丝板，同时配以相应的高压纺丝泵。

适当控制纺丝冷却成型条件也是提高帘子线质量的关键之一。纺制帘子线时，由于聚合物熔体黏度较高，通常在喷丝板下加装徐冷装置，以延缓丝条冷却，使丝条的结构均匀，从而获得具有良好拉伸性能的卷绕丝，最终使产品强度提高。徐冷装置下部多采用侧吹风。

为了提高帘子线的耐热性，常在纺丝前，在干燥好的切片中加入防老剂等添加剂（有时也可在聚合时加入），与此同时还加入润滑剂（如硬脂酸镁）以减少螺杆的磨损，并使切片在螺杆中输送通畅，有利于防止环结阻料。对于聚酰胺6帘子线，由于纺丝后不再进行洗涤单体的工序，因此要求纺丝前聚合物的单体含量在0.5%～1.0%的范围内。

3. 卷绕设备 目前多数采用纺丝—拉伸联合机，其卷绕速度在1500m/min以上，少数厂家采用高速纺丝法。

4. 拉伸 拉伸机有向多区拉伸和大卷装发展的趋势。重特拉伸机一般为双区热拉伸机，国产重特拉伸加捻机有VC431型和SFZN-1型等类型，目前国外已有三段拉伸的重特拉伸加捻机出现。另外，帘子线生产用的油剂一般要求能够耐热180℃左右，否则，在拉伸机上进行热拉伸时，油剂遇到高温容易挥发，造成空气及设备的污染，有时还会影响丝的加工性能[10]。

（二）复捻和合股

经拉伸加捻后的线密度大的丝条，捻度比较低，尚不符合帘子线的规格要求。为了进一步提高帘子线的强力，还需要进行复捻和合股。环锭加捻机是专门用来加捻和合股较粗的合股线的设备，根据工艺需要分为前环锭加捻机和后环锭加捻机两种。前环锭加捻机可以单独作复捻用，后环锭加捻机一般只在再合股和加捻用。在复捻合股时，复捻的捻向和原丝相同，合股的捻向和复捻相反，得到的成品其捻向称为“ZS”捻。在双捻时，各次捻合的方向往往是和上一次捻向相反，即先为S捻，而后环锭加捻则为Z捻，其成品捻向称为“ZSZ”捻。图3-35说明了初、复捻捻数对帘子线性能的影响：一般捻度增加捻缩增加，帘子线的伸长率也随之增加，抗张强度随复捻捻数增加而下降，初捻捻数没有复捻捻数对抗拉强度的影响显著。一般认为在选择适合的疲劳强度方面，捻度系数 a（$a=\frac{Tt \cdot n}{2}$），其中 n 为捻数，单位为捻/m，Tt 为组成帘子线的纱线线密度，应大于 160，最好在 175～235 的范围内。图 3－36 清楚地表示了捻缩与强度、伸长率以及沸水收缩率的关系。

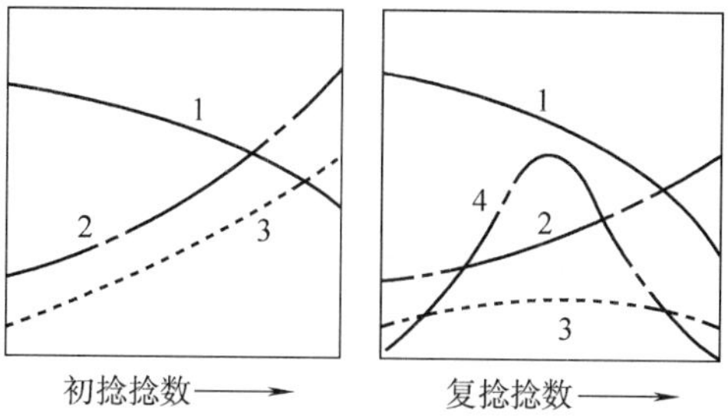

图 3－35　初、复捻捻数对帘子线各项物理性能的影响

1—强度　2—伸长率　3—收缩　4—GY 疲劳

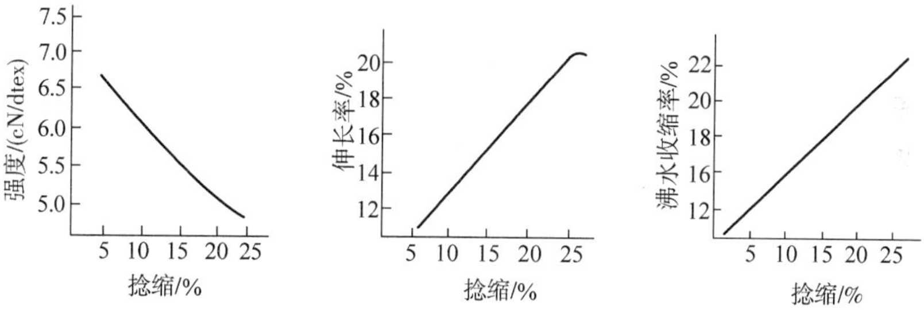

图 3－36　捻缩对帘子线各项物理性能的影响

为了保证加捻时的质量和提高劳动生产效率，一般要求送初捻工序的帘子线没有断头，而且初、复捻及帘子布机车间要求恒定的温湿度，一般夏天最高温度控制在（28±2)℃，冬天控制在（20±2)℃，相对湿度为 60%～70%。

表 3－11 是各种规格的聚酰胺帘子线对于初捻的捻度要求。

表 3－11　聚酰胺帘子线的捻度要求

项　　目	93.33tex/1	93.33tex/2	140tex/2	186.67tex/2	186.67tex/3	280.tex/2
初捻：单股（Z)/(捻/m)	220±1.5	470±1.5	380±1.5	330±1.5	320±1.5	272±1.5
复捻：合股（S)/(捻/m)	—	470±1.5	380±1.5	330±1.5	320±1.5	272±1.5
帘子线直径/mm	0.28±0.02	0.50±0.02	0.62±0.03	0.76±0.03	1.02±0.03	—
强度/kgf	>7.0	>14.0	>21.0	>28.0	>40	—

注　1kgf=9.807kN。

国内帘子线的复捻设备采用 R811A 型、R814 型、1192 型，合股并线采用 1393 型设备。初、复捻机的外形与结构原理基本相同，前者锭子与钉距较小，后者锭子与钉距较大；前者升降动程大，后者动程小。其工作原理前面有介绍，在此不再重复。

对帘子线合股加捻的质量要求如下：

（1）由于聚酰胺纤维很光滑，纱线断裂后的接头打结必须采取丝织结，也就是比棉纱织布结多一扣（在纱头回圈里再绕一圈），才不致造成织布或布热拉伸时脱结，同时合股时打结必须采用臂叉打结，其强力损失不大于 9.8～14.7N。

（2）聚酰胺帘子布不允许有油污，因此在初、复捻时应采取一些措施防止油污丝的产生。

（3）毛丝对股线强力影响很大，同时对以后的质量影响也很大，因此应尽量消除毛丝产生的因素，如选择适宜的钢丝钩型号，及时更换磨损的钢丝钩和保持钢丝润滑良好等。

（4）经复捻后帘子线不允许有麻皮线。麻皮线是复捻过程中操作不熟练或操作不当引起的严重疵点，其现象是线条合股不均，捻度松紧不一，捻纹不规则，有疙瘩或小球状也是过捻的象征。保证合股加捻时纱线张力均匀一致，可以大大减少麻皮线。

（三）帘子布的织造和浸胶

1. 帘子布的织造 为了便于浸胶和轮胎加工，保证帘子线在轮胎中合理排列，需要将帘子线织成帘子布。帘子布采用聚酰胺帘线做经纱，纬纱可用 19.1～29.5tex 的棉纱或丙纶，纬纱仅仅起固定经纱位置的作用，在轮胎加工过程中，纬纱断裂而失去其作用。为了适应帘子布的浸胶、热伸张与定型处理，以及轮胎工业的要求，帘子布的幅宽为 1.4～1.6m，长度短的数百米，长的可达数千米。

根据轮胎工业的要求，需要织成三种规格的布（称为 $1^{\#}$、$2^{\#}$、$3^{\#}$ 布），分别用于轮胎的内层、外层与缓冲层，一般 $1^{\#}$ 布占 70%，$2^{\#}$ 占 20%，$3^{\#}$ 占 10%左右。

在制造帘子布时，要求帘子线松紧均匀，否则因帘布的不平整，将影响轮胎的紧密性，甚至因浸胶时的张力使紧张的帘子线断裂。

目前国内适合于生产聚酰胺帘子布的设备有 G24Z 型帘子布机。

帘子布织成后，还需经过许多工序才能最后形成轮胎，这一系列过程需要经历较长的时间，并要受到各种环境条件（主要是温度）的影响。帘子布两边位置上的帘子线要比中间位置的帘子线受环境条件的影响大而发生收缩，特别是是在高温高压条件下更为严重，这样两边的帘子线长度实际上比中央部分的帘子线短，而产生中部下垂，两边勾起的“兜布”状帘子布，使帘子布的加工处理过程难以进行，甚至发生破帘等事故，严重影响帘布质量。

“兜布”现象多发生在高温多湿的环境下，因此应使制造和存放帘子布的温度尽可能不超过 40℃并避免湿度太高。国外有的专利提出帘子布两边位置的帘子线采用对湿度变化不敏感的同种帘线，可以基本防止“兜布”现象发生，也就是把经过高温空气处理的聚酰胺帘子线作为帘子布两边位置的帘子线，其他未处理过的帘子线织于中部，就可收到良好的效果。边部的帘子线处理，可以在织布过程中连续进行。边部帘子线的根数，取决于实际使用时的环境条件，以及织造用的帘子线规格，通常 4～10 根就已经足够了。

2. 帘子布的浸胶热拉伸 帘子布的浸胶热拉伸的目的是为了改善聚酰胺帘子线对橡胶的黏着力及进一步改善帘子布的质量。浸胶工艺一般采用热拉伸—热定型—浸胶工艺；或浸胶—干燥—拉伸定型工艺；或二次浸胶工艺。

图 3－37 为聚酰胺帘子布浸胶工艺流程图。帘子布的浸胶过程主要有三个部分组成：

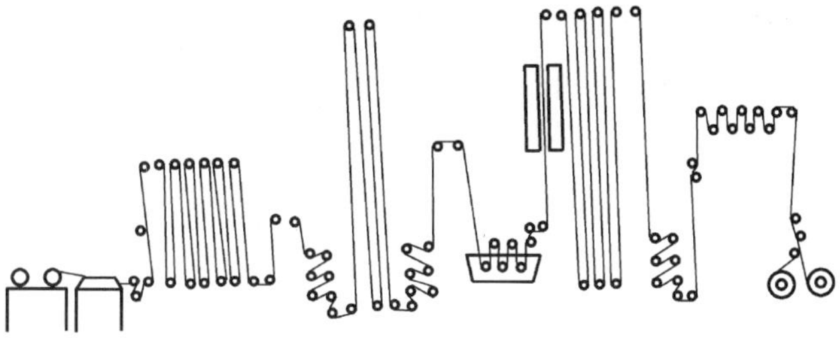

图 3－37　浸胶工艺流程示意图

（1）帘子布的热拉伸。帘子布的热拉伸是在热拉伸箱和第一、第二两组拉伸辊之间进行的。热拉伸箱内用温度为 190℃的热空气循环加热，帘子布在箱内既有热拉伸又有热定型作用。第二组拉伸辊内需通冷水，使帘子布迅速降温，不致影响后道浸胶液的温度而使胶液变质。

（2）浸胶。帘子布的浸胶液一般用间苯二酚、甲醛、乳胶的混合液（又称间甲胶或 RFZ），浸胶时间约 5s；浸胶后用重型挤压辊挤去多余的胶液，再通过真空抽取装置，吸去帘子线间隙中的胶液，使附胶量控制在 4％～6％。

间甲胶的配置一般分为两步进行：先配置成间甲液，再用熟成（预缩聚）的间甲液配置成间甲胶。间苯二酚与甲醛的摩尔比为 1∶1.5～1∶4 时黏着强力好，从文献专利资料来看，该比值大都定为 1∶2。根据生产实践，间甲液配置间甲胶前经室温下熟成 4～8h 为好，间甲胶的熟成时间为 12～20h，要求 72h 内使用完。胶乳的作用是使间甲树脂对被覆橡胶产生亲和性，所以当黏着的橡胶改变时，胶乳也应随之改变。

（3）干燥热定型。浸胶后的帘子布，先经红外线干燥，然后进入热定型箱，定型温度为 190℃，定型温度必须高于轮胎制造时硫化温度（140～160℃），否则硫化时会发生收缩。帘子布在第二、第三辊之间给予回缩，第三组辊内通冷水，以降低帘子布温度，便于卷取。

帘子布浸胶后提高了帘子线与橡胶的黏着力。黏着力是指浸胶后的帘子布与橡胶的黏着能力，通常以 H 抽出力表示（即帘子线在橡胶内硫化后，抽出来所需的力）。H 抽出力大，则表示帘子布与橡胶的黏着性能优良。

影响 H 抽出力的主要因素是间甲胶的附着状态和浸胶后热处理条件。间甲胶附着量增加，黏着力增强，但附胶量达 4％～6％就开始饱和，附胶量过多，帘子布变硬，耐疲劳性恶化，成本增高，因此附胶量一般要求在 3％～5％范围内。同一附胶量时，若浸入帘子布内的附胶量较多，则表面量减少，也会使黏着恶化。影响附胶量的因素是预浸水（或胶）的方式、浸胶时间、浸胶张力、浸胶后的积压、浸胶与热处理的先后、纤维的油剂及纤维的种类、间甲胶的种类、黏度等。

浸胶后的热处理过程，使间甲树脂逐步硬化形成高强度的黏着剂皮膜，并达到与纤维的黏着，热处理过度或不足都会使其黏着力下降。时间、张力、温度是热处理过程中的三个主要的控制因素，这三个控制因素相互影响。热处理温度和时间根据加热炉的热效率不同而变化，另外也受热拉伸和热定型区的拉伸、松弛情况而变。热处理条件见表 3－12。

表 3-12　帘子布的热处理条件

区　域	张力/9.8kN	温度/℃	时间/s	拉伸率/%
干燥	1000～2500	100～140	50～120	0～2
热拉伸	3500～8000	190～210	20～40	4～12
热定型	2500～6000	190～210	20～40	0～2

当拉伸区采用高张力，定型区采取减小张力热松弛时，成品热收缩率较小。

另外，手指抚摸污染，空气中的灰尘，帘子布含水率，轮胎覆盖橡胶的配方等对帘子布黏着力会有明显影响。因此成品包装是重要一环，需要防潮与防辐射，必须用黑色聚乙烯薄膜封闭，并且内部还需要放入硅胶吸湿剂防潮，外面再包装其他材料。

二、锦纶帘子布的质量指标

锦纶帘子布的外观指标及物理性能指标见表 3-13 和表 3-14。

表 3-13　帘子布外观指标

指标名称	优 等 品	一 等 品	合 格 品
断经/(根/卷)	不允许	≤3	≤5
浆斑/(个/卷)	不允许	≤5	≤10
劈缝/m	不允许	≤1	≤3
经线连续粘并/m	不允许	≤30	≤50
疵点数	无	累计不超过 5 处	累计不超过 5 处

注　1. 卷长以 580m 计，布面整齐，不允许有油污斑点。

2. 表中所列浆斑指面积为 4～10cm² 的浆点，对于面积为 1cm² 的浆点，一等品允许有 80～160 个/卷，对于面积为1～4cm²的浆点，一等品允许有 25～50 个/卷。

3. 外观质量如有特殊情况影响轮胎厂压延质量时，双方协商解决。

表 3-14　帘子布物理性能指标

指 标 名 称		优 等 品	一 等 品	合 格 品
干燥断裂强度/(N/根)	1400dtex×2	≥215.6	≥211.7	≥205.8
	1870dtex×2	≥284.2	≥274.2	≥264.6
定负荷伸长率/%		8.5±0.6	8.5±0.8	8.5±1.0
黏着强度（H 抽出法）/(N/cm)	1400dtex×2	≥137.2	≥127.2	≥117.6
	1870dtex×2	≥156.8	≥137.2	≥127.4
断裂强度不匀率/%		≤3	≤4	≤5
断裂伸长率/%	1400dtex×2	21.5±2	21.5±2	21.5±2
	1870dtex×2	22.5±2	22.5±2	22.5±2

续表

指标名称			优等品	一等品	合格品
断裂伸长不匀率/%			≤5	≤6	≤7
附胶量/%			5±0.9	5±1.2	5±1.5
直径/mm		1400dtex×2	0.65±0.03	0.65±0.04	0.65±0.05
		1870dtex×2	0.74±0.03	0.74±0.04	0.74±0.05
捻度/(捻/10cm)	初捻（S）	1400dtex×2	39.0±1.5	39.0±1.5	39.0±1.5
		1870dtex×2	32.0±1.5	32.0±1.5	32.0±1.5
	复捻（Z）	1400dtex×2	37.0±1.5	37.0±1.5	37.0±1.5
		1870dtex×2	32.0±1.5	32.0±1.5	32.0±1.5
干热收缩率/%			≤5	≤5	≤5

注　1. 表中示例了两种规格聚己二酰己二胺（PA66）帘子线（1400dtex×2 和 1870dtex×2）制织的帘子布。

2. 表中第二项所示定负荷伸长率：考核 1400dtex×2 产品需加负荷 66.6N，考核 1870dtex×2 产品需加负荷 88.2N。

第六节　聚酰胺纤维的性能及用途

一、聚酰胺纤维的性能

1. 断裂强度　聚酰胺纤维因为结晶度、取向度以及分子间力大，所以强度也比较高，一般纺织用聚酰胺长丝的断裂强度为 4.4～5.7cN/dtex，作为特殊用途的聚酰胺强力丝断裂强度达 6.2～8.4cN/dex 甚至更高[11]。

聚酰胺纤维的吸湿率较低，其湿态强度约为干态的 85%～90%。

2. 断裂伸长率　聚酰胺纤维的断裂伸长率随品种而异，强力丝断裂伸长率要低一些，约为 20%～30%，普通长丝为 25%～40%。聚酰胺 6 短纤维要高一些，约为 40%～50%。通常湿态时的断裂伸长率较干态大 3%～5%。

3. 初始模量　聚酰胺纤维的初始模量比其他大多数纤维都低，因此聚酰胺纤维在使用过程中容易变形。在同样的条件下，聚酰胺 66 纤维的初始模量较聚酰胺 6 稍高一些，接近于羊毛和聚丙烯腈纤维。

4. 回弹性　聚酰胺纤维的回弹性极好，例如聚酰胺 6 长丝在伸长 10%的情况下，弹性回复率为 99%，在同样伸长的情况下，聚酯长丝弹性回复率为 67%，而黏胶长丝的弹性回复率仅为 32%。

5. 耐多次变形性或耐疲劳性　由于聚酰胺纤维的弹性好，因此它的打结强度和耐多次变形性很好。普通聚酰胺长丝的打结强度为断裂强度的 80%～90%，较其他纤维高。聚酰胺纤维耐多次变形性接近于涤纶，而高于其他所有化学纤维和天然纤维，因此聚酰胺纤维是制作轮胎帘子线较好的纤维材料之一。例如，在同样实验条件下聚酰胺纤维耐多次变形性比棉纤维高 7～8 倍，比黏胶纤维高几十倍。

6. 耐磨性 聚酰胺纤维是所有纺织纤维中耐磨性最好的纤维，它的耐磨性为棉花的10倍，羊毛的20倍，黏胶纤维的50倍。以上是单根纤维测定的结果，不能推广到织物。在不同的使用条件下，纤维耐磨性的次序也有不同，不是恒定的。

7. 吸湿性 聚酰胺纤维的吸湿性比天然纤维和人造纤维的都低，但在合成纤维中，除维纶外，它的吸湿性是最高的。聚酰胺6纤维中由于单体和低分子物的存在，吸湿性略高于聚酰胺66纤维。

8. 密度 聚酰胺纤维的密度较小，在所有纤维中，其密度仅高于聚丙烯和聚乙烯纤维。

9. 染色性 聚酰胺纤维的染色性虽然不及天然纤维和人造纤维，但在合成纤维中是较容易染色的。一般可用酸性染料、分散染料及其他染料染色。

10. 光学性质 聚酰胺纤维具有光学各向异性，有双折射现象。双折射数值随拉伸比变化很大，拉伸后，聚酰胺66纤维的纵向折射率约为1.582，横向折射率约为1.519；聚酰胺6纤维的纵向折射率约为1.580，横向折射率约为1.530。

聚酰胺纤维的表面光泽度较高，通常在纺丝前需添加消光剂 TiO_2 进行消光。

11. 耐光性 聚酰胺纤维的耐光性较差，在长时间的日光和紫外光照射下，强度下降，颜色变黄，通常在纤维中加入耐光剂，可以改善耐光性能。

12. 耐热性 聚酰胺纤维的耐热性能不够好，在150℃下，经历5h即变黄，强度和伸长率显著下降，收缩率增加。但在熔纺合成纤维中，其耐热性较聚烯烃纤维好得多，仅次于涤纶。通常，聚酰胺66纤维的耐热性较聚酰胺6纤维好，它们的安全使用温度分别为130℃和93℃。近年来，在聚酰胺66和聚酰胺6聚合时加入热稳定剂，可改善耐光性能。

聚酰胺纤维具有良好的耐低温性能，即使在−70℃下，其回弹性变化也不大。

13. 电性能 聚酰胺纤维的直流电导率很低，在加工过程中容易因摩擦而产生静电，但其电导率随吸湿率的增加而增加，并随湿度的增加而按指数函数规律增加。例如，当大气中相对湿度从0变化到100%时，聚酰胺纤维的电导率可增加到 10^6 倍，因此，在纤维加工中，进行给湿处理，可减少静电效应。

14. 耐微生物作用 聚酰胺纤维耐微生物作用的能力较好，在淤泥水或碱中，耐微生物作用仅次于聚氯乙烯纤维，但有油剂或上浆剂的聚酰胺纤维，耐微生物作用的能力降低。

15. 化学性能 聚酰胺纤维耐碱性、耐还原性作用的能力很好，但耐酸性和耐氧化剂作用性能较差。聚酰胺66和聚酰胺6纤维的主要性能参见表3-15。

表3-15 聚酰胺66和聚酰胺6纤维的主要性能

指标 \ 纤维品种		聚酰胺66纤维		聚酰胺6纤维		
		长丝		短纤维	长丝	
		普通	强力		普通	强力
断裂强度/(cN/dtex)	干	4.9~5.7	5.7~7.7	4.2~5.9	4.4~5.7	5.7~7.7
	湿	4.0~5.3	4.9~6.9	3.5~5.0	3.7~5.2	5.2~6.5

续表

纤维品种 指标		聚酰胺 66 纤维		聚酰胺 6 纤维		
		长丝		短纤维	长丝	
		普通	强力		普通	强力
干湿强度比/%		90～95	85～90	83～90	84～92	84～92
钩接强度干强/%		75～95	70～90	65～85	75～95	70～90
伸长率/%	干	26～40	16～24	38～50	28～42	16～25
	湿	30～52	21～28	40～53	36～52	20～30
打结强度干强/%		80～90	60～70	—	80～90	70～80
弹性回复率（伸长 3%时）/%		95～100	98～100	95～100	98～100	98～100
弹性模量/GPa		2.30～3.11	3.66～4.38	0.98～0.45	10.96～4.41	2.75～5.00
密度/(g/cm^3)		1.14		1.14		
吸湿性/%	湿度 65%	3.4～3.8		3.5～5.0		
	湿度 95%	5.8～6.1		8.0～9.0		
耐热性	软化点/℃	235		180		
	熔点/℃	245		215～220		
耐气候性（室外暴露）		长期暴露，强度降低，颜色变黄		长期暴晒，强度下降，易于变黄，比聚酰胺 66 尚差		
耐酸性		5%盐酸溶液煮沸分解，在冷浓盐酸、硝酸、硫酸中部分分解并溶解		在浓盐酸、浓硫酸、浓硝酸中部分分解，同时溶解		
耐碱性		在浓烧碱中强度几乎不降低		在浓烧碱中强度几乎不降低		
耐溶剂性（对溶剂：四氯化碳、醇、醚、苯、丙酮、汽油）		有良好抵抗性		有良好抵抗性		
染色性		用分散染料和碱性染料较好，也可用其他染料		一般用分散染料和酸性染料，其他染料也可使用		
介电性	比电阻/Ω·cm	4.1×10^{10}		4.9×10^{9}		
	介电常数（在 60Hz 下）	4.1		3.5～6.4		
耐虫蛀霉菌性		耐蛀不腐		耐蛀不腐		

二、聚酰胺纤维的用途

由于聚酰胺纤维具有一系列优良性能，因此被广泛应用于工业和民用等各个方面。

（一）民用方面

锦纶 6 弹力丝用于织袜行业时，耐磨性好、不起球、强力高、穿着寿命长；聚酰胺总线密度在 200dtex 以下低线密度长丝多用于内衣、紧身衣、长筒袜和连裤袜。聚酰胺短纤维可与黏胶纤维、羊毛、棉进行混纺，使混纺织物具有很好的耐磨性，还可制作寝具及室内外装饰物、家具用布等。

作为衣料，聚酰胺纤维在运动衣、游泳衣、健美服、袜类等方面占有稳定的市场，并得到不断发展。

（二）产业用纤维

产业用聚酰胺纤维涉及工农业、交通运输业、渔业等领域。

由于聚酰胺纤维具有干湿强度和耐腐蚀性，因此是制造工业滤布和造纸毛毡的理想材料，并已在食品、制糖、造纸、燃料等轻化工行业中得到广泛应用。

聚酰胺帘子布轮胎在汽车制造行业中占有重要地位，与其他种类的帘子布相比，更能经受汽车在高速行驶中的速率、重量和粗糙路面三要素的考验而不易产生车胎破裂。

由于聚酰胺纤维耐磨、柔软、质轻，用来制作渔网、绳索和安全网等，在捕鱼、海洋拖拉作业、轮船停泊缆绳、建筑物及桥梁安全保护设施中也深受欢迎。

加涂料的聚酰胺织物是以聚酰胺织物为基布，根据用途不同涂覆合成橡胶或聚氨基甲酸酯等各种涂料，使它具有高强度、高挠曲性和安全不渗透性，可用来做铁路货车、机器的覆盖布，挠性容器、活动车库和帐篷等。

此外，聚酰胺纤维还广泛用于制作传动运输带、消防软管、缝纫线、安全带和降落伞布等多种产业用品。

（三）地毯用纤维

地毯用聚酰胺纤维正逐年增长，特别是新技术的开发赋予了纤维抗静电性、阻燃性等特殊功能，而旅游、住宅业的快速发展也促进了地毯用纤维的增长。近年来随着聚酰胺 BCF（膨体长丝）生产的迅速发展，大面积全覆盖式地毯均以聚酰胺为主。使用聚酰胺 BCF 为原料制作簇绒地毯，工艺简单，风格多变，用于起居、宾馆、公共场所和车内装饰等，很有发展前途。

复习指导

1. 掌握聚酰胺 6、聚酰胺 66 纤维单体的制备、聚合物的合成、纺丝成型、后加工的流程、工艺控制。重点掌握聚酰胺 6、聚酰胺 66 纤维、聚酰胺帘子线的质量控制。

2. 掌握聚酰胺 6、聚酰胺 66 纤维生产的设备。

3. 了解新型聚酰胺纤维的品种，聚酰胺今后的发展方向。

思考题

1. 什么是聚酰胺纤维？生产聚酰胺 6 和聚酰胺 66 的单体分别是什么？写出其相应的结构式。

2. 简述己内酰胺开环聚合机理，并写出聚合反应方程式。

3. 聚己内酰胺进行切片纺丝时，为什么要进行切片萃取？

4. 在制备聚己二酰己二胺聚合物时为什么要先将己二酸和己二胺制成 66 盐后再进行

缩聚？

5. 何为细颈拉伸机理？

6. 聚酰胺纤维后加工过程中影响拉伸加捻的主要因素有哪些？

主要参考文献

[1] 董纪震，何勤功，濮德林．合成纤维生产工艺学 [M]. 北京：纺织工业出版社，1987.

[2] 李玉芳，李明. 国内外已内酰胺生产技术进展 [J]. 上海化工，2007 (9)：34－40.

[3] 余木火. 高分子化学 [M]. 北京：中国纺织出版社，1999.

[4] 王久芬. 高聚物合成工艺 [M]. 北京：国防工业出版社，2005.

[5] 薛金秋. 化纤机械 [M]. 北京：中国纺织出版社，1999.

[6] 郐国铭，李光. 高分子材料加工工艺学 [M]. 北京：中国纺织出版社，2000.

[7] 上海市纺织工业局七二一工人大学. 锦纶生产工艺 [M]. 上海：上海人民出版社，1977.

[8] 辽阳石油化纤公司，上海第九化学纤维厂. 锦纶 66 生产基本知识 [M]. 北京：纺织工业出版社，1987.

[9] 张瑞志，徐德增，刘维锦，等. 高分子材料生产加工设备 [M]. 北京：中国纺织出版社，1999.

[10] J E McIntyre. 合成纤维 [M]. 付中玉，译. 北京：中国纺织出版社，2006.

[11] 邢声远，吴宏仁. 纺织纤维 [M]. 4 版. 北京：化学工业出版社，2005.

第四章　聚丙烯纤维纺丝工艺与质量控制

第一节　概　述

聚丙烯纤维（Polypropylene fiber，也被称 PP 纤维或丙纶，在我国简称丙纶）是 20 世纪 60 年代才开始工业化生产的纤维品种。聚丙烯主要有 3 种构型，即低聚合度的支化产物、无规聚丙烯和等规聚丙烯。纤维生产使用的是等规度大于 95％的等规聚丙烯或称全同立构聚丙烯。由于聚丙烯纤维的原料来源丰富、生产过程简单、成本低、应用广泛，因此 20 世纪 70 年代以后，聚丙烯纤维的生产发展迅速。1997 年其产量已达到 387 万吨（占合成纤维总产量的 15.6％），超过聚丙烯腈纤维，成为仅次于涤纶、锦纶的第三大合成纤维。2005 年全球聚丙烯纤维生产量已达到 650 万吨。2007 年，世界最大的聚丙烯长丝生产地依次是西欧、美国、中国和土耳其[1]。

我国的聚丙烯工业始于 20 世纪 60 年代末，但发展较慢；到 20 世纪 80 年代，伴随着我国石化行业的迅速发展，聚丙烯工业才得到加速发展。我国陆续引进了 18 套聚丙烯生产装置，同时消化吸收进口技术，于 20 世纪 90 年代具备了聚丙烯生产装置液相本体—气相法（环管）和液相本体—气相法（釜式）的国内设计能力，并利用该项技术建成了 12 套聚丙烯生产装置。在引进先进成套技术及装置的同时，我国又自行开发了间歇式液相本体聚丙烯生产技术。采用此技术建成了 56 套规模为（0.25～2.5）$\times 10^4$ t/a 的聚丙烯生产装置，总生产能力达到 89×10^4 t/a，占全国聚丙烯生产能力的 26％。

目前，聚丙烯已经成为我国发展速度较快的高聚物品种之一，其在 2002～2007 年连续 5 年的增长幅度保持两位数。聚丙烯产量占塑料树脂总产量的 23％以上[2]，而 2006 年我国丙纶（包括短纤和长丝）的产量为 22.54×10^4 t[3]。当前，由于我国聚丙烯工业的产品结构存在较明显的结构性过剩和结构性短缺的矛盾，所以应当限制发展的品种是通用拉丝料；应扩大市场份额的品种是注塑料、双向拉伸聚丙烯（BOPP）专用树脂、纤维料；应当重点开发的品种是共聚注塑料、流延聚丙烯专用树脂、高速纺纤维专用树脂和高档 BOPP 专用树脂[4]。本书以聚丙烯为主来进行说明。

第二节　聚丙烯的生产

一、原料

聚丙烯纤维的原料——等规聚丙烯是以丙烯（Propylene）为原料，用配位阴离子型催化剂进行聚合反应制得。在工业生产中可以采用不同的催化剂和工艺路线；有使用惰性烷烃（如已烷、正庚烷）作为反应介质的淤浆聚合法，也有用少量介质或不使用介质的本体聚合法和气相聚合法。目前普遍采用的是以惰性烷烃或丙烯单体作介质的淤浆聚合方法。聚丙烯的制造过程中涉及许多问题，诸如处理气体、液体、淤浆和选择催化体系，以及正确控制工艺参数，使产品具有均一的相对分子质量及其分布，要求低的灰分、无色泽等。Ziegler - Natta 催化剂可用于制造聚丙烯、乙烯—丙烯共聚物及高密度聚乙烯。丙烯的定向聚合，多数是采用 Ziegler - Natta 引发体系。

（一）单体

聚丙烯的原料丙烯（CH_2 ═CH—CH_3），是一种沸点为 47.7℃（临界温度为 92℃，临界压力为 4.6MPa）的极易液化的气体。大部分的丙烯是作为不同天然油组分裂解过程中的副产品出现的。在欧洲，丙烯大多是在通过 700～900℃汽蒸裂解石脑油制备乙烯过程中获得的，该工艺中乙烯与丙烯大约按 2∶1 的比例生成。作为比较，在美国，采用高沸点天然油馏分在 400～500℃下催化裂解形成汽油馏分是更为主要的方法。在该方法中，除生成乙烯和丙烯外，同时还生成大量的乙烷、丙烷和丁烷。大量的这种液态石油气（LPG）从天然气中获得，在美国尤其如此。这些液态气体馏分的催化裂解还可用于制取乙烯和丙烯。在最近几年中，丙烷脱氢作为制备丙烯的第三种方法已经引起人们足够的重视。由于丙烷在液态形式下可以保持较好的成本效益进行长距离运输，这样就可能远离炼油厂进行丙烯的大量生产（Olefiex 和 Catofin 工艺）[5]。例如，以石脑油为原料，再通过水蒸气裂解，可以得到含甲烷 12.2%、乙烯 21.4%、丙烯 11.7%的混合气体。将此混合气体进一步进行分离精制，即可得质量合格的丙烯，该聚合级丙烯纯度大于 99.6%[6]。

（二）催化剂[7-9]

尽管在烯烃的合成过程中，催化剂的用量很少，所占成本也很低，但催化剂是配位聚合的核心问题，对聚合物的结构和应用非常重要。在烯烃合成的初期均采用多相（Ziegler - Natta）引发体系完成。经过几十年的发展及改进，由最初的第一代 $TiCl_3$ 催化剂，发展到目前的高活性、高性能的第三、第四代的新型催化剂，不仅使其催化活性大大提高，而且高聚物的等规度也可高达 98%以上，并且产品不需脱灰和脱无规物处理，甚至不需造粒，便可进行直接纺丝。近年来出现的茂金属催化剂，更是以其高活性得到了迅速发展。

生产聚丙烯的主要是单活性点催化剂和 Ziegler - Natta 催化剂[10]。

二、丙烯的聚合

（一）聚合机理

Ziegler - Zatta 引发剂引发 α -烯烃配位聚合的机理主要集中在活性种的物理化学结构和性质、增长的场所（钛—碳键或铝—碳键）、定向的原因等问题上，先后曾提出多种机理。

1. 早期理论 早期主要根据引发剂两组分反应的局部实验数据和现象，沿用经典的自由基和离子聚合机理，来解释配位聚合。

1956年C. D. Nenitzescu曾提出自由基机理，认为过渡金属卤化物被部分烷基化，随后分解，产生的自由基而引发了聚合。

但在低压下，乙烯和丙烯很难进行自由基聚合。一般自由基捕捉剂，如胺或醚，对Ziegler-Natta引发剂不仅无阻聚作用，反而能使其加速。因此自由基机理很快被否定。之后，A. W. Anderson曾提出阴离子机理，H. J. Sinn提出阳离子机理，H. Uelzman提出络合阳离子（$TiCl_2^+AlR_3Cl^-$）机理，均因实验证据不足，未能得到承认。

2. Natta的双金属机理 1959年Natta提出的双金属机理的要点是引发剂两组分起反应，形成由两种金属组成的桥形络合物，成为α-烯烃引发剂和增长的活性种，单体在铝—碳键间插入，具有配位阴离子的性质，因此称作配位阴离子聚合。

双金属机理的特点是在Ti上引发，在Al上增长。Natta双金属机理的最大问题是在Al上增长，即单体在Al—C键间插入，也未涉及规整结构的成因。现在许多实验结果表明，大分子链是在过渡金属—碳σ键（Mt—C）上增长，如图4-1所示。

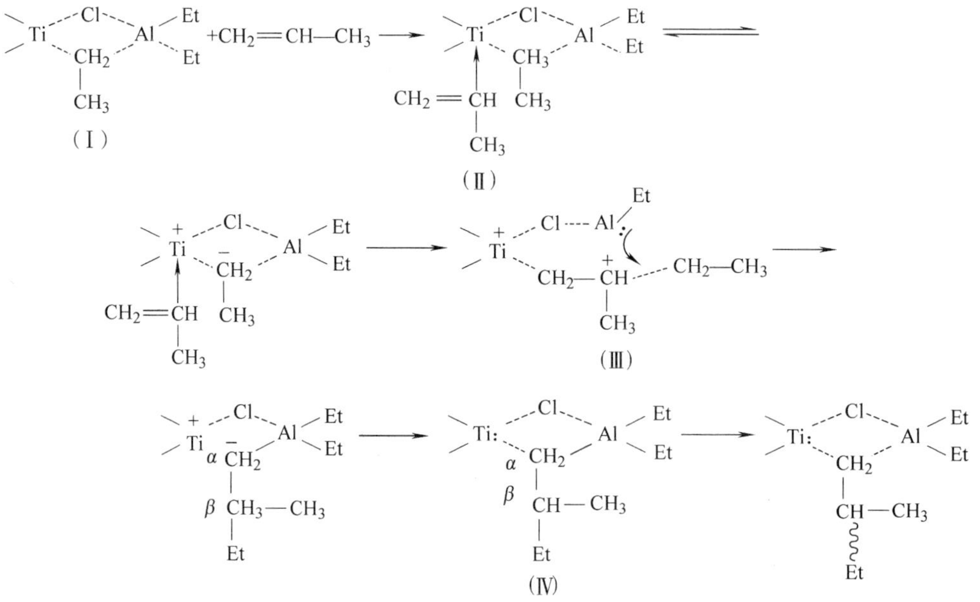

图4-1 丙烯定向聚合双金属机理示意图

（二）聚合工艺

生产聚丙烯的聚合工艺方法主要有溶剂法、溶液法、液相本体法和气相法。溶剂聚合法和溶液聚合法都是较早实现工业化的方法，但溶剂法生产过程长，需要进行溶剂回收，操作复杂，能耗、物耗较高，而且产品牌号也有一定限制，故该方法已逐步被淘汰。溶液聚合法工艺较复杂，生产成本较溶剂法高，所以只在个别装置上运行，在PP生产中所占的份额很小。随着人们对丙烯聚合过程研究的不断深入，液相本体法（又称淤浆聚合法）和气相本体法以其物耗和能耗低、产品牌号新等特点，已逐步在聚丙烯生产工艺中占据主导地位。

1. 淤浆聚合工艺

(1) 聚合过程。由于聚丙烯在惰性烷烃介质中溶解度很小，因此通常以淤浆聚合生产方法为主。

等规聚丙烯生产通常包括以下五个主要工序：催化剂制备、聚合、精制、溶剂回收及配料等。图 4-2 为聚丙烯生产工艺流程图。

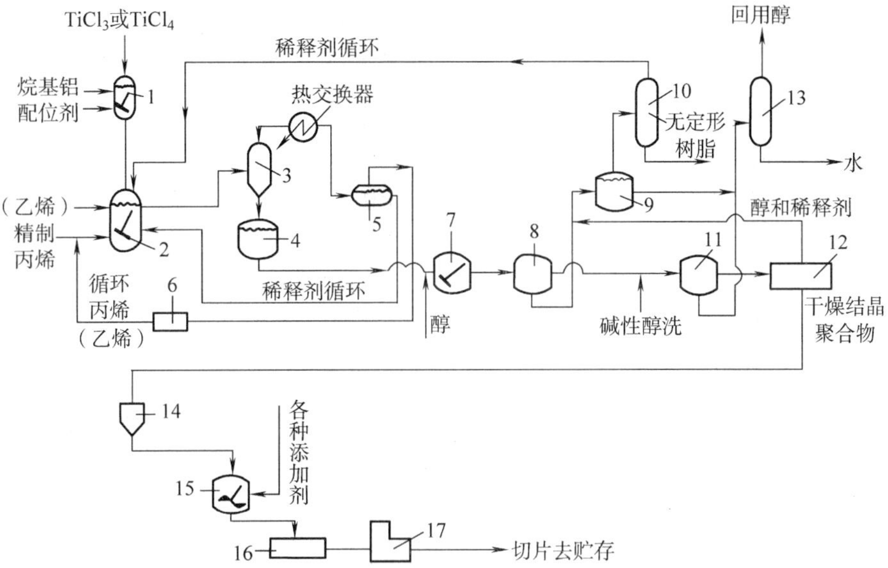

图 4-2　聚丙烯生产工艺流程图

(图中的乙烯在制备共聚物时加入)

1—催化剂配制槽　2—连续聚合釜　3—闪蒸室　4—平衡桶　5—分离器　6—压缩机　7—催化剂钝化釜　8—离心分离器　9—倾析槽　10—精馏塔　11—过滤或离心分离器　12—干燥器　13—精馏塔　14—贮存桶　15—混合器　16—造粒螺杆　17—切粒机

在配制催化剂的同时，必须通入 N_2 并在催化剂配制槽中加入添加剂。在预先干燥的聚合反应釜内，加入反应介质和催化剂，并用 N_2 置换。加热至聚合温度 50～80℃时，将丙烯单体按规定压力（1470～3430）kPa 吹入，开始聚合。在规定的聚合条件下，周期性地添加精制的丙烯和经压缩机再循环的丙烯，使反应继续进行。生成的结晶聚合体不溶于反应介质，悬浮在反应液中形成所谓的淤浆，并被卸入闪蒸室，在相对的低压下，大部分单体随大量稀释剂闪蒸分离。在闪蒸室的淤浆残渣中含有固体聚合物、可溶性无定形聚合物、惰性稀释剂、剩余的单体及活性催化剂等，其经平衡桶转入钝化釜后，加入醇使催化剂钝化，停止聚合反应，并分离除去催化剂。稀释的无定形聚合物经过滤或离心分离，而剩余的可溶性聚合物用稀释剂洗去。离心分离后的聚合物（滤饼）经喷雾干燥除去挥发性组分。

得到的聚合物粉末中等规物含量可达 95%以上。聚合物粉末必须混合添加剂并进行造粒，以利贮存与装运。所用的添加剂包括抗氧剂、金属钝化剂、耐紫外光稳定剂、抗静电剂、表面改性剂、填料、阻燃剂、增白剂、颜料、增塑剂、抗冲击改进剂及染料助剂等。各种添加剂的加入可改进聚合物的质量。其操作程序是：加入添加剂到混合器中，经造粒螺杆捏合并熔融挤出，用切粒机切成细粒，或用热切技术由模口切割熔融挤出物。

在聚合过程中，未反应的丙烯单体可再循环使用，或经精制后再用。在回收的反应介质中，含有催化剂分解物、钝化剂醇、稀释剂及可溶性无规聚合体等，经离心分离和精馏后可循环使用。

(2) 淤浆聚合工艺。聚合反应器通常采用不锈钢或玻璃衬里的立式高压釜，若用己烷与庚烷等高沸点溶剂，要求耐压 980～1470kPa。由于聚合后的产物从溶剂中析出形成淤浆，因此也可采用环管式聚合反应器，以防止淤浆沉积。

间歇聚合时，先使催化剂成淤浆状悬浮于聚合釜中，调节聚合釜内的温度为 50～80℃，压力为 490～980kPa，反应时间 5～6h。连续聚合时，催化剂、溶剂、丙烯单体连续加料，同时不断用调节液面的方式取出一定量的聚合物淤浆。并借调节丙烯分压，变化丙烯供料量以控制聚合反应。

淤浆聚合的丙烯转化率通常为 50%～75%。连续聚合时，为确保能除去反应热、物料搅拌顺利、易于输送，淤浆浓度为 25%左右；但在间歇聚合时，淤浆浓度可提高到 30%～50%。通常用铝还原的 $TiCl_3$ 聚合时，所得聚丙烯的假密度可达到 0.4g/cm^3，假密度大，有利于提高淤浆浆液浓度。

聚丙烯的分子量调节剂大多采用氢气，但要使聚合体系内的氢气保持一定浓度是比较困难的，尤其是连续聚合时，被引入的单体与氢气的浓度必须经常保持一定的比例。

聚合反应速度取决于催化剂 $TiCl_3$ 的用量、粒径、Al/Ti 的值、丙烯分压、反应温度等条件。反应初期的反应速度逐渐加快，但经一定时间后，反应速度渐趋稳定；$TiCl_3$ 粒径越小，达到稳定速度的时间就越短；若丙烯分压越大，反应温度越高，反应速度就越快；在使用相同的催化剂时，聚合物的等规度随反应温度的升高而递减，聚合温度最好不超过 70℃；$TiCl_3$ 用量越多，反应速度也越快，工业上 Al/Ti 的值在 1～5 之间。

聚合温度高，所谓聚合物相对分子质量就大，而且相对分子质量也受 Al/Ti 值的影响。在工业生产中用氢作链转移剂，随着氢分压的增加，聚合物平均分子量下降。

丙烯聚合反应热虽比乙烯小，但仍然比较高（1944kJ/kg）。因此仅用夹套或内部蛇管的传热面积除去反应热是不够的，可利用部分单体或溶剂蒸发时的蒸发潜热带出反应热；或利用回流冷却方式将蒸发了的气体经冷却或压缩液化后再返回聚合反应器；也可将反应生成的淤浆引出一部分，进行冷却后再返回聚合反应器，或两种方法兼用。

(3) 分离与回收。丙烯聚合后产物的分离工序，包括无规聚合物的洗涤处理和清除未反应的丙烯、钝化后的催化剂、溶剂等工序。

①清除无规聚合物。使用溶剂将无规立构物（包括低分子聚合物）溶解，经离心分离使其与滤饼分开。滤饼主要是全同立构物，再进一步用溶剂萃取，或钝化处理并清除催化剂残

渣之后，再进行萃取。

如聚合用溶剂不能溶解无规立构物，则反应产物经闪蒸除去未反应丙烯与溶剂后，必须采用庚烷等溶剂进行萃取。

②清除催化剂。催化剂钝化处理是以醇等极性化合物与催化剂作用，反应式如下：

$$(C_2H_5)_2AlCl + 3ROH \longrightarrow Al(OR)_3 + HCl + 2C_2H_6$$

$$TiCl_3 + 3ROH \longrightarrow Ti(OR)_3 + 3HCl$$

生成的 $Ti(OR)_3$ 是可溶性的，从而可从聚合物中除去。钝化处理可在离心分离前后进行。若添加盐酸或苛性碱及螯合剂等的醇溶液钝化催化剂时，清除残渣方便。

回收包括将未反应的丙烯、从溶剂中分离的无规立构物与溶剂、催化剂、钝化处理剂及洗涤用水的回收等。回收工序与分离工序密切相关，因此要求简化工艺，能使无规立构物和催化剂的清除在一次过程中同时完成，或研究开发一种只需微量而聚合后不需清除的高活性新型催化剂。

用溶剂或用水洗净的白色聚合物滤饼被送去干燥，干燥后的聚丙烯粉末，再添加稳定剂，然后送去挤出造粒备用。

2. 本体法丙烯聚合[13-24]　淤浆聚合虽有许多优点，但该法工艺流程长，设备多，溶剂消耗量大，后处理工序繁多。而本体聚合可克服上述缺点，而且产品等规度高，可变化催化剂组分以生产各种产品。Himont 公司的 Spheripol 工艺是气液相结合的本体法工艺。催化剂体系包括三个组分：载在 $MgCl_2$ 上的高效催化剂、三乙基铝（TEAL）和给电子体（DONOR），工艺流程如图 4－3、图 4－4 所示。

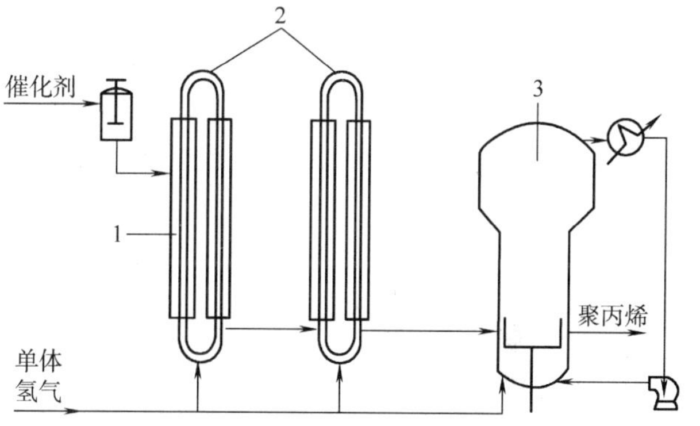

图 4－3　Spheripol 工艺流程

1—预聚反应器　2—环管反应器　3—流化床反应器

Spheripol 工艺可生产丙烯均聚物、无规共聚物以及乙丙抗冲共聚物。生产均聚和无规共聚产品时采用两个串联的环管反应器。

该工艺采用两种类型的聚合反应器，在第一阶段采用环管反应器进行聚合反应，生产均聚物，第二阶段则采用流化床反应器，生产共聚物。为减少环管中的反应剧烈程度，催化剂和丙烯单体在预聚反应器中先进行预聚合反应，然后进入环管反应器。均聚反应在两个串联的环管反应器中进行，催化剂淤浆与液态丙烯和氢气一起进到第一环管反应器，在催化剂颗粒上发生基元反应。在液体丙烯单体中形成的聚合物与作为稀释剂的液体丙烯一起形成聚合物淤浆在反应器环管中循环，其中一部分从反应器环管基部被连续排出。从第一反应器出来的淤浆和添加的丙烯一起进入第二环管反应器进一步聚合。生产共聚物时，则需将均聚物送到气相流化床反应器中并加入乙烯、丙烯和氢气进行

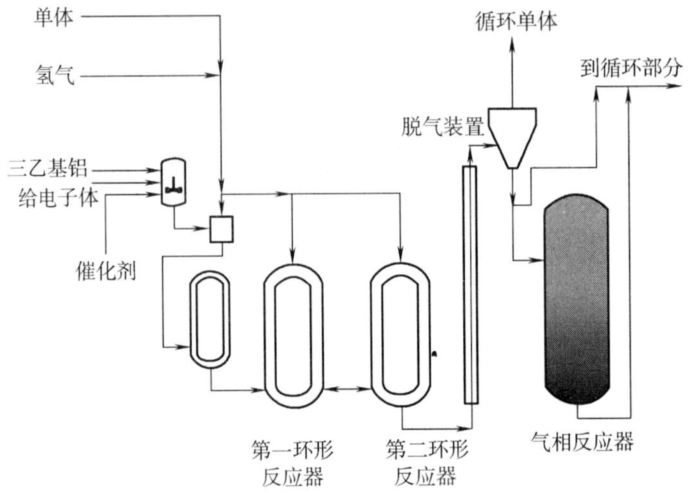

图 4-4 Spheripol 丙烯聚合工艺流程图

反应。

产品质量控制是聚丙烯生产过程中至关重要的环节，它不但影响产品的加工应用，而且还会影响聚丙烯生产的正常运行以及原材料消耗等其他技术经济指标。本体法生产的聚丙烯的物理化学性质主要由催化剂和反应条件共同决定。在工业生产中，聚丙烯产品种类繁多，主要有均聚物、无规共聚物和高抗冲共聚物。对于均聚物，其关键性能指标主要有反映树脂流动性能指标的熔融指数（Melt Index）和衡量聚丙烯分子结构规整性指标的等规度（Isotactic Index）。而均聚物也是生产各种无规和抗冲共聚物的主要原料。

本体法聚丙烯产品的等规度一般为 90%～96%，控制较好的可达 96%～98%。工业上主要是通过控制助催化剂三乙基铝（TEAL）和给电子体（DONOR）之比来调节聚丙烯产品的等规度的，TEAL/DONOR 上升，等规度下降。通过调节氢气浓度来控制聚丙烯的熔融指数，氢气浓度增大，产品的熔融指数增大。而改变氢气浓度或反应温度等操作变量可能会导致等规度和熔融指数同时改变，在实际生产过程中，常需要将几个操作变量同时改变，来使产品性能指标达到规定要求。

（三）N 型催化剂制备 PP[12]

1. 聚合过程 PP 装置反应系统的原料及动力是由丙烯原料泵 P002A/B 提供，反应系统由两部分组成，一是连续釜式预聚合，二是由第一反应釜（立式液相反应）和第三反应釜（卧式气相反应）组成。其中，第一反应釜设有气相冷却系统及气相循环和氢气调节系统；第三反应釜设有气相冷却系统。N 型催化剂的加入方式很特殊，是将其加入到带有搅拌的主催化剂加料器 Z102A/B 中，通过丙烯本体作为溶剂，保持催化剂在 Z102A/B 内呈均匀悬浮状态，然后通过计量连续加入到预聚合反应器的系统流程见图 4-5所示。

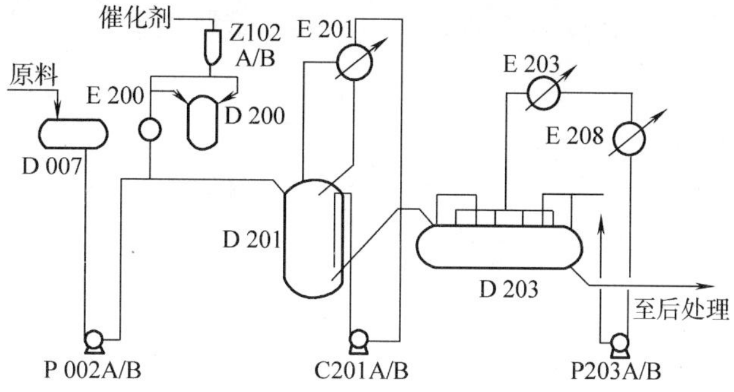

图 4－5　反应系统基本流程图

D007—原料缓冲罐　D200—预聚反应器　D201—第一反应釜　D203—第三反应釜
E200—预聚釜进料冷却器　E201—第一反应釜冷却器　E203、E208—第三反应釜冷却器
P002A/B—丙烯原料泵　P203A/B—第三反应釜循环泵
Z102A/B—主催化剂加料器　C201A/B—第一反应釜循环风机

2. 聚合工艺控制　为充分发挥 N 型催化剂的反应活性，经过调整，确定了聚合工艺参数（表 4－1）。

表 4－1　聚合反应工艺参数

项　　目	D200	D201	D203
反应温度/℃	10	70	85
反应压力/MPa	3.52	3.45	2.8
氢气流量/(L/min)	—	16	—
丙烯加入量/(t/h)	1.2	3.5	0.3
N 型催化剂加入量/(t/h)	120	—	—
三乙基铝加入量/(L/h)	1.2	—	—
铝铁比	134	—	—
硅烷加入量/(L/h)	0.132	—	—
铝硅比（Al∶Si）	19∶1	—	—
料位/%	100	60	30
停留时间/h	0.1	0.9	1.7

注　生产聚丙烯 PPH－XD－045 时测得。

第三节　聚丙烯纤维的成型[15-16]

等规聚丙烯是一种典型的热塑性高聚物，可熔融加工成为各种用途的制品。工业生产丙纶的纺丝方法一般有两种，一种是熔体纺丝法，一种是膜裂纺丝法。

一、常规熔体纺丝

和聚酯纤维、聚酰胺纤维一样，聚丙烯也可以用熔体纺丝法制得长丝和短纤维。而且纺丝原理及生产设备也基本相同，但工艺控制有一定的区别。熔融指数不同，所生产的产品性能、用途也不相同，如表 4-2 所示。

表 4-2 常用聚丙烯的熔融指数、相对分子质量分布、加工方法及产品用途

MI/(g/10min)	M_w/M_n	$M_w \times 10^3$	加工工艺	产品用途
35	2.9	180	常规法、POY、FDY	卫生或农用非织造布、特殊用途纺织长丝
25	3.4	180	常规法、POY、FDY	卫生或农用非织造布、特殊用途纺织长丝
20	6	220	BCF、短程纺	细旦或卫生巾用非织造布、地毯、针刺地毡
18	4.5	190	短程纺、POY、FDY	产业用纺织用丝、地毯
12	6.5	220	短程纺、低速纺	产业用纺织品、高级卫生用非织造布
12	2.6	220	FDY、POY、纺粘法	产业用纺织品、农业用非织造布
18	4.2	220	短程纺	高强丝、过滤织物

由于成纤聚丙烯具有较高的相对分子质量和较高的熔体黏度，熔体的流动性差，故需采用高于聚丙烯熔点 100℃或更高的挤出温度（熔体温度），才能使其熔体具有必要的流动性并顺利进行纺丝。

纺制长丝时，卷绕丝被收集在筒管上，经热板或热辊后拉伸 4～8 倍。生产特殊要求的纤维时，可选用高拉伸比，拉伸温度在 90～130℃范围内。在拉伸之后立即进行热定型。即在同一台机器上用热板或热辊将纤维再一次加热至要求的温度，使纤维收缩至预定的长度。

纺制短纤维的喷丝板采用 500 孔或更多的孔数，初生纤维集束成几十万至几百万分特的丝束，在蒸汽箱中于 100～130℃下拉伸，拉伸倍数较长丝的拉伸倍数低，通常仅为 3～4 倍。拉伸后的丝束进行卷曲，然后进行松弛热处理，最后经切断成为棉型或毛型短纤维。

（一）成纤聚丙烯的质量要求

聚丙烯既不像聚酰胺具有氢键，也不像聚酯具有偶极键，因此为获得良好的性能，聚丙烯必须具有较高的相对分子质量、化学纯度及立构规整性。成品纤维的强度随聚丙烯相对分子质量的增加而增大，但相对分子质量过高也会导致黏度增加，弹性效应显著，可纺性下降。因此，纤维级聚丙烯的相对分子质量一般控制在 18000～36000（MI＝4～40g/10min）。相对分子质量分布系数（α）控制在 6 以下。

聚丙烯大分子链上不含极性基团，吸水性极差，且水分对聚丙烯的热氧化降解影响不大，所以其在纺丝前不必干燥。

常用纤维级聚丙烯切片的质量指标见表 4-3。

表 4-3 常用纤维级聚丙烯切片的质量指标

项目	指标	项目	指标
相对分子质量	$(18\sim36)\times10^4$	相对分子质量分布系数 α	<6
熔点/℃	164~172	灰分/%	<0.05
含水率/%	<0.1	铁钛含量/(mg/kg)	<20

对熔融指数很低的聚丙烯，可利用化学降解法制得熔融指数较高的聚丙烯。化学降解法的实质是将带有活性自由基的低相对分子质量有机过氧化物（如过氧化丁基己烷、萜烷过氧化氢等）与等规聚丙烯切片混合，使相对分子质量偏大的聚丙烯发生降解。

（二）纺丝

聚丙烯纤维的纺丝设备和聚酯、聚酰胺纤维相似，但也有其自身的特点。通常使用单螺杆挤出机，螺杆为单头螺纹、等螺距。螺杆仍分为三段，即加料段、压缩段和计量段。压缩段不需要很长，但必须是很有效的，为改进流体的流动，最小的压缩比为 2.8。计量段必须确保恒定的流动和熔体压力，但不需要太长且应尽可能短些，以免聚合物熔体在设备中停留时间过长，这是与聚酯或聚酰胺纺丝机用螺杆的不同之处。挤出机螺杆的长径比 L/D 为 20~26。

虽然等规聚丙烯是结晶的，但仍然像其他热塑性高聚物那样容易挤出成型。改变纺丝条件可获得具有一定取向度和结晶度的纤维。图 4-6 为聚丙烯纤维取向度和结晶度对强度的影响。由图可知，要得到高强度的纤维，必须进行高倍拉伸，以提高纤维的取向度和结晶度。

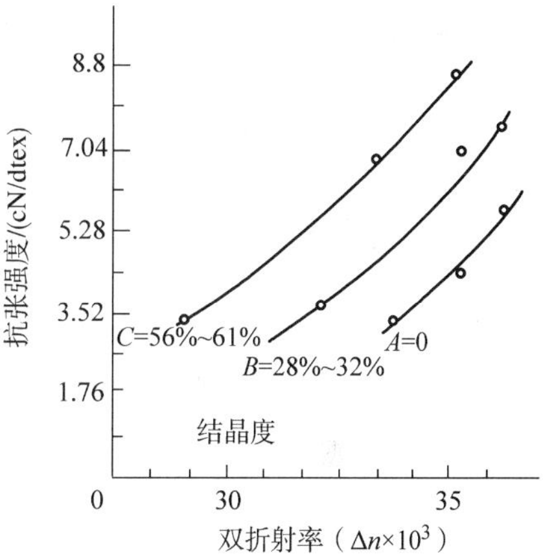

图 4-6 聚丙烯纤维取向与结晶对强度的影响

1. 纺丝温度 纺丝温度是纺丝过程的重要工艺参数。聚丙烯纺丝时，螺杆各区的温度控制也与涤纶或锦纶纺丝时一样，一、二区为预热和部分熔融区，三、四区为主要加热熔融区，五区为均化和计量区。若想提高熔体黏度，可将一、二区温度降低；而欲降低熔体黏度时，则将一、二区温度提高。由于聚丙烯的热氧化降解活化能远小于热降解活化能，而在一、二区因切片或熔体间存在较多的空气，故升高一、二区温度易导致热氧化降解。

树脂的相对分子质量增大，纺丝温度也相应提高，如图 4-7 所示。相对分子质量分布系数 $\overline{M}_w/\overline{M}_n$ 在 1~4 范围内变化，温度变化范围在 30℃；相对分子质量分布越广，则采用的纺丝温度也越高。实践指出，不论起始原料聚丙烯相对分子质量多高，纺丝后纤维的相对分子质量几乎相近，约为 $(12\sim14)\times10^4$。

前已指出，聚丙烯具有较高的特性黏度和熔体黏度，若在较低纺丝温度下，势必引起取向和结晶同时发生，并形成高度有序的单斜晶体结构；若在较高的纺丝温度下，由于在结晶

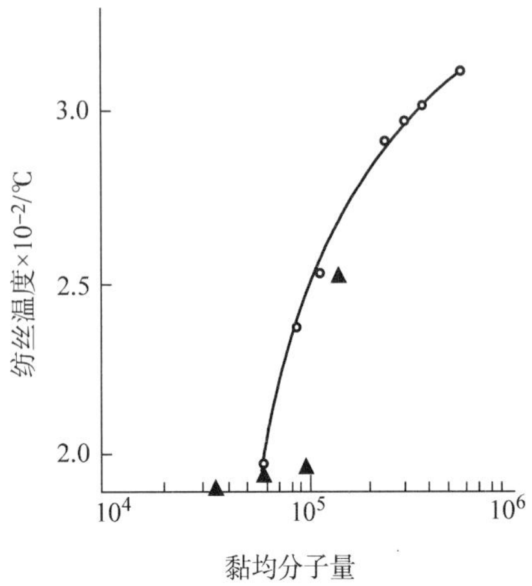

图 4-7　聚丙烯相对分子质量与纺丝温度的关系

发生前具有较大的流动性，初生纤维的预取向度低，且会形成不稳定的碟状液晶结构，可以采用较高的后拉伸倍数，从而获得高强力纤维。

2. 冷却成型条件　成型过程中冷却速度对聚丙烯纤维质量有很大影响。若冷却较快，纺丝得到的初生纤维结构是不稳定的碟状液晶结构；如缓慢冷却，则得到的初生纤维是稳定单斜晶体结构。

随着成型条件的不同，初生纤维内的晶区大小也不同。当丝室温度较低时，成核速度增大，且由于晶核数目增加，晶区尺寸减小。

在成型过程中，增大吹风量、降低丝室温度或在纺鬃丝时用冷却浴使熔体细流骤冷，初生纤维的密度就有所下降。当吹风温度为 30℃时，细流在距喷丝板 48cm 处几乎完全凝固。吹风温度越高，则凝固距离越大。

在实际生产中，丝室温度以偏低较好。采用侧吹风时丝室温度可为 35～40℃，环形吹风时可取 30～40℃，送风温度为 25℃，风速 0.3～0.4m/s。

3. 喷丝头拉伸　喷丝头拉伸不仅使纤维变细，且对纤维的后拉伸及纤维结构有很大影响。若喷丝头拉伸过大，导致初生纤维产生稳定的单斜晶体结构，从而使后拉伸不易进行。聚丙烯纺丝时，喷丝头拉伸倍数一般以 60 倍左右为宜，这样得到的卷绕丝具有较少的稳定结构，使后拉伸较易进行。表 4-4 为初生纤维性质与喷丝头拉伸的依赖关系。

表 4-4　初生纤维性质和喷丝头拉伸的关系

喷丝头拉伸倍数	线密度/tex	屈服应力/(cN/dtex)	强度/(cN/dtex)	伸长率/%	双折射率（$\Delta n\times10^3$）
12.7	188.32	0.40	0.54	1140	715
27	70.07	0.46	0.64	977	12.5
54	34.1	0.49	0.86	980	13.5
116	16.61	0.55	1.11	791	15.5
233	9.24	0.58	1.27	680	16.5
373	5.5	0.64	1.39	580	17.5

4. 挤出胀大比　聚丙烯纺丝时，由于其熔体黏度较大，且非牛顿性强，故挤出胀大比 B_0 要比聚酯大。当 B_0 增大时，熔体细流拉伸性能逐渐变坏，且往往随之产生熔体破裂，使初始纤维表面被破坏，有时呈锯齿形和波纹形，甚至生成螺旋丝，如图 4-8（b）所示。如纺丝速度过高或纺丝温度偏低，至超过临界切变应力时，就出现熔体破裂，影响产品质量，或使卷绕不能正常进行。表 4-5 为聚丙烯特性黏度和熔体温度对挤出胀大比的影响。可见随着熔

体温度降低或聚丙烯相对分子质量的增大，挤出胀大比增大。

表 4－5　聚丙烯特性黏度和熔体温度对挤出胀大比的影响

胀大比 B_0 ＼ 温度/℃ ＼ 特性黏度/(dL/g)	190	230	280
1.27	2.8	1.5	1.3
1.90	4.2	2.8	2.1

适当提高纺丝温度，控制适宜的相对分子质量，且使喷丝孔适当大一些（0.4mm），以及增大喷丝孔长径比（L/D_0 值大于2），可以减小细流的膨化和防止发生熔体破裂。

由于丙纶纺丝时挤出胀大比 B_0 较涤纶和锦纶纺丝时大，同时黏度也较大；所以可纺性比较差，纺丝温度需比其熔点高出很多才能使熔体流动。生产中有时需要采用 MI 较低而相对分子质量较高的丙纶切片，其纺丝温度高达 280℃；否则因胀大比大且黏度也大，造成大量断头而不可纺。因此往往在丙纶切片中加入分子量调节剂、增塑剂、稳定剂等来改善丙纶的可纺性和纤维的性能。

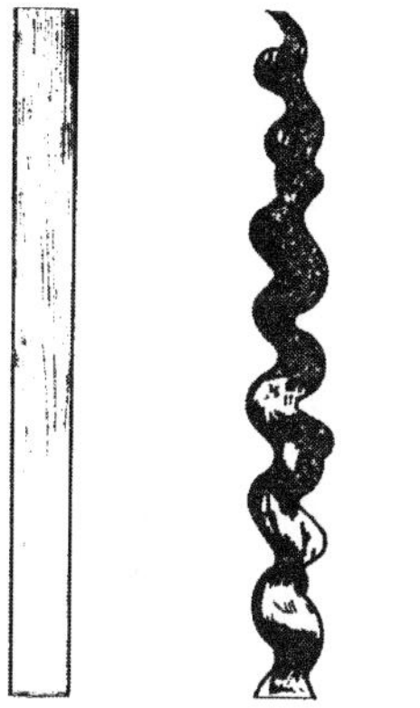

(a) 正常丝条　(b) 熔体破裂

图 4－8　超过临界切变应力出现熔体破裂现象

(三) 拉伸

熔纺制得的聚丙烯初生纤维结晶度约为 33%～40%，其双折射率约为 $(1\sim6)\times10^3$。具有不稳定的碟状液晶结构时，拉伸会使结晶度增加，且结晶度随拉伸温度提高而增大，而拉伸比增加时，则结晶度下降，如图 4－9 所示。

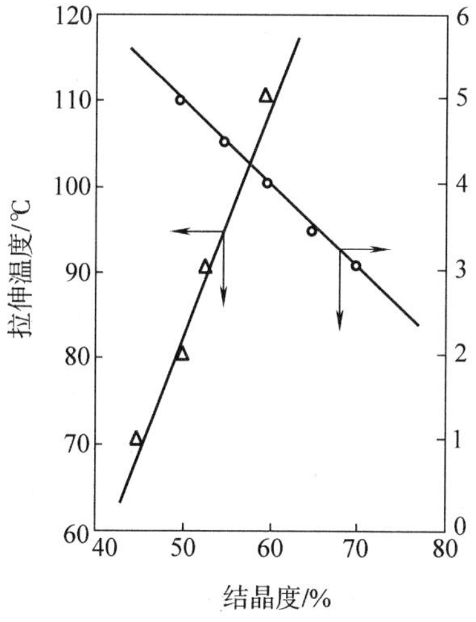

图 4－9　纤维结晶度与拉伸温度、拉伸比的关系

△—拉伸温度 100℃　○—拉伸比 1∶4

聚丙烯纤维的后拉伸温度以 120～130℃为宜，当相对分子质量在 $(1\sim3)\times10^5$ 时，在此温度下拉伸性能好，结晶速率也最快。拉伸时所需的张力随温度而变化，冷拉伸过程中的张力要比热拉伸高一些，且冷拉伸比热拉伸有更大的劲缩倾向。

聚丙烯纤维的拉伸速度一般偏低些为好，这是由于过高的拉伸速度会使拉伸应力大大提高，纤维的空洞率增加，从而增加拉伸断头率。

卷绕丝放置时间延长，纤维的结晶度有所增加，尤其在开始的数小时内变化显著，在 24h 后变化就趋于平缓。

国内丙纶短纤维拉伸，一般第一段拉伸

温度为 60～65℃，拉伸倍数 3.9～4.4 倍；第二段拉伸温度为 135～145℃，拉伸倍数 1.1～1.2 倍；总拉伸倍数棉型为 4.6～4.8 倍，毛型为 5.0～5.5 倍。

（四）热定型

在松弛状态下热定型，聚丙烯纤维的结晶度有所提高，约由 51%提高到 61%。实践表明，聚丙烯纤维的热定型温度以 120～130℃为宜，热定型温度升高，纤维结晶度增大。图 4－10为热处理时间对聚丙烯纤维密度的影响。

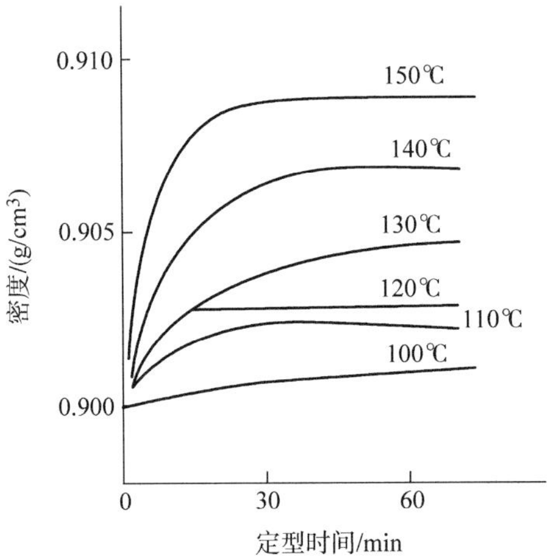

图 4－10　热处理时间对聚丙烯纤维密度的影响

由高分子量聚丙烯制得的长丝具有很好的尺寸稳定性，拉伸取向后沸水缩率为 10%左右，经热定型后可降低至 3%以下。

从图 4－10 可知，采用相对分子质量为 35×10^4、等规度大于 94%的聚丙烯进行纺丝时，在尽可能低的喷丝头拉伸下冷却成型，避免预取向度过高，随后在 135℃下拉伸至 1∶34，可制得强度达 10.6cN/dtex、模量为 84.77～97.13cN/dtex、断裂伸长率为 18%～24%的超高强长丝。如在 140～150℃下分三段进行拉伸，总拉伸比不小于 1∶12，也可以得到很高强度的聚丙烯长丝。

二、膜裂纺丝工艺及设备

（一）概述

聚丙烯可用熔体纺丝法制取纤维，作为廉价的纺织用纤维。然而，这种纤维的性质显然不如聚酯、聚酰胺纤维。丙纶作为衣着用纤维时，有染色困难、耐气候老化性差、吸湿性低等缺点，加之熔体纺丝生产方法投资较大，使聚丙烯纤维的发展受到影响。因此，有必要寻找新的途径，以求更方便而廉价地将聚丙烯加工成纤维，膜裂纺丝法就是取得成功的一种方法。这种膜裂纤维生产方法具有工序简单、消耗定额低、产量高等特点，且对原料要求不高，甚至聚合物中填充 40%有机物时，仍能进行膜裂加工。丙纶膜裂纤维具有密度小、强度高、耐腐蚀、绝缘性能好等优点，可代替棉麻织物及其他化纤织物，可用于生产帆布、过滤布、包装袋布及各种工业用绳等。

割裂纤维（扁条或扁丝）是将聚合物挤出或吹塑得到聚丙烯薄膜，通过具有一定间隙的刀具架，切割得到 2.5～6mm 宽和 20～50μm 厚的单轴拉伸的扁丝，线密度约为 110tex 左右。主要用于代替过去用黄麻制作的包装袋，且具有聚丙烯所特有的耐腐烂和轻便等优点。表 4-6 为聚丙烯切割扁丝和植物纤维主要性质的比较。由于这种聚丙烯切割扁丝可以经受橡胶硫化时的温度条件，故可用于簇绒地毯的支撑用织物。

表 4-6　聚丙烯切割扁丝和植物纤维性质比较

项　　目	聚　丙　烯	植物纤维
宽/mm	1.5～4	1.5～5
厚/μm	20～100	30～50
线密度/dtex	(0.4～25)×10^3	(5～10)×10^3
抗张强度/(cN/dtex)	2.43～4.9	3.92
断裂伸长率/%	10～30	5.0
弹性模量/(cN/dtex)	39.2～68.6	83.3
结节强度占抗张强度的百分数/%	60～80	35～40

撕裂纤维或称原纤化纤维，是将挤出或吹塑得到的薄膜，经单轴拉伸，使聚合物大分子沿拉伸方向取向，使其轴向强度有很大提高，与此同时，垂直于拉伸方向（横向）的强度则下降很多；然后对薄膜施加外力，即通过针辊或齿辊等破纤装置，将薄膜开纤，再经物理、化学或机械作用使开纤薄膜进一步离散成纤维网状物或连续长丝。另外，还有一种方法是在薄膜拉伸前，先在其表面压纹，或先挤出一种异形薄膜，然后经后拉伸和机械处理得到类似复丝一样的纤维，这可看成是介于割裂纤维和撕裂纤维之间的一种成纤方法。

撕裂纤维生产的关键是薄膜的原纤化，通常有无规则机械原纤化、可调节机械原纤化以及化学机械原纤化三种方法。

(1) 无规则机械原纤化。薄膜经无规则机械原纤化可得到一种网格大小不定的网状结构或长度和宽度都不规则的单纤维。

这种方法是将聚合物薄膜扁条在施加一定压力的两块橡胶板之间进行拉伸，并使它在垂直于扁条拉伸方向作横向相对滑动，使这些扁条被搓裂成许多线条，再将这些线条通过一个旋转的圆筒形刷子的作用，进一步裂纤，并彼此平行排列。

同样，将一根经拉伸取向的薄膜扁条，加捻到 1000 捻/m，也可裂纤成粗纤维，用来制造绳子和捆扎线。在这种情况下，薄膜能自发发生原纤化作用，且选择的拉伸条件要使扁条横向强度最低，以利于合股扁条的生产。但上述方法得到的原纤化膜裂纤维，在结构上是不均匀的，也未见其作为真正的纺织纤维来应用。

(2) 可调节机械原纤化。这是将薄膜用机械方法进行原纤化，形成具有均匀网格的网状结构或具有均匀尺寸的纤维。近年来，工业生产的膜裂纤维大部分采用可调节机械原纤化方法。

（3）化学机械原纤化。该方法是在原有聚合物中加入一些助剂，以促进取向薄膜的原纤化，或者将取向薄膜进行化学处理，以加强其原纤化作用。这种方法大多依赖于用某种方法在薄膜中引入间断点，薄膜经取向后，这些间断点起着弱点或应力集中点的作用，从而使进一步的机械原纤化变得容易进行。在薄膜中引入的间断点，可以是真空泡或气泡、可溶性盐、不相容的聚合物以及膨胀剂等。

在薄膜中引入空穴的最有效方法，是用任何一种普通的方法挤出一层泡沫薄膜，当泡沫薄膜取向时，薄膜中的气泡被拉长，使每一个气泡都形成了一个裂纤核心，且由泡沫薄膜可得到很细的纤维。

不论用哪种方法引入间断点，都需要进行进一步的机械处理，以扩展裂纤作用，并形成真正纤维状的产品。这种方法特别适用于用机械方法难以裂纤或不能裂纤的薄膜。虽然这种化学机械原纤化方法所得到的膜裂纤维也是典型的无规则纤维，但由于这种裂纤过程比较缓和，故纤维的均匀性较好。

（二）割裂纤维

首先在工业上成功地由薄膜制得的纤维是聚乙烯和聚丙烯割裂扁条，或称为扁丝。割裂扁条是通过把挤出吹胀的管状薄膜或 T 型机头挤出的平膜，用刀片切割成扁带，再经单轴拉伸，得到 55～165tex 的扁丝。虽然用这种方法可以制得比 55tex 更细的扁丝，但由于这种长丝的截面形状，使用它编织或针织的产品相当粗糙，柔性和覆盖性也较差，因此限制了它的应用范围。在国外，这类产品主要用作地毯底布、编织袋、工业织物以及绳索等。

从成膜工艺对产品性能的影响来看，平膜挤出法生产的割裂纤维线密度较均匀，但手感及抗冲击性稍差；吹塑薄膜法的优点是产量高，手感好，但产品的线密度不够均匀，对以后的编织工序及产品性能影响较大。中小型割裂纤维设备大多采用平膜挤出法，若采用 ϕ90mm 以上的挤出机时，为充分发挥挤出机效率，可采用吹塑薄膜法。

切割工序，国外主要采用同轴刀片切割法，割刀为厚约 0.25mm 的不锈钢单面刀片，刀片间用酚醛片隔开。根据对扁丝的宽度要求，可组成多种间距规格的刀架。切割器应安装在使薄膜处于张力状态的位置，以确保扁条精确地被切割。

拉伸扁条加热方式普遍采用热空气循环加热烘箱。通过几个短的烘箱串联成一个长的组合式烘箱，在每个烘箱中空气是对称循环的。其优点是能防止空气被吸入或吹出，且空气循环路程较短，温度较均匀，并能采用较小的风机取得较大的循环速度，达到预定的温度梯度，同时维修方便，可随时更换备用烘箱，缩短停机时间。

在国外，割裂扁条生产中也常采用辊筒短区拉伸法。一种是单间隙拉伸，薄膜是在仅有几毫米宽的间隙中拉伸的，可用来生产编织带、经编薄膜带和包装用扁条；另一种是多间隙拉伸，薄膜在两个主动辊之间及几个被动辊间隙中拉伸。要使拉伸间隙尽量地小，以保证薄膜在整个宽度上均匀定向，且膜边不增厚。

辊筒拉伸法可在薄膜未经切割的状态下进行拉伸，而在薄膜边缘附近不发生收缩，有利于生产厚包装袋。在全部幅宽上进行拉伸的薄膜，其机械性能比拉伸扁条稍低，而热收缩率不能降得更低，因而不适宜用来生产如地毯底布这类要求承受较高温度的制品。这种辊筒拉伸薄膜特别适用于生产编织用经线和经编织物，且不要绕丝设备和整经处理，而将成卷薄膜放到织机上直接使用。

热定型可采用与拉伸相同的加热设备，这对要求收缩率较低的产品十分重要，定型温度应比拉伸温度高 5～10℃，但也有定型与拉伸采用不同加热形式的。一般要求预收缩率为5%～8%，这样可使扁丝的沸水收缩率降至3%以下，自然回缩率降至0.2%左右。

为适应高速纺丝要求，卷绕装置也必须是高速运转的。这就要求卷绕部分具有自动换筒装置和扁丝空气抽吸装置，这样才能保证其连续高速操作。国外大多采用卧锭式卷绕装置，由单锭电动机传动，每个卷轴上可卷装两个丝卷。

拉伸装置由五对辊筒及双侧拱形电热板组成，热定型装置也采用双拱形加热板。这有利于上下两层薄膜同时拉伸，且由于每对辊的上胶辊可上下移动，产生的空气压力可对下镀铬辊加压，防止薄膜打滑。拉伸张力借调整电压自动控制。所得的扁丝在 132℃的油中处理 2s，收缩率小于 0.5%，扁丝强度为 4.4cN/dtex。

（三）撕裂纤维

1. 针辊切割法　在可调节机械原纤化生产方法中，针辊法已确认可在工业生产中使用。大量钢针安装在辊筒上，针辊的旋转方向一般与薄膜运行方向相同，并在旋转的同时刺透薄膜，并切割一定距离。由这种方法生产的纤维主要是长方形的，它的一个方向受拉伸薄膜的厚度控制，其他方向受针辊上针的配置、针辊与薄膜的接触弧度以及针辊与薄膜的相对运动速度所控制。裂纤后可得到一个具有一定规则的网状结构物，其几何结构和纤维粗细可由上述各因素推算确定。

聚丙烯针辊法撕裂纤维生产工艺流程图如图 4-11 所示。

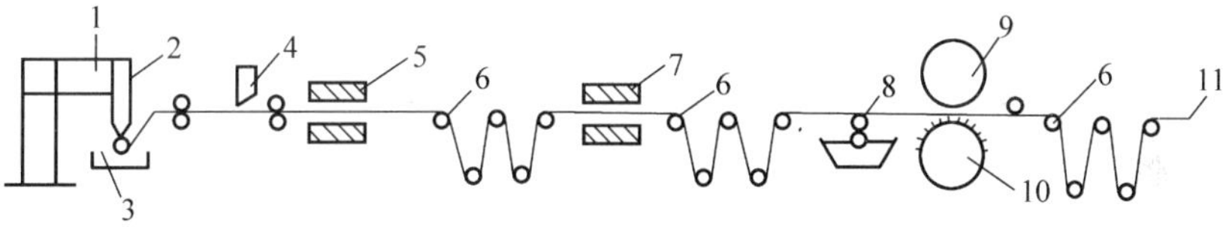

图 4-11　针辊法撕裂纤维工艺流程图

1—挤出机　2—歧管式机头　3—冷却水箱　4—切割设备　5—加热烘箱　6—拉伸机
7—热定型烘箱　8—抗静电油剂导辊　9—橡胶压辊　10—机械原纤化　11—卷取

螺杆挤出机螺杆直径为 65mm，长径比为 30∶1，压缩比为 1.35∶1，歧管式 T 型模口为 400mm，模唇间隙可调节为 0.2～0.5mm，模头温度为 120～140℃。冷却水箱内装有溢水管，模口与水面保持一定距离，利用循环水保持冷却温度在 20℃左右不变，切割部分由旋转式对行辊和切割刀具组成。狭缝式电热烘箱由上下两片组成，下层装有电炉丝及电热板，烘箱长为 2.5m，狭缝间隙为 80mm，拉伸温度为 170～180℃，热定型温度为 180～185℃，采用的五辊拉伸机有三只钢辊和两只胶辊配合组成，可增大拉伸力，防止打滑，确保拉伸倍数为 8.5～10 倍。机械原纤化由油剂导辊、压辊、针辊组成。薄膜经高倍拉伸后，再经针辊膜裂成为不规则的网状纤维。

生产撕裂纤维所采用的纤维线密度公式为：

$$\mathrm{Tt}=\frac{\text{薄膜单位宽度特数}}{A\ (FR-1)\ N\times m\times 9}$$

式中：Tt 为膜裂纤维线密度；A 为原纤化针辊与薄膜的接触长度；FR 为原纤化比，$FR=\frac{V_1}{V_2}=\frac{\text{原纤化针辊的速度}}{\text{薄膜的线速度}}$，一般为 2.0～2.5；$N$ 为每单位针尖行数中尖针的数目；m 为原纤化针辊圆周上每单位长度中的尖针行数。

国内编织用扁丝线密度为 66.66～333.33tex，强度为 2.66～7.06cN/dtex，绳索丝的单位宽度特数为 333.3～444.4tex。当宽度为 80μm，厚度为 0.04mm 时，绝对强力大于 343.25kN（35kgf），伸长率小于 5%，平均线密度为 11.1～22.2dtex。

当采用直径很小且针头很短的针辊时，可生产很细的撕裂纤维。针辊在圆周上均匀地装有六排针梳，针宽为 50μm，针高 100μm，针由金属钨制成，针尖头部呈鱼雷形。针梳上针间距为 100μm，得到的膜裂原纤化物平均宽度为 30μm，是一种又柔细且绵软的网状物，所得纤维强度较高，为既无光泽，又无断裂的丝束。图 4-12 为具有针梳的针辊示意图。

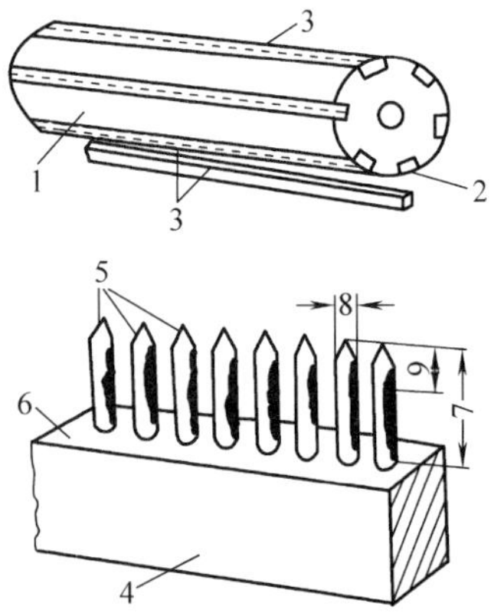

图 4-12　具有针梳的针辊

1—辊筒　2—针梳槽　3—针梳　4—针梳座　5—钨针　6—针座面　7—针高　8—针径　9—鱼雷形针尖

针辊切割法所得撕裂纤维的典型线密度在 5.55～33.33dtex 之间。这些制品适用于做地毯、人造草坪等；但与纺制复丝相比较，由于线密度范围的限制，在使用时具有进一步裂纤起球倾向，且在未加捻时强度较差，限制了它的应用范围。当要求平均线密度在 16.67dtex 以下时，生产成本较高。

针辊切割法生产的撕裂纤维，可用于低级地毯、包装材料以及股线绳索等，也有用它做薄膜增强材料的。可调节机械原纤化网状物，能再分成狭窄的纤维网，然后可进行梳理和单独加捻，或与其他天然纤维混纺，得到普通纺织纱线，用于编织和针织加工。

2. 异型模口挤出法　使用一个在模口模唇的一侧或两侧带有确定几何形状的 T 型模口，将热塑性熔融物挤出，进一步成功地改进了长丝截面形状的均匀性以及每根长丝本身及长丝之间的张力，从而改善了纤维的特性。模唇的几何形状可以是长方形、三角形或圆形。

通常异型模口可以挤出一定幅宽的异型薄膜。实际上往往使用几个模口挤出多根带条，可克服宽的异型模口在制造和操作中的实际困难。由于宽的模口挤出薄膜经受的拉伸力不易均匀，从而影响纤维线密度的控制。

每个模口上有多条沟槽，三个模口可挤出上百根条带，且形成多根条筋，在筋之间以强度很弱的薄膜相连接。挤出的条带用冷却辊冷却。拉伸后每根条带又可分裂成多根连续长丝，而不像针辊法那样得到的是网状结构。长丝经过进一步热处理定型，可收集在筒子上。

一般在拉伸过程中并不发生个别单丝的自发裂膜，而必须借助于机械方法，如捻搓、曲绕压缩或用压缩空气处理才能开纤。适当选择聚合物品级、模口形状和加工条件，就能得到具有不同张力特性的长丝。线密度为 22.22～27.78dtex 的长丝为最常用，当完全分成单独长丝时，与熔体纺丝生产的复丝在外观上十分相似，且截面形状也很接近。这类聚丙烯纱线主要用于优质绳索、包装和保护材料以及地毯与工业用织物。

3. 辊筒压纹法 该方法是在聚合物熔点以下，由压纹辊对薄膜进行冷压压纹。在将宽度和厚度适当的薄膜通过两个辊的间隙之前，先与一个加热到 65～100℃的辊筒接触而加热，温度视薄膜厚度和工艺要求而有所不同。当薄膜进入夹辊时，就被压向旁侧。最初是和压纹辊细而平行的顶面相接触，而后逐渐挤入到压纹辊的沟槽中。与此同时，薄膜也从另一个辊的接触点接受热量和压纹力作用。当薄膜从夹辊出来时，已经预成型为一系列完全或部分分开的，或由极薄的薄膜连接着的扩大了的纵向部分，其预裂膜程度由所用的压力大小和温度的高低而定。图 4－13 是根据辊筒的半径和沟槽的形状所决定的压纹过程。

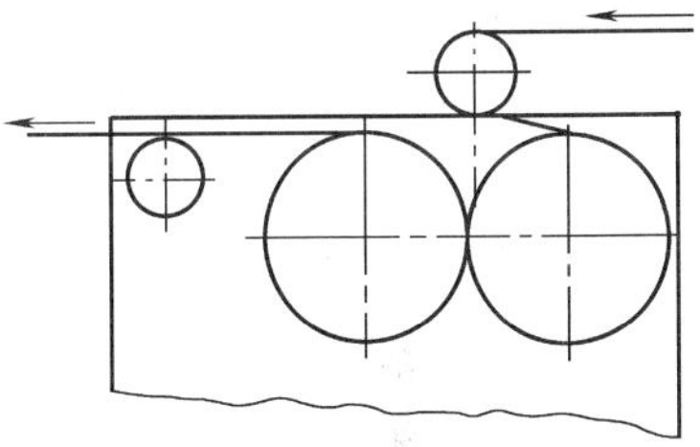

图 4－13 薄膜的辊筒压纹

改变辊筒温度和施加的压力，可得到不同厚度的连接膜，并在纵向上完成分离，也可以保持压纹后的薄膜为具有足够厚度和强度的连接膜，以便于处理和最后加捻裂纤。将连接膜加热拉伸后，所得的薄膜可分成长丝或用分丝梳分成一定线密度的丝束，再用多轴卷绕。

三、短程纺丝[17-18]

短程纺短纤维设备从开发成功到扩大应用已有近 30 年的历史。我国从 20 世纪 80 年代起就已引进了 Automatik、Barmag、James、Makie、Moderne、Plantex、Filteco、FARE 等公司的丙纶短纤维设备与烟用丝束设备共 30 余套。国内仿制与自行开发的设备也已有 20 余套投入生产，国产化过程基本成熟。根据远景规划，我国丙纶短纤维与烟用丝束设备生产能力在 1995 年约 10×10^4 t/a，到 2010 年将达到 30×10^4 t/a 以上（均含国内外资企业）。在市场牵动下，这种设备在今后无疑将会有较大的发展。它不仅在丙纶短纤维生产上会基本取代传统二步法工艺，并且会逐步进入涤纶、锦纶领域。

传统二步法短纤维工艺在单一品种大规模生产中仍居主导地位，因为高速纺丝可以更有效地发挥昂贵的喷丝板的投资效益。大型后加工设备可相对地降低成本。但其缺点是需高层厂房，还要大量盛丝筒与面积很大的集束间，产品数量大，给改变产品与更改工艺带来许多不便。因此，在需要小批量生产的场合，短程纺工艺便应运而生，特别是丙纶必须原液染色，只有短程纺工艺才能满足频繁改变颜色的需要。

短程纺工艺就是把纺丝与后加工连接起来的一种工艺，即纺丝速度要降低到原来集束的速度，并以增加喷丝板孔数来补偿由于纺丝速度降低而损失的产量。因此，多孔喷丝板及其组件的设计即为短程纺的第一个特点。另一方面，由于纺丝速度大大降低，大大缩短了丝束冷却的距离。纺丝甬道也可以取消，但为了保证冷却效果，必须提高冷却能力，增加风速，这就是短程纺的第二个特点。短程纺（紧凑纺）的名称即由此而来。为了充分发挥挤压机与后加工设备的能力，在改变线密度时要更换喷丝板，使线密度与孔数的乘积为常数，即保持产量不变。由于多孔喷丝板比较贵，所以一套设备最好固定一个品种，最多两个品种，否则过多贮备喷丝板会使投资增加而大大抵消其优势。

短程纺短纤维设备具有以下技术特点：

(1) 大型多孔喷丝板与组件设计。我国第一批引进的设备为长方形喷丝板，当线密度为1.67～2.2dtex时为3万孔左右；当线密度为6.7dtex左右时为1.5万孔；线密度为16.7～33.3dtex时为5000孔左右。之后我国又引进了一批环形板，孔数比长形板成倍增加，最多达9万孔。最近报道国外已有15万孔的喷丝板出现。对同一线密度，喷丝板孔数的确定取决于技术（产品质量）与经济（能力）之间的平衡。增加孔数固然可以增加产量，但同时会增加熔体分配均匀与压力均衡的难度。喷丝板面孔密度增加，孔与孔之间的距离减少，吹风冷却的内外层风速与温度差异增大，从而使并丝增加。Frielinghaus 认为，喷丝板表面孔密度增加，会导致每孔产量下降，其理由即在于此。在权衡各方面利弊后，经过实践可以找到对应于某一设备与工艺的最佳喷丝板孔数。

(2) 吹风冷却的设计。短程纺工艺要求丝束在很短距离内（5～50mm）将丝束冷却，因而必须用很高的风速达到此目的。传统纺的风速不到1m/s，而短程纺则在20～50m/s，甚至可达到100m/s以上，因此在设计风道时首先要考虑使气流始终保持层流状态，不产生湍流；其次是合理的气流走向，使其具有一定范围的调节性能。主要调节参数有冷却长度（喷嘴宽度）、吹风方向（与丝条走向垂直或有一定倾角）、吹风口离板面距离、空气温度与湿度。Rieter公司已开发出了一种可进行吹风冷却设计的电脑软件 Sinair。对5万孔以上的大型环形喷丝板，要特别注意减少内外层丝条的风温与风速差异，加大直径（喷丝板）有利于降低孔密度，减少里外层扇形扩散差异。在环吹装置外缘增设环吸装置，既可以减少内外层风速差异，又可以杜绝外界气流对冷却效果的影响。实际上在整个冷却长度（吹风口宽度）上风速并非均匀分布。如果气流是从环吹中心从下向上然后向四周扩散，则受惯性影响，上部风速大于下部风速。为了得到合理分布，可以在风道中设置一些导流板，或者分多层吹风，使每层都能单独控制。除此之外，短程纺工艺还具有很大的灵活性，即在一台设备可以生产多个品种，如卫生材料用细旦纤维、粗旦纤维、异形纤维、三维卷曲纤维及其他合纤等。

近年短程纺有很大的发展，如机器高度由三层压缩到一层，长度由100m缩短到近50m，从切片输入到纤维打包全部连续化。如德国 Automatik Machinery 公司生产的丙纶短纤维设备的产量为450～2400kg/h，线密度为1.5～200dtex。据称该设备以生产丙纶为主，也用于涤纶、锦纶生产。该装置规模型号如表4-7。

表 4-7 德国 Automatik Machinery 公司生产的丙纶短程纺的装置规模和型号

序号	每台位数	每位产量/kg	螺杆直径/mm	产量/(kg/h)	年产量/(t/a)
1	6	600	120	450	3780
2	8	601	150	600	5040
3	10	602	170	750	6300
4	12	603	170	900	7560
5	2×8	604	150	1200	10080
6	2×10	605	170	1500	12600
7	2×12	606	170	1800	15120
8	2×16	607		2400	20160

短程纺设备可将色母粒同常规切片共混生产有色纤维。短程纺所用挤出机与箱体和管道都大为缩短，这既可缩小层高，又可减少输送熔体的阻力，所有的传动都采用微机控制以达到全自动，使产量与质量达到设计要求。

（一）短程纺工艺流程

短程纺虽然各家设备不同，但工艺流程基本相似。意大利 Nuvoa 公司丙纶短纤维工艺流程如下：

人工上料→辅螺杆挤出机→过滤器→计量泵→切片输送→主螺杆挤出机→过滤器→计量泵→纺丝头→环吹风→集束上油→五辊机→牵伸加热箱→七辊机→二道油→张力架→卷曲机→定型箱→切断机→打包机→称重入库

（二）短程纺技术与设备特点

短程纺与普通纺比较，其特点为多孔低速，采用环形喷丝板，应用内冷却成型，产量大、流程短。技术为应用流变学原理设计，环形开孔喷丝板的熔体分配合理，从而使纺出丝的线密度均匀。

短程纺丝系统与传统布局不同，如螺杆挤出机与纺丝卷绕机同在一平面（图 4-14）。熔体出螺杆挤出机后，被送入位于高处的箱体与喷丝头，每个环形喷丝板用圆形箱体保温。环形喷丝板外圆直径 500mm，由两个熔体分配管送入，每管供应喷丝板所需熔体的一半，出喷

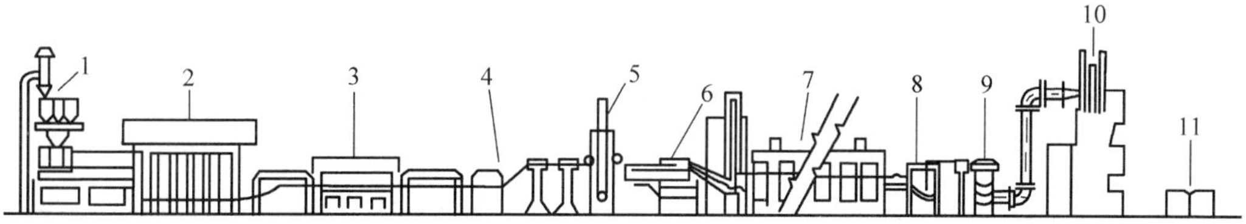

图 4-14 丙纶短程纺流程图

1—三色母粒与切片混入料斗 2—纺丝机 3—五辊牵伸机 4—导丝机 5—张力调整架 6—卷曲机 7—烘干定型机 8—J 型箱 9—切断机 10—打包机 11—成品

丝板后形成半圆，远看好像不透明的薄膜。随后经一对牵伸辊拉伸，拉伸速度为100m/min，并可变速。成型质量与内圆环吹风的风压、风温有关，在生产过程中此丝束“环”的内外风压差是可调的。生产不同线密度的丝束“环”的密度不同，穿透的风压也不同，这是冷却成型的关键，因此调整好风温、风速、风压才能保证丝束的质量。丝束的总线密度要满足后续工序卷曲的需要，即每厘米宽的丝束控制其总线密度为33000～99000dtex。环形喷丝板的设计比矩形喷丝板优点更多，无熔体死角，各处压力均匀，受热也均匀。从流变学观点分析，丝条的形成速率$\dot{\gamma}$趋于相等，其中内环冷却也符合流变学原理，对丝的质量起到一定的保证作用。

（三）设备简介

1. 纺丝系统

（1）切片输送装置。切片输送装置分正、负压两套。正压用于将切片输送到现场1.5t的储罐中，负压用于将切片从储罐输送到主挤出机料斗中，后一过程自动完成。

（2）挤出装置。挤出装置由主、辅两台挤出机组成。主挤出机由直流电动机驱动，驱动功率320kW，螺杆直径180mm，长径比32∶1，螺杆头部设有混合装置，螺杆采用电加热，分8个加热区，总加热功率112kW，各区均有冷却风机，当温度超过设定值时，风机启动，强制降温。

辅挤出机用于将色母粒熔融。辅机由直流电动机驱动，功率5kW，螺杆长65mm，长径比30∶1，混炼头长3D，螺杆采用电加热，分为5个加热区，总加热功率22.5kW。色母粒熔体挤出后经过滤进入注色计量泵，完成颜色配比计量，然后挤入主螺杆头部的混合装置，进行动态混合。

混合后的熔体进入到主过滤器。过滤器前后设有压力传感器，过滤网的更换依前后压差确定，操作由液压系统进行，简单方便，无需停机。

（3）纺丝装置。该机共有6个纺丝位，每一个纺丝位配有一台计量泵，泵规格120cm^3/h，还配有一块环形喷丝板，板孔规格有：64000孔、50400孔、27000孔、18000孔等几种，使用时根据线密度来确定。

吹风系统采用环吹装置，风口距喷丝板底部3～11cm。风从里向外吹透丝束，每一个纺丝位配一台风机，温度由一台空调机组调解，一般控制在17～25℃之间，风速通过电动机调速完成。

（4）上油装置。头道上油装置由储油槽、高位槽、泵、上油辊组成。采用封闭的循环系统，全部由一台电动机驱动，每位有两个上油辊，丝束分两片上油。二道上油设在快牵七辊后部，由高位槽、上油辊、出油槽和泵组成，全部丝束上油都在同一上油辊上进行。

2. 牵伸系统　牵伸系统由慢牵辊、五辊机、快牵辊、七辊机和一台牵伸热箱组成。

（1）慢牵辊。集束上油后的丝成一束进入到慢牵辊。慢牵辊由五辊组成，辊径为290mm，长700mm，后三辊表面镀铬并抛光，由导热油加热，温度最高120℃，五辊机由一台20.5kW的直流电动机驱动，速度6～60m/min。

（2）牵伸热箱。牵伸热箱由双夹套钢板制成，带有隔热层，热箱尺寸4000mm×

1400mm，热箱由导热油加热，丝束从上、下导热板之间穿过，间隙由下导热板调节。箱内通少量蒸汽，调节温度使其同步。

（3）快牵辊。快牵辊由七个辊子组成。辊径为290mm、长700mm，表面镀铬并抛光。各辊均设有刮丝器，防止丝束缠辊停机。该七辊机由一台45kW的直流电动机驱动，速度12～120m/min。丝束通过五辊、七辊之间的速度差在热箱中实现牵伸。

3. 卷曲系统　卷曲系统由收丝器、张力架、预热箱及卷曲机组成。

（1）收丝器。收丝器设在二道上油之后，高度通过手柄调节，收丝过程靠后两个半弧状光辊完成，以适应卷曲辊宽度的要求。

（2）张力架。张力架由固定在机架上的两个辊和一个活动辊组成。活动辊的位置变动说明丝束张力发生变化，它由丝速、压缩空气活塞控制，通过调节可以使丝束顺利通过卷曲机。

（3）预热箱。为了卷曲顺利进行，达到满意的卷曲效果，在卷曲机前设一预热箱，预热箱加热由蒸汽进行，操作通过手动完成。

（4）卷曲机。卷曲机由上、下两辊及其他附件组成。两辊辊径均为250mm，工作宽度有200mm和100mm两种，上辊为定辊、下辊为活动辊，压缩空气调节。两辊均为双层夹套结构，夹套内导热油循环加热，保证卷曲所需温度。导热油循环是一个密闭的系统，温度可自动控制调节。

4. 定型箱　丝束定型采用热空气松弛热定型，热空气由蒸汽加热。温度由PT100检测，自动控制。定型箱由三个区组成，每区长度为3.3m，每区都有两台热风循环风机，风速、风量分别通过风机转速、风板阀调节，丝束出定型箱紧接着由抽吸风机骤冷，利于切断。

5. 切断机　切断机共有2台，是卧式切断机，两种刀盘间距为20mm、25mm的整数倍，可以切出20～150mm范围内的所有长度，最高速度120m/min，单台功率70W。

6. 打包　打包机为液压自动操作，工作压力1MPa，包重（280±0.06）kg，外形尺寸为75cm×115cm×110cm，装机容量62kW。

四、BCF膨体长丝[19-20]

膨体长丝的缩略代号为BCF，所用设备是将几道工序联系在一起，并组装在一台主机上的。这样可大幅度缩小占地面积，使各工序的功能在一台机器上完成。这也是近几年来BCF发展的趋势。

（一）工艺流程

膨体长丝生产流程如下：

投料→挤压→过滤→箱体→纺丝→侧吹风→冷却→上油→牵伸→变形→转鼓冷却→网络→卷绕→分级包装

此工艺用于连续一步法制取弹力丝，如图4-15所示。

丙纶BCF是将丙纶未拉伸丝（UDY）经拉伸，变形或再经网络加工成BCF长丝。该丝是三维卷曲的长丝，具有蓬松性、弹性，并有很好的手感，给人以丰满柔和的感觉。该长丝可根据不同用途制成一定线密度。如1500～3500dtex的用于地毯，1100～2600dtex的用于家

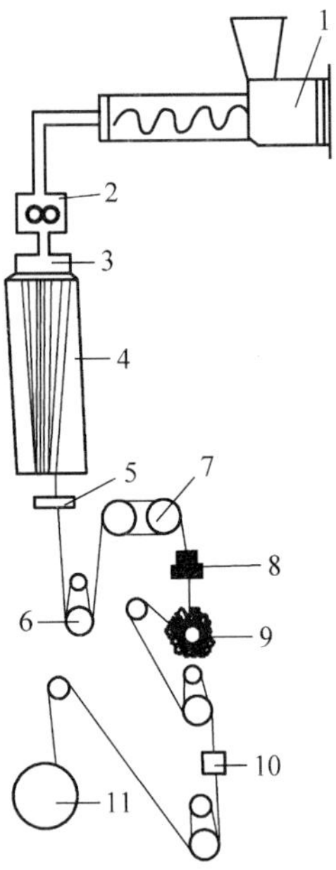

图 4-15　膨体长丝生产流程图

1—螺杆挤出机　2—计量泵　3—纺丝组件　4—纺丝仓　5—上油盘　6—第一牵伸辊　7—第二牵伸辊　8—空气变形箱　9—冷却鼓　10—网络器　11—高速卷绕机

具布，550～770dtex 的用于装饰布。

BCF 长丝生产的传统工艺是不连续的，前后工序的衔接需大量筒子进行往返运输和倒筒，不仅占地面积大、噪声大、断头损耗大，而且费工时、费动力、因而成本较高。如今采用高技术 BCF，对上述缺点进行革新，不仅使各工序连续，而且可在一台机组上将各工序完成；该技术采用微机控制，提高了自动化程度，减少了噪声，且能提高成品质量。

丙纶短纤维的短程纺是将传统各工序的间歇生产形成连续加工；而丙纶 BCF 则是将传统的长丝变形丝的间歇生产也形成连续加工，并组装在一台主机上。由于组装后各单元操作运行必须连续而同步，各单元的空间必须紧凑，张力必须控制在一定范围内，所以 BCF 生产必须采用微机来提高自动化程度。

各种类型的 BCF 设备的主要流程是相同的，但对各单元间的组合方式各有特点。这些特点从宏观来看，可分为两大类型。一类为串联式，占地面积小，因此采用高层建筑，其方法是将挤出纺丝机同拉伸、变形、卷绕各单元以上下方式串联而组合。从工艺合理性上分析，此法生头操作方便，配色管路比较简单，便于维修，意大利 Filteco 公司的设备就属于串联型。另一类为并联式，其特点是占地面积大，采用单层建筑，其方法是将挤出纺丝机同拉伸、变形、卷绕各单元在同一平面并联组合。从工艺上分析，此法生头太长，操作不方便，配色管路比较复杂，维修也不方便，如德国BARMAG公司的设备就属于并联式。考虑到丙纶染色困难，因此用于丙纶的 BCF 机构大多配有纺前染色机构，即采用定量小螺杆或碟式加料器。为了使产品具有多种颜色，采用三原色可调比例的色母粒进料。因此，其大多配有三台螺杆挤出机为一个机组，既可以生产单色丝也可以生产复色丝。

为了使颜色混合均匀，大部分公司都有配套装置定量共混系统。目前分为两种：

(1) 颗粒混合式。在切片进入螺杆挤出机之前，将色母粒注入进料口（有小螺杆式与碟阀式），可以应用切片也可用小颗粒或粉状料，可按重量计或按体积计。各种型号的可调范围不同，调节比为 1∶10～1∶12。这种共混方式不仅可用于色母粒，也可用于各种共混改性添加剂。

(2) 熔体混合式。采用注入螺杆在大螺杆一区或二区注入色母粒。色母粒预先按比例混合三色，或一色共混。再经静态混合器提高其均匀性，有的再加装过滤器，以提高纺丝质量和延长喷丝板更换周期。有的直接将色母粒在小螺杆中熔融，再注入大螺杆中相混。

(二) 工艺控制

1. 纺丝温度　随着纺丝温度的增大，纤维的拉伸倍数增大，喷丝板的更换周期缩短，纤维的可纺性先变好后变差（表 4-8）。当纺丝温度为 235℃时，生产中出现“硬头丝”，有漏料现象；当纺丝温度升至265℃时，丝条黏附于喷丝板上，出现“注头丝”，毛细断裂导致不易生头。纺丝温度控制在255℃时较好，因为在该温度下，PP有较大的流动性，初生纤维的预取向低，结晶和破坏结晶两过程作用的结果是使总的结晶度减少，形成的不稳定的碟状液晶结构多，可使拉伸倍数提高，生产能顺利进行。

表4-8　不同纺丝温度对生产的影响

纺丝温度/℃	拉伸倍数	换板周期/h	可纺性
235	2.7	48	有“硬头丝”
245	2.8	72	好
255	2.9	96	好
265	3	112	有“注头丝”

注　侧吹风温度15℃，速度1.1m/s。

2. 侧吹风条件

（1）侧吹风温度。随着侧吹风温度的改变，工艺条件需作相应的调整，如表4-9所示。由表可以看出，在同样的条件下，侧吹风温度为15℃时形成的初生纤维有利于后拉伸的正常进行。这主要是由于纺丝温度较高，急速冷却后得到的初生纤维的结构是以不稳定的碟状液晶晶态为主。这种晶态最不稳定，活化能仅为64.79～68.97kJ/mol，在70℃以上能发生晶变形成α晶体和β晶体，因而有利于后拉伸的正常进行。

表4-9　侧吹风温度对工艺条件的影响

侧吹风温度/℃	纺丝温度/℃	拉伸比	可纺性
23	235	2.7	较好
20	245	2.8	好
15	255	2.9	好

注　侧吹风速度1.1m/s。

（2）侧吹风速度。吹风速度的变化对生产也有一定的影响，见表4-10。

表4-10　风速对生产的影响

侧吹风速度/(m/s)	拉伸比	可纺性
1	2.8	好
1.1	2.9	好
1.2	2.9	好
1.3	2.9	较好

注　纺丝温度255℃，侧吹风温度15℃。

3. 纺丝速度 喷丝头拉伸倍数不仅影响着纤维的线密度、取向度和起始结晶温度，也影响着初生纤维的结晶度和结构。

表 4－11 纺速对生产的影响

纺丝速度/(m/min)	拉伸比	制成率/%
485	2.7	95
440	2.8	96
425	2.9	97
390	3.1	97

注 纺丝温度 255℃，侧吹风温度 15℃，侧吹风速度 1.1m/s。

表 4－11 是在不同纺速、拉伸倍数下的制成率结果。随着纺速的降低，拉伸比可以增大，而且制成率也有所提高。这主要是因为纺速低，喷丝头预拉伸倍数低，丝条冷却充分，所产生的初生纤维的预取向低，能形成不稳定的碟状液晶结构。

4. 膨化工艺 丝束膨化变形效果主要反映在膨化度、收缩率上。它们是衡量 BCF 质量的重要指标。当加工丙纶 BCF 的膨化设备固定时，丝束变形效果与膨化温度、膨化压力、丝束的喂入速度及丝束自身特性等有关。

（1）膨化温度。膨化温度是影响膨化变形效果的主要因素之一。温度控制不当，会直接影响丝束的质量。温度过低，膨化效果不好；温度太高，丝束的色泽发生变化，手感变硬。在实际生产中，应结合膨化压力和膨化设备自身特征等来设定温度，应尽量取下限值，以保证丝束柔软丰满。

（2）膨化压力。膨化压力决定气流喷射作用的强弱。压力越高，丝束受到的弯曲作用就越大，膨化变形效果也就越好。但若压力过大，则会影响丝束的冷却效果，使得卷曲收缩不匀率提高，而且还会使卷曲张力过大，造成卷装成型差。在实际生产中，膨化温度和膨化压力要综合考虑，它们对膨化效果及生产稳定性的影响主要有如下几点：

①当膨化温度和膨化压力较高时，丝条出膨化管后，在冷却鼓上膨化面积小，得不到充分的冷却和松弛，三维变形后的定型效果差，同时丝条的收缩不匀率会提高，而且卷绕张力过大，造成卷装成型差。

②当膨化温度较高，膨化压力较低时，丝条在进入膨化装置时比较困难，同时在填塞管内堆积不匀，易缠辊，造成乱车，且丝条三维变形效果差。

③当膨化温度较低，膨化压力较高时，丝条在导丝管内得不到充分的预热，在填塞管内容易积结成球，且耗气量大，实际生产中表现在退绕时易产生断头。

④当膨化温度和膨化压力较低时，丝条在导丝管内得不到充分预热且在填塞管中排气过程减慢，三维卷曲效果较差，导致膨化度降低。

一般膨化温度控制在 145℃，膨化压力控制在 0.5MPa 时，所得 BCF 变形丝的质量较好。

（3）丝束喂入速度。进入膨化器的丝速应控制好。若丝速太低，丝束和气流间的相对速度范围增大，丝束表面会形成一个气流层，丝速越低，该气流层与丝束贴得越紧，使得丝束不易开松而直接影响变形。若丝速太高，则丝束在膨化器中停留时间不足，而直接影响变形效果。生产 2650dtex/150f 丝束的喂入速度控制在 1400m/min。

(4) 丝束自身特性。丝束自身特性包括单丝的截面形状、单丝线密度、含油率及 PP 切片与色母粒的配伍性等。当丝的截面非圆形时，则各单丝间的附着力小，易开松、分离和卷曲变形。单丝线密度较小时，弯曲变形较容易，蓬松性较好。含油率过大不易于开松，且在膨化管内的受热效果差；过小则又影响了丝束的抱合性、手感，达不到消除静电的效果，且在膨化过程中易产生毛丝。色母粒的特性对有色丙纶 BCF 纱的质量也有相当大的影响，一般深色的 BCF 膨化度较高，浅色的膨化度较低。

2650dtex/150f BCF 的生产中，采用异型喷丝孔生产的纤维截面形状为三叶形，单丝线密度控制在 16～18dtex，含油率控制在 1%。

第四节 聚丙烯纤维防老化和染色

一、防老化

高分子材料在合成、贮存及其加工和最终应用的每个阶段都可能发生变质，即材料的性能变差，如泛黄、相对分子质量下降、制品表面龟裂、光泽丧失，甚至导致强度、伸长率等力学性能大幅度下降，从而影响材料的正常使用。这种现象称为材料的化学老化，即老化。

聚丙烯是高分子中最易老化的一种，其对热和光，特别是对紫外光辐射的稳定性较差，这不仅成为加工过程中的一个难题，而且在使用过程中，其物理性质也会迅速发生变化。而聚丙烯加工过程温度较高，纤维比表面积又大，热氧及光氧老化尤其严重，对当前加工和日晒等使用环境的要求非常苛刻，因此丙纶的防老化问题显得十分重要。

（一）老化机理

聚丙烯的老化，主要包括热氧老化和光氧老化，两者只是引发过程不同，而老化过程是类似的，都是自由基自动连锁催化过程。聚丙烯的大分子链上存在着许多叔碳原子，而叔碳原子与氢原子（C—H）之间的键能小，这是丙纶的弱键，极易受氧和催化剂残留物引发，使氢原子脱落而生成活泼自由基（R·）。这个自由基进一步氧化生成过氧化基（ROO·）和作用物反应，在碳原子处生成过氧化氢（ROOH）和自由基（R·）。过氧化氢又能在适当条件下，分解为活泼烷氧基（RO·）和羟基自由基（·OH）。RO·和·OH 基受引发连锁反应，开始是氧化，接着在分子链中叔碳原子的位置被切断，而引起链的断裂。连锁反应继续进行，直到游离基互相碰撞生成惰性产物时终止。

（二）丙纶的防老化

所谓防老化，即稳定化，就是采取一定的措施，阻止或延缓致老化的化学反应。但任何事物都不是绝对的，所以经过防老化处理，并不是说材料就完全不老化，而只能延缓老化过程[6,15]。

聚丙烯的抗氧化性能很差。由于聚丙烯的相对分子质量以及熔体的黏度、纤维的抗拉强度，都随其氧化程度的增大而下降，因此在工业生产条件下加工聚丙烯，必须添加抗氧剂。

当前对防老化常用的措施主要有以下四种：

（1）改进共聚物的化学结构，引进含有稳定基团的结构，如采用含有抗氧化剂的乙烯基基团单体进行共聚改性；

（2）对活泼端基进行消活稳定处理，该法主要用于聚缩醛类高聚物；

（3）物理稳定化，如拉伸取向；

（4）加入添加剂，如抗氧化剂和光稳定剂。

其中第一种方法是防老化最通用的方法，其优点在于简单、有效、灵活。

聚丙烯纤维防老化技术大致可以分为添加防老剂、接枝共聚、共混、表面涂层等多种方法。但针对其特点，主要是防止其光氧化老化。最经济的方法是添加防老化剂。它主要是减少产品在加工和使用过程中受热、光、氧、重金属离子发生降解或交联等破坏作用，达到改善原料的加工性能，延长制品的使用寿命。有代表性的光稳定添加剂类型主要有受阻胺和紫外光吸收剂，如 2-（2′-羟基苯基）苯并三唑、2-羟基-4-烷氧基二苯甲酮等，而紫外光吸收剂只适于厚截面制品。由于环保的原因，含镍光稳定剂已逐渐被淘汰。

二、染色[21]

由于丙纶的非极性结构，它的分子上没有任何与染料分子相结合的极性基团，如—OH、—NH_2、—CONH—、—COOR 等，并且结晶度很高，结构致密，内部缺乏孔隙，因此染料分子只能扩散或渗入到无定形部分，而不能进入晶区。所以目前常用的染料，甚至分散染料，也几乎不能使聚丙烯纤维染色，即使勉强能够染色，但色泽浅淡，而且皂洗和日晒的牢度很差。

对聚丙烯纤维的染色大致可分三种方法：一是将聚丙烯纤维改性，如采用接枝共聚、共混等方法，把活性基团引入纤维然后染色；二是所谓母体着色法，把颜料在熔融纺丝前加入；三是把染色配位体有机金属络合物加入到树脂中，然后用含有络合基团的特殊分散性媒染染料进行染色。

（一）母体着色

母体（原液）着色法是当前许多合成纤维生产厂家生产有色纤维的一种最常用的方法。

聚丙烯纺前的着色有下列三条工艺路线。

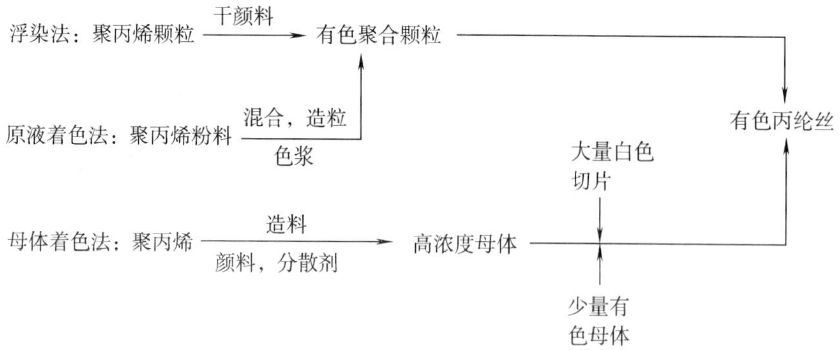

（1）浮染法。一般聚合物中染料的含量大多数只有千分之几。该法的缺点是解决不了在纺丝过程中颜料颗粒的絮凝现象，从而造成纺丝断头、拉伸困难等问题。

（2）原液着色法。该法的缺点是色浆中溶剂必然留在聚合体中，使得聚丙烯的塑性变差，令纺丝困难。

（3）母体着色法。此方法是当前大多数工厂最常用，也是最经济实惠的一种生产有色纤维的方法。色母粒中含有大量的颜料、分散剂等，生产时将一定量的色母粒与白色切片进行熔融前或熔融后混合，着色牢度大，色泽鲜艳，色调比较均匀。色母粒着色避免了其他染色方法由于纤维的结构或力学性质不均匀而引起染料分布不均匀的缺点，而且不需要寻找特殊的方法来提高染料的匀染能力，不产生会影响环境的染色污水。

（二）共混改性染色

俞成丙等人研究了共混丙纶的结构和染色性能，得出如下结论：

（1）加入少量的烯烃类高聚物，纤维中会产生大量的沟槽和微孔，有利于纤维的染色。烯烃类高聚物以微粒和微纤的形式均匀地分布于整个共混体系中，特别是当烯烃类高聚物添加量为6%时，烯烃类高聚物开始相互贯通。

（2）烯烃类高聚物添加量越大，纤维的结晶度和取向度越小。

（3）烯烃类高聚物添加量越大，纤维平衡上染率越高。当烯烃类高聚物添加量为6%时，平衡上染率增加幅度最大。

第五节　聚丙烯纤维的性能及用途

一、聚丙烯纤维的性能

1. 机械性能　聚丙烯纤维的断裂强度随温度的升高而降低，而断裂伸长率随温度的升高而增大。常温时，聚丙烯鬃丝和复丝的强度为3.1～4.5dN/tex，断裂伸长率因品种而异：工业丝的强度为5～7dN/tex，断裂伸长率为15%～20%。

聚丙烯纤维在伸长为1%时的杨氏模量为61.6～79.2dN/tex，优于聚酰胺纤维而劣于聚酯纤维。

聚丙烯纤维的瞬时回弹性介于聚酰胺纤维和聚酯纤维之间。当伸长为55%时，聚丙烯短纤维的弹性回复率为85%～95%，长丝为88%～98%。

通过施加油剂可改善聚丙烯纤维与光滑的金属表面及纤维之间的表面摩擦系数。此外，聚丙烯纤维的耐磨性较好，使其在制作线、渔网、船用缆绳、地毯和装饰织物方面显示出突出的优势。

2. 吸湿性与密度　聚丙烯纤维的吸湿性和密度是常规合成纤维中最小的，其回潮率仅为0.03%，密度为0.90～0.92g/cm^3。

3. 染色性　聚丙烯的分子中不含极性基团或反应性官能团，纤维结构中又缺乏容纳染料分子的适当位置，故聚丙烯纤维染色非常困难。一般用纺前着色法制有色纤维。

4. 耐光性 聚丙烯纤维的耐光性比较差，特别是对波长为300～360nm的紫外线尤为敏感。为提高聚丙烯纤维的耐光性，可用有机紫外线吸收剂来吸收较宽的紫外线光谱，从而改善其耐光性。

5. 耐化学性 聚丙烯纤维耐化学性优良，常温下有很好的耐酸碱性，优于其他合成纤维。此外，聚丙烯还具有优良的电绝缘性、隔热性和耐虫蛀性。

二、聚丙烯纤维的改性与新品种

聚丙烯纤维具有许多优良的性能，但也有蜡感强、手感偏硬、难染色、易积聚静电等缺点。因此，对其进行改性、开发新品种已成为聚丙烯纤维发展的主要方向。

（一）可染聚丙烯纤维

聚丙烯纤维分子中无亲染料基团，分子聚集结构紧密，因此常规聚丙烯纤维一般难染色。目前市售聚丙烯纤维大都是通过纺前着色而获得颜色的。因此，如何将通常的染色技术应用于聚丙烯纤维，已成为人们关注的问题。目前已开发出多种可染聚丙烯纤维的技术，这些技术大体可分为两类：一是通过接枝共聚，将含有亲染料基团的聚合物或单体接枝到聚丙烯分子链上，使之具有可染性；二是通过共混纺丝破坏和降低聚丙烯大分子间的紧密聚集结构，使含有亲染料基团的聚合物混到聚丙烯纤维内，使纤维内形成一些具有高界面能的亚微观不连续点，使染料能够顺利渗透到纤维中去并与亲染料基团结合。共混法是目前制造可染聚丙烯纤维的主要而实用的方法，主要产品包括：媒介染料可染聚丙烯纤维，碱性染料可染聚丙烯纤维，分散染料可染聚丙烯纤维，酸性染料可染聚丙烯纤维。其中，酸性染料可染聚丙烯纤维最有前途。

（二）高强聚丙烯纤维

高强聚丙烯纤维在产业用纤维领域中具极大竞争潜力，因为其除具有优良的力学性能和耐化学性，还具有生产设备投资少、原料价格便宜、生产过程耗能少等明显的技术经济优势。国外高强聚丙烯纤维的年销量不断递增。

高强聚丙烯纤维可以用作各种工业吊带，建筑业安全网，汽车及运动的安全带，船用缆绳，冶金、化工、食品及污水处理等行业的过滤织物，加固堤坝、水库、铁路、高速公路等工程的土工布，汽车和旅游业用的篷毯布以及高压水管和工业缝纫线等产业领域。

（三）烯烃共聚物或混合体系聚丙烯纤维

烯烃有相类似的物理化学性能，通过共聚或共混得到的烯烃共聚物或混合体系仍具良好的可纺性，用烯烃共聚物或混合体系纺丝可改善单种烯烃纤维的性能。使不同MI的聚丙烯或聚丙烯与不同烯烃（较常用的为聚乙烯）混合，能得到各种特色的聚丙烯纤维，如日本窒素公司用PE/PP、改性PE/PP、改性PP/PP的复合纤维生产的ES纤维、EA纤维，EPC纤维等。

（四）多孔性聚丙烯纤维

聚丙烯纤维耐酸碱、抗腐蚀、对化学品稳定、无毒性、不发霉，因此可作多种行业的过滤材料。多孔性聚丙烯纤维的孔隙率高、孔径小，进一步拓宽了其应用领域，提高了它的过滤功能。

例如，日本宇部将聚丙烯与液体石蜡混合，经熔融纺丝、拉伸热处理后浸渍在己烷中溶去液体石蜡，制得了孔隙率高达25%的多孔性聚丙烯纤维，这种纤维比表面积大，能吸收、吸附各种物质，可用于清除液体中的不溶性物质和物质中的臭气。如果在本工艺中添加成核剂，能使孔径变得更小而均匀，可用作人工肺的材料。

日本三菱利用特殊的冷拉技术制得了孔隙率高达80%以上的多孔中空聚丙烯纤维，其透气性大于4×10^5L/(m^2·h)，48kPa。

（五）细旦及超细旦聚丙烯纤维

普通聚丙烯纤维手感较硬，有蜡状感，因此主要用于地毯、非织造布、装饰布和产业等方面，服用数量很小。随着可控流变性树脂制造技术、短程纺、细旦高速纺（POY、FOY）及纺丝拉伸联合（FDY)、纺丝拉伸加弹联合（细旦BCF）等纺丝技术的开发，细旦聚丙烯纤维得到了迅速发展，也为其服装领域的应用打下了基础。

用细旦聚丙烯长丝作为服用材料具有密度小、静电小、保暖、手感好及特殊光泽、酷似真丝等特点，并且有“芯吸”效应及疏水、导湿性，是制作内衣及运动服的理想材料。

超细旦聚丙烯纤维是指直径小于5μm的纤维。其制品作为气悬体的优良过滤介质，在防止空气污染装置，卷烟过滤嘴，采矿、医药及工业用滤网，饮料的过滤装置等方面得到广泛应用。超细特聚丙烯纤维还可用作离子交换树脂的载体及电绝缘材料，其生产方法有离心纺丝、熔喷纺丝和闪蒸纺丝及不相容混合物纺丝。

（六）阻燃聚丙烯纤维

由聚丙烯纤维制成的织物易燃烧，这一点限制了它的使用范围。因此阻燃聚丙烯纤维的研制成功将对聚丙烯纤维的发展起到促进作用。目前，聚丙烯纤维及织物的阻燃改性方法主要有两种：一是织物阻燃整理；二是共混阻燃改性。

织物阻燃整理的方法是采用含有碳—碳双键或羟甲基之类反应性基团的阻燃剂与有相似反应性基团的多官能度化合物（交联剂）在聚丙烯纤维织物上共聚形成聚合物固着在织物上。但由于赋予织物的这种阻燃性难以持久，且手感差，因此一般多用于地毯等洗涤次数较少的制品。

共混阻燃改性是选用溴系、磷系或含氮阻燃剂或它们的复合物与聚丙烯预先制成阻燃母粒，在纺丝时按比例与聚丙烯切片共混纺丝。燃烧时，纤维表面形成碳质焦炭以阻碍其进一步与氧气接触，从而达到阻燃目的。也有使用磷与卤素协同作用或采用三氧化二锑与卤素协同作用的阻燃剂，如用7.2%的八溴联苯醚与三氧化二锑的混合物与聚丙烯共混纺丝，其极限氧指数可以从18.1提高到28.1。

（七）其他改性聚丙烯纤维

（1）将微晶石蜡、肥皂、硅化物、有机酸的脂肪酸酯、高分子量脂肪醇、含氟代烷基的蜡状物、无规聚丙烯或低分子量聚乙烯与聚丙烯切片相混，可制得耐磨性良好的聚丙烯纤维。

（2）将聚丙烯切片与抗静电剂混合，纺成纤维。抗静电剂以微原纤形态分散在聚丙烯基体中，使纤维具有抗静电性能。

(3) 将陶瓷粉混入聚丙烯纺成纤维可制得远红外敏感纤维，该纤维可吸收不同波长的远红外线，使织物具有保暖作用，也可在吸收红外线的同时放射出一定波长的远红外线，活化细胞组织，促进血液循环，产生强身健体的作用。故可制成各类医疗保健制品。

三、聚丙烯纤维的用途

聚丙烯纤维具有高强度、高韧性、良好的耐化学性以及价格低廉等特点，因此在产业及装饰领域有广泛的用途。

(一) 装饰与产业用途

聚丙烯纤维密度小（仅为聚酯纤维的65%）、质量轻、覆盖力强、耐磨性好、抗微生物、抗虫蛀、易清洗，特别适于制造装饰织物，如床单、墙壁装饰织物、地毯与地毯底布、毯子、非织造布、纸的增强物与造纸用毡、帆布、过滤布、绳类与带类、土工用纤维等。

(二) 服装用途

由于聚丙烯纤维熔点低，易折皱不易染色，因此聚丙烯纤维在服装领域的应用曾受到限制。随着纺丝技术的进步及改性产品的开发，其在服装领域的应用日渐广泛。

聚丙烯纤维可用于针织，其织物可制成内衣、滑雪衫、袜子及童装。聚丙烯纤维与羊毛混纺后可用做耐寒室外服装、摩托车运动服、登山服、航海服及飞行服等。细旦聚丙烯纤维具有优异的“芯吸”效应，透气、导湿性能极好，贴身穿着时能保持皮肤干燥，无闷热感，用其制作的服装比纯棉服装轻2/5，保暖性胜似羊毛，因此可用于针织内衣、运动衣、游泳衣、仿麂皮织物、仿桃皮织物及仿丝绸织物。

(三) 医疗卫生用途

由聚丙烯短纤维制成的非织造布和直接成网制成的非织造布及复合材料广泛用于医疗卫生和保健领域，如纺粘法和熔喷法非织造布可用于一次性手术衣、被单、口罩、盖布、液体吸收垫、妇女卫生巾等。

(四) 其他用途

1. 香烟滤嘴 20世纪60年代开始研究用聚丙烯替代醋酯纤维作香烟滤嘴，20世纪80年代开始工业化。目前聚丙烯纤维已经广泛用作中、低档香烟的滤嘴填料。

2. 渔具 聚丙烯纤维钩接强度和环扣强度高，耐化学性能好，因此特别适合于制作渔网。在英国用聚丙烯纤维制作的渔网数量已经超过其他合成纤维制作的渔网数量的总和。

3. 涂层织物 把聚乙烯薄膜或增塑氯乙烯等，用熔融涂层技术涂到聚丙烯纤维织物上，可制作防护布、防风布和矿井排气管。如用沥青或焦油作涂层的聚丙烯纤维织物可作池塘的衬底；用其他涂层的聚丙烯纤维织物可作保持性盖布和临时遮雨布等。

4. 人造草坪 这是聚丙烯纤维的又一应用。美国比尔特瑞特公司用聚丙烯扁丝通过起圈而制成一种“单一草坪”。美国孟山都公司也用聚丙烯纤维制作了绒面人造草坪（称为化学草）。这些人造草坪已被用在公路的中心广场、交通站和其他风景区。为了增加其抗日晒性能，制作中要加入紫外线吸收剂。

5. 在农业与园艺部门的应用 英国DON&LOW有限公司开发了一种在园艺领域颇具潜在用途的特殊织物。该织物为抗紫外线聚丙烯多孔网状织物，用作地被与地网。地被和地网主要有两种，一种是黑色地被，另一种是白色地被或地网。黑色地被用来抑制植物种子的发芽、生长，白色地被可以反射阳光以促进植物生长。

上述这些农业与园艺用材料均能有效地防风与控制阳光，地被与地网可以挡住40%的阳光，减轻一半风力，且该类网格材料也是防鸟类、猛禽侵害幼嫩植物的理想材料。

☞ 复习指导

1. 了解聚丙烯发展的过程及最新进展情况。
2. 掌握聚丙烯聚合所用催化剂的种类及各自结构、特点。
3. 掌握聚合理论及工艺，并掌握新型聚合——本体聚合的工艺。
4. 掌握丙纶的纺丝方法。
5. 掌握聚丙烯纤维生产的工艺流程及其作用。
6. 了解聚丙烯老化的机理及防降解的方法。
7. 了解聚丙烯染色的理论及常用的方法。
8. 了解聚丙烯纤维的应用。

☞ 思考题

1. 作为理想的聚烯烃催化剂应具有哪些性能？
2. Ziegler－Natta引发体系有哪些特点？
3. 均相茂金属引发剂迅速发展的原因是什么？
4. 非茂金属催化剂的特点是什么？
5. 丙烯的聚合机理有哪几种？工艺方法主要有哪几种？
6. 常用纤维级聚丙烯切片的质量指标是什么？
7. 总结聚丙烯纤维的纺丝工艺？
8. 什么叫割裂纤维（扁条或扁丝）、撕裂纤维？撕裂纤维生产方法有哪三种？
9. 写出膨体长丝生产流程。
10. 什么叫防老化？常用的方法有哪些？

主要参考文献

[1] 钱伯章. 2007年世界PP纤维产能将达8500kt [J]. 合成纤维工业，2007，2：13.
[2] http：//www. askci. com. 2008年中国聚丙烯行业发展趋势决策咨询报告.
[3] http：//www. fibreinfo. com/Html/news/20078/200782918984. html.
[4] 徐善明. 我国聚丙烯工业的发展趋势 [J]. 合成树脂及塑料，2003，20（2）：57－61.
[5] B. Schmenk，刘越，李理. 聚丙烯纤维的发展：特性与生产工艺 [J]. 国外纺织技术，2003，220（7）：8－17.

[6] 孙友德，吴立峰. 丙纶 [M]. 广东：广东科技出版社，1988.
[7] 胡春圃. 材料科学与工程 [M]. 北京：科学出版社，2007.
[8] 周冀. 高分子材料基础 [M]. 北京：国防工业出版社，2007.
[9] 曲广淼，李国忠，丁伟，等. 催化丙烯聚合的球形 Ziegler - Natta 催化剂的制备 [J]. 大庆石油学院学报. 2004，28 (6)：32 - 34.
[10] 申桂英. 聚合催化剂的应用与市场状况 [J]. 精细与专用化学品，2006，14 (22)：26 - 28.
[11] 王志平. N 型催化剂合成聚丙烯的物理性能与机械性能 [J]. 合成树脂与塑料，2005，22 (5)：59 - 62.
[12] 王嘉涛，李广明，陈黎蓉. N 型催化剂在连续法 PP 装置的工业应用 [J]. 合成树脂及塑料. 2005，25 (3)：1 - 4.
[13] 荚亮，仓亚军，梁军. Spheripol 本体法丙烯聚合过程研究 [J]. 化工设计，2007，17 (3)：3 - 5.
[14] 李文义，陈果，王靖岱，等. Spheripol 工艺丙烯聚合质量模型 [J]. 高校化学工程学报，2008，22 (1)：100 - 105.
[15] 董纪震，何勤功，濮德林. 合成纤维生产工艺学（中）[M]. 北京：纺织工业出版社，1988.
[16] 吴宏仁，赵华山. 聚丙烯纤维的科学与工艺（上、下）[M]. 北京：纺织工业出版社，1987.
[17] 蔡致中. 正确认识与使用丙纶短程纺短纤维设备 [J]. 合成纤维工业，1997，20 (1)：1 - 4.
[18] 张福东，包建华. 意大利 Nuvoa 公司丙纶短程纺设备及工艺 [J]. 辽阳石油化工高等专科学校学报，1999，15 (2)：22 - 24.
[19] 张玉海. 丙纶 BCF 纺丝工艺探讨 [J]. 四川纺织科技，2002，2：15 - 16.
[20] 辛长征，杨秀琴，张颖. 丙纶 BCF 工艺控制对产品质量的影响 [J]. 合成纤维工业，2004，27 (1)：38 - 39.
[21] 吴立峰. 合成纤维着色技术 [M]. 北京：中国石化出版社，1996.

第五章　高速纺丝工艺与质量控制

第一节　概　述

一、熔体纺丝的发展过程

早期生产涤纶等熔纺品种的拉伸丝和变形丝，采用的工艺路线是纺丝→拉伸和纺丝→拉伸→假捻变形，生产设备采用普通型纺丝设备。初生丝的纺丝速度低，为1000～1500m/min左右，称UDY。UDY生产效率低，取向度低、结构不稳定，性质随放置时间的长短，差异很大。拉伸丝和变形丝都不能直接得到，是初生丝经平衡放置后通过牵伸加捻或假捻变形得到的。

通过苏厄（Sauer）、格里尔（Griehl）、齐亚比斯基（Ziabicki）等化纤专家的研究，在1958年就有了关于高速纺丝的研究报告，但直到1972年卷绕速度为4000m/min左右的高速卷绕机出现，才实现了以纺丝拉伸联合工艺为基础的高速纺丝工业化生产，并从此形成了高速纺丝—拉伸变形工艺。高速纺丝纺速较高，达到3000～3600m/min，工艺流程短，产量高，投资省，因此得到了迅速的推广和应用。

20世纪80年代后，由于机械制造技术的进步，出现了超高速卷绕头，才开始实现一步法工业化。高速纺丝一步法分为A、B两种工艺路线。工艺A是建立在很高的纺丝速度基础上的、无牵伸工序，简称HOY。工艺B是在熔纺过程中采取附加后处理的方法，如附加热处理和拉伸，FDY就是采用这种工艺，由于卷绕速度要低些，因此比工艺A易实施工业化[1]。

二、高速纺丝主要品种及其发展

随着化纤技术的进步，合成纤维的纺丝速度由原来的常规纺丝（1000～2000m/min）经中速纺丝（2500m/min）发展成为高速纺丝（3000m/min以上），最高可达6000m/min。纺丝品种相应地由常规纺纺制的拉伸取向丝UDY、经中速纺纺制的中取向丝MOY，发展成为高速纺纺制的预取向丝POY、全拉伸丝FDY、高取向丝HOY。

因此，从广义上讲，高速纺丝品种包括纺丝速度较高的POY、FDY、HOY和以POY为原丝的DTY、ATY、网络丝（ITY）、BCF等。

（一）预取向丝（POY）

当纺丝速度大于2500m/min时，纤维内部开始形成稳定的二次结构，纤维结构由量变转为质变。随着纺丝速度的进一步提高，纤维结构更加稳定，后加工更为方便，目前，我国涤纶高速纺丝采用3200～3800m/min的纺丝速度，锦纶采用4500m/min的纺丝速度。

一般认为，只要能直接进行拉伸变形加工的原丝，且加工前放置时间对原丝的性质没有大的影响，并在加工过程中不会出现生头困难，不会造成成品丝毛丝、强度偏低、染色不匀的未拉伸丝，均可称为预取向丝或部分取向丝（POY）。

POY与UDY相比，具有以下特点：

1. 纺丝卷绕速度高，卷绕筒子硬度高、重量大、便于运输 由于高速纺丝的纺丝速度比常规纺丝的高2～4倍，因而喷丝孔的吐出量大，单机生产能力高。纺速从1000m/min提高到3500m/min时，产量增加约47%。

由于POY纺丝卷绕张力高，在卷绕成型时筒子不易塌边，而且可增大卷绕筒子的重量。目前，POY卷绕筒子一般约为10～20kg，最大可达60kg以上。

2. 存放稳定性好 预取向丝由于具有一定的取向度，结构较稳定，故随放置时间和条件的变化，其性质变化很小。POY丝在室温下放置18个月后，进行拉伸变形加工，其加工性能和成品丝性质仍然良好，强度降低不大于正常值的5%。

3. 纺丝过程稳定 由于有较高的纺丝张力，使纺丝过程成为受外来因素干扰较小的安全体系，成品丝的均匀性良好，一般条干不匀率乌斯特值（不匀率U值或变异系数CV值）可在1%以下。

4. 适宜DTY加工 因POY有一定的取向度，后拉伸倍数比UDY低，适宜于拉伸变形一步法加工过程，且其加工速度可提高到400～1000m/min，从而进一步提高了生产效率。

目前，国产涤纶长丝POY技术与装备已经达到了较高的水平，如双联苯加热循环系统；大卷装（15kg/丝饼）、高品质16头或24头纺POY高速纺丝机；专有纺丝组件；专有缓冷器；高速卷绕头恒张力控制，卷绕头锭轴直接驱动，精密卷绕成型；可纺55.5～555dtex（50～500旦）的普通长丝和0.55～1.1dtex（0.5～1.0旦）的微细旦涤纶长丝[2]。

（二）全拉伸丝（FDY）

20世纪70年代，在高速纺丝POY工艺研究的基础上，结合纺丝拉伸联合工艺，研究出了高速纺丝拉伸一步法工艺生产全取向丝，即以3000～4000m/min的高速纺丝后，在同一台机器上进行高速拉伸，然后立即以5000m/min左右的速度卷绕成筒子，即FDY工艺。这一新工艺与原来的纺丝拉伸联合工艺有着本质的不同。20世纪末这种工艺已大规模投入工业化生产了。

目前熔纺全拉伸丝生产工艺大致有热辊法生产工艺（MG），热管法生产工艺（TCS），冷辊拉伸蒸汽定型法生产工艺（H4S），热管拉伸法生产工艺（HCS）等，由于它们的卷绕速度均在4500～6500m/min的范围内，故产品统称为FDY。

1. 热辊法（MG） 热辊法中，丝条紧贴在热辊表面，由热辊将热量传给丝束，利用两组热辊的速度差实现拉伸。丝束在每组热辊上绕7～10圈，拉伸点在热辊间的丝束上移动。这是传统的FDY生产工艺，在本章第四节会详细讨论。

2. 冷辊拉伸蒸汽定型法（H4S）[3] EMS-Inventa和Barmag公司发展了该技术，即丝束在两个未经过加热的导辊间进行冷拉伸，随后纤维由于冷却而产生的收缩应力在一个热蒸汽箱中被消除。采用H4S技术可以获得热收缩率非常低的高质量PA长丝，并且速度高、能耗少、产量高，所制得的纤维结构及染色均匀。但由于 PET 的吸湿性低于 PA，对其采用水蒸气定型不如对 PA 那样有效，在一般纺丝速度下易导致成丝的沸水收缩高。但若要使 PET 达到要求的沸水收缩值，需提高第一辊的纺丝速度，减小拉伸比，由此造成最终卷绕速度大于 6km/min，使生产中满卷率下降，毛丝增多。

3. 热管法（TCS） TCS 技术是 Barmag 公司推出的，即在纺程上适当的位置安装热管，卷绕装置一般带有导丝盘，可以比较方便地调节卷绕张力。在热管中，热空气与丝束的运动方向一致，热空气作为加热介质，将热量传给丝束，同时由于空气流与丝束存在运动速度差，对丝束产生较大的空气摩擦阻力，通过热空气的摩擦作用对丝束作无接触、轻微的高速拉伸，完全消除了热辊拉伸工艺中的单侧热效应，有利于丝条形成均匀一致的结构，从而使纤维具有很好的染色均匀性。丝束在热管中同时受热和应力的作用，丝束的取向和结晶度有较大的增加。热管与环境隔开，能耗低，有利于形成稳定的热环境，并且设备结构简单，运转维修费用低。

4. 热管拉伸法（HCS） HCS 技术是 John Brown Deutsh Engineering 公司发展的一种新型纺丝拉伸—卷绕技术，即在纺丝机第一导丝器的上方安装一个热管进行纺丝拉伸。热管中的气流沿着与丝条运动相反的方向进入热管中，这是为了让丝条受热更均匀和增加丝条与加热媒介的接触区域而设计的。纺丝细流在进入热管热空气流时，仍然保持分离状态，这样每根单丝都能得到均匀的加热，使最终产品的性能较均匀，纤维具有良好的染色均匀性，拉伸性能也得到提高。

（三）高取向丝（HOY）

20 世纪 70 年代后期，研究超高速纺丝方法（SHSS）和应用的课题取得了进展，超高速纺丝所制得的高取向纤维（HOY）无需进行任何的后道工序处理即可作为最终产品，6000m/min 的超高速纺丝比 1000m/min 的低速纺产量增加 1 倍左右。Akzo Nobel 公司在 1972～1977 年就在纺丝实验机上进行了 5～11km/min 的纺丝实验。超高速纺丝是降低成本的一种手段，能有效地提高产量与质量，减少劳动力，降低能耗，而且还是一种可生产包含特种纤维在内的各种新纤维的新技术。超高速纺丝技术是继 POY 和 POY-DTY 之后的又一种具有实用价值的新工艺，目前一些国外大公司已十分注重研究和开发超高速纺丝方法。

（四）假捻变形丝（DTY）

高速纺丝的发展促进了拉伸变形工艺的发展，并引起了生产体系的改变，使变形丝的生产既可在纺丝厂中进行，又能在变形丝加工厂（如针织厂、袜厂等）中进行。这是因为高速纺丝得到的初生纤维具有一定的预取向度，性质又相当稳定，可长途运输和长期存放，改变了未拉伸的卷绕丝必须加工成变形丝或全拉伸丝的旧方式，可省去拉伸加捻工序，直接进行拉伸定型来制取变形丝，从而缩短了工艺过程。因而以生产涤纶为主的 POY-DTY 技术得到了迅猛发展，至今 90％以上的变形丝采用该生产技术，而常规纺仅用来生产部分附加值较高的差别化产品。

采用 POY-DTY 技术路线生产涤纶低弹丝时，由于单机生产能力大和工序简化等，使设备占用、主车间土建面积、空调冷冻量和设备用电等比常规纺丝低得多，而且原材料消耗、操作管理人员的配备也较少，所以投资省、生产成本低。POY-DTY 工艺将在本章第三节进行讨论。

此外，以 POY 为原丝还可生产 ATY、ITY、BCF 等品种的涤纶长丝，这些内容将在本章第五节中进行介绍。

第二节 POY 的生产工艺与质量控制

在常规纺丝 UDY 生产中，由于纺丝速度低，使生产能力的提高受到了限制，且得到的初生丝取向度低，结构不稳定，性质随放置时间的长短，差异很大，因此不能直接用于变形加工。而高速纺丝 POY 得到的初生丝具有一定的预取向度，性质又相当稳定，可以直接进行拉伸变形来制取变形丝，从而可省去拉伸加捻工序，缩短工艺过程，节约能源[4]。因而涤纶、锦纶、丙纶高速纺丝技术得到迅猛发展，至今已有 90%以上的长丝采用高速纺丝生产技术。

一、POY 的纺丝理论

POY 熔体纺丝过程包括熔体的制备、熔体由喷丝孔挤出、挤出熔体细流的拉长变细和冷却凝固，以及固化丝条的上油和卷绕。

(一) 高速纺丝中的纺丝张力

熔体细流在高速纺丝中，受到卷绕张力作用而产生形变，其张力沿纺程不断变化。纺丝卷绕张力除受纺丝卷绕速度影响之外，还与纺丝熔体特性及纺丝工艺条件，如原料切片特性、纺丝温度、冷却成型条件和喷丝头拉伸比等有关。

高速纺丝中，纺丝张力 F 为：

$$F\ (x=L)\approx F_1+F_2+F_3 \tag{5-1}$$

式中：F_1 为惯性力；F_2 为流变阻力；F_3 为空气阻力。

在熔体细流固化点之前，纺丝张力 F 很小，此时，惯性力 F_1 起主要作用，流变阻力 F_2 和空气阻力 F_3 可以忽略。在熔体细流固化点之后，空气阻力和惯性力在高速纺丝中起着重要作用，因此，通常认为预取向丝的分子取向和诱导结晶是由空气对丝条表面的摩擦阻力和惯性力等所引起。纺丝速度的高低直接影响预取向丝条受空气摩擦阻力的大小，对于涤纶预取向丝来说：

$$F_3\ (x=L)=0.229\times10^{-4}\cdot v^{1.39}\cdot D^{0.39}\cdot L \tag{5-2}$$

式中：D 为固化丝条的直径；v 为卷绕速度；L 为熔体细流从喷丝板到卷绕头的距离。

从式（5-2）可以看出，POY 受到的空气阻力 F_3 与 L 成线性关系，与 v 和 D 成指数关系，而 v 的影响最大。在实际生产中，对于一定规格的预取向丝其直径 D 是不变的，在固定的纺丝设备上，L 恒定，所以预取向丝的卷绕张力仅与卷绕速度 v 有关，而与冷却成型条件和喷丝头拉伸比等相关较少。由此可知，高速纺丝能获得强度较高和伸长较小的预取向丝主要是由于其卷绕速度和卷绕张力提高的缘故。

（二）高速纺丝纤维结构的形成

在高速纺丝条件下纤维结构形成的模式如图 5-1 所示。从图中看出，纺丝成型过程和纤维结构所发生的变化可分为如下三个区域。

（1）流动变形区。在喷丝板下约 50cm 处，主要发生纺丝流体的细化变形，同时被冷却。由于分子的流动性好，取向易松弛，在此区内取向度增加不多。

（2）取向结晶区。在距喷丝板下 50～130cm 处，分子发生一定程度的取向，双折射率达到 0.02～0.03，并形成高密度的取向凝集相，可作晶核导致快速结晶，使双折射率显著增加。

（3）塑性变形区。在距喷丝板 130cm 以下，丝条温度降至 T_g 左右，由于空气阻力导致了冷拉伸，使纤维双折射和沸水收缩率提高。

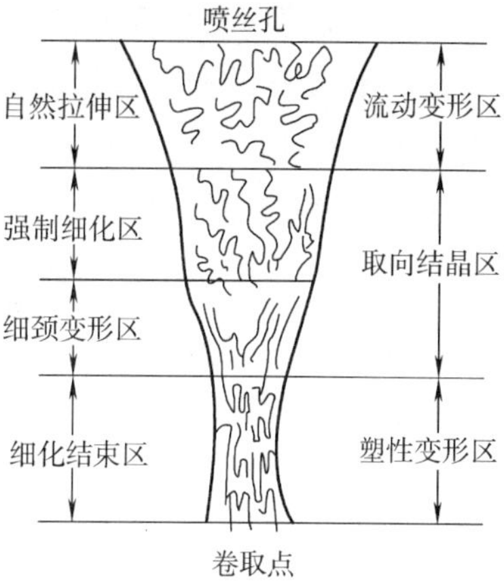

图 5-1　涤纶高速纺丝成型过程的模式图

流动变形区：流动变形——内部松弛
取向结晶区：晶核形成——结晶增长
塑性变形区：分子活性小，由于空气阻力而发生冷拉伸

熔体细流喷入稳定态的空气后，在距喷丝板 30～130cm 处（取决于纺丝条件）被冷却凝固，纤维结构和变形特性发生改变。基本的结构参数是取向度、结晶度和晶体尺寸。取向度以双折射 Δn 或以晶区取向因子（f_c）和无定形区取向因子（f_a）表示，结晶度用 X 射线衍射法测定或用密度来度量。通常预取向丝分子的取向度和结晶度随纺丝速度的提高而增加，同时，丝条强度提高，断裂伸长减小。

在纺程中纤维的结晶主要受拉伸应力和分子取向的影响，其理论值可根据晶核形成和增长在热动力学方面的能力变化来估算。高速纺丝纤维的结晶速率与未取向和无应力的试样相比，可增加几个数量级，与取向涤纶的结晶速率相比约增加 100～10000 倍。但在 95～120℃ 的低温区域，即远离最大结晶速率的温度（T_{max}＝180～190℃）时，结晶速率不高。结晶对应力或分子取向的敏感性可解释为涤纶在高速纺丝中的特有行为。当纺丝速度小于 2000m/min 时，POY 几乎完全是无定形的；在纺丝速度为 3000～4000m/min 时，POY 是低结晶的；在纺丝速率高于 5000m/min 时，POY 才显示出高结晶性。在高速纺丝中，尽管冷却速率增高，使结晶有效时间减少，但结晶速率仍随拉伸应力和纺丝速度的提高而增大，补偿了减少的结晶时间，故仍可得到结晶度为 30%～40%的纤维，使其与常规纺丝、拉伸两步法生产的涤纶相近。

（三）流变学特征

由熔体纺丝原理可知，影响纺丝流体性能的主要流变学参数为剪切速率 γ、剪切应力 σ、非牛顿性指数 n、弹性因子 e 和黏流活化能 E_η 等。当剪切速率和剪切应力达到临界值时，会发生熔体破裂而影响纺丝。当弹性因子增加时，不利于纺丝。黏流活化能 E_η 表征纺丝熔体的黏度对温度变化的敏感性，E_η 增加时，说明黏度随温度变化的敏感程度增加。影响高速纺丝的主要流变学因素有以下几点。

1. 剪切速率　由于聚酯熔体是切力变稀流体，故随剪切速率的增加，熔体的表观黏度 η_a

下降。在剪切速率 γ 和剪切应力 σ 的临界值以下，剪切速率的增加有利于纺丝。

2. 弹性因子 随着熔体剪切速率的增加，熔体在喷丝孔内的弹性因子增加。这是由于熔体进入喷丝孔时，因入口效应而吸收一部分能量，并以弹性能量的形式贮存起来。当熔体在喷丝孔内继续流动时，分子链有恢复原来构象的趋势，但这必须要经过足够长的时间（即应力松弛时间）。而高速纺丝熔体在喷丝孔内的平均停留时间比其松弛时间 $t=0.0539$s 要小得多，会出现较大的弹性效应。为了减小弹性因子，利于纺丝，可提高熔体温度，以降低熔体黏度，从而减少松弛时间；也可采用加长喷丝孔长度的方法，以增加熔体在喷丝孔中的停留时间，达到降低弹性效应的目的。这就是高速纺丝的纺丝温度比常规纺高 5～10℃、喷丝孔长径比在 2 以上的主要原因。

3. 剪切速率与黏流活化能的关系 聚酯熔体在不同剪切速率 γ 下的黏流活化能 E_η 和非牛顿性指数 n 见表 5-1。由表可见，随剪切速率的提高，非牛顿性指数和黏流活化能明显下降，聚酯熔体表现出切力变稀的特性。E_η 的降低，表明在高剪切速率下，熔体黏度随温度变化的程度降低，即纺丝温度稍微变动时，对纺丝的影响不如常规纺明显，这有利于纺丝。从流变学的角度说明，在高速纺丝条件下，丝条轴向拉伸的连续化是可能的。

表 5-1 聚酯熔体在不同剪切速率下的黏流活化能和非牛顿性指数

$\gamma\times10^{-3}$	8.36	11.03	13.54
E_η	13.072	10.461	9.358
n	0.787	0.682	0.557

二、生产工艺流程

预取向丝 POY，是在纺速为 3000～4000m/min 条件下获得的卷绕丝，其结构与常规未拉伸丝（UDY）与全取向丝（FOY）不同。POY 是高取向、低结晶结构的卷绕丝，这种结构的形成是由于纺丝速度的提高，使出喷丝头后的熔体细流受到轴向拉伸应力和较大的冷却温度梯度作用，而发生快速形变所致。

高速纺丝生产 POY 一般有切片纺丝和直接纺丝两种生产工艺流程。

1. 切片纺丝工艺流程

切片→干燥→螺杆挤出机→预过滤器→（静态混合器）→分配管→计量泵→纺丝组件→喷丝→侧吹风上油→甬道→POY 卷绕丝

2. 直接纺丝工艺流程

连续缩聚→熔体直接纺丝→吹风冷却→吹风窗下端喷嘴上油或在卷绕机上用喷嘴（也可用油盘上油）→冷却固化→上油→卷绕筒子成型

直接纺丝相对简单，本节以聚酯切片纺丝来展开讨论。切片纺丝分为切片干燥、螺杆挤出纺丝和高速卷绕三个主要工序。其流程如图 5-2 所示。

三、纺丝工艺控制

（一）对切片的要求

由于高速纺丝的生产速度快，因此高速纺丝对切片质量有更高的要求。

切片的相对分子质量及其分布、灰分、二甘醇和羧基含量、熔点和粉末含量等指标，将直接影响熔体的流变性能、均匀性和细流强度。通常，在高速纺丝的熔体中不允许含有直径超过 6μm 的杂质，所以要严格控制聚合物中较大的二氧化钛凝聚粒子；灰分含量要在 0.05%以下。另外，干切片中的粉末会影响熔体的均匀性，因此其含量要低于 1mg/kg。总之，机械杂质的存在和熔体质量的不均匀性均会使高速纺丝产生毛丝和断头。因此，随着纺丝速度的提高，要求熔体杂质含量降低，熔体均匀性提高。

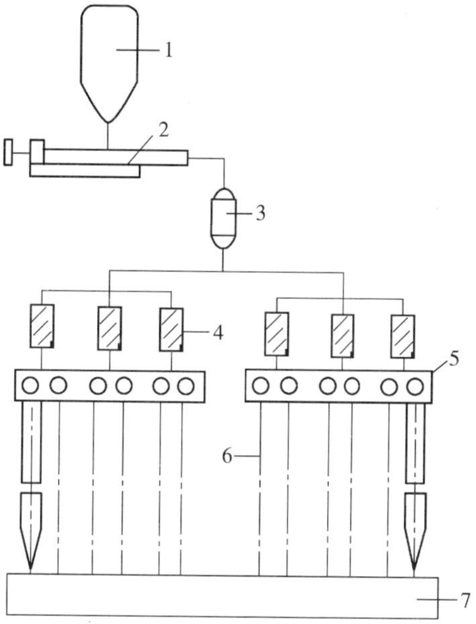

图 5-2 POY 纺丝工艺流程图

1—料斗 2—挤出机 3—过滤器 4—静态混合器 5—纺丝箱体 6—丝条 7—卷绕机

1. 特性黏度 此项指标是影响切片可纺性的重要因素，要求其［η］值在 0.64～0.67 之间，偏高为好，且波动值要小于 0.01；相对分子质量分布系数小于 2.2。

2. 熔点 长丝生产要求聚酯切片的熔点不低于 258℃。

3. 二甘醇含量 聚酯中二甘醇（DEG）的来源一是聚合过程中二元醇的副反应，由于过量的乙二醇存在而生成二甘醇乃至三甘醇；另一来源是聚合时在缩聚釜中人为地加入二甘醇。第一种来源是不可避免的，但通过对工艺条件的适当控制可调节二甘醇含量的高低。

目前国产聚酯切片中的二甘醇含量一般在 0.7%～1.5%之间，二甘醇含量的绝对值高低对生产并无太大影响，重要的是二甘醇含量的均匀性，其波动值最好控制在 0.05%～0.1%之间，否则会使切片可纺性变差，纤维染色均匀性不好。

4. 凝聚粒子含量 切片中的凝聚粒子主要有聚合物的氧化凝胶物、二氧化钛凝聚物、催化剂、沉淀物及反应釜上生成的高熔点物、炭化物等，要求其含量越小越好。

5. 端羧基含量 在生产过程中（包括纺丝和聚合）聚酯受热发生降解，包括直链和侧链的断裂，同时形成末端羧基（—COOH）并放出气体。气体中主要是乙醛、水和二氧化碳，少量的是一氧化碳、乙醇、环状乙缩醛、乙烯、甲烷和苯。聚酯热降解的结果，会使相对分子质量和黏度下降，且末端羧基含量增加（要求其含量小于 $30mol/10^6mg$）。

6. 二氧化钛含量 在聚酯生产中一般要加入消光剂二氧化钛，但它本身对纺丝是不利的，其加入量应为能够达到消光作用的最低值。我国半消光聚酯切片中二氧化钛的加入量为 0.3%，国外的加入量一般为 0.15%～0.3%，粒度小于 0.3μm。二氧化钛加入的另外两个不良作用，一是它是聚酯的降解催化剂，在纺丝时会促使聚酯降解；另一个是它的凝集物不溶解在三甘醇中，致使熔体过滤器的滤芯很难被清洗干净。

7. 灰分含量 切片中除 TiO_2 以外的无机金属含量高，表明切片内杂质多，要求灰分含量低于 0.1%。

8. 铁质含量 粉屑含量较多时，纺丝喷丝板粘板严重，新使用的喷丝板 8～12h 后就会出现粘板现象，使纺丝成型恶化，甚至会产生注头或块状疵点，造成纺丝组件使用寿命缩短，且在侧吹风窗上会积满粉尘，影响冷却吹风风速和风速分布的均匀性，使 POY 的质量下降。因此，为了确保切片可纺性良好，切片粉屑含量以小于 0.1%为宜。

9. 色相 切片色相（*b*）不仅影响成品纤维的色相，而且影响切片的纺丝性能，要求 *b* 值小于 3。

（二）对干燥的要求

由于高速纺丝的纺丝温度一般比常规纺丝高 5～15℃，因此，高速纺丝干切片的含水率应更低，这才能减少熔体的水解。另外，由于高速纺丝时的拉伸速度高，若熔体中混有微量水分，它所形成的气泡就会夹杂在喷丝孔吐出的熔体细流中，极易产生飘丝，在后拉伸时造成毛丝或断丝。此外，切片干燥的均匀性也很重要，要求所有切片经历的干燥历程和时间基本一致。一般要求其含水率不高于 0.003%，即 30ppm。

在干燥过程中既要保证水分完全迅速挥发，又要避免在较高温度下切片特性黏度的降低和色相变黄。干燥时，切片的实际温度最好不要超过 160℃，干燥风的温度最好不要超过 185℃，可采用加大干燥风流量和降低干燥风含湿量的方法来提高干燥效果。干燥的主要设备有 BM 式、KF 式、罗森式等。

（三）螺杆各区温度和测量头压力的选择

1. 预热段温度 为保证螺杆正常运转且减小聚酯切片的特性黏度降低，在预热段内切片不应熔化。若预热段温度过高，切片过早熔化，使固体颗粒间的空隙消失，导致熔体无法被压缩，从而失去往前推进的能力，且物料还会随着螺杆回转而产生环流，未熔化的切片就有可能进入环流熔体中，与熔体黏结在一起，造成“环结”阻料。反之，若预热段温度过低，切片在进入压缩段后不能熔融，将影响螺杆的压缩、计量和混合作用，所以该温度一般在 280℃左右。

2. 其他各区温度 由于高速纺丝需要有较好的熔体流动性能，故螺杆各区温度一般比常规纺丝高 10～15℃，有以下经验计算公式：

$$T=T_m+(25\sim40) \tag{5-3}$$

式中：T 为纺丝熔体温度（℃）；T_m 为聚酯切片熔点（℃）。

直径和长径比不同的螺杆挤出机的机械发热量差异较大。螺杆直径越大，长径比越高，它的机械发热量越高。另外，螺杆挤出机的机械发热量与聚合物熔体的黏度有关，黏度越高，其发热量越大。因此在实际生产中还要根据设备的具体情况来调节。

3. 测量头压力的选择 螺杆挤出机的压力控制示意图如图 5－3 所示。由图可知螺杆的吐出量是由测量头压力的波动反馈到螺杆挤出机的控制系统，以调节螺杆的转速，达到稳定挤出机的挤出量和压力的目的。

螺杆挤出机的出口压力称为螺杆测量头压力，它的数值影响纺丝计量泵的计量。为使计量泵吐出量恒定，预过滤器的后压力必须大于 70×10^{5}Pa，这样减去熔体管道的压力损失，才能保证计量泵前的工作压力大于 20×10^{5}Pa，如果测量头压力过大，则螺杆内熔体的逆流量和漏流量增加，不仅耗电，而且会延长熔体在螺杆中的停留时间，使它的特性黏度降增加，严重时，甚至出现螺杆的环结阻料现象。

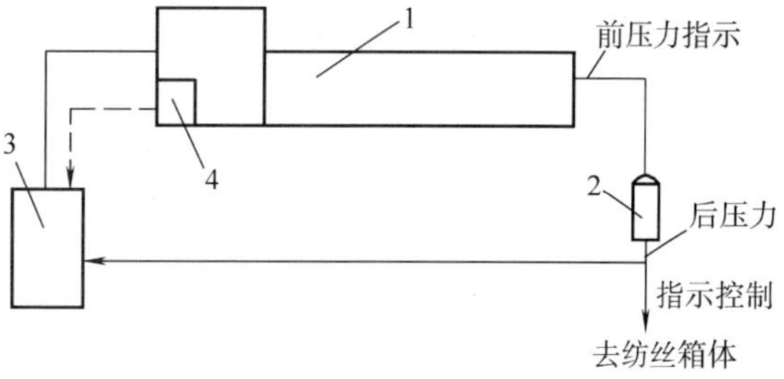

图 5-3　螺杆挤出机的压力、转速自动控制示意图

1—螺杆挤出机　2—预过滤器　3—控制箱

4—螺杆测速电动机

（四）纺丝温度

高速纺丝螺杆各区温度的控制与常规纺丝基本相同，但由于纺丝速度的提高，要求熔体有较好的流变性能，故 POY 纺丝温度比常规纺丝约高 5～10℃，一般为 290～300℃。这是由于高速纺丝的熔体细流自喷丝孔的吐出速度高，且在纺程上承受的拉伸倍数高，因此要求熔体具有良好的流变性能和均匀性。

熔体温度的选择与下列因素有关。

1. 线密度　当丝条总线密度相同，而单丝根数加倍时，应适当提高熔体温度。这是由于喷丝板的孔数增加，每孔的熔体吐出量下降，就要求熔体有较好的流动性能，而较高的温度可使熔体在剪切速率较小时的熔体黏度下降，有利于熔体在喷丝板上的均匀分配并改善可纺性。但温度不应提得过高，以免引起聚酯特性黏度下降和出现并丝、毛丝断头现象。若丝条总线密度降低时，也要相应降低螺杆各区温度和熔体温度。

2. 干切片的特性黏度与含水率　一般来讲，切片特性黏度高，熔体温度可稍高。如特性黏度为 0.63 时，选用 285～290℃；当特性黏度为 0.66 时，选用 290～295℃。干切片含水率高时，熔体温度应稍低；含水率低时，熔体温度可稍高。

（五）联苯温度

熔体输送管道、预过滤器和纺丝箱体采用联苯——联苯醚（简称联苯）蒸气加热和保温。为使各部分的联苯蒸气温度均匀，对流循环畅通，必须保持各处无死角，使联苯锅炉的气相温度、螺杆挤出机测量头的联苯温度和联苯排气管的温度大体一致。若排气管温度偏低，说明体系内产生不凝气，需加以排除。联苯蒸气的温度，根据螺杆测量头的熔体温度确定。因为联苯蒸气的作用在于对熔体保温，若温度过高或过低，则会使管道中的熔体有较大的升温或降温过程，造成熔体内外温度不均一，所以联苯温度一般比熔体温度略高 1～2℃。

（六）预过滤器的压力

大多数预过滤器的过滤介质为烧结金属丝网，新的或经清洗后再用的过滤器入口压力（螺杆挤出机测量头压力）应与出过滤器后的压力大致相等。随着过滤器使用时间的延长，在滤网上会形成滤饼，从而增加过滤阻力，形成过滤器前后的压力降。一般预过滤器的耐压设计为 100×10^{5}Pa，但通常当过滤器前后的压差达到 70×10^{5}Pa 就需切换过滤器室，清洗过滤芯后再用。

（七）组件压力和过滤材质

随纺丝组件使用时间的增长，过滤层内的杂质增多，组件压力会逐步升高。受过滤介质及其组合、喷丝板孔面积的大小以及泵供量等影响，当纺丝工艺条件变更时，须及时更换组件过滤介质组件工艺，才能达到较为理想的组件初始过滤压力。对于高速纺丝既可采用高压纺丝，即组件压力在 400×10^5 Pa 以上，又可采用中压纺丝，组件的初始压力在 $(150\sim300)\times10^5$ Pa。采用后者时，以稍高的压力为佳，而组件终压力一般比初压约高 80×10^5 Pa。

组件的过滤介质大多由不同配比的粗细海砂或金刚砂与金属过滤网组成；其各层的排列，一般上层为粗目砂，中层为细目砂，底层为少量粗目砂（起支撑作用）。目前各纺丝厂常用的海砂目数一般为 20～60 目，目数越大表示海砂越细，即上层目数较小，下层目数较大。

目前，在使用预过滤器的工厂内，组件的使用时间可长达 2～3 个月以上，组件压力不明显上升。但随着组件使用时间的延长，在组件过滤层上截留的凝胶状物将发生热裂解和再凝聚，从而形成齐聚物，若被带入纺丝熔体，将使丝条质量下降。因此，组件的使用周期不宜过长。

（八）喷丝板的孔数和孔径

线密度相同的长丝，其单丝根数越多，手感越柔软，纤维品质越好。若丝条总线密度不变，单丝根数增加，就必须降低单丝的线密度。对于 POY，其单丝线密度在 2.2dtex 以上，纺丝能顺利进行；在 1～2.2dtex 范围内，就很难纺丝；在 1dtex 以下时，则必须采取特殊措施，才能纺出性能优良的纤维。

高速纺丝喷丝板的孔径在 0.15～0.3mm 范围内，均可顺利纺丝。但为了保持熔体吐出速度的恒定，一般纺低线密度 POY 时，孔径宜稍小，而纺高线密度时，孔径宜稍大。选择的依据是控制聚酯熔体出喷丝孔的剪切速率在 10^4 数量级内，一般在 $(1\sim3)\times10^4\,s^{-1}$ 较好，同时其喷丝头拉伸倍数应在 80～180 范围内较为适宜。

对喷丝孔的要求有如下几点：

1. 长径比 由于高速纺丝熔体的吐出速度比常规纺速高，剪切速率也高，所以它要求喷丝孔的长径比在 2.0 以上。

2. 喷丝孔孔径和长度的偏差 一般涤纶长丝纺丝要求其熔体流量的偏差小于 0.75%，由于其喷丝孔孔径偏差引起的流量偏差则是四次方关系，所以应严格控制孔径偏差在±0.002～±0.005mm 之间；其长度偏差与流量之间是一次方关系，故一般要求为 0.02～0.05mm。

3. 光洁度 喷丝孔导孔的光洁度一般为▽ 6～▽ 8 即可，而孔的过渡区则为▽ 8～▽ 10 为宜。要求出丝面的光洁度为▽ 8～▽ 10，这样才能使熔体与喷丝板面有较好的剥离性能。

4. 导孔与出丝孔的垂直度 对喷丝板导孔的垂直度要求不高，对出丝孔的垂直度要求较高。这有两方面的原因，一是保证喷丝孔轴线垂直于一个定位基准面，纺丝时，使单丝轴线垂直，以防止单丝表面受力不匀而产生毛丝或断丝；二是保证喷丝孔轴线的平行度，防止单丝相交，产生并丝，影响成品质量。

5. 导孔与喷丝孔的同轴度 要求同轴度越高越好，但在 0.05mm 以下时，不致影响纺丝。因此，一般要求为 0.02～0.05mm。此外，喷丝孔的圆整度及毛刺等也会影响纺丝。

喷丝板孔的分布，一般排列在外周 2～3 圈，内心无孔。从侧面看，最好成排分布，这便于冷却风的吹入，可提高冷却效果和冷却的均匀性。另外若喷丝孔分布过密，则单丝不易冷却，而影响纺丝。

（九）冷却吹风条件

在高速纺丝时，由于纺速的提高，冷却吹风条件对丝条凝固动力学的影响明显减弱，但对 POY 的条干均匀性影响较大。风速过大时，空气流动的湍动会引起丝条的振动或飘动，当振动的幅度达到一定值时，就会传递到凝固区上方，使初生丝条干不匀；而当风速过小时，则丝条凝固速度减缓，还可能受到野风的干扰，因此，风速控制在 0.3～0.7m/min 范围内较好。

在 15～35℃范围内，风温对高速纺丝成型过程中丝条的张力和成品丝的性质几乎没有影响，但从生产效率以及设备配置上考虑，风温控制在 20℃左右，且波动要小。风湿影响不大，控制在 65%±3%即可。

（十）纺丝集束的位置

高速纺丝过高的纺丝张力，不利于卷绕成型，所以往往将丝条提前集束上油，以减小纺丝张力。一般在纺丝甬道上方位置，且采用喷油嘴的上油方式。

（十一）卷绕工艺

1. 卷绕速度　POY 的卷绕速度影响丝条的结构和性能，随着纺丝速度的提高，POY 的密度和双折射率也相应增大。

若卷绕速度 V_L 提高，POY 的双折射率增大，但丝的后加工性能变差；若卷绕速度 V_L 下降，则丝条张力过小，达不到要求的预取向度，所以卷绕速度一般选 3200m/min 左右。

2. 工艺流程　丝束的卷绕工艺流程如图 5-4 所示。

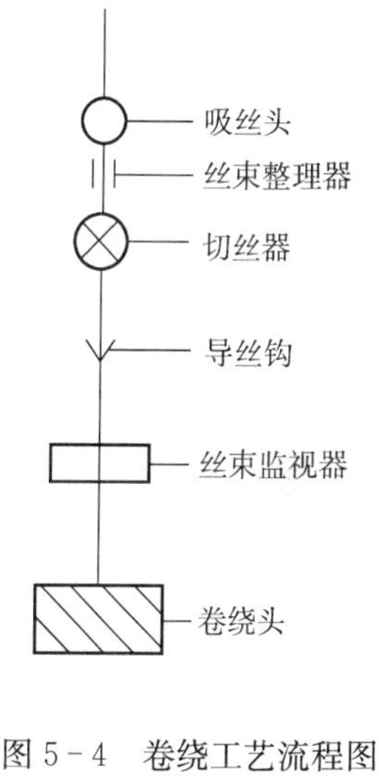

图 5-4　卷绕工艺流程图

（1）丝束整理器。丝束整理器的作用是去掉硬头丝和并丝。

（2）吸丝器。吸丝器的作用是吸取废丝（当丝束出现断头时），并将废丝通到卷绕设备侧旁的废丝箱内，以便于生头操作。

（3）切丝器。切丝器的作用是切断丝束，即当卷绕出现故障时启动切丝器将丝切断。

（4）监视器。在生产过程中，若一根丝束中断（四根一起卷绕），不能通过监视器，则监视器通知切丝器将 4 根丝束一并切断，以防止产生不符合要求的 POY 丝筒。

（5）卷绕头。卷绕头由壳体、摩擦辊、横动机构、锭轴、生头留尾装置组成。卷绕头是高速卷绕机上最关键的部位，形成的 POY 丝筒就是在卷绕头上制作的。它包括以下几部分：

①壳体。壳体就是卷绕头的外壳箱体，其他部件都装在箱体内，箱体由铸铁制成，可沿轨道做上下移动。

②摩擦辊。摩擦辊的作用是驱动锭轴转动，摩擦辊的速度即卷绕速度，它由外转子同步电动机带动。

③横动机构。绕成 POY 丝筒有两种运动，一种是圆周运动，另一种是往复运动。把丝绕成一定宽度的丝筒，因为卷绕头不断更新，头数多的其动程有减少，其组成是横筒和带吐丝头的往复辊，槽辊上沟槽深度不同，中间为 3mm，两端为 5mm，作用是调节丝的张力。横动机构的电动机和摩擦辊的电动机是连锁在一起的，摩擦辊启动后，横动机构才能启动。

④锭轴。锭轴是从动机构，可以装四个筒管，依靠张力弹簧的作用把筒管夹紧。

⑤生头留尾装置。生头留尾装置有两个作用：一是卷绕到筒管上把丝引向筒管；二是便于后加工操作，使加弹能在一个筒子未完成前就能与另一丝筒连接在一起，以免断头影响生产，在生头钩上有四个钩组成。

卷绕头的运作主要由压缩空气通过气体元件来实现的，卷绕头气动控制装置有四根压缩空气管（软管），以蓝、红、白、黄四色表示，分别用 P_1、P_2、P_3、P_4 代替。其中 P_1 表示工作压力，即卷绕头脱离摩擦辊停止运动时所需要的压力，一般为 0.6MPa；P_2 表示接触工作压力，即丝束经过摩擦辊的压力，一般为 0.4MPa；P_3 表示接触工作压力，即锭轴对 POY 筒管的压力，一般为 0.3～0.4MPa；P_4 表示卡盘工作压力，即筒管的推吐压力，一般为 0.6MPa。

3. 高速卷绕与普通卷绕的区别

（1）高速卷绕机。由于纺丝速度的提高，丝条张力增加，和卷绕张力相仿，因此，有可能省去导丝盘，无导丝盘的卷绕装置成本较低，可用气辊生丝。操作时不会引起缠辊，但要求卷绕张力十分稳定，对卷绕机的质量要求更高。

（2）产生高速的方法多用直流电动机及静态变频机，由于动态变频机易受外界影响，不适应高速卷绕。

（3）传动方式大多采用摩擦式，为了产生更高的速度，也有的同时采用摩擦传动及锭子传动的。

（4）横动装置要经得起高速运动，大多采用凸轮式横动机构，材质要求轻而耐磨。

（5）为便于操作可设置自动引丝、留尾、整纱等装置。

（6）为保证丝条成型良好，线密度、染色均匀，卷绕张力及卷绕速度必须保持均匀。

四、生产实例

高速纺丝从切片预结晶到 POY 卷绕成型是一个整体，各工序之间既相互制约也有一定的互补效应。一般来说，应按产品品种（线密度、孔数）和后加工方式（DTY 假捻机形式、加工速度等）来选取纺丝卷绕速度和 POY 上油量及油剂类型。然后根据切片的特性，制定切片预结晶干燥工艺条件；再根据干切片含水率、特性黏度来选择纺丝温度和压力。经试纺后，根据现场判别和半成品、成品的分析以及 DTY 快速试验的结果，调整工艺参数到需要值。

（一）设备空车运转

纺丝设备安装完毕后，必须进行检查，确认无安装错误时，对运转部分进行试车。纺丝机空运转包括螺杆、熔体计量泵、上油泵、卷绕头的转动。空运转一切正常，且机械传动部分润滑良好，才能正式生产。

（二）工艺条件设定

（1）确定切片预结晶时间为10～40min，温度为160℃，干燥进风温度为145℃，风量尽可能大，切片实际温度最好不超过165℃。根据设备的干燥能力和纺丝的产量计算干燥时间，最好在6～8h之间。

（2）根据测得干切片的含水率、湿切片到干切片的特性黏度降、干切片的色相等指标，调整干燥进风温度、检查进风含湿量、新补入风的露点等是否符合要求，使干切片含水率控制在≤30mg/kg的范围内。干燥时，切片的特性黏度降应尽可能低。

（3）根据切片特性，切片干燥效果，选择适中的纺丝温度，一般取288℃；再按照联苯温度应比纺丝温度高1～2℃的原则，取289℃。螺杆挤出机各区的温度分配可根据经验确定，前面几区低，后面各区逐渐升到纺丝温度，也可选择各区温度基本接近于纺丝温度。

（4）根据预过滤器和熔体管道的压力降，选择螺杆挤出口压力在（70～110）$\times 10^5$Pa范围内，以保证熔体在计量泵入口的压力在（20～30）$\times 10^5$Pa。组件压力选择在（150～200）$\times 10^5$Pa。组件内的过滤层配置，可先根据经验装配，然后在第一次试纺时测定组件压力。若实际测定结果偏离要求，可改变组件过滤介质的配比，使其达到设定的组件压力。

（5）根据所纺制的POY品种计算泵供量和计量泵转速。在纺制线密度为167dtex/36f的DTY时，纺丝吐出量为87～89g/min；当计量泵规格为2.4mL/r时，吐出量约为31g/min。

（6）根据所纺POY的线密度，选定侧吹风条件。在纺制167dtex/36f DTY时，侧吹风风速为0.4～0.5m/s，温度为（22±1）℃，相对湿度为65%±5%。

（7）视POY后加工的条件确定上油量和上油泵的转速。当POY用于叠盘摩擦式假捻变形时，上油量应为0.35%～0.4%，上油液浓度为12%。根据上油泵的容量计算上油泵转速。

（8）按照所选择的纺丝速度，计算辅助槽辊变频器的频率，最后由设定的干扰频率和振幅大小计算辅助槽辊变频器的摆动频率。

（三）升温开车

在设备、工艺、人员、物料准备齐全后，即可正式升温，准备开车。其中升温包括联苯系统和螺杆加热区两部分。一般在纺丝投料开车至少前24h进行联苯升温。升温前，系统中应保持真空，升温速率要慢，首次升温应依照安装要求对全部法兰连接逐一进行“热紧”，否则在第一次停车后再升温时会发生渗漏。同时应视联苯的含水量进行排气，使排气罐温度计指示的温度与联苯锅炉中的温度保持一致，并随时校正各处温度计。

在螺杆挤出机投料前3～4h，进行螺杆各加热区的升温。在新螺杆挤出机首次升温时，以50℃为一级，逐级缓慢升温到设定值。非首次升温，则可一次将温度升到设定值。

（四）排料及安装计量泵

首次开车时，螺杆挤出机、熔体管道中不可避免地留有脏物、铁屑等杂质，故需通过排放熔体来达到清洁的目的。此时，螺杆挤出机已启动，但熔体过滤器未装滤芯，计量泵及组件也未装入，故用旁通管和过桥板代替。排料时，温度可稍高于正常纺丝温度，以降低熔体黏度，有利于冲洗管道。螺杆挤出机的转速可视需要而调整。排料时，要注意各位出料的先后情况，以判别其中是否有堵塞现象。排料时间一般为20min，视是否排出清洁料而定。

排料完毕后，即可按部位依次关上熔体阀，逐个装上经 310℃左右预热 1～3h 的计量泵，打开熔体阀，逐台开启计量泵，排料约 10min 后关掉计量泵。安装经 290℃预热 8h 以上的纺丝组件，开启计量泵，进行纺丝。

（五）纺丝、上油、卷绕

组件喷出丝条约 5min 后，测定吐出量，看其是否符合设定值，若无异常情况，即可集束上油，投丝卷绕。投丝卷绕要逐个进行，避免几股丝一起投下，发生生头卷绕。

（六）工艺条件的调整

（1）测定 POY 的各项指标，对照指标，逐项调整工艺参数，使 POY 的质量指标达到要求；

（2）根据 POY 的强伸度调整纺丝温度；

（3）依照测得的 POY 线密度及 POY 线密度间的偏差要求调整泵供量；

（4）测定 POY 的含油率，调整上油泵转速或上油液浓度，使 POY 上油率达到设定要求；

（5）测定 POY 的条干不匀率，调节侧吹风风速；

（6）观察卷绕筒子成型，调节卷绕超喂，辅助槽辊变频器摆动频率；

（7）测定纺丝张力及卷绕张力，调节集束上油位置。调整各导丝器位置及转向方向，使各根丝条张力均衡。

（七）工艺条件实例[5]

以聚酯切片为原料时的主要工艺参数，以 165dtex/36f POY 的工艺条件为例介绍如下。

1. 原料

（1）切片。牌号：仪征 A 级；特性黏度 [η]:(0.65±0.01) dL/g；端羧基含量：≤27mol/10^6g；熔点：260℃；二氧化钛含量：≤0.4%。

（2）油剂。型号：DELION F-2169；活性组分含量：92%。

2. 干燥

（1）湿切片。含水率：≤0.4%；日输送量：12.5t/d。

（2）除湿机。进气温度：25℃；进气相对湿度：65%；出风露点：<－20℃。

（3）热交换器。去湿机出风温度：24～26℃；热空气进口温度：155～160℃；排气温度：88～90℃。

（4）预结晶器。设定温度：175～180℃；排气温度：约 160℃；进出风压差：19.33～21.33kPa。

（5）干燥器。设定温度：170～175℃；出风温度：155～160℃；出料温度：约 140℃；空气流量：1320m^3/h（标准状态下）；干切片含水率：≤30mg/kg。

3. 纺丝

（1）纺速为 3200m/min。

（2）成品规格为 165dtex/36f。

（3）挤出机。螺杆挤出量：246.7kg/(h·单机)；螺杆的冷却区温度为<50℃，一区温度为 280℃±1℃，二区温度为 285℃±1℃，三区温度为 288℃±1℃，四区温度为 291℃±1℃，五区

温度为 291℃±1℃，测量头（设定值）温度为 290℃±1℃。

4. 计量泵 泵规格：2.4mL/r×4P；计量泵单孔挤出量：85.44g/min；计量泵转速：29.67r/min；计量泵电动机频率：58.35Hz。

5. 熔体压力 螺杆挤出机压力：滤后设定；组件起始压力：＞10MPa；组件更换压力：25MPa。

6. 联苯系统 联苯锅炉气相温度设定：291℃±2℃；防烧干温度设定：320℃；锅炉压力上限设定：0.2MPa；纺丝箱温度：291℃±1℃；过滤器温度：291℃±1℃；各显示仪表上限报警设定：305℃。

7. 侧吹风系统 风压：500Pa；风温：22℃±1℃；风湿：相对湿度 65%；风速：0.48～0.55m/s。

8. 组件 喷丝板规格：ϕ 0.35mm/36 孔；装砂规格及数量：上层砂为 20 目×115g，下层砂为 40 目×40g，板上网规格（九层网）为 32 目/50 目/180 目/254 目/400 目/254 目/180 目/50 目/32 目，砂下网规格（三层网）为 36 目/150 目/36 目，砂上网规格（单层网）为 54 目；组件更换周期：20～25d；组件预热温度：305～310℃；组件预热时间：＞8h。

9. 卷绕 卷绕速度：3200m/min；摩擦辊频率：113.08Hz；辅助槽筒频率：169.85Hz；卷绕时间：2h；超喂率：8%；内层接压 P_2：280kPa；常用接压 P_3：280kPa；卷绕角：6°～8°；干扰幅度：±1%；干扰频率：12 次/min；油剂浓度：9%～10%；上油率：0.4%±0.05%；油剂泵转速：约 40r/min；卷装重量：约 10kg。

五、预取向丝的性能

（一）取向度

POY 的双折射率在 0.025 以上，但不大于 0.06。Δn 过高会导致大分子间的超分子结构加强，使后加工性能变差；Δn 过低，则纤维结构不稳定。

（二）结晶度

POY 的结晶度越低越好，一般为 1%～2%。后拉伸性能与原丝的初级结构有关，初级结构越完整，拉伸时对原有结晶结构的破坏也越大，新结构形成就越不完整。且原丝结晶度高，使后拉伸应力增加，容易产生毛丝。

（三）断裂伸长率

POY 的断裂伸长率应在 70%～180%之间，最好为 100%～150%，这样的 POY 才具有良好的可加工性能，且所需拉伸倍数又不太高。

（四）结构一体性参数和沸水收缩率

结构一体性参数 $\varepsilon_{0.2}$ 指的是 POY 适应于拉伸变形工艺的结构条件，是将丝条于负荷 0.18g/dtex 下经 100℃水浴 2min 处理后测得的，其数值由公式 $\varepsilon_{0.2}=(L_f-L_0)/L_0$ 计算得到（式中：L_0 为试样在 0.18g/dtex 负荷下的长度；L_f 为试样在相同的负荷下，浸入 100℃水浴中 2min，移出冷却后的长度）。同样表征拉伸加工性能和沸水收缩率，这两项指标可间接度量纤维的结晶度和取向度。一般要求结构一体性参数在 0.3～1.0 之间，若大于 1.0，说明纤维的取向度和结晶度过低，断裂伸长率大；当小于 0.3 时，则纤维取向度过高，并有结晶结构形成，这种 POY 断裂伸长率小，纤维后拉伸性能较差。POY 的沸水收缩率为 40%～70%。

（五）摩擦系数与含油率

POY 的摩擦系数要求在 0.37 以下，最好为 0.2～0.34；含油率要求为 0.3%～0.4%。这两项指标可保证 POY 具有良好的后加工性能。含油率太高会使 POY 在后加工中的白粉增多。

（六）条干不匀率

条干不匀率要求乌斯特值（即不匀率 *U*）在 1.2%以下（正常值），若 *U* 值太高，会使成品丝的不匀率增加。*U* 值是 POY 质量的重要指标之一。

此外还要求 POY 的卷装成型良好，德氏硬度适中（60%～70%），并易于退绕等。

POY 性能指标见表 5-2[6]。

表 5-2　涤纶预取向丝质量标准

项　　目	优等品	一等品	二等品	三等品
线密度偏差率/%	±2.0	±2.5	±3.0	±3.5
线密度 *CV*/%	≤0.60	≤0.80	≤1.00	≤1.20
断裂强度/(dN/tex)	≥2.20	≥2.00	≥1.90	≥1.80
断裂强度 *CV*/%	≤4.5	≤7.00	≤8.00	≤10.00
断裂伸长率/%	*M*±4.0	*M*±8.0	*M*±10.0	*M*±12.0
断裂伸长率 *CV*/%	≤4.50	≤8.00	≤9.00	≤10.00
条干不均率 *U* 值/%	≤0.80	≤1.28	≤1.44	≤1.60
条干不均率 *CV* 值/%	≤1.00	≤1.60	≤1.80	≤2.00

注　1. 预取向丝线密度应按最终线密度来设计。
2. *M* 在 90%～150%范围内选定，一旦确定，不能任意变更。但如因原料调换等原因，*M* 值可作适当调整。
3. 条干不匀率随 Uster 仪器决定考核 *U* 值或 *CV* 值，其中考核一项采用 Normal 法。
4. *CV* 代表变异系数。

第三节　变形丝的生产工艺与质量控制

一、变形丝的定义及分类

（一）定义

一般说来，使纤维、纱线的蓬松性和弹性增加和发展的过程，称为“变形”，得到的纤维称为变形丝。变形丝又称弹力丝，所谓弹力丝就是利用纤维的热塑性，经过变形热处理制得高度卷曲蓬松的丝。变形丝在长度方面，它的伸缩性相当于原纤维的数十倍，弹力丝的显著特点是显著伸长和快速收缩。

变形丝的英文为 Draw Textured Yarn，此外又可称为膨体加工丝，英文为 Bulk Textured Yarn，还可称为伸缩加工丝，英文名为 Stretch Textured Yarn。

(二) 分类

1. 按加工方法分类

- 变形丝加工方法
  - 弹性变形丝的加工
    - 转矩型
      - 加捻—热定型—解捻法
      - 假捻法（转子式或摩擦式）
    - 非转矩型
      - 填塞箱法
      - 擦过法
      - 赋型法
      - 复合纤维卷缩法
  - 非弹性变形丝的加工
    - 空气喷射法
    - 膨体丝加工法

2. 按卷曲性能分类　按卷曲性能分类见表 5-3。

表 5-3　变形丝按其卷缩性能的分类

CC 值①	变形丝种类	加工方法
<20%	膨体丝（无弹性丝）	空气喷射法、齿轮法、填塞箱法、膨体纺织法
20%～30%	低弹丝	改良假捻法、填塞箱法、编织解编法
30%～50%	中弹丝	填塞箱法、编织解编法、假捻法
>50%	高弹丝	加捻—热定型—解捻法、假捻法、擦过法、强捻加弹法、复合纤维卷缩法

① 连续卷缩值，由海勃林法进行卷缩评价。

总之，变形加工的方法很多，发展也较快。目前，用于制造变形丝的加工方法主要有三种：一是假捻法，二是空气变形法，三是假捻+空气变形法。其中假捻法是涤纶长纤维加工的主要变形方法，涤纶变形丝有 90%是通过假捻法加工的。

(三) 假捻法和空气喷射法的对比

1. 假捻法

(1) 特征。较细的螺旋，正反相间，如图 5-5 (a) 所示。

(2) 性能。弹性好。手感柔软，质量好，采用改良法可生产低弹性和富有蓬松性的多品种丝，加工速度高。

(3) 用途。针织内衣、外衣，弹性织物，经编织物等。

(4) 生产水平。转子式为 $(30\sim80)\times10^4$ r/min，相当于 100～300m/min；摩擦式为 $(100\sim400)\times10^4$ r/min，相当于 500～800m/min。

2. 空气喷射法

(1) 特征。纱线表面有弯曲的丝圈，如图 5-5 (b) 所示。

(2) 性能。蓬松性高，无弹性，具有短纱风格。

(a) 假捻法　　(b) 空气喷射法

图 5-5　假捻法和空气喷射法所得纤维的结构图

（3）用途。针织外衣、内衣，衬衣，袜子，地毯等。

（4）生产水平为 400～600m/min。

（四）产品特征

变形丝的产品有下列特征：

（1）蓬松性高，即相同重量具有更大体积；

（2）耐热性良好；

（3）吸湿性更高更快；

（4）透气性好；

（5）有更好的光泽和外观。

二、假捻变形原理

（一）假捻

固定住丝条的一端，握持住另一端使其自身转动，每转一圈，丝条就加上一个捻（逆时针方向转动得 S 捻，顺时针方向转动得 Z 捻，S 捻和 Z 捻的捻向相反），这一过程称加捻。若将丝条的两端均固定，握持住中间转动，以握持点为界，则上下两段将分别得到捻数相同，捻向相反的捻。

若丝条以丝运动的方向通过两端固定点并旋转握持点，加捻则发生变化，沿着丝条的行进方向，在握持点之前，丝条被加上了捻（假设是 S 捻）；经过握持点后，则加上与 S 捻个数相等的 Z 捻。由于两种捻向相反，实际上将握持点之前的 S 捻全部解开，这种先加捻后解捻的过程称为假捻。假捻模型如图 5-6 所示。

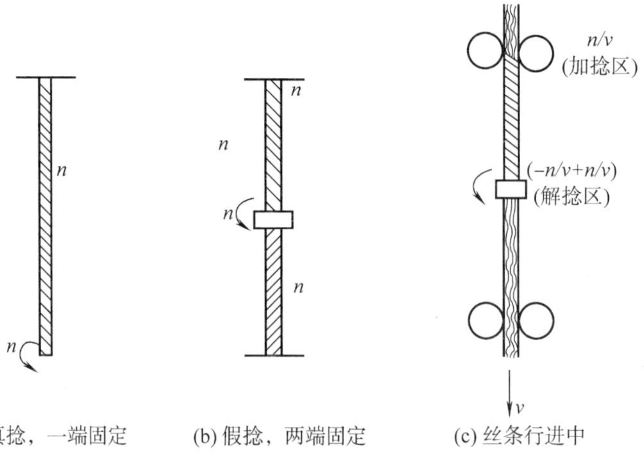

(a) 真捻，一端固定　　(b) 假捻，两端固定　　(c) 丝条行进中

图 5-6　假捻模型

在假捻变形机上，小转子是旋转的握持器，喂入辊和中间辊既固定丝条的两端，又将丝条不停地向前输送，丝条进入小转子前被加捻，出小转子后被解捻，最终丝上无捻。

（二）加热和冷却假捻

加热和冷却是利用合成纤维的热塑性获得假捻效果的必要条件。生产高弹丝进行一次热处理，生产低弹丝则进行两次热处理。

在假捻过程中的加捻阶段要进行加热，利用分子的热运动可以消除因加捻扭曲而产生的扭曲应力，使加捻形变不可恢复。另外，丝条受热塑性加强，刚性减弱，可以降低加捻张力，便于加捻。

冷却的目的是把加捻定型得到的塑性形变固化下来。如果处于热塑性状态下的丝条立即通过旋转握持器（小转子），解捻将起不到应有的作用，而产生蓬松性极差的僵丝。冷却到玻璃化温度（81℃）以下时，加捻后的形变已固化，虽经解捻，但每根丝条仍保留有原来的卷曲形状，显得蓬松，有弹性。

经过一次加热的假捻丝，弹性高，扭矩大，若不经并捻合股很难上机织造，再经解捻后进行第二次加捻热定型，可以调整丝的卷曲状况，把弹性保持在较低的范围内，得到蓬松度适中、卷曲稳定、残留扭矩较小的低弹丝。

因此，在假捻变形工艺中的加热形式有两种，一种是单区加热（一个加热器），它主要用于生产锦纶高弹丝，另一种为双区加热（两个加热器），主要用于生产涤纶低弹丝，同时也可采用降低第二加热器的温度以生产中弹变形丝。

三、假捻变形丝的加工

假捻变形丝按弹性高低分为低弹丝、中弹丝和高弹丝。

常用涤纶变形丝主要为低弹丝，中弹丝和高弹丝则较少，而锦纶变形丝则以高弹丝为主，涤纶低弹丝是涤纶长丝中发展最快的品种，可用于机织和针织织物。锦纶高弹丝主要用于丝袜和紧身衣等。

假捻变形的工艺路线有三条：

（1）常规变形法。它是以拉伸丝为原丝进行假捻变形的。

（2）外拉伸变形法。该法是以预取向丝或未拉伸丝为原丝，拉伸和假捻变形分别在两个区域内连续进行，由于拉伸发生在变形区之前，所以称为外拉伸变形法。

（3）内拉伸变形法。该法是以预取向丝为原丝，拉伸和变形在同一区域内完成，在变形过程中原丝同时受到拉伸，因为拉伸在变形内完成，因此称为内拉伸变形法。

外拉伸变形法和内拉伸变形法示意图如图 5－7 所示。

在三条假捻变形工艺路线中，常规变形法是经典方法。在 20 世纪 70 年代初，由于预取向丝的问世，推动了外拉伸和内拉伸变形法的飞速发展，由于经济成本和变形丝质量的关系，目前，以采用内拉伸变形法为主，其生产的产品叫拉伸变形丝，英文缩写为 DTY，它与经典的变形加工主要有以下几点不同。

（1）经典变形法是以拉伸丝为原丝进行假捻变形的，外拉伸变形法是以预取向丝或未拉

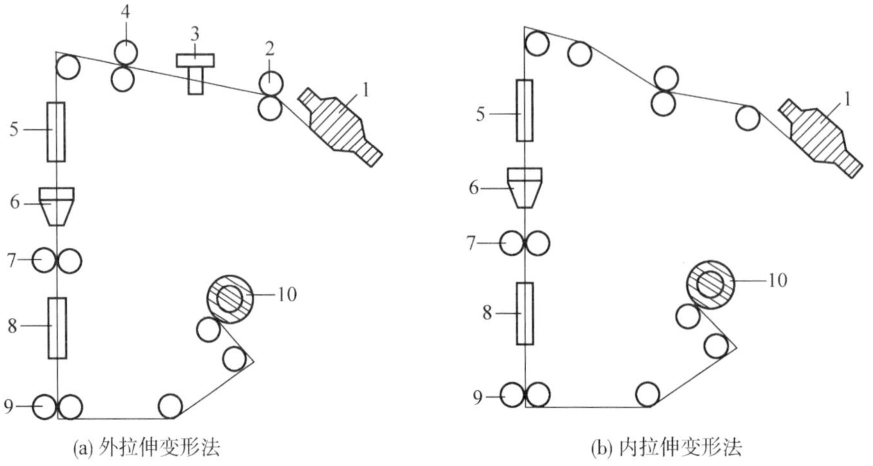

图 5-7　外拉伸变形法和内拉伸变形法示意图

1—原丝　2—喂入辊　3—热辊　4—拉伸辊　5—第一加热器　6—假捻转子
7—中间辊　8—第二加热器　9—输出辊　10—变形卷装丝

伸丝为原丝，拉伸和假捻变形分别在同一台机器上的两个区域内连续进行；而内拉伸变形法是以预取向丝为原丝，拉伸和变形在同一区域内进行，在变形过程中原丝同时受到拉伸。

（2）经典变形法常采用转子式假捻器，因而限制了它的生产速度，一般为每分钟一百多米，而内拉伸变形加工往往采用摩擦式假捻器，该方法将加工速度提高到 400～600m/min。

（3）由于经典变形的原丝为拉伸丝，而拉伸变形的原丝为预取向丝、中取向丝或未拉伸丝，再加上拉伸变形法的生产速度是经典变形法的 3～4 倍，因而生产成本也比经典变形法低得多。

目前，在合成纤维生产变形丝的工艺中，以涤纶和锦纶的应用最为普遍。

生产锦纶高弹变形丝一般要经过加捻、热定型和解捻三个工序，而生产涤纶低弹丝则需要经加捻、热定型、解捻和再热定型四个步骤。前者，纤维在喂入辊和假捻转子间已加上捻度，并经热定型后解捻，当丝离开假捻转子后，捻度消失，张力去除，丝呈蓬松状，具有一定的弹性和转矩。然而涤纶低弹或中弹变形丝，则要多经历一次加热，目的是使解捻后的变形丝再度热定型，使丝条形状得到调整，伸长固定。由于经历了再次热定型，变形丝的内应力被消除一部分，因此降低了其弹性伸长，从而可获得低弹丝或中弹变形丝。

用内拉伸变形法生产假捻变形纱，其成本低廉，变形丝的卷缩率、均匀性、上色率、织物外观和手感等，均较外拉伸变形法和常规变形法优良，且产量大，因此，内拉伸变形法已成为最主要的假捻变形方法。

四、内拉伸变形法工艺流程

内拉伸变形法工艺流程如下[7]：

预取向丝或中取向丝→放置平衡→拉伸加捻、热定型和解捻→二次热定型→上油→绕筒→

分级包装→成品

DTY 的生产工艺流程如图 5-8 所示。

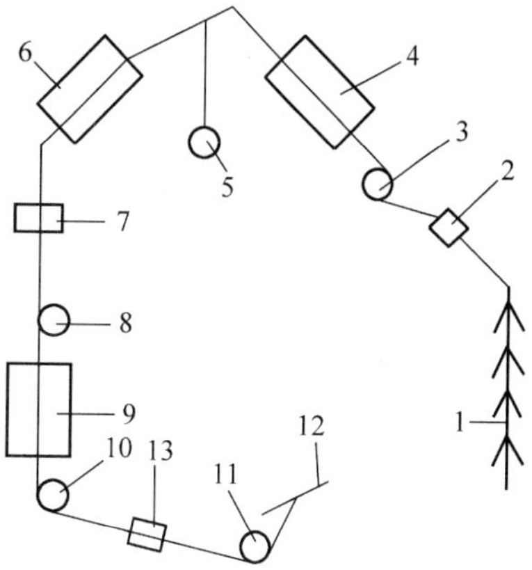

图 5-8　DTY 的生产工艺流程图

1—原丝架　2—断丝器　3—第一罗拉　4—第一热箱　5—生头杆　6—冷却板　7—假捻器　8—第二罗拉　9—第二热箱　10—第三罗位　11—断丝监视器　12—卷绕装置　13—上油装置

五、内拉伸变形法设备构造

1. 原丝筒子架　一般置于主机两侧，多为门式支架。主要作用为放置原丝筒子，一般每锭位放置两个丝筒，其中一个在使用中，另一个为备用。同时在丝架上还装有导丝管，以供丝条分别导向喂入罗拉[8]。

2. 喂入罗拉　有皮圈式和皮辊式两类。皮圈式中因皮圈与主动辊接触面大，可减少主动辊轴承磨损，但寿命很短，一般为 1～3 个月。为了减少皮圈磨损，在上、中、下喂丝装置的入口处装有慢速往复的移丝器。皮辊式喂入罗拉耐磨，但握持力不足，可采用在辊上多绕几圈的办法来弥补。

3. 生头杆　每个锭位有一个生头杆，生头时，拉下生头杆，将丝条绕过生头杆顶部的导丝器，复位后丝条自动导入热箱加热板沟槽中。

4. 加热器　制取涤纶低弹丝用两区加热，通常第一加热器采用接触式加热形式，传热效果好，被加捻丝条定型程度高，有利于弹力丝坚牢卷曲的生成，而且由于丝条与热板接触摩擦容易产生毛丝的缺点，也因该区内丝的强捻状态而有所改善。在第二加热器中，丝条的捻度已退尽，丝条中的各单丝呈卷曲游离状态，如再用接触式的形式，毛丝将成倍增加，因此一般选用管式的非接触式加热器。

第一热箱一般为带有凹槽的弧形热板，高速行走的丝束在凹槽内通过，为了避免和减少丝对热板表面的磨损和油剂的化学腐蚀，凹槽表面镀铬或喷涂陶瓷，凹槽的表面应具备相当的光洁度以免损伤丝条。凹槽的几何形状与丝条高速行走时在槽内的稳定性有关，如槽与丝条接触面较平坦，则丝在高速行走时，容易向两旁滑动，使丝条受热不匀，弹力丝的质量下降，因此槽形一般设计成 V 形。

第一热箱通常采用联苯蒸气加热，全机共有 18 个加热单元，每 6 个热箱为一个单元，每个热箱加热 3 根丝条，生头时热箱门可开启。

第二热箱常用非接触加热管，借助管壁的热辐射使丝条受热，由于气流、静电和张力的影响，丝条在热管中晃动，因此实际上丝束与管壁有时也有接触，因此又称为半接触式加热形式。

通常采用的热管直径为 3～4cm 的内壁光洁度较好的不锈钢管。有联苯加热和电加热两种形式。

5. 冷却板　丝条经过第一热箱后的温度较高，为使丝条具有足够的刚性，使加捻过程正常进行，须将丝条经冷却板冷却至 80℃。冷却板的长度取决于加工速度，如速度为 900m/min 时，冷却板的长度应在 2m 左右；速度为 600m/min 时，冷却板的长度应在 1.5m 左右。

6. 排烟装置 纤维在加热定型时挥发出来的油剂，污染空气、恶化操作环境、影响工人身体健康，故在第一热箱出、入口处和第二热箱出口处装有吸烟口，将挥发的油烟及热量通过排风机排出室外，部分油烟冷凝液流入风机下的油剂收集桶内。

7. 假捻器 分为叠盘式和皮圈式两类，叠盘式假捻器由三组同样速度的摩擦片（主动轮、辅助轮、紧压轮）组成，由高速转动的摩擦表面直接带动丝束得到加捻，如图 5－9 所示。皮圈式假捻器则由一对保持稳定接触的皮圈组成，通过皮圈的运动加捻丝条。皮圈夹持式假捻器结构如图 5－10 所示。

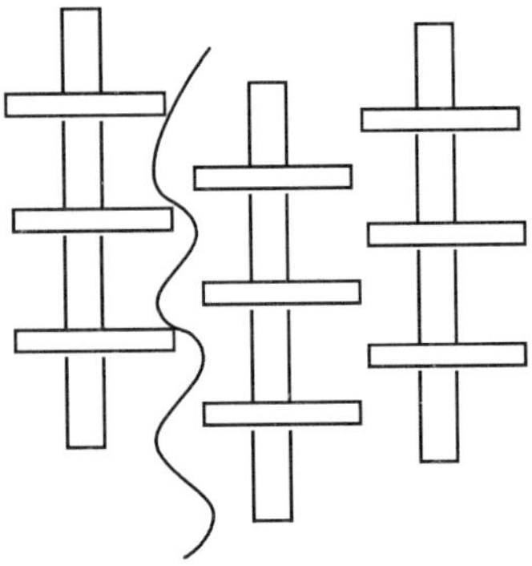

图 5－9 外摩擦式假捻器示意图

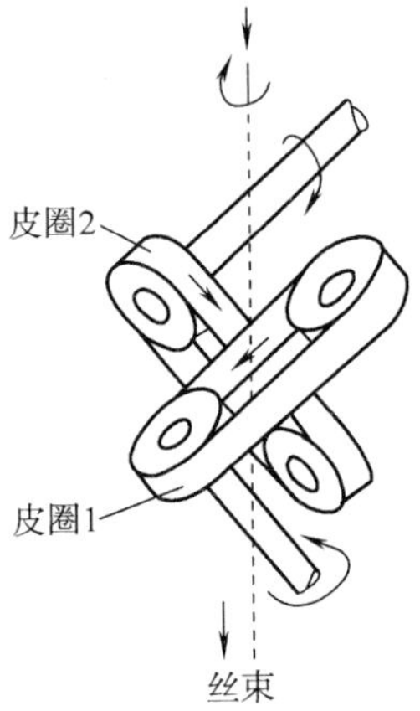

图 5－10 皮圈夹持式假捻器

8. 上油装置 多用油轮上油，安装在第三罗拉和卷绕辊之间。

9. 卷绕装置 卷绕架安装在整体铸铁板上，稳定而防震。卷绕形式有双锥形卷装和直边形卷装两种形式。

六、内拉伸变形法对 POY 的要求

由于 POY 预取向丝取向度较高，结晶度较低，热收缩率大，质量稳定，能够长期存放和运输，且筒子丝无形变。目前，生产变形丝一般采用 POY 为原丝。

（一）物理机械性能

POY 的断裂强度和屈服应力必须能承受假捻过程中加捻和解捻的张力，断裂强度一般要大于 2.2cN/dtex，屈服应力一般在 0.13～0.72cN/dtex 之间。断裂伸长率不宜过大，否则不能经受与 200℃以上的热板剧烈摩擦，会造成 DTY 较高的残余伸长，使张力降低，丝条收缩不匀和产生打扭卷曲而增加“重捻”。一般断裂伸长率控制在 110%～140%，模量控制在 18cN/dtex 以上。

（二）纤维的均匀性

POY 的线密度不匀率、强度不匀率、伸长率不匀率，尤其是伸长率不匀率对假捻变形工

艺影响很大。强度不匀率会增加丝条上的薄弱环节而增加断头率，伸长率不匀率则引起假捻张力的波动，甚至产生竹节丝、僵丝等疵点及条干不匀率，除有上述缺陷外，其短片段的不匀还将产生染色不匀的后果。对 POY 的均匀性要求见表 5-4。

表 5-4 假捻变形原丝 POY 均匀性的技术要求

项目	指标	项目	指标
线密度不匀率/%	0.8~1	细度不匀率/%	<5
强度不匀率/%	4~8	双折射不匀率/%	2~5
伸长率不匀率/%	3~6	条干不匀率/%	0.4~1.5

（三）纤维的可加工性

POY 应该具有适当的收缩性，以利于拉伸变形中结构得到重排，符合弹力丝产品质量的要求。“结构一体性”就是指 POY 适应于拉伸假捻变形工艺的结构条件，结构一体性参数（$\varepsilon_{0.2}$）可用下式表示：

$$\varepsilon_{0.2}=(L_f-L_0)/L_0$$

式中：L_0 为试样在 0.176cN/dtex 负荷下的长度；L_f 为试样在 0.176cN/dtex 负荷下，浸入 100℃水中 2min，移出冷却后的长度。

美国杜邦公司认为，$\varepsilon_{0.2}=0.5\sim0.55$ 为最好，若$\varepsilon_{0.2}>1$，其伸长偏大，加工中操作困难；若$\varepsilon_{0.2}<0.3$，加工中单丝断头多。

油剂品种及丝条上的含油率对丝条与金属的摩擦系数影响很大，摩擦系数过大，丝条在加工中表面容易产生裂纹，摩擦系数过小则加工中可能发生“逃捻”。一般 POY 含油率在 0.3%~0.5%之间，且耐 220℃以上的高温。

此外，预取向丝的双折射控制在 0.03~0.05 之间，作为变形加工原丝的预取向丝卷装筒子成型要适中，丝条无裂痕、无蛛网丝、无凸边，内层丝无凌乱及压伤变形，丝条之间应有适当的抱合力。

七、工艺参数的控制

以 265dtex 的 POY 加工 167dtex 的 DTY 为例来讨论。

（一）*D/Y* 比

摩擦盘表面线速度（简称盘速用 D 表示）和丝条离开假捻器的速度（即丝速 Y）之比称为 D/Y 比，它决定捻度。在一定范围内，提高 D/Y 比，加捻张力上升，解捻张力下降，强度变化不明显，伸长率略有下降，断头和紧点大幅度减少，有利于假捻。但是当 D/Y 比超过一定值后，强伸度急剧下降，断头、紧点也随之增加，因此必须控制最佳 D/Y 比值，一般取 1.6~2.5，常取 2.2。

D/Y 比与断头、紧点以及与成品丝强伸度的关系如图 5-11 和图 5-12[9] 所示。

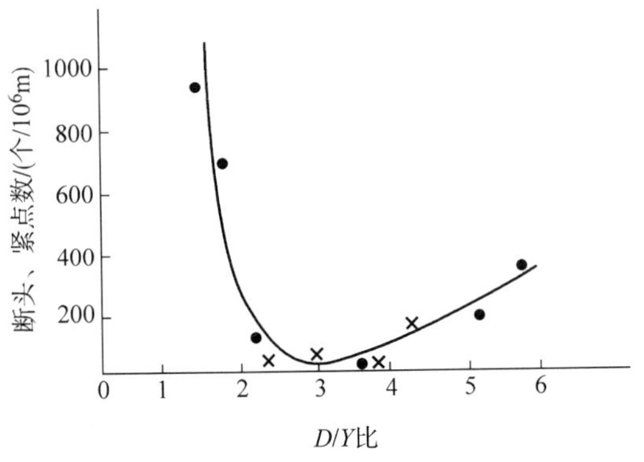

图 5-11　*D/Y* 比与断头、紧点的关系

●—断头数　×—紧点数

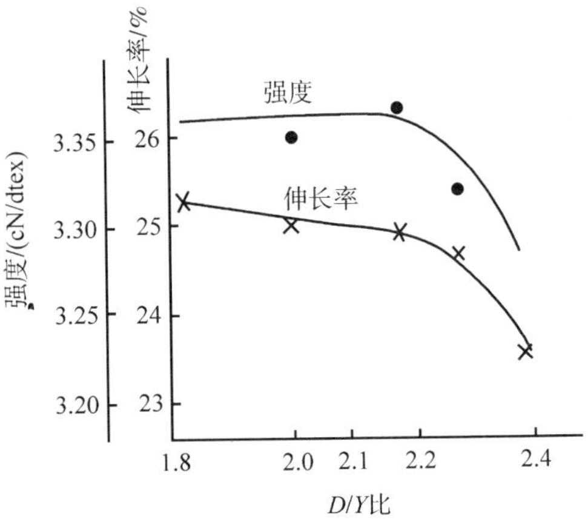

图 5-12　*D/Y* 比与成品丝强伸度的关系

(二) 拉伸变形加工速度

随着丝速的提高，变形和冷却时间减少，丝条的热塑性降低，假捻张力提高；当丝速高到一定值时，变形和冷却时间达不到工艺要求，丝条的热塑性降低，出现假捻张力波动，使拉伸变形加工无法正常进行。

此外，POY 的性能和纺丝卷绕油剂对提高拉伸变形加工速度有较大的影响。随 DTY 加工速度增加，纤维的结晶度有所下降，*K/S*（染色深度）值略有增加。这是因为随着加工速度增加，缩短了在第一热箱内停留的时间。

在一般情况下，单丝线密度小或异形丝的加工速度可低些，而单丝线密度大或普通截面丝的加工速度可以高些，叠盘式假捻器加工速度范围在 500～800m/min。

(三) 第一热箱温度

在 POY 的加工过程中，第一热箱除了提供一定的拉伸温度外，还使纤维受热处于塑化状态。随着第一热箱温度的变化，纤维的性质也会发生明显的变化。

加热温度与强度、伸长率、染色性以及对毛丝数量的影响分别如图 5-13～图 5-16 所示，温度高则定型效果好，但温度过高则毛丝数量增加，温度一般为 190～210℃[9]。

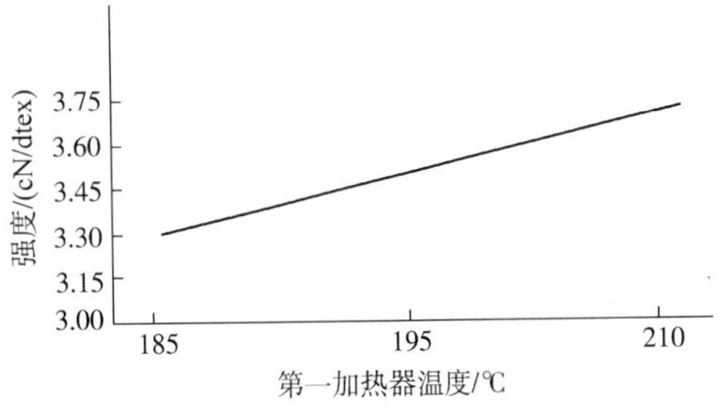

图 5-13　第一加热器温度与强度的关系

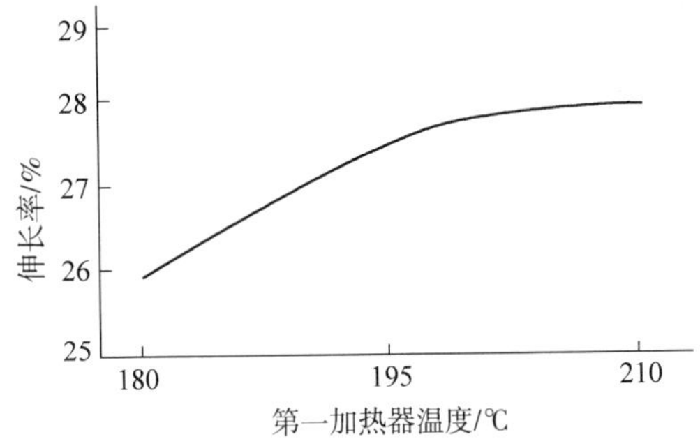

图 5-14　第一加热器温度与伸长率的关系

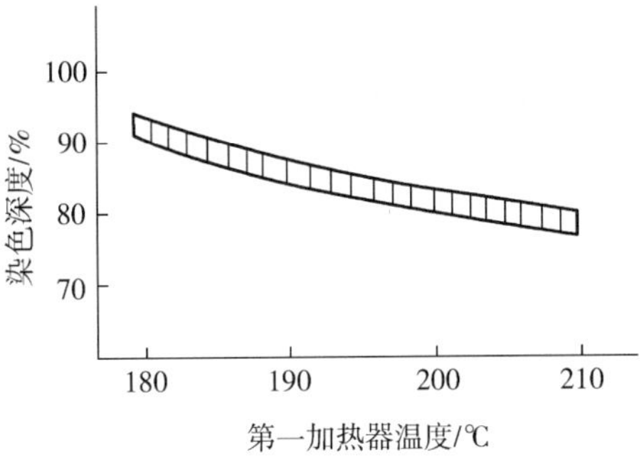

图5－15　第一加热器温度与染色深度的关系

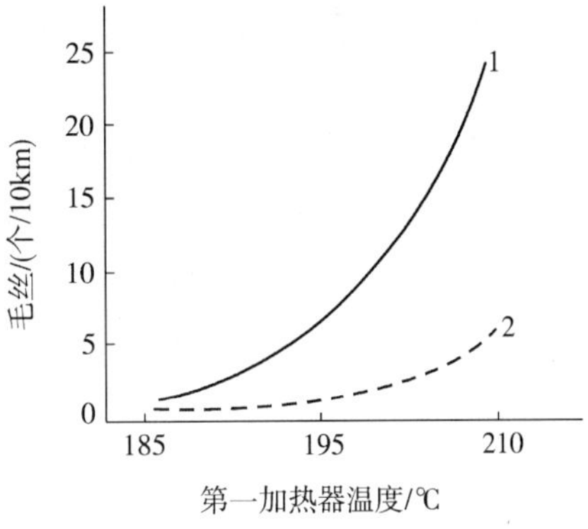

图 5－16　第一加热器温度与毛丝的关系

图 5－16 中曲线 1、2 为两种不同油剂的 POY 原丝，可见，POY 油剂性质对毛丝影响很大，要求 POY 油剂在高温下少挥发、少结垢，使丝条与热板之间保持一层良好的保护膜。

(四) 第二热箱温度

纤维经第二热箱进一步受热，使内应力得到松弛而被消除。如果温度过高，可能发生大分子的解取向作用，导致强度下降、伸长增加。温度设定应根据生产中所使用的设备和加工丝的特性来决定。如果第二热箱温度过低，则起不到松弛内应力的作用，DTY 的尺寸稳定性很差。一般第二热箱温度为 180～220℃，常取 185℃。

由于纤维经过第一加热器后已形成了一定的结构，第二加热器温度一般又低于第一加热器 10～30℃，所以通过第二加热器的 DTY 在结构上不会有大的变化，表示纤维染色性的 K/S 值也几乎不变，见表 5－5。

表 5－5　第二加热器温度与纤维结构和染色性能的关系

第二加热器温度/℃	180	185	190	195	200
染色性（K/S 值）	6.209	6.289	6.263	6.265	6.250
密度/(g/cm^3)	1.3876	1.3870	1.3871	1.3871	1.3873
结晶度/%	43.83	43.37	43.42	43.42	43.45

(五) 冷却温度

冷却板的作用是固定丝条的热变形，降低其热塑性，以使丝条具有一定的刚性，以便于假捻。冷却温度为 70～90℃，即将丝条冷却到 T_g 以下。

(六) 拉伸倍数

拉伸倍数是 POY 后加工的一个重要工艺参数。

$$拉伸倍数=\frac{第二拉伸辊表面速度}{第一喂入辊表面速度} \tag{5-4}$$

随拉伸倍数增加，成品丝强度增加、伸长率下降。若拉伸倍数较低，假捻张力过低，则体系不稳定，致使在假捻器下方捻度不能全部消除，导致紧点增多、蓬松性变差。但若拉伸倍数过高，则假捻器下方的纤维呈较松散的状态，由于较大的张力而易形成毛丝，所以拉伸倍数的选择除应考虑强伸度指标外，还应注意观察张力变化情况，使毛丝、紧点均较少。拉伸倍数为 1.3～2.0，常取 1.6。

在假捻变形加工中，进入假捻器的张力称为加捻张力（T_1），出假捻器的张力称为解捻张力（T_2），两者总称为假捻张力。

拉伸倍数与假捻张力的关系，与毛丝数量、未解捻丝数量的关系以及与上染率的关系分别如图 5－17～图 5－19 所示。

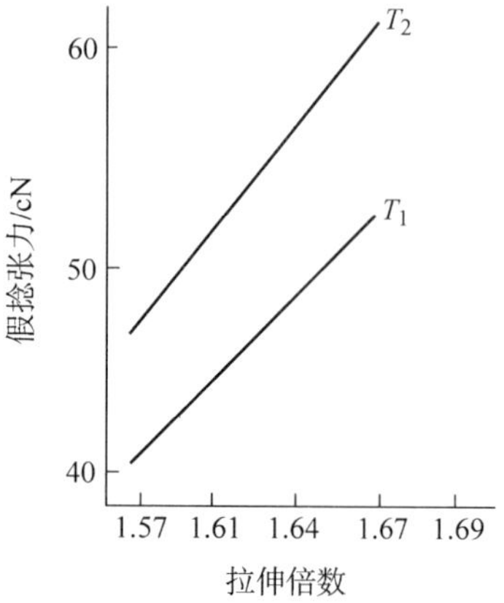

图 5－17　拉伸倍数与假捻张力的关系

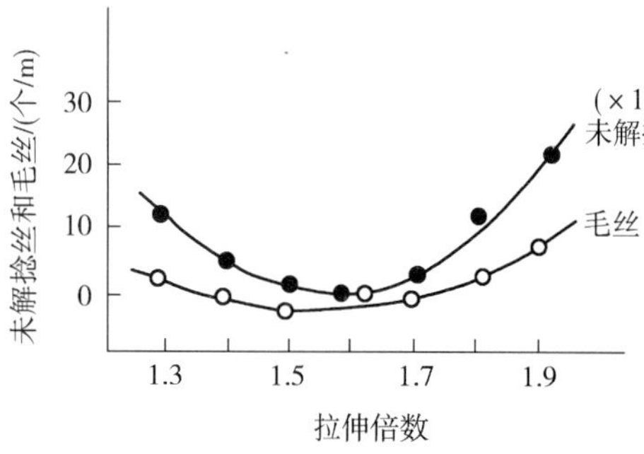

图 5－18　拉伸倍数与毛丝及未解捻丝的关系

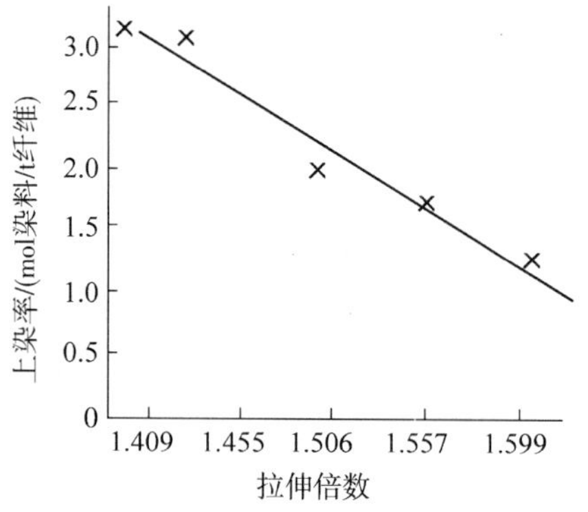

图 5－19　拉伸倍数与上染率的关系

（七）假捻度

$$T=a\frac{97500}{\sqrt{\mathrm{Tt}}} \qquad (5-5)$$

式中：T 为假捻度；a 为经验常数，取 0.85～1.0；Tt 为丝条线密度（dtex）。

（八）假捻张力

进入假捻器的丝束，如果前后张力波动或控制不当，不仅影响操作，而且还影响弹力丝的质量，使丝条染色均匀性发生较大差异。加捻张力的大小与输出辊接触点、假捻器的卷绕度、热板的弧度、超喂率等密切相关。

解捻张力应大于加捻张力，若解捻张力太低，捻度在假捻器下方不能完全消除，而使单丝粘在一起，形成紧点，影响丝的蓬松性；若解捻张力过大，则会导致丝条在假捻器上方形成松散状态而形成毛丝。

总之，假捻张力影响丝束与摩擦盘的接触压力，张力过低，则接触不良，假捻数下降，卷绕效果变差；张力过高则易产生毛丝和断头。一般 T_2/T_1 的值控制在 1.05～1.3 的范围内，常见几种线密度的 DTY 纤维 T_2、T_1 数值见表 5-6。

表 5-6 常见几种线密度的 DTY 纤维 T_2、T_1 数值

项　目	82.5dtex	148.5dtex	167dtex
T_1/cN	25～30	45～58	50～60
T_2/cN	28～37	48～68	53～75

（九）超喂率

$$第一超喂率=\frac{第一喂入辊表面速度-第二拉伸辊的表面速度}{第一喂入辊的表面速度}\times 100\% \tag{5-6}$$

$$第二超喂率=\frac{第二拉伸辊表面速度-第三拉伸辊表面速度}{第二喂入辊的表面速度}\times 100\% \tag{5-7}$$

$$第三超喂率=\frac{第三拉伸辊表面速度-卷绕摩擦辊表面速度}{第三拉伸辊表面速度}\times 100\% \tag{5-8}$$

在上述式（5-6）～式（5-8）中如果比值大于 0 则称为超喂，如果比值小于 0 则称欠喂，即原丝拉伸。因此，第一罗拉与第二罗拉之间若发生欠喂，即完成的是拉伸。第二罗拉与第三罗拉之间发生超喂，一般超喂率为 8%～20%，它决定了变形丝的蓬松性、手感染色性、集束性、伸长率等。第三罗拉与卷绕筒之间的差值可正、可负，根据卷装成型来决定。

此外，摩擦盘的材质对变形丝的质量也有影响，摩擦盘的材质有全陶瓷、喷涂陶瓷、金刚砂和聚氨酯等，材质的选择不仅对丝质有较大影响，而且涉及生产时的运转状态。一般聚氨酯质软，与丝条的摩擦系数大，假捻时丝条基本无逃捻现象，假捻数稳定且对丝条损伤少，缺点是聚氨酯易磨损，寿命较短（约 3～6 个月）。其余三种都是硬质盘，寿命可达 3～5 年，但因其与丝条的摩擦系数小，假捻时丝条有一定的滑移现象，对丝条有损伤，白粉（俗称“雪花”，成分是油剂和低聚物）产生较多，丝的质量不如前者。为此，近年来国内外开发了用陶瓷盘和聚氨酯盘组合的假捻器，受力最大的第一盘和最下盘用陶瓷的，中间的用聚氨酯的，这样既提高了丝条质量，又延长了聚氨酯盘的使用寿命[9]。

总之，生产中诸影响因素要综合考虑，才能生产出合格的变形丝，表 5-7 为常见假捻变形的主要工艺参数。

表 5-7　常见假捻变形的主要工艺参数

DTY 规格	83dtex/36f	110dtex/36f	145dtex/36f	167dtex/48f
加工速度/(m/min)	650	600	550	550
拉伸比	1.407	1.457	1.497	1.457
第一加热器温度/℃	170	190	200	200
第二加热器温度/℃	150	170	180	180
加捻张力/cN	21～23	32～34	42～44	55～59
解捻张力/cN	25～27	36～38	46～50	60～64
定型区欠喂/%	9.73	9.73	10.53	10.53
卷绕欠喂/%	5.41	7.14	8.04	8.04
DTY 上油率/%	3	3	3	3
原丝筒子架处室温/℃	25±2	25±2	25±2	25±2
相对湿度/%	65±5	65±5	65±5	65±5

八、S、Z 捻的判断

在纤维加工过程中形成的 S、Z 捻如图 5-20 所示。

判断 S、Z 捻有两种方法：一种方法是以丝条运动方向观察摩擦辊的转向，若摩擦盘是顺时针方向旋转，这种弹力丝称为 S 捻，反之为 Z 捻，如图 5-21 所示。另一种方法是将所得的弹力丝对折，由于剩余扭矩的存在会自动分股而形成实捻，此实捻的捻向即为弹力丝的捻向。

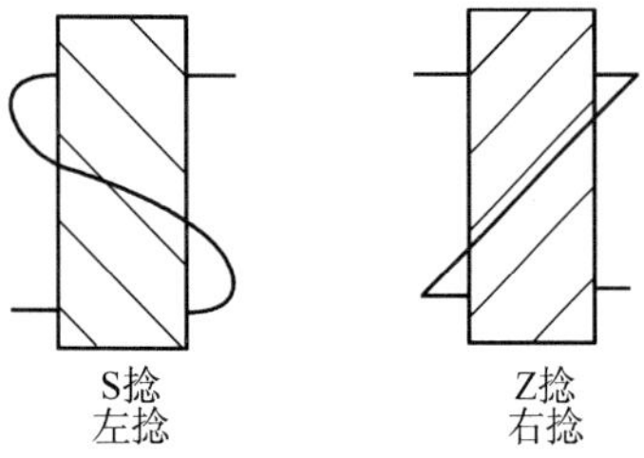

图 5-20　纤维束中常见的两种捻

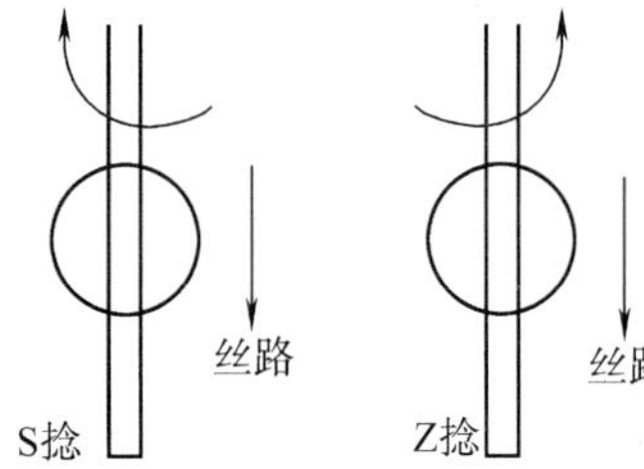

图 5-21　摩擦盘转向与捻度的关系

第四节　FDY 的生产工艺与质量控制

一、概述

全拉伸丝（FDY）的传统定义是采用低速纺丝、高速拉伸工艺，且两道工序在一台纺丝拉伸联合机上完成，为一步法工艺路线，纺丝速度为 900～1500m/min，拉伸卷绕速度为

3200～4200m/min，拉伸比为3.5左右，可纺制55～165dtex的拉伸丝。随着化纤技术的发展，目前，我国也将高速纺丝（纺速3200m/min左右）、超高速拉伸（拉伸速度5500m/min左右）工艺生产的丝称为FDY。从广义上来讲，FDY工艺包括热辊拉伸工艺路线、水膜拉伸工艺路线、热管法纺丝拉伸工艺路线、高速纺丝冷盘拉伸蒸汽定型工艺路线和超高速纺工艺路线，本节主要以热辊拉伸工艺路线，即传统的FDY工艺进行分析。

全拉伸丝质量较稳定，毛丝断头较少，可适应喷水织机的要求。目前，我国FDY生产一般是在POY高速纺丝过程中引入有效拉伸，当卷绕速度达到5000m/min以上时，便可获得具有全取向结构的拉伸丝，故FDY的生产工艺是纺丝—拉伸—卷绕一步法连续工艺。

二、工艺原理

在一般高速纺丝条件下，丝条中全部分子的取向是在熔融态或部分熔融态中发生的，纺丝过程中形成的大分子和微晶仍能非常自由地运动，因此不能像未取向丝UDY在固态下拉伸那样使大分子沿纤维轴完全取向。因此，传统意义上高速纺丝虽然纺丝张力很大，但所得纤维的强度却不能达到较高值，只有当纺丝速度提高到10000m/min以上时，才能获得像UDY→DY工艺所具有的强度，这样高的纺丝速度，目前的化纤机械制造水平难以实现。但从熔体纺丝线上的力平衡和纤维结构的形式上分析可知，纺丝过程中分子取向度的提高是由丝条的张力引起的，如果在纺丝线上建立有效的拉伸阶段，使丝条在冷却固化之前进行一定的拉伸，就可达到与固体丝条同样的拉伸效果。FDY工艺就是在POY纺丝过程中配置一组拉伸辊（2～3辊），使丝条离开甬道之后直接喂入拉伸辊，并让丝条在第一辊上达到传统POY的纺丝速度（3200m/min左右），在第二辊上达到5000～5500m/min的速度，就可在两辊之间获得稳定的张力和伸长，从而获得与纺丝、拉伸二步法UDY→DY工艺路线相近的纤维结构。

三、热辊拉伸法FDY的生产工艺

（一）工艺流程

采用热辊拉伸法生产聚酯FDY的工艺流程如下：

切片→干燥→螺杆挤出机→预过滤器→静态混合器→计量泵→纺丝组件→细流→侧吹风→上油→甬道→第一导丝辊→第二导丝辊→第三导丝辊→卷绕→分级→包装→出厂

FDY生产工艺流程如图5-22所示。由图可知，FDY生产工艺过程就是在POY的生产流程中配置一对热辊，即第一、第二导丝辊，丝条自第一导丝辊出来后被牵引到第二导丝辊，并通过改变两导丝辊的速度比来调节所要求的拉伸比。丝条最后经过第三导丝辊，以控制一定的卷绕张力和松弛时间，然后进入卷绕装置。在卷绕装置上方配有网络喷嘴，在喷嘴中通入蒸汽或热空气，使丝条交络。成品丝卷绕在筒子上，满卷的丝筒落下后经平衡、检验、分级和包装，得FDY长丝产品。

（二）工艺控制

1. 对切片质量的要求 为了使纺丝顺利进行，应该严格控制聚酯切片的质量，选择长丝级优等切片，并特别注意聚酯切片在生产过程中存留在切片的小分子单体的含量，特别是二甘醇。因为它影响切片的色相，并最终影响FDY成品丝的染色性能，一般生产工艺中要求其含量不大于0.74%。

特性黏度控制在0.64～0.66dL/g，端羧基含量≤27mol/t，熔点≥260℃，黄色指数≤9.5，二氧化钛含量≤0.4%。

2. 对切片干燥的要求 因为FDY的纺丝特点是大吐出量、高倍率的喷丝头拉伸，且纺丝速度高、温度高，因此干燥工艺要求比POY更为严格，干燥设备一般选用沸腾+充填组合式设备，干燥合格的切片含水率一般要求在30mg/kg以下，最好控制在18mg/kg左右，同时要求切片干燥质量均匀，并尽可能减少粉尘。

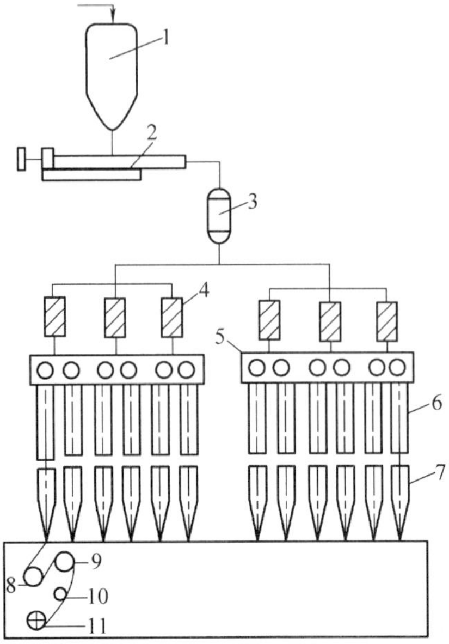

图5-22 聚酯FDY生产工艺流程示意图
1—干燥塔 2—螺杆挤出机 3—预过滤器 4—静态混合器 5—纺丝组件 6—侧吹风窗 7—甬道 8—第一导丝辊 9—第二导丝辊 10—第三导丝辊 11—高速卷绕头

3. 对纺丝过程的要求 FDY纺丝过程相对于POY而言，要求更为严格。熔体中的凝聚粒子和杂质含量更少。要选用合理精度的过滤器来除去切片中的杂质及凝聚粒子，选用合适的组件组装方法来强化对熔体的进一步过滤。另外，应注意及时更换组件，使用周期不宜过长（一般不超过25d），这样有利于改善熔体黏度的均匀性和熔体的流变性能，从而避免聚酯在过滤层上结焦，造成流经每个喷丝孔的流量不一而使条干不均，使FDY力学性能提高，宏观表现为FDY染色的均匀性提高及生产稳定性的提高。

根据FDY的工艺特点，要求聚酯熔体具有良好的流变性能，应适当提高纺丝温度，降低熔体的表观黏度，改善熔体的流动性，从而获得较好的纺丝效果；同时纺丝温度的提高，使丝束冷却变缓，纺丝张力降低，可纺性和拉伸性能得到有效改善。因此纺丝温度要比POY高些，一般控制在288～295℃之间，并根据切片的黏度和纺丝的线密度及装置的特点来调节。一般纺制低线密度纤维时，需采用相对低的纺丝温度；纺制高线密度纤维时，采用相对高的温度。同样，使用高黏度的切片时，就要相应提高纺丝温度；使用低黏度的切片时，则采用较低的纺丝温度。

纺丝温度对纤维的强伸度有明显影响。纺丝温度低于280℃时，强伸度明显下降，同时纤维断面不匀率也增加。随着纺丝温度的上升，纤维的伸长率增大，上染率有所提高。但温度过高，熔体黏度降过大，可能造成TiO_2在熔体中移动时的局部集聚，形成大的粒子使分散不均匀，而易形成飘丝和毛丝。表5-8为纺丝速度4300m/min，纺制333dtex/144f的合股丝时，纺丝温度与断头情况。从表中可以看出，最佳的纺丝温度为290℃。在纺制高强度的FDY时发现，随着纺丝温度（箱体温度）的升高，强度下降，伸长率增大，见表5-9。

表 5-8　纺丝温度与断头的情况（纺丝速度 4300m/min）

纺丝温度/℃	断头情况	纺丝温度/℃	断头情况
288	断头较多	292	断头稍多
290	断头少	294	断头较多

表 5-9　箱体温度对 FDY 物理指标的影响

箱体温度/℃	强度/(cN/dtex)	伸长率/%	箱体温度/℃	强度/(cN/dtex)	伸长率/%
285	71.5	14.0	281	74.2	12.9
282	73.2	13.2	280	76.2	12.6

4. 冷却条件的要求　FDY 的喷丝孔孔数较少，一般采用侧吹风方式，侧吹风的风速、风温、风湿都要严格控制。风速的大小及侧吹风风速的稳定均匀性是影响成品 FDY 线密度和染色均匀性的关键因素之一。理想的冷却条件是使熔体细流在冷却的过程中受到均匀冷却，从而使每根丝条的冷却速度一致，凝固点稳定，并且使丝条的径向差异小，条干均匀，染色效果好。在某一品种的实际生产中，有一个最佳的风速范围。当风速较低时，冷却风穿透单丝间的能力减弱，冷却速率减缓，丝束的凝固点下移造成内外层丝冷却条件差异较大，并且也容易受到丝室外气流的干扰，使冷却成型条件波动变大，造成丝条的条干不匀率上升。如果风速过大，则会形成湍流，造成丝束粗细不匀，引起成品丝条干不匀率偏大。风速太大时，空气流动快，易形成紊流而使丝条小幅度高频率颤动，引起丝束在冷却时的振动和飘动。丝条的这些波动，大大地增大了丝条沿长度方向的不匀率。一般来说，风速范围大概在 0.35～0.65m/s。

图 5-23 为侧吹风风速与成品丝线密度之间的关系。一般认为，成品丝的线密度越大，风速应相应地提高，但是当风速超过 0.6m/min 后，纺程上张力相应增大，不利于稳态纺丝。当纺丝线密度增大时，可以相应降低侧吹风的风温，增大侧吹风的湿度及降低集束点。

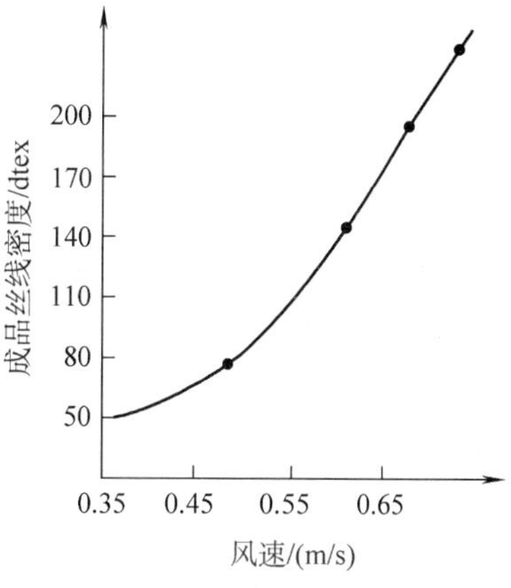

图 5-23　侧吹风风速与成品丝线密度的关系

侧吹风风速的均匀性会对丝条的品质产生重大的影响，同一出风点风速的波动影响丝束本身各项物理指标中不均匀率（*CV* 值）的变化；同一水平面风速的不同，将影响丝束间物理指标的差异。因此要求尽可能地减小风速的波动，控制波动范围在 0.02m/s 之内，所以应定期清洗侧吹风过滤层和分配网，防止因尘埃在阻尼层上不均匀的沉积而引起各根丝之间以及本根丝各段之间内部结构的不同，从而造成 FDY 丝条染色有差异，产生段斑丝。

风温直接影响着丝束的热交换。若温度偏高，丝束的冷却减缓，出喷丝板的丝冷却长度增加，使纤维的冷却长度大小不同造成条干不匀率增加，在拉伸时易出现毛丝和断头。选择较低的风温可以抑制由于加入 TiO_2 引起的容易结晶的问题，使后道工序利于实施，减少毛丝和断头，降低成品的条干不匀率[10]。一般风温控制在 21～23℃。

湿度稳定可以提高纤维的冷却效果，提高湿度可减少纺丝时产生的静电，减少丝条的抖动或跳动，提高可纺性，减少毛丝和断头；但由于涤纶回潮率低，湿度的影响并不太明显。湿度一般控制在 65%±3%。

5. 对上油工序的要求 油剂的性能、丝条的含油率及上油方式等都有可能对 FDY 的染色均匀性造成重大影响。应该选用热稳定性好、沸点高、在高温下不易分解、烟雾少的油剂。若油剂的稳定性能差，在热辊上分解结焦多，会影响丝束与热辊之间的传热效果，造成丝条在牵伸时张力波动，从而影响丝束的内部结果均匀一致，影响染色的均匀性[11]。

另外，油剂润滑性、抱合性、乳化性、渗透性和抗静电性能要求良好，保证上油均匀。在配制油剂时，必须严格保证配油用水的质量，一般要求为纯水（无离子），因为水在两个热辊上挥发，如果水质差，在连续运行后，势必有沉积物附着在热辊上，造成张力波动，影响染色的均匀性[11]。

含油率一般在 0.5%～1.1%之间为宜。若含油率过低，丝条与热辊摩擦力大，FDY 在高速纺丝拉伸过程中对纤维的物理结构损伤较大，使染色不匀；若丝条含油率过大，油剂对热辊的污染加重，易使丝条与辊表面的摩擦力有波动，导致丝条振动及受热不匀，从而造成丝条变形后内部结构不均匀，产生染色差异。含油率还要根据纤维品种和产品要求的不同而异，如全消光 FDY 由于含有较高含量的 TiO_2，其摩擦阻力很大，就要相应增加含油率，否则会造成毛丝、断头。

6. 对网络工序的要求 由于 FDY 为一步法工艺生产的全拉伸丝，在高速卷绕过程中无法加捻，为了提高产品的应用价值，省去织造时的并丝加捻、上浆等工序而直接用于纺织加工，可以在拉伸辊之后、高速卷绕头之前加装空气网络喷嘴。在喷嘴中通入蒸汽或热空气，对每根丝束产生交络作用，使丝束中各单丝抱合缠结；同时还可起到热定型的作用，以消除纤维经过拉伸后存在的收缩现象。网络空气压力一般为 0.24MPa，网络度大于 20 个/m。

7. 对热辊拉伸工序的要求 拉伸是 FDY 初生纤维超分子结构发生重大改变并趋于完善的过程，可以提高丝束的物理机械性能。FDY 的拉伸工艺主要是由第一热辊（GR_1）速度、温度和第二热辊（GR_2）速度、温度组成[12]。

在热辊拉伸 FDY 工艺中，目前最常见的热辊配置方式是一个温度较低和一个温度较高的热辊，每个热辊均带有分丝辊，可以防止绕丝圈数增多后产生互相重叠。也可以采用三个热辊的配置方式，第一个温度较低，作拉伸加热用；第二、第三个热辊温度较高，作定型加热用。第一个热辊带有分丝辊，第二、第三个热辊不带分丝辊，联合在一起使用。这两个联合的热辊有一定角度，可使绕圈的丝不产生叠绕。

使用二辊牵伸时，第一热辊的速度为纺丝速度，第二热辊的速度为拉伸速度，分别简称为第一热辊（GR_1）速度和第二热辊（GR_2）速度。GR_1、GR_2 两个导丝辊为电感加热，并设有温度检测装置和保温箱，由于两者有速度差，从而使丝束在热态下发生拉伸。导丝辊的上方分别设有分丝辊（SR_1、SR_2），其作用是通过调整分丝辊的角度使丝束分布均匀，使之在热辊上充分加热。分丝辊（又称分离辊）为空气轴承，GR_2 导丝辊面板上设有排烟孔，全机的 16 个支管接入总管并由排烟风机将高温高速下产生的油剂烟雾排至室外，以减少对劳动环境的污染。

（1）GR_1、GR_2 的速度。两个热辊的线速度之比为拉伸倍数（后拉伸倍数）。喷丝头拉伸倍数主要取决于第一热辊的速度，后拉伸倍数主要取决于第二热辊的速度。两个热辊必须保持一定的比例关系，才能保持成品丝的纤度和伸长率在预先设计的范围内。

生产中，可以先确定拉伸速度，然后确定纺丝速度；或者先确定纺丝速度，再确定拉伸速度。比较常见的是先确定拉伸速度，因为第一热辊的速度，只会使伸长率和强度改变，对成品的线密度并无影响。第二热辊的速度越高，所得产品的产量也越高，生产效率高。但受设备制造水平的限制，第二热辊的速度有一定的限制。另外，FDY 产品在速度太高时毛丝和断头可能增加。因此必须通过全面权衡来确定一个合适的速度，第一热辊的速度一般为 POY 的纺丝速度，即 3000m/min 左右，第二拉伸辊的速度一般为 5200m/min 左右。

不同的拉伸比将直接影响产品的物理机械性能。在一定的范围内，随着拉伸比的加大，分子取向排列趋向均匀，强度会相应增加，同时伸长相应下降。但超出了一定的范围，则强度、伸长会下降，同时产品也有可能因拉伸过度而出现毛、圈丝现象。

（2）GR_1、GR_2 的温度。第一热辊 GR_1 的温度为拉伸温度，根据拉伸机理，拉伸温度应选择在玻璃化温度之上，一般为 69～95℃。温度的高低直接影响到大分子排列的均匀性。若拉伸温度选择过低，会使拉伸张力升高，丝束受热不均匀，导致拉伸时，大分子排列不均匀，从而使产品的强度、伸长与条干受到影响。严重时，甚至会使产品在染色时出现段斑现象。拉伸温度过高，分子间活动能力太强，大分子的取向度会因温度的升高而降低，纤维的强度会降低。

生产实践证明，第一热辊温度对染色性能有较大的影响。若选择不当，丝束的染色性能会大幅度下降。特别是在第一热辊速度较高的情况下，这个问题更明显，采用较低的温度会有助于染色性能的提高。但在第一热辊速度低时，降低温度可能会出现未拉伸丝。

除染色性能外，若选择的温度偏高，丝束在热辊上抖动增大，会使条干不匀率上升。但若选择过低，又会使拉伸张力升高，造成毛丝和断头。实验证明，第一热辊温度与拉伸倍数有一个最佳的配合范围，离开这个范围就会产生未拉伸丝，条干不匀率和断头增加等问题。

为防止拉伸打滑和加热不匀，第一热辊须绕丝 8～10 圈。绕丝时要注意调整好分丝辊的角度，使每束丝之间的距离适当，并注意将绕丝范围调整在热盘最佳加热区内。

从表 5－10 可知，在生产 44dtex/12f 涤纶全拉伸丝时，第一热辊温度选择 90℃时，该品种的物理指标与产品质量较为稳定[13]。

表 5-10　44dtex/12f 涤纶全拉伸丝热辊温度对产品性能的影响

第一热辊温度/℃	85	90	95
断裂强度/(cN/dtex)	4.20	4.30	4.32
断裂强度 *CV*/%	3.82	2.15	2.30
断裂伸长率/%	26.55	27.31	27.65
断裂伸长率 *CV*/%	8.21	3.48	4.35
条干不匀率 *CV*/%	1.35	1.21	1.20
圈丝/(个/d)	0	0	2

第二热辊起定型作用，其温度为定型温度。长丝经过拉伸后，需经过第二热辊进行高温定型，进一步稳定分子排列，避免长丝在下道用户使用过程中，因受热而产生收缩不匀现象。

第二热辊温度的高低直接影响到沸水收缩率的大小。温度高，沸水收缩率低；温度低，沸水收缩率高。生产中以沸水收缩率的高低来度量定型效果。沸水收缩率主要与第二热辊的温度有关（图 5-24），其次决定于定型时间。

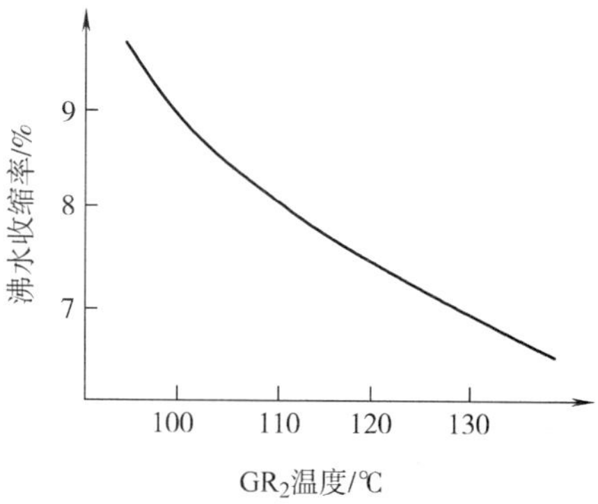

图 5-24　沸水收缩率与 GR_2 温度的关系

根据设备的不同，定型温度可选择在 130～170℃范围内。具体的选择主要看产品所要求的沸水收缩率指标和生产稳定情况，也就是说，要与所纺的品种和速度相适应。若第二热辊温度偏低，可能会出现结晶不匀带来的染色不匀。若第二热辊温度偏高，可能会因丝的抖动而断头。

定型时间由绕丝圈数决定。绕丝圈数多，定型时间长，反之，定型时间短。有的设备上采用两个热辊，其目的也在于延长定型时间，降低定型温度。带分丝辊的设备一般绕 7～8 圈。

由于第二热辊的温度较高，油剂挥发后会产生结垢，丝与油垢之间不仅传热效果差，而且摩擦力增大。在高速旋转的情况下，增大的摩擦力易使单丝断裂而绕辊，进而产生断头。圈数越多，这种现象产生的危害也越大。因此，除选择适当的圈数外，还要注意所用油剂的性能，并经常做热辊的清洁工作。

此外，为了使丝条在热辊上均匀受热，要求辊筒表面温度均匀一致，并使丝束在热辊上的接触位置不变。

8. 对卷绕工序的要求　自网络喷嘴出来的丝束经拉杆导丝器、断丝检测器分别引入卷绕头，每一卷绕头有 6 个卷装，即每一个纺丝位对应一个卷绕头。在卷绕过程中，若断丝，检测器发出信号，使切断器和吸丝器同时动作，将丝束切断后由吸丝器吸入废丝箱内。当卷装直径达到设定值时，在计算机指令下，另一只筒管首先自动加速，然后进行自动换筒，整机由计算机控制。

卷绕张力对 FDY 丝条的最终成型有极大影响。若张力太大，筒子的端面凸出，有蛛网丝产生，筒子硬度高，甚至会把纸筒管挤压变形，无法落筒；若张力太小，筒子松软，运输过程中极易塌边，生产过程中不易生头，极易断丝。一般情况下，卷绕张力控制在 0.15～0.20cN/dtex 范围内即可满足生产。在保证产品质量的前提下，适当地提高卷绕张力对生产稳定性的控制也起到很重要的作用，表 5-11 为 44dtex/12f 涤纶全拉伸丝卷绕张力对生产的影响[13]。

表 5-11　44dtex/12f 涤纶全拉伸丝卷绕张力对生产的影响

卷绕张力/cN	满卷率/%	绊丝/(个/d)	网络度/(个/m)
7.8	93.5	1	13
9.8	97.2	3	10
11.8	97.8	8	6

卷绕张力的大小主要由摩擦辊的速度（即卷绕速度）决定。经过拉伸定型的丝条尚有一定的收缩应力，再加上横动导丝器的来回移动使丝条的张力增大。卷绕速度必须小于第二热辊的速度才能保持较低的卷绕张力，使大分子在卷绕前略有松弛，获得较好的成丝质量和卷装。聚酯 FDY 的卷绕速度一般在 5000m/min 以上，比第二热辊的速度一般低 1%～2%。

四、全拉伸丝的性能

FDY 的生产工艺特点决定了它的性能，FDY 的结构是具有全取向的拉伸丝，密度约为 1.379g/cm^3，取向度接近 UDY-DY 工艺得到的全拉伸丝的取向度，双折射率（Δn）在 0.1 以上，结晶度达到 0.2（结晶体积分数）以上。由于取向和晶相结构的形成，FDY 的强度在 3.5dN/tex 以上，断裂伸长率约为 35%～40%。

FDY 质量均匀，强伸度不匀率比常规拉伸丝小得多，但其初始模量也相对较低，这是因为丝条在热辊上经历了低张力热定型的缘故。FDY 物理机械性能已达到纺织加工的要求，同时具有较好的染色性能。FDY 的质量指标见表 5-12[6]。

表 5-12　全拉伸丝（FDY）的质量指标

质量指标	PET	
	A级	B级
拉伸丝线密度 *CV*（筒子间）/%	≤0.5	≤0.65
拉伸丝条干燥 *U*/%	≤0.6	≤0.75
断裂强度/(dN/tex)	≥3.96	≥3.83
断裂强度 *CV*/%	≤4	≤6
断裂伸长率/%	2330	2330
断裂伸长率 *CV*/%	≤8	≤9
染色均匀率/级	≥4	≥3
沸水收缩率/%	≤5	≤7

五、热管法纺丝拉伸工艺（TCS）生产全拉伸丝

（一）生产工艺流程

热管法纺丝拉伸工艺是指在甬道的位置上装有热管（热箱），对完成冷却成型的丝束进行再次加热，利用受热丝束的热塑性和惯性，在较高的纺速下，对丝束进行拉伸和定型。这种工艺路线简称为 TCS（Thermal Channel Spinning）。

TCS 纺丝工艺最早由英国 ICI 公司提出，并由德国 Barmag 公司实现工业化，我国也有多家厂家生产。其工艺流程如下：

湿切片→流化床预结晶→主干燥→螺杆挤出机→预过滤器→纺丝箱体→计量泵→纺丝组件→侧吹风→集束件→TCS 热管→集束件→上油嘴→第一导丝辊和分丝辊→网络喷嘴→第二导丝辊→卷绕成型→筒子纱

热管法纺丝拉伸工艺的纺丝和冷却部分与一般的高速纺相同。热管安装的位置必须在丝束冷却到玻璃化温度 T_g（80℃）以下的地方。卷绕机一般带有导丝盘，可以比较方便地调节卷绕张力。

TCS 工艺路线的拉伸效果取决于单丝线密度、喷丝板至上油嘴的距离、卷取速度、热管的长度和位置，以及热管的温度等。

TCS 工艺最适合于单丝线密度较小的细旦丝生产。若热管不加热，也可用来生产 POY。热管法纺丝拉伸一步法工艺路线得到的产品伸长率比较大，染色性好。最有价值的优点在于该生产过程能降低每个纺丝位之间的色差。当原料的特性黏度、挤出温度和冷却条件等变化时，热管纺丝过程能够自行补偿调节。

（二）工艺原理

在纺程上采用安装一热管的 TCS 一步法生产 FDY 技术，是高速纺一步法工艺的新突破。根据 PET 高聚物熔体的流变性能及熔体的拉伸流动性能，设计并实施借助于空气与高速运行的丝束的摩擦阻力，通过高速卷绕机的作用，在纺程上实现对纤维的二级拉伸。高度取向的纤维诱导结晶，对晶核的生成及结晶的发展提供了必要的条件，在空气阻力作用下产生二级拉伸流动，第一级拉伸是进入热管前的喷丝头拉伸，第二级拉伸发生在热管中。这两段拉伸不断地自我平衡，具有自补偿的效应。通过两级拉伸，使纤维的超分子结构发生显著的变化，最终使产品的力学性能指标符合纺织加工的要求。

TCS 这种特有的纺程机理，是通过纺丝速度，产品的规格、品种及热管工艺的调整得以分配和组合的，TCS 技术大大简化了生产工艺，缩短了流程。使用联苯热媒加热的热管取代了目前 FDY 生产常用的一对热牵伸辊，使设备的运转生产能耗降低，维修简单，工作状况稳定，故障率低，相对于高速运转的热辊则体现出一定的优越性。生产效率也可提高，产品质量性能优异，其热管使用的工艺可行性和稳定性也在化纤设备的 DTY 热箱制作中被认可和规范化。

在整个 TCS 纺程上，丝束与机械设备无任何接触，最小程度地损伤纤维的力学性能，故使生产的操作运行稳定性大大改善，满卷率、一等品率上升，纤维的力学性能指标均匀性优良，在细旦、异形、超细纤维的 FDY 生产中，更能体现出其优越的性能。

（三）工艺控制

1. 切片 TCS纺丝工艺的特点决定了它所选用的切片应满足更高的要求，一般选用半消光切片，在一个生产周期中尽量选用同一个厂家的切片，主要质量指标为：[η] 为0.652dL/g；软化点≥259℃，熔点为262～265℃；凝聚粒子数为0.25个/mg；端羧基值为18mol/t；灰分的质量分数为0.05%；水的质量分数为0.07%；铁质的含量为1.80μg/g。

2. 切片干燥 由于丝束在纺程中高速运行并受到拉伸，形变剧烈，因此纤维要具有足够的强度。为此TCS生产对干燥切片的黏度降和含水率相对比POY生产要求更高，除提高干燥条件外，还须注重干燥切片与纺丝能力的匹配，保证切片停留时间相同，一般Δ[η]≤0.03dL/g、含水率≤30mg/kg，否则，FDY的内在质量就有变化，研究表明：当切片含水率增大时，FDY条干不匀率明显上升，见表5-13。这是因为纺丝时切片中的水分，在高温下会引起聚酯大分子中的酯键裂解，相对分子质量下降，熔体黏度发生变化，从而引起FDY线密度局部变化，造成FDY条干不匀率的上升[14]。

表5-13 切片含水率对条干不匀率的影响

切片含水率/(μg/g)	条干不匀率 CV/%	切片含水率/(μg/g)	条干不匀率 CV/%
18	0.93	35	1.45
25	1.01	45	2.18

TCS法纺制涤纶细旦FDY时，则要求更高一些，需要良好的干燥切片，含水率≤25mg/kg，干湿切片的特性黏度变化Δ[η]≤0.01dL/g。为了做到既要减小切片中的水分气化形成气泡丝、断丝，又要避免水解、热裂解造成的特性黏度减小，可采用降低预结晶温度，增加干燥时间，降低湿空气露点的方法。因为预结晶时，切片中的水分含量较大，若湿度提高，易产生水解及切片黏结，然而在适宜温度、较低含水率的热风中，长时间干燥也不会造成较大的黏度降。生产细旦FDY丝时切片干燥条件见表5-14[15]。

表5-14 生产细旦FDY丝时切片的干燥条件

预结晶温度/℃	预结晶时间/min	干燥温度/℃	干燥时间/h	减湿空气露点/℃
172	10～15	170	10～15	≤-76

3. 纺丝 成纤高聚物的纺丝挤出性能的状态决定了纤维的可纺性。在改造后纺制TCS法FDY时，对喷丝板孔的加工精度、组件起始压力的过滤配方等有必要进行摸索和试验，不能盲目仿照POY的生产。

涤纶细旦纤维比表面积大，冷却较快，丝条张力大，如果采用普通纺丝温度纺丝时，会造成大量毛丝、飘丝、断丝；然而温度太高，熔体易分解，熔体黏度降增大，不利纤维的成型，影响纤维条干不匀率。因此在纺丝时要严格控制各加热区的温度，尽量减少温度波动。

为获得流动性好的熔体，可将纺丝温度提高2～5℃。同时可将纺丝组件过滤精度提高，一方面可提高熔体的过滤效果，另一方面组件压力提高，使熔体温度瞬时、均匀地再次提高，既可使熔体均匀且流动性好，又可避免热降解。如纺制56dtex/48f涤纶细旦FDY时，螺杆挤出温度设定为293℃，纺丝温度设定为295℃，组件压力为20MPa，纺丝速度4500m/min时，熔体可纺性良好，黏度降小于0.02dL/g，生产较为稳定，毛丝少。

4. 侧吹风 侧吹风的工艺参数在TCS工艺纺制FDY全拉伸丝生产中十分重要，它直接影响到纤维的冷却成型和纤维结构的形成。由于TCS法生产时侧吹风风速不如POY那么大，但由于纺制涤纶细旦纤维时，纤维比表面积大，散热速率快，所以侧吹风要采用比较柔和的方式，同时对冷却的均匀性要求更为严格，可用纵横强力比非常均匀的无纺布对侧吹风的整流作改进。

工艺上，为增加纺程上的张力，可采取以下措施：

(1) 侧吹风方向最好与丝束形成一个利于增加空气阻力的角度。

(2) 提高风温，减小风速，以延缓冷却速率，使塑性区延长，凝固点下移，从而减小喷丝板的拉伸张力，减小其取向度，以利于二次拉伸倍数的提高。但风速也不能过低，风速低于0.3m/s时，丝条张力过小，会使丝条抗干扰性减弱，条干不匀率升高[15]。经试验，纺制56dtex/48f涤纶细旦FDY时，风温为(23±1)℃，风速为0.3m/s[16]。

(3) 增大冷却风的湿度。增大冷却风的湿度一方面可防止丝条与空气摩擦而产生静电，减少丝条的抖动或跳动，另一方面也利于丝室内温度恒定。冷却风的相对湿度一般控制在(70±5)%。

5. 热管部分 经纺丝窗冷却成型后的纤维进入热管后，纤维开始被加热，运行速度增加并出现一个“折点”，在该“折点”以前的纺程内，丝条速度、温度较低，纤维内部几乎没有结晶，但在该点处，出现了大量的结晶，同时放出大量热量，导致纤维温度发生“跳跃”，同时纤维出现“细颈”。随着热管温度的提高，结晶度增加，“折点”向喷丝板方向移动，双折射的增加并不明显。在热管牵伸的最后一步，即在热管下端发生的紧张热定型，使纤维进一步结晶[17]。

因此，TCS的热管工艺主要由三个部分组成：热管的长度、温度、所处位置。针对不同规格的产品，依据总线密度和单丝线密度的不同，热管长度一般在1.3～2.3m范围内选定，以保证纺程纤维有足够的结晶发展时间及纤维结晶形成中内应力的释放时间。热管温度的作用为可降低纤维热管拉伸的屈服应力，使拉伸流动取向在合适的热场中强烈地诱导结晶，并使结晶发展和完善。一般热管温度设置在150～190℃的范围内，操作的可行性较强。热管位置的不同对增加丝束的空气阻力起到十分重要的作用。依实际纺制产品规格决定，对于纺制75～220dtex的FDY产品，热管距喷丝板800～1500mm较为合适[18]。

纺制涤纶超细纤维时，因其比表面积大，散热较快，热管温度应适当降低，否则，会出现毛丝增多现象。随着线密度增加、纺丝速度增加，热管温度应随之增加。若温度太低，会影响牵伸和热定型效果，影响成品纤维的强度和热稳定性。实验结果表明：热管温度选择在176℃时，成品毛丝很少，染色率>85%，满卷率不低于90%。

6. 上油　一步法生产由于丝束的高速运行、设备及外界因素的影响会导致纺程张力的波动，丝束发生抖动。采用油盘可增加丝束接触油盘的面积，稳定纺程纤维的跳动，利于提高丝的质量。采用特殊设计的 POY 上油嘴，也有良好的上油性能，同样可减少毛丝、断头现象。

纺制涤纶细旦纤维时，因其比表面积大，需要上油量增加。可采用增加油剂浓度和油剂泵转速的方法，将上油率增加到 0.8%左右。另外，由于 TCS 法生产装置中的第一导丝辊和分丝辊及第二导丝辊均为冷辊，与丝条的摩擦较大，应选择平滑性好的油剂。

7. 丝条集束位置　由于 TCS 工艺在纺程线上增加了热管装置，丝条集束位置发生改变，这不仅影响到丝条的固化点，而且还影响到纺程张力。

集束时纤维已经凝固，纤维的流变阻力和惯性力基本不变，因此丝条张力的不同，是由于空气摩擦阻力的变化引起的。随着集束点的改变，丝条与周围空气的接触表面发生变化从而使丝条所受空气摩擦阻力不同。凝固点之前集束位置的改变会使丝条流动变形区的张力发生变化；凝固点之后改变集束位置会使纺丝张力增大，但对纤维成型及微观结构的影响较小[19]。但由于生产的纤维是复丝，集束位置的改变会影响到单丝间的相互汇集情况，最终会使得到的丝条条干不匀。如果集束点离喷丝板的距离太远，丝条条干不匀率随之增大；集束点离喷丝板的距离太近，毛丝增多，容易引起断头。

一般情况下丝条的集束位置是在丝条固化点之下 200～400mm。

（四）质量指标

热管牵伸属二次牵伸，是丝束与热空气的摩擦力和温度协同作用的结果，牵伸力柔和而均匀，所以特别适宜于细旦、异形丝的生产。表 5－15 是 56dtex/48f 涤纶细旦 FDY 的质量指标。

表 5－15　56dtex/48f 涤纶细旦 FDY 的质量指标

项　目	参　数	项　目	参　数
规格/(dtex/f)	56/48	断裂伸长率 CV/%	6.1
断裂强度/(cN/dtex)	3.2	沸水收缩率/%	6.1
断裂强度 CV/%	1.40	网络度/(个/m)	20
线密度 CV/%	0.30	油剂的质量分数/%	0.8
伸长率/%	32.0	染色 M 率（灰卡 4 级）/%	≥85

第五节　其他高速纺丝工艺

在化纤长丝高速纺丝工艺及其后的加工工艺中，除了目前较为流行的 POY、FDY、POY－DTY 三种工艺路线外，超高速纺丝生产的高取向丝 HOY 及以 POY 为原丝的空气变形丝、网络丝等品种发展速度也较快，它们在一些特殊场合的应用具有不可替代的作用。

一、超高速纺丝

高取向丝（HOY）是采用6000m/min以上的纺丝速度而获得的具有高度取向结构的长丝。HOY的生产技术称为超高速纺丝技术，简称SHSS。

Akzo Nobel公司和法兰克福的Zimmer公司在SHSS工艺开发上，作出的贡献最大，此外日本帝人公司，瑞士伊文塔公司，韩国东洋聚酯公司，我国台湾远东纺、中兴纺等主要涤纶长丝生产公司以及山东淄博万杰化纤有限公司等正积极推进HOY的企业化生产。但由于HOY纺速比较高，纺程上的张力比较大，容易出现断丝，并且由于在整个制丝过程中，只有流动取向，没有塑性拉伸取向，所得成品丝的取向度偏低，断裂伸长较大，所以其应用范围受到一定的限制。

（一）PET超高速纺丝成型机理

PET结晶速度较缓慢，而PA6、PA66、PP都能快速结晶，因此在纺程上结构的发展与PA6、PA66、PP有显著区别。尽管PET纺丝速度在1000m/min以上就出现有序的中间相，但纺丝速度在3500m/min以下所纺得的纤维基本上是无定形的，大分子相互缠结，形成类似网络的结构。当纺丝速度超过3500m/min时，纺程上出现结晶，纤维的结构和物理机械性能也随着改变。日本科学家清水二郎观察到纺丝速度在6000m/min以上时，在纺程上某一位置纤维直径突然细化，这一位置称之为细颈点。在细颈点大分子高度取向，取向导致结晶在几毫秒内急速完成，并达到结晶度最大值（45%左右），放出大量的结晶热使丝条在细颈点温度上升几十度，这些现象都改变了纤维的性能。

超高速纺丝纺程上PET纤维结构的发展过程可分为四个阶段。第一阶段，熔体刚出喷丝孔，仍作黏性剪切流动，在此阶段无固化现象。随后，将作塑性拉伸流动，在此阶段发生变化的原因是丝条可被拉伸。第二阶段，由于大分子链节的布朗运动已被大大削弱，大分子间形成的二级范德华键增多，其数量可使大分子产生缠结，形成弹性网络结构。这种结构在外力作用下拉伸时，大分子已表现出一定的取向，拉伸和取向均遵循橡胶弹性理论。在第三阶段，丝条被进一步拉伸，当纺程上拉力超过一定值后，弹性网络结构被破坏，大分子间产生相对滑移，取向度增加，并在纺程上某一位置产生细颈形变，而纤维在细颈点被固化，结晶度和取向度迅速增加，纤维结构变化发展，形成超分子结构。第四阶段可认为是第三阶段的延续，结晶与分子取向已经完成，丝条温度被进一步冷却到环境温度。

超高速纺与高速纺的明显区别是细颈点的出现，尽管细颈产生的原因还有待于进一步研究，但是细颈所引起纤维结构性能的变化已为人们所熟知，如细颈点在纺程上产生漂移，将会造成纤维染色不均匀，织物有明显的色差而产生条纹，因此可以通过控制细颈点来获得所需性能的纤维。

（二）PET超高速纺丝工艺流程及工艺控制

PET切片→预结晶→干燥→纺丝→缓冷→冷却→集束上油→网络→卷绕→成品

1. 切片质量　为获得较好的可纺性，要求纺制HOY的聚酯切片黏度更加稳定，含杂质少，端羧基含量和凝聚粒子含量低，相对分子质量分布窄，分散系数小于2.0。

切片粉末体积小，比表面积大，容易混入或粘上空气及器壁上的灰尘和杂质，而这些物质又起着成核剂的作用，它使粉末的结晶速率加快。当结晶温度升高时，在高速纺丝过程中粉末的结晶会先于切片结晶，造成纺程上张力波动，对 HOY 生产有不良影响，因此粉末含量要尽可能小。

2. 干燥　HOY 要求干切片的含水率控制在 20mg/kg 以下。当切片含水率高时，熔融过程中易发生热降解，熔体不能形成均匀的细流；同时熔体中易产生微小的气泡，在纺丝和高速卷绕时出现断头。在保证干切片含水率的前提下，应选用较低的干燥温度并缩短干燥时间，抑制切片降解。

3. 纺丝熔体温度　HOY 纺丝速度高，熔体流动速度加快，在纺丝过程中对熔体的流变性能提出了更高的要求。在温度变化不大的范围内，纺丝熔体的黏度随温度的提高呈指数关系下降，因此纺丝熔体温度将直接影响纺丝熔体的流变行为[20]。可通过适当调整熔体温度来降低熔体的表观黏度，并提高熔体的流动性、可纺性。纺制 HOY 时的熔体温度宜比应用其他方法纺制长丝的温度高 2～3℃，一般控制在 295℃左右。

熔体在管路中的总停留时间要尽量缩短，使用过滤精度为 10μm 的中央过滤器对熔体进行预过滤，在喷丝组件中对熔体作进一步精密过滤。

4. 纺丝速度　实践表明，随纺丝速度增加，纤维的断裂强度增大，断裂伸长下降，当纺丝速度为 5500m/min 时，纤维的物理机械性能接近拉伸丝，因此纺丝速度应高于 5500m/min。但实践证明，6000m/min 纺速得到的是高取向丝，其断裂伸长率仍较大，高达 40%左右，其结构与 FDY 相差较大，只有在 7000m/min 以上得到的全取向丝（HOY）结构才与 FDY 基本相同。现在纺速在 7000m/min 以上的超高速纺丝工艺路线已应用于工业化生产。

5. 侧吹风的速度与温度　冷却成型是熔体纺丝的重要过程。在冷却吹风的速度、温度、相对湿度三个因素中，以风速对纤维成型的影响最大。实践表明，风速 0.6m/s，风温 20℃，相对湿度 65%即可满足一般规格 HOY 纺丝的要求[21]。

6. 集束点位置　纺制 HOY 时，熔体从喷丝板喷出，经侧吹风冷却，直接高速卷绕，这对张力的控制提出了相应的要求，生产中集束点位置离喷丝板 1m 左右，张力控制在 16～18cN，超喂率 0.5%，上油率 0.8%。

（三）超高速纺丝的技术特点

1. 物性指标变化　随着纺丝速度的提高，纤维的物性指标出现了明显变化。在 4500m/min 附近，纤维密度急剧增大，出现了取向结晶化现象；沸水收缩率急剧下降，纺出的纤维强度随速度的增加而增大，但伸长率则下降。

2. 皮芯结构　对于 PET 纤维来说，在纺丝速度为 7500m/min 时，从纤维断面上可看见明显的皮芯结构，其中皮层的双折射率较高，芯层的很低。速度为 10000m/min 时，芯层的双折射率约为 0.06，即停止在 POY 的取向水平上，皮层自身的双折射率直到速度达到 8000m/min，仍是增加的，双折射率上升到约 0.13；但超过该速度后，双折射率又减小到 0.1 以下[22]。

3. 产生细颈（断面收缩）现象　细颈状变形是在速度达到一定值以上发生的，涤纶大约在 4500m/min 以上发生。细颈点之后，纤维直径不再细化，与最终纤维的直径相等。速度越高，细颈点离喷丝板越近。

4. 超高速纺纤维特点 超高速纺纤维与过去的拉伸丝相比存在以下特征：

(1) 强度偏低；

(2) 伸长率偏大，拉伸负荷曲线存在着一次屈服点，因此纤维较柔软；

(3) 结晶区取向充分，但非晶区取向很低，因而染色性比 FDY 优异；

(4) 密度大而熔点高，沸水收缩率也低，这是由于结晶区增大使结构稳定所致；

(5) 广角 X 衍射图像清晰，结晶区与非晶区的区分很明确。

二、空气变形丝

(一) 定义及分类

空气变形又称喷气变形，制得的产品称为空气变形丝（ATY）。空气变形丝以 POY 或 HOY 为原丝，通过一个特殊的喷嘴，在压缩空气喷射作用下使单丝弯曲形成圈状结构，环圈和线圈缠结在一起，形成具有高度蓬松性的环圈丝。若将部分丝圈拉断，则变形表面可见圈状纹和细纱尖，具有类似短纤纱的某些特征，因此空气变形丝又称为仿短纤纱。采用不同的变形工艺，可以制出具有仿毛、仿丝、仿麻效果的空气变形丝。

空气变形技术是 20 世纪 50 年代初由美国杜邦公司首先研究成功的，产品为“Yaslan”，故又称“塔斯纶”技术，欧洲各国和美国至今仍沿用此名。由于空气变形技术具有加工原丝品种多，线密度范围大，拉伸、变形、混纤可同时进行，省去加捻工序，操作简单，且产品具有类似短纤纱的天然纤维外观，可灵活多变，因此得到世界各地纤维生产者的重视，发展速度很快。当今空气变形技术可以归纳为以下三种：

(1) 没有加热过程，仅是在喷射气流下使丝条交缠、回转、分离，然后丝条再与喷射流体一起从小孔排入大气，从而使丝条产生不规则的圈结、交缠，而具有蓬松性。杜邦“Taslan”采用的便是这种工艺。我国许多地区引进的美国喷气变形机也属于此类。

(2) 设置带热辊的拉伸区和带加热器的定型区。我国引进的 Barmag FK6T－80 型和日本爱机公司 AT－50IA 空气变形机均属于此类。这种机型既可以加工 POY，也可以加工拉伸丝，加工后的 ATY 丝圈较小，分布均匀，且沸水收缩率低，适于制作衣料。

(3) 丝条在常规空气变形后，再经特殊装置处理，可制成各种规格的绒毛丝、花式丝，如 Barmag 的 Texspun 装置、Eitex 的 Fatex 装置和 EMAD 的 ZuteX 装置等。

(二) 空气变形丝的生产原理

空气变形主要通过空气变形喷嘴来实现，如图 5－25 所示。原丝进入喷嘴被气流吹开、吹乱，随后在加速送丝管（文丘里管）中被加速。离开喷嘴前，各根单丝大体保持平行，但离开喷嘴时，丝条发生转折，生成弯曲程

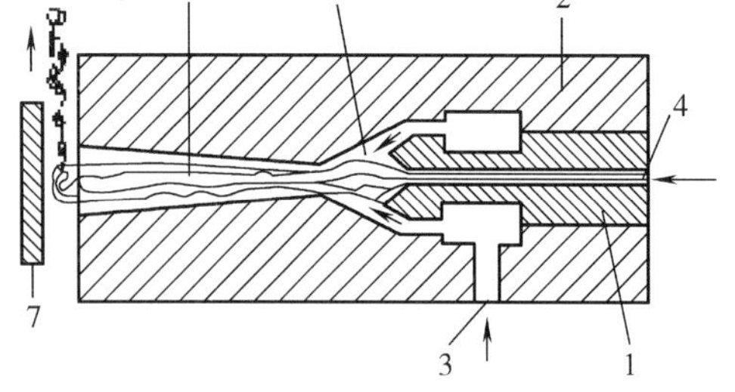

图 5－25 杜邦 Taslan 空气变形喷嘴结构示意图
1—导丝针 2—外壳 3—压缩空气入口 4—原丝入口 5—紊流室 6—加速送丝管 7—挡气板变形丝出口

度不同的弧圈。

空气变形丝的加工过程中，丝交缠和圈结过程一般分三步完成。

（1）原丝进入喷嘴被气流吹开，获得实现交缠的可能；

（2）被吹开的各根单丝发生位移并发生横向弯曲，生成圈结；

（3）丝的长度缩短，强化了缠结及网络，使已生成的圈结固定下来。在喷气变形过程中，气流有横向气流、轴向气流和旋转涡流等方式，单丝在紊流作用下互相接触、转移和结合，从而使纤维彼此间相交，形成网络结构或复杂的丝体，如图 5－26 所示。

(a) 单股丝　(b) 多股组合丝　(c) 花式丝

图 5－26　环圈变形丝的结构

（三）空气变形丝的生产工艺

典型的空气变形机大致由拉伸、变形、热稳定、定型、卷绕等几个过程组成（图 5－27）。根据用户的不同要求，还可加装短纤化装置，使变形丝具有短纤纱的独特风格。其主要的工艺参数有：

各区丝速 v；拉伸倍数 $DR=\frac{v_5}{v_6}$；变形区超喂率 $OF_T=\frac{v_5-v_1}{v_1}\times100\%$；稳定区速比 $W_1/W_2=\frac{v_2}{v_1}$；定型区超喂率 $OF_3=\frac{v_2-v_3}{v_2}\times100\%$；卷烧区超喂率 $OF_w=\frac{v_2-v_1}{v_2}\times100\%$。

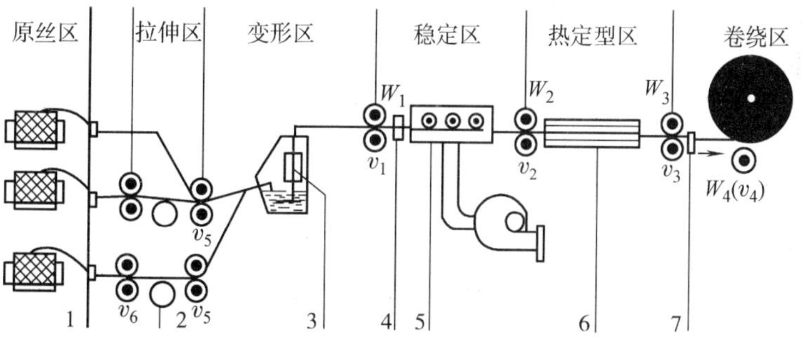

图 5－27　喷气变形工艺流程图

1—断丝器　2—热辊　3—喷嘴　4—吸烟口　5—稳定热箱　6—定型热箱　7—断丝监测器

1. 丝条线密度　变形丝条的单丝线密度增大，则其弯曲刚度提高，丝条不易交缠起圈，空气变形丝结构不稳定值增大，易出现大丝圈和浮丝，丝的手感变差。生产实践表明，当单丝线密度超过 2.8dtex 时，加工就比较困难，如 6.8dtex 的单丝几乎没有什么丝圈存在。

对丝条的总线密度也有要求，当超过适宜的总线密度时，变形效果不佳，其原因是总线密度增加时，气流进一步变成湍流，影响了变形效果；此外在多根单丝存在下，由于增加了丝圈数，在施加张力下丝圈被抛出的可能性增大了，如单丝线密度 1.67dtex，适宜的单丝根数要小于 66 根。因此在选择喷嘴时，应考虑原丝的单丝线密度、丝的总线密度与工艺条件和原丝特性。

2. 变形区超喂率 变形区超喂率用丝条进入变形喷嘴前、后罗拉的速度来表征，即 $OF_T=\frac{v_5-v_1}{v_1}\times100\%$。由于超喂提高了长丝在喷射气流作用下产生交缠和起圈的程度，使变形丝沿长度方向上分布的丝圈增多，增大了丝条的蓬松性及覆盖效果，因此生产中要严格控制超喂率。若超喂率过低，不利于丝条的缠结成圈；超喂率过高，丝条表面毛圈过大，条干松散，毛圈的绕结牢度降低，均匀性和稳定性变差，给织造和后处理带来困难。

超喂率对空气变形丝的风格也起着决定性的作用。对于两股喂入原丝，超喂率相同时，得到并列型空气变形丝；超喂率不同时，则得到包芯型丝。在某些机型上，可有规律地改变超喂率，使丝圈大小发生周期性变化，产生粗细间隔丝。

另外，随着超喂率的增加，变形丝线密度增大，如 333dtex 涤纶长丝，超喂率从 14.7% 增至 30%，线密度增加率从 3.9%增至 11.7%，而强力下降达 60%，甚至更多。这是由于大量的毛圈形成后，丝条仅部分单丝受到拉伸造成的。

生产中超喂率一般控制在 10%～30%之间。

3. 加工速度 提高加工速度可提高生产效率，但影响线密度的增加率。如丝速从 300m/min 增至 600m/min，线密度增加率相对下降 35%～40%。这是因为丝条经过喷嘴的速度提高，丝条与喷嘴内气流的相对速度下降，即气流动态压力对丝条的作用力下降，从而导致线密度的增加率下降。加工速度还与原丝线密度有关，原丝线密度越高，加工速度应越低。加工速度一般在 300～700m/min 的范围内，通常加工较细的丝条时，加工速度较高，加工粗旦丝条时，加工速度则较低。

4. 热辊温度和拉伸比 POY 在变形加工时需进行热拉伸，如以涤纶 POY 为原丝进行空气变形时，热辊温度控制在 130～150℃，最高不得超过 160℃。

随着空气变形加工中拉伸比的增加，线密度下降，伸长率减小而沸水收缩率增大。涤纶 POY 在空气变形加工中的拉伸比控制在 1.5～1.7 之间。

5. 定型温度和定型时间 由于空气变形丝毛圈内充满了空气，它的传热性比拉伸变形丝差。为使丝圈缠结的更紧，并使丝芯能同样达到定型效果，就需要适当增加定型温度，延长加热时间。定型温度一般控制在 190～230℃，定型时间可用丝的加工速度来表示。

6. 空气压力 空气压力增加，可强化变形效果，使变形丝丝圈不稳定性降低。一般控制在 0.6～0.9MPa 即可满足空气变形工艺和变形丝质量的要求，生产中要保持压力的稳定。

7. 张力 在空气变形加工中，丝条各区的张力大小对成品丝条的性质影响很大。原丝喂入张力过高，会引起 POY 线密度变化，导致条干不匀。变形区丝条的张力大小取决于超喂率和给湿量，一般认为低张力有利于丝条在喷嘴中开松、卷曲成圈，该区张力控制在 3.0cN 左右。

稳定区的张力对毛圈的缠结牢度、毛圈形态、卷曲稳定性等均有影响，一般控制在 5.5～8.0cN。低张力定型，有利于纤维内的应力松弛，提高空气变形效果，降低空气变形丝的沸水收缩率。卷绕张力要根据加工丝条线密度和对筒子密度要求而定，过高，会损坏空气变形丝表面的毛圈；过低，会影响筒子成型。

8. 给湿量 丝条进入空气变形喷嘴前，先进行给湿处理。给湿可洗去原丝上的部分油剂并起增塑作用，可明显增强变形效果，提高空气变形丝的均匀性和结构稳定性。由图 5-28 可知，在同样超喂条件下，丝条给水比未给水的张力高许多，因此给湿后丝条的变形效果要好得多。

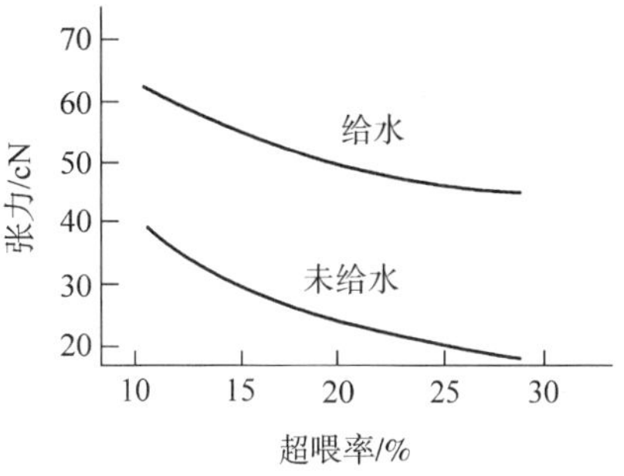

图 5-28 给水与未给水丝条张力的比较

丝条的给水量必须均匀，否则会影响热定型效果。给水量的大小，由丝条的张力、加工速度、丝条线密度、变形超喂率等因素而定。对涤纶而言，一般给水量宜控制在 0.8～1.4L/h。

三、网络丝

网络丝是指合纤长丝在网络喷嘴中，经压缩空气作用，单丝互相缠结而呈周期性网络点的长丝。

网络长丝是用于机织（或针织）生产的一种优质丝。其优良的性能表现在集束性与平滑性好、织造加工性能好，改进了合纤长丝的极光效应和蜡状手感，并能省去加捻、上浆与退浆等工序，因此深受织造厂的欢迎。

制造网络丝的网络加工技术是国外 20 世纪 70 年代开发和工业化的一项新技术，该技术主要可用于如下四个方面：

（1）用于制取不用上浆的网络长丝、弹力丝；

（2）代替并捻或加捻；

（3）用于纺丝（POY 或 UDY）以提高卷绕丝的拉伸或拉伸变形的加工性和改善卷绕丝卷形；

（4）用于制取不同类型的混纤丝，它包括不同原料组分的混纤（如涤纶和锦纶、涤纶和改性涤纶、拉伸丝和高速卷绕丝等），不同线密度纤维的混纤，不同收缩率纤维的混纤，不同染色性能的混纤以及不同截面形状的混纤。

（一）加工原理

网络加工是在纺丝、拉伸或假捻的工序中利用一种特殊的压缩空气喷嘴即网络器，对正在行走中的丝条进行高压空气喷射，由网络器中喷出的高速气流垂直于丝条进行剧烈地喷射、冲击和碰撞，产生与各根单丝平行的旋涡气流，这种旋涡气流（也称乱气流）能将各根单丝充分开纤、旋转和扭合，从而使丝条中的各根单丝间呈完全不规则的交缠（即网络），形成集束性、平滑性良好的网络丝。这种单丝间的交缠，微观上完全不规则，宏观上却有一定的规则性和周期性。优质的网络丝应是条干均匀性好、经网络加工后强伸度损伤少、丝条上的网络节点呈一定的周期性排列的丝条，如图 5－29 所示[23]。

如图 5－30 所示，当合纤长丝通过网络器时，受到与丝条垂直的压缩空气的横向撞击，产生与丝条平行的涡流，使各单丝产生两个马鞍形运动和高频率振动的波浪形往复。合纤长丝首先开松，随后整根丝条在网络喷嘴丝道里通过，折向气流使每根单丝不同程度地被捆扎和加速。丝道中间的单丝得到气流所给予的最大加速，而位于丝道侧壁的单丝则进入边缘较弱的气流回流里。当这两股气流所携带的单丝在丝道内相汇合时，便发生交络、缠结，产生沿丝条轴线方向上的缠结点。两个折向气流形成的滑流给一部分丝条加上了 S 捻，给另一部分丝条加上了 Z 捻，在两个反向涡流汇集点处，就形成了合纤长丝的网络点。

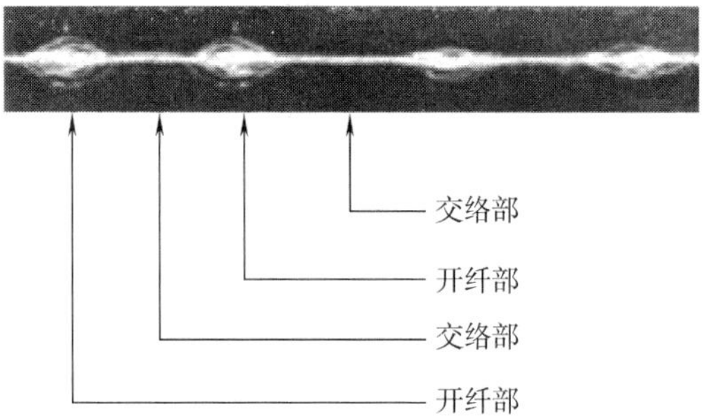

图 5－29　网络丝的放大照片

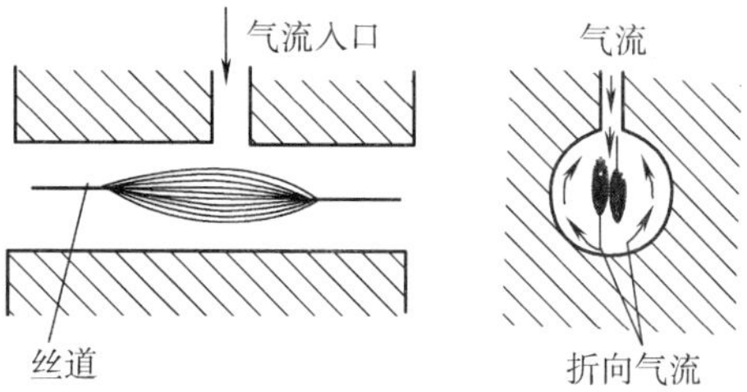

图 5－30　网络器内气流的作用和流向

（二）网络工艺

涤纶长丝进行网络加工的原丝有拉伸变形丝（DTY）、预取向丝（POY）、全拉伸丝（FDY）以及混纤丝等。虽然其网络原理相同，但由于网络原丝性质不同，对成品网络丝的特性要求也不同，故网络加工条件也不尽相同。POY 和 FDY 的网络度较低，大多在 20 个/m 以下，而 DTY 的网络度为 60～100 个/m。下面介绍 DTY 的网络加工工艺条件。

1. 原丝线密度　一般认为，单丝线密度越小，其越柔软，在空气喷射下越容易紊乱、扭合和交络，因此使用的压缩空气压力可以低些，反之则要高些，所以生产中要根据纤维的线密度变化，适当地调节空气压力。

2. 压缩空气压力　压缩空气压力对网络丝的影响很大，它除了决定网络丝网络结点的牢度外，还影响网络度（单位长度内的网络结点数），在压缩空气压力较低的范围内，随压力的增加，网络丝的网络度迅速增加；而当压缩空气压力在 3.5×10^5Pa 以上时，网络度的增加逐渐缓慢，直至不再增加。这是由于当压力刚增加时，喷射气流对丝条的撞击力增加，丝道内的流体紊流加剧，从而使丝条产生的高频振动频率增加，丝条网络度随之增加，且网络结点的牢度高，不易松散；但压力增加到一定值后，丝条的高频振动频率接近临界值，因而网络度的增加逐渐缓慢，直到平衡值。

为了获得均匀的交络度，稳定压缩空气的压力是必须的，一般控制在±0.01MPa 以内。

3. 网络加工速度　在丝条的网络过程内，网络度随网络加工速度的增高而降低。这是由于丝条速度提高，而网络器中恒定气体紊流引起丝条振动的频率却不发生变化，单位时间内对丝条产生的网络度一定，从而使丝条单位长度上的网络点减少，网络度降低。加工速度与网络度的关系如图 5－31 所示。

4. 丝条张力　丝条在交络器内的张力对交络度的影响较大，张力低，单丝容易被推开而抱合和交络，一般均采用降低丝条张力的方法来达到较高的交络度，但张力过小，松弛的丝条不能很好地处于交络器的中心位置，丝条晃动，吹捻不到的位置形不成交络，交络度下降，如图 5－32 所示。实验证明，低弹丝网络加工中的张力应控制在 0.04～0.09dN/tex 为宜。

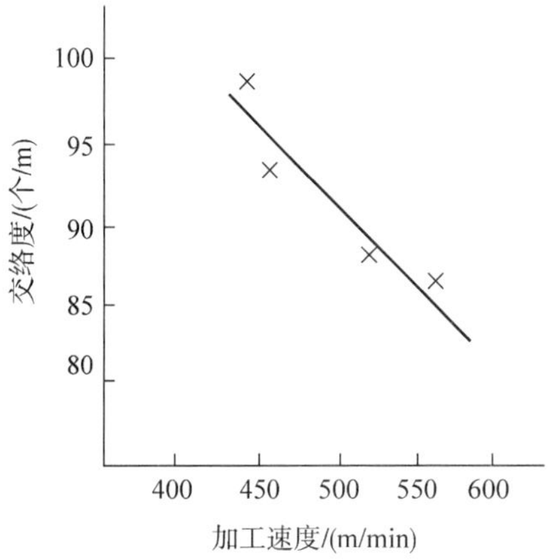

图 5－31　加工速度与交络度的关系
（333dtex/72f　DTY）

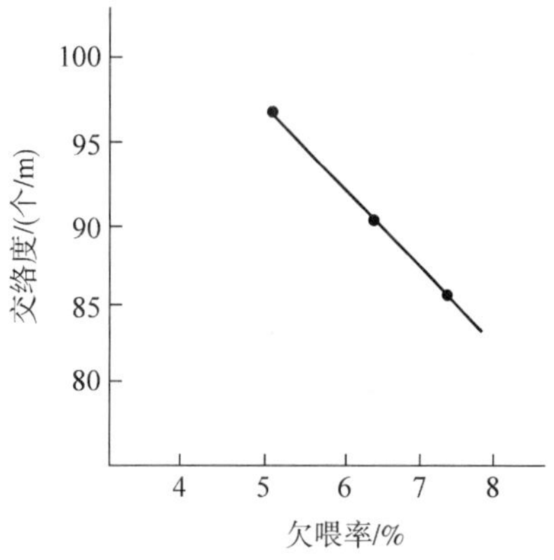

图 5－32　欠喂率对交络度的影响
（333dtex/72f　DTY）

5. 油剂的影响　原丝的油剂特性及上油率对交络度也有影响，不良的油剂容易污染交络器，改变气流状态，从而影响交络度。因此不仅要选择适宜的油剂品种和上油率，还应定期清理交络器。

此外，丝条进出网络器的角度，一般需控制在 40°～70°，才能保证有良好的网络效果。

复习指导

1. 了解高速纺丝的特点和分类，掌握预取向丝（POY）、全拉伸丝（FDY）、高取向丝（HOY）、假捻变形丝（DTY）的定义。

2. 了解高速纺丝与普通纺丝的区别，掌握 POY 纺丝工艺各个工序的具体工艺控制和对高聚物质量的要求。

3. 了解变形加工的方法，掌握假捻法变形加工原理，掌握内拉伸变形法中 D/Y 比、拉伸变形加工速度、热箱温度、冷却温度、拉伸倍数、假捻张力和超喂率等工艺参数的控制情况。

4. 了解全拉伸丝（FDY）的定义、分类和产品性能，掌握热辊拉伸法和热管纺丝法工艺控制过程，重点掌握热辊拉伸法对切片质量、切片干燥、纺丝过程、冷却条件、上油、网络等工序的具体要求。

5. 了解超高速纺丝、空气变形丝、网络丝的定义和发展现状，掌握超高速纺丝、空气变形丝、网络丝的工艺流程和工艺控制要点。

思考题

1. 什么叫预取向丝 POY 丝？POY 与 UDY 相比，具有什么特点？
2. 全拉伸丝的生产方法有哪些？目前以哪一种为主？
3. 高速纺丝成型过程中，纤维结构所发生的变化是什么？
4. 简述 POY 切片纺丝工艺流程，并简述对切片的要求。
5. 简述 POY 切片纺丝对干燥的要求。
6. 简述 POY 切片纺丝对测量头压力的要求。
7. 简述 POY 纺丝对喷丝孔的要求有哪些？
8. 简述 POY 纺丝工艺条件如何调整？
9. 什么叫结构一体性参数，生产中如何控制？
10. 简述假捻法和空气喷射法的异同点。
11. 什么叫外拉伸变形法和内拉伸变形法？
12. 内拉伸变形法工业控制要点有哪些？
13. 什么叫全拉伸丝？
14. 简述热辊拉伸法生产聚酯 FDY 的工艺流程和工艺控制要点。
15. 什么叫热管法纺丝拉伸工艺？并简述其工艺流程。
16. 什么叫超高速纺丝？简述其工艺流程。
17. 简述超高速纺纤维的特点。
18. 简述空气变形丝的定义及分类。
19. 简述空气变形丝的加工过程。
20. 什么叫网络丝？其主要应用在哪些方面？

主要参考文献

[1] 滕新荣，赵家森，刘福安. 涤纶超高速纺丝 HOY 的发展及应用 [J]. 天津纺织工学院学报，2002，19 (2)：84-86.

[2] 徐心华，李允成. 涤纶长丝生产 [M]. 2 版. 北京：中国纺织出版社，1995.

[3] 骆为林. 聚酯纤维技术 [J]. 国外纺织技术，1999 (2)：18.

[4] 王玉萍. 中国涤纶长丝行业发展与环境保护 [J]. 合成纤维，2008，7：1-5.

[5] 郭大生，王文科. 聚酯纤维科学与工程 [M]. 北京：中国纺织出版社，2001.

[6] 邬国铭. 高分子材料加工工艺学 [M]. 北京：中国纺织出版社，2000.

[7] 王显楼，余荣华. 高速纺丝拉伸变形工艺与设备 [M]. 北京：纺织工业出版社，1992.

[8] 陆惠宝，辜昌基. 涤纶生产技术问答 [M]. 北京：纺织工业出版社，1993.

[9] 贝津龙，徐炽. 聚酯纤维手册 [M]. 2版. 北京：中国纺织出版社，1995.

[10] 张建丽，尹翠玉. 全消光三角异形涤纶全拉伸丝的生产工艺探讨 [J]. 合成纤维，2008，(4)：43-48.

[11] 秘祎. 涤纶长丝染色不匀的原因及解决方法 [J]. 化工时刊，2008，22 (5)：49-50.

[12] 王志超. 110dtex/48f 涤纶 U 形全拉伸丝的开发 [J]. 合成纤维，2006 (6)：39-41.

[13] 戴玉萍. 44dtex/12f 涤纶全拉伸丝的工艺研究 [J]. 合成纤维，2006 (8)：29-31.

[14] 王延伟. TCS 法生产涤纶 FDY 条干不匀率影响因素的探讨 [J]. 合成技术及应用，2003，18 (1)：15-17.

[15] 沈新元. 高分子材料加工原理 [M]. 北京：中国纺织出版社，2000.

[16] 尹翠玉，齐国顺，张志国，等. TCS 法生产涤纶细旦 FDY 工艺探讨 [J]. 聚酯工业，2001，14 (6)：40-44.

[17] 张秀春. 浅谈涤纶 FDY 生产新技术——TCS 一步法的特点 [J]. 合成纤维工业，1996，19 (5)：40-41.

[18] 徐晓辰，丁仁忠. 热管纺丝一步法工艺技术开发应用探讨 [J]. 金山油化纤，1998 (2)：16-19.

[19] 杨胜旺. TCS 工艺对 PET FDY 纤维成形的影响 [J]. 合成纤维工业，2001，24 (5)：59

[20] 周卫中，管新海. 多组分改性聚酯纤维的研究 [J]. 合成技术及应用，1997，12 (3)：43.

[21] 王荣克，王瑞华. 涤纶 HOY 生产工艺探讨 [J]. 合成纤维工业，1999，22 (3)：50-51.

[22] 严国良，虞建冲. 超高速纺丝工艺及技术分析 [J]. 金山油化纤，2002，21 (1)：35-38.

[23] 邱华，葛明桥. 网络加工参数对网络丝质量显著性影响的评价 [J]. 合成纤维，2008，(5)：15-19.

第六章　纺熔法非织造材料的生产工艺与质量控制

第一节　概　述

纺熔法（Spinning fusion methods）非织造材料制造方法包括纺丝成网法（纺粘法）、熔喷法和膜裂法等。

纺丝成网法是纺熔法非织造材料生产中最重要、应用最广泛的一种方法。这种方法是化纤技术与非织造技术紧密结合的成功典型，它是利用化纤纺丝原理，在聚合物纺丝过程中将经受气流牵伸的连续长丝铺置成网，纤网经机械、化学或加热的方法加固而成非织造材料[1]。

熔喷法（Melt-blowing）是聚合物直接成网的一种工艺，与纺粘法（Spunbonding）不同，熔喷法是将螺杆挤出的高聚物熔体用高速高温气流喷吹或采用其他手段，使熔体细流受到极度拉伸而形成极细短纤维，然后聚集到成网滚筒或成网帘上形成纤网，后经自黏合作用或其他加固工艺而制成熔喷法非织造材料[2]。

一、纺丝成网法非织造材料的发展历史与现状

自 20 世纪 50 年代末美国杜邦公司首先将纺丝成网法（纺粘法）非织造材料生产技术实现工业化后，世界各国相继在 20 世纪 60 年代末开始从事开发和应用该技术，如日本是在 20 世纪 70 年代开始起步，亚太其他国家则是于 20 世纪 80 年代中期以技术引进为起点开始发展这门生产技术。由于纺粘法在工艺技术、产品性能、生产效率等方面表现出明显的优势，使它在近 20 年来获得了举世瞩目的快速发展。2000 年，世界纺粘非织造布在非织造布中的比例已达到 38%，美国、欧洲都达到 45%左右[3]。2005 年全球非织造产品的产量为 470×10^4 t，欧洲占 31%、北美占 26%、亚太地区占 23%。在产品分布上，纺粘法与熔喷法非织造布占 43%。预计 2010 年世界非织造布产量将达到 680×10^4 t 左右，纺粘非织造布会有较大增长。

我国的纺丝成网法非织造材料起步较晚，从 1986 年我国引进第一条纺粘法非织造材料生产线开始，经过技术消化、市场开拓，在 1991 年形成一个发展高潮，生产线增加到 20 多条；1998 年进入第二个发展高潮，生产线增加到近 60 条；从 2003 年开始，我国纺粘法非织造生产线建设进入第三次发展高峰期，生产线达到 140 条以上，其中产能 1×10^4 t/a 的生产线有 7 条，生产能力成倍增加，达到 50×10^4 t/a[4]。

截至 2007 年底，我国共有纺粘法非织造材料生产线 435 条，其中 PP 纺粘法非织造材料生产线 406 条，PET 纺粘法非织造材料生产线 21 条，在线 SMS 复合非织造材料生产线 8 条，

连续式熔喷法非织造材料生产线 83 条（将上海自制连续式生产线计算在内）；我国纺粘法非织造材料实际总生产量 697194t，其中 PP 纺粘法非织造材料产量占整个纺粘法非织造材料的 87.83%，PET 纺粘法非织造材料实际产量占整个纺粘法非织造材料 5.52%，在线 SMS 复合非织造材料实际产量占整个纺粘法非织造材料的 6.65%，熔喷法非织造材料实际产量为 22340t[5]。

虽然我国目前非织造布产量居世界第二位，人均占有量已经赶上世界平均水平[6]，但是我国纺粘生产仍存在以下问题：

（1）新增加的纺粘生产线大多数均是年产 1500t 的小型设备，低水平重复建设现象严重，2006 年增加 60 条生产线，增加产量总计 101200t，平均每一条线生产能力仅为 1686.6t，这与目前向大型化发展的方向相背，与美国平均每条生产线能力 8700t 的差距越来越大。

（2）2006 年我国的纺粘法非织造材料，丙纶（PP）占 87%，达 48.47×10^4t，但其产品品种规格均是一样，十分单调，而且又新增 60 条新生产线，相互之间的竞争很激烈，切片价格上升，而纺粘布价格不升，因此大多工厂经济效益下滑，利润很低。

（3）SMS 复合布的生产、全年开工率仅仅为 30%，主要是新引进的一批 SMS 生产线，除个别厂外，多数生产很不正常，甚至不生产 SMS 布，将高档次的设备用来生产低档次的产品。

（4）涤纶（PET）纺粘的开工率仅有 50%，根本的原因在于薄型热轧布的市场没有很好打开，有的工厂年产能力达 8000t，但只生产了 1000～2000t，销售困难，订单很少，致使这些厂半停半开，甚至停多开少。

总的来说，通过近 30 年的发展，纺丝成网非织造材料技术已获得相当大的发展，但尚未达到尽善尽美的地步，仍处于继续发展中，可以预料纺丝成网与其他非织造材料技术的结合、产品品种的开发、用途和生产规模的扩大都将会有新的进展。

二、熔喷法非织造材料的发展历史与现状

熔喷法的研制开发始于 20 世纪 50 年代初期，美国海军研究所最早开始研究气流喷射纺丝法，纺得极细的纤维，其直径在 5μm 以下，制得由这种超细纤维组成的非织造材料[7]。随后其他一些专利也相继出现，直到 20 世纪 70 年代后期，美国的埃克森（Akerson）公司才将这一技术转为民用，才使熔喷法得到很大发展，成为聚合物直接成网非织造材料的第二大生产方法。

20 世纪 70 年代后期开始，熔喷法非织造材料增长迅速，以平均每年 10%～12%的速度递增，1989 年世界上已有 60 多条熔喷法非织造材料生产线，产量已超过 45000t。美国金伯利（Kimberlley）公司为了克服熔喷非织造材料的缺点，即自身强力低、尺寸稳性差，开发了熔喷法非织造材料与纺粘法非织造材料叠层的 SMS 或 SM 复合材料，在手术衣、过滤材料等用途方面很受欢迎，因此也推动了熔喷非织造材料的发展。但与纺丝成网非织造材料相比，熔喷法非织造材料增长速度稍差。随着复合技术的应用与熔喷非织造材料用途的开发，熔喷法非织造材料仍将会有相当大增长，特别是在发展中国家。

我国对熔喷技术的研究也较早，20 世纪 50 年代末中国核工业部二院、北京化工研究院等机构就开始了这方面的研究；20 世纪 80 年代，中国纺织大学研制出了间歇式熔喷法非织造布生产线；20 世纪 90 年代初北京化工研究院、中国纺织大学、北京超纶公司等单位设计出的间歇式熔喷设备，在国内陆续投产了近百台。2002 年天津泰达又引进第 2 条连续式熔喷生产线；2004 年底山东俊富无纺布有限公司投产了幅宽为 3.2m、年产 2000t 的连续式生产线[8]。2006 年我国熔喷法非织造布有了新的发展，总的生产能力约 3.74×10^4t，实际产量约为 2.2×10^4t，比 2005 年增长了 15.2%。我国熔喷非织造布有连续式和间歇式两种，其中连续式生产线的产量占熔喷总产量的 70%左右。2007 年，熔喷法非织造布总生产能力达到 38390t，总的实际产量为 22340t，比 2006 年增长了 30.79%。

现今国内熔喷非织造材料也被用于和纺粘非织材料的二次复合，即二步法 SMS 产品但其性能与一步法 SMS 产品相比肯定有一些无法克服的缺点，如无法生产薄的产品（15g/m^2）、产品的孔率、孔径受到限制等。随着国内一步法 SMS 生产线的陆续投产，将逐步取代二步法 SMS 成为这类产品的主力军。目前中国熔喷法非织造材料的生产企业仍需要在新产品开发上面投入更多的精力去开拓市场以找寻更大的市场空间。

三、纺熔法非织造材料生产的工艺流程

（一）纺粘法非织造材料生产的工艺流程

纺丝成网法是利用化学纤维纺丝的方法，在聚合物纺丝成型过程中通过骤冷的空气对挤出的熔体细丝进行冷却，使细丝在冷却过程中受到拉伸气流的拉伸作用，形成连续长丝然后在凝网帘上成网，并铺放在成网帘上，再经固结装置处理后形成纺丝成网法非织造材料，具体工艺流程如下（以涤纶为例）：

切片→干燥→螺杆挤压机→熔体过滤器→计量泵→喷丝板→冷却吹风→气流牵伸→铺网→加固（热轧或针刺、水刺成布）→卷取→检验→包装→成品

纺丝成网法生产工艺流程示意图如图 6－1 所示[9]。

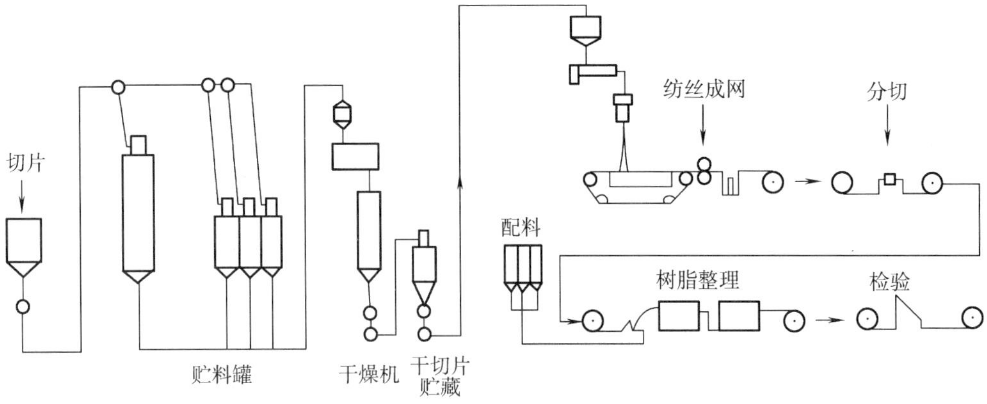

图 6－1　纺丝成网法生产工艺流程示意图

原料若为丙纶，一般无需干燥。

随着科技的发展，目前还有多台机复合在一起的生产线，例如两台纺粘机组成一条生产线，简称为 SS（即 Spunbond/spunbond），或两台纺粘设备中间加一台熔喷机，共 3 台机组成一条生产线，称为 SMS，SMS 即两层或三层纺粘法非织造材料夹持一层或多层熔喷法非织造材料所构成的一种复合非织造材料，其中 S 是指 Spunbond，即纺粘法非织造材料，M 为 Meltblown，即熔喷法非织造材料[10]。

SMS 工艺流程为：

纺粘
熔喷→热轧→成布
纺粘

SMS 生产工艺流程示意图如图 6－2 所示[11]。

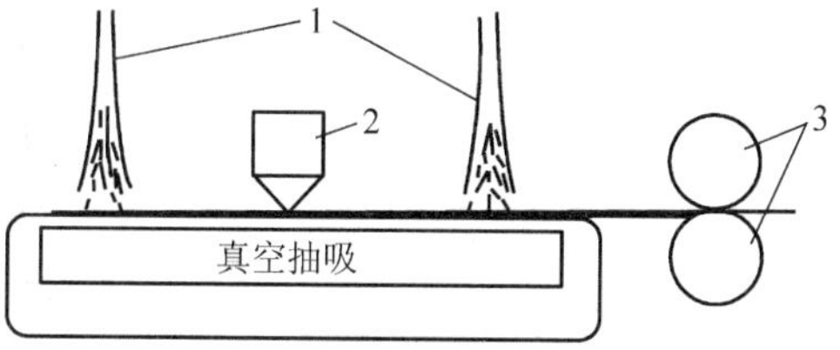

图 6－2　SMS 生产工艺流程示意图

1—纺粘生产线　2—熔喷生产线　3—热轧辊

（二）熔喷法非织造材料生产的工艺流程

熔喷工艺原理是将聚合物熔体从模头喷丝孔中挤出，形成熔体细流，加热的拉伸空气从模头喷丝孔两侧风道亦称气缝中高速吹出，对聚合物熔体细流进行拉伸。冷却空气在模头下方一定位置从两侧补入，使纤维冷却结晶；另外在冷却空气装置下方也可设置喷雾装置，进一步对纤维进行快速冷却。在接收装置的成网帘下方设真空抽吸装置，使经过高速气流拉伸成型的超细纤维均匀地收集在接收装置的成网帘（或滚筒）上，依靠自身黏合或其他加固方法成为熔喷非织造材料。图 6－3 为熔喷工艺示意图[12]。

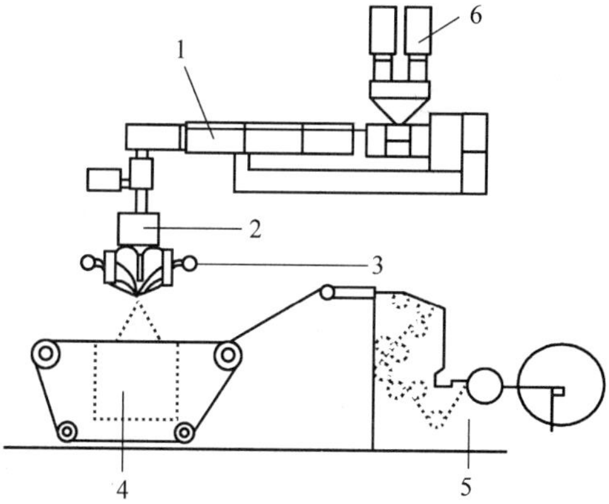

图 6－3　熔喷法非织造布生产流程图

1—螺杆挤出机　2—计量泵　3—熔喷装置　4—接收网　5—卷绕装置　6—喂料装置

熔喷非织造生产工艺过程为[13]：

聚合物喂入→熔融挤出→纤维成型→纤维冷却→黏合（加固）→切边卷取→后整理或特殊整理

(三) 纺丝成网法非织造材料与熔喷法非织造材料的比较

纺丝成网法非织造材料与熔喷法非织造材料技术都属于聚合物一步法成布技术，在某些工艺原理方面有相似之处，它们都离不开螺杆挤出机，都需要将聚合物切片加热成熔体。

纺粘法非织造材料的最大特点是纤网中纤维为连续长丝，与同克重的其他非织造材料产品相比，强度高、纵横向性能接近，但其成网均匀度和表面覆盖性较差。

熔喷法非织造材料为超细纤维结构，纤维直径小，布面比表面积大，孔隙率小，过滤阻力小，过滤效率高，表面覆盖性及屏蔽性能均很好；其缺点是强度低、耐磨性较差[11]。

表 6-1 从加工气流与纤维接触情况、所需气流量、能耗、纤维线密度、聚合物原料的熔指要求、纤网强力与蓬松度、加固方法、投资成本等方面对两种工艺做了一个粗略的比较[1]。

表 6-1　纺丝成网与熔喷成网非织造材料工艺的比较

项　　目		纺丝成网	熔喷成网
加工气流与纤维接触情况		从纺丝孔至凝网，始终接触	仅在喷丝孔出处
所需气流量		少	大
能耗		少	多
纤维	长度	连续长丝	短纤维（一般小于 15mm）
	线密度	2.7dtex 左右（20μm)(可从 1.1～10dtex)	0.027dtex 左右（2～5μm）
聚合物	熔指（MI）	25～35	200～1000
	类型	PP、PE、PET 为主	几乎所有热塑性聚合物及其他一些聚合物
纤网	强度	高	低
	蓬松度	低	高
加固		必需，可采用热黏合、针刺、水刺、化学等多种方法	自身黏合为主
投资		高	比较低

(1) 能耗方面。熔喷非织造材料单位产量的能耗比纺丝成网非织造材料高得多。一般生产 1kg 熔喷非织造材料约耗电 6～8kW·h，而 1kg 纺丝成网非织造材料仅耗电 1kW·h，因为熔喷非织造材料生产需要的热气流量特别大，因此能耗也大。要减少能耗首先要减少对热空气的需求量，其次选择较经济的空气加热方式。现在随着熔喷非织造材料技术的改进，聚合物熔指的提高，特别是生产线速度的提高（单位时间产量），都有助于减少熔喷非织造材料的能耗。

(2) 纤维原料方面。纺丝成网线生产的长丝成排状，如瀑布倾下，每米宽度纺丝板可生产 10000～15000 根纤维；而熔喷成网的喷丝孔仅一排，每米喷丝板仅产出 1000～2000 根纤维。由于熔喷成网时，纤维以极高速度喷向成网帘，纤维所受拉伸比纺丝成网大得多，因此熔喷纤维的细度虽高，但细度不匀率也高。

(3) 投资成本方面。在一定产量下，纺丝成网生产线的设备成本、安装成本、生产成本比熔喷要高，只有能耗成本比其低。但随着生产线规模扩大，提高单位时间产量，则单位产量的投资成本下降，如双挤出机、双纺丝板的纺丝成网非织造材料生产线的单位产量投资就比单头机低得多，而对熔喷法非织造材料来说提高产量也可降低能耗。

第二节　纺熔法非织造材料的生产原料

纺熔法非织造材料是非织造材料工业中发展最快的一种生产方法，它是利用具有固定熔点且熔点小于分解温度的高聚物，通过熔融、纺丝成型而形成纤网，根据纤维在纤网中的状态不同，分为纺丝成网法和熔喷法。原则上讲，适用于传统熔融纺丝工艺制备纤维的聚合物一般都可以用来生产纺熔法非织造材料，考虑到非织造材料本身的特性，目前常用的原料有聚丙烯、聚乙烯（PE）、聚酯（Polyester）类、聚酰胺（Polyamide）类、聚氨酯（Polyurethane）类、聚乳酸（Polylactide）类以及双组分类等聚合物。为了提高纺熔法非织造材料的使用性及美观舒适性，克服其缺陷，在实际生产中通常还需要加入色母粒等功能添加剂，而这些成分也不同程度地影响着非织造材料的生产和产品性能。

生产原料中，聚丙烯占第一位，其次是聚酯、聚酰胺。2005 年的统计数据表明，纺熔法非织造材料中，聚丙烯类占 79%，聚酯类占 16%，其他聚合物占 5%[14]。原料本身的性能直接影响最终产品的性能，因此必须对生产原料有一个系统的掌握。

一、等规聚丙烯（IPP）

由于聚丙烯熔点较聚酯低很多，原料易得，原料消耗和能耗低，生产工艺简捷，加之其本身具有的优良性质，如密度小、无毒、易加工、抗冲击强度高、抗挠曲性以及电绝缘性好等优点，使其在纺熔法非织造材料生产中一直占据统治地位，2007 年全球 PP 纺熔法非织造材料产量约 200 万吨。

用于纺粘法纺丝的聚丙烯切片，其相对分子质量通常在 $(10\sim25)\times10^4$ 之间，成纤用等规聚丙烯树脂的相对分子质量应选择为能在较低的纺丝温度下有合适的熔体黏度，$[\eta]$ 控制在 1.52～2.0dL/g，当相对分子质量在 12×10^4 时，熔体的流变性能最好，其允许的最大纺丝速度也高。

在聚丙烯纺丝过程中，要求聚丙烯切片具有较好的可纺性，主要质量指标见表 6-2[19]。

表 6-2　纺粘法用丙纶切片质量指标

项　　目	指　　标	项　　目	指　　标
熔点/℃	164	等规度/%	>96
密度/(g/cm³)	0.91	杂质/%	<0.025
MI/(g/10min)	35±5	含水率/%	<0.05
相对分子质量分布指数	<4		

由于熔喷工艺采用高压热空气牵伸，因此要求选用纺丝温度低、流动性能好的原料，即采用熔融指数较高的聚合物，这样有利于提高产量、降低能耗。过去熔喷法生产采用的是普通纤维级的聚丙烯，其相对分子质量高，熔体流动速率低，为了降低熔体黏度以满足熔喷工艺要求，这种熔融指数为 12g/10min 的聚丙烯必须借挤出机的高温与剪切作用降解或在挤出工艺中使用氧化剂或过氧化剂来降解。目前，应用最多的是聚丙烯（PP）切片，其熔融指数（MI）大多在 400～1200g/10min 以上，且相对分子质量分布较窄[20]，可生产出所需线密度的超细纤维。

无论采取高熔融指数的聚合物或添加过氧化剂，其作用都是为降低螺杆挤出机的工作温度，提高熔体流动速度，有利于减少过度降解聚合物的形成、延长纺丝板使用寿命、减少能耗，同时给选择可使用的添加剂更大灵活性。

世界上主要的原料供应商有韩国 Basell 公司、美国 Exxon Mobil 公司、北欧化工等。据称 Exxon Mobil 公司最近开发出了一种专为熔喷生产而设计的高熔融指数的物料，这种新原料是利用该公司茂金属催化技术合成开发出来的，它不仅可以与各种聚合物相容，而且还可改善产品的弹性、柔软性、结合力、强度和耐用性。

二、聚酯（PET）

聚酯的化学名为聚对苯二甲酸乙二酯，由于其原料易得，具有较高的强度和综合性能指标，它在纺熔法工艺中的应用仅次于 PP，广泛应用在农业、包装、土工建筑、房屋防水基材等领域。现在大多数生产线所用的 PET 切片还必须预先干燥，单位能耗较 PP 产品高，且切片本身的价格也高，所以 PET 纺熔法非织造材料的成本和价格较 PP 高，主要应用于使用价值较高的产品。根据加固方式不同，切片原料可采用均聚酯或共聚酯。一般机械加固时多使用单一品种均聚物；热黏合加固时多使用部分低熔点的共聚酯，以减少能耗。在生产双组分产品时，芯组分也用均聚酯，而外层多使用共聚酯或聚烯烃。

纺熔非织造材料纺丝时，聚合物熔体在一定压力下被压出喷丝孔，成为熔体细流并冷却成型。熔体黏度是熔体流变性能的特征，与纺丝成型密切相关。

因纺粘法生产牵伸速度高，聚酯纺粘法非织造布产品物理性能好，布面要求高，单丝强度高，所以对纺丝工艺要求十分严格，如切片的含水率、相对分子质量及其分布、大分子的聚集物中的杂质含量、纺丝温度等工艺参数要严格控制。表 6－3 为纺粘涤纶切片质量指标[21]。

表 6－3 纺粘涤纶切片质量指标

项　目	一　等　品	二　等　品
极限黏度/(dL/g)	0.635±0.01	0.625±0.03
DEG 含量/%	(0.55～0.80)±0.2	(0.55～0.80)±0.4
TiO_2 含量/%	0.50±0.07	<0.60

续表

项　　目	一　等　品	二　等　品
色相	4.0±3.0	<8
氧化价/(当量/t)	<35	<35
含水率/%	<0.4	<0.4
切片重量/(g/100 个)	2～4	2～4
切片尺寸/mm×mm（mm×mm×mm）	ϕ3×4（4×4×2.5）	ϕ3×4（4×4×2.5）

干切片的含水率是关系到纺丝能否顺利进行的首要因素，由于 PET 分子链通过酯基相连，其化学性质多与酯键有关，如在高温和有水存在下或在强碱性介质中容易发生酯键的水解，使分子链断裂，聚合度下降，所以在 PET 纺丝成型过程中必须严格控制水分含量。在涤纶纺粘法中，一般要求切片的含水率控制在 30～50mg/kg，而且要求切片含水率均匀、粉末极少。

在酯交换或缩聚过程中，副反应生成的羰基、环状低聚物、二甘醇（DEG）等，可破坏大分子的规整性而使大分子间的作用力降低，PET 熔点下降，使纺丝困难及成品纤维的物理机械性能变坏，因此也要严格控制。

三、聚酰胺

聚酰胺（PA）的分子是由许多重复结构单元（即链节）通过酰胺键 $-\overset{\overset{\displaystyle O}{\|}}{C}-\overset{\overset{\displaystyle H}{|}}{N}-$ 连接起来的线型长链分子，在晶体中呈完全伸展的平面锯齿形构型，耐磨性优良，弹性好，它是世界上最早投入工业化生产的合成纤维，也是合成纤维的一个主要品种。它在各国的商品名各不相同，如我国称聚酰胺 6 纤维为“锦纶”，美国称聚酰胺类纤维为“尼龙”（Nylon，或译“耐纶”），德国称之为“贝纶”（Perlon），日本称之为“阿米纶”（Amilan）等。聚酰胺在纺熔法中也有应用，但远不及 PP 和 PET。第三章中已对其进行介绍，在此仅仅介绍 PA6 的纺熔切片指标，具体指标见表 6-4[19]。

表 6-4　聚酰胺 6 切片质量指标

项　　目	指　　标	项　　目	指　　标
相对黏度	2.4～2.6	端羧基/(mol/t)	≤55～65
黏度偏差	±0.2	可萃取物/%	≤0.6
端氨基/(mol/t)	≤35～50	含水率/%	≤0.05

通常纺熔法聚己内酰胺数均分子量为 14000～20000，$\overline{M_w}/\overline{M_n}=2$；聚己二酰己二胺的数均分子量一般控制在 20000～30000，$\overline{M_w}/\overline{M_n}=1.85$。由于切片含水率要求在 600mg/kg 以

内，可视情况来选择干燥方式。在PA6聚合中有小单体的存在，故纺熔法生产要配备相应的单体抽吸装置。

四、聚乙烯

聚乙烯简称PE，英文名称：Polyethylene，分子式为$\left[CH_2—CH_2\right]_n$。它是乙烯经聚合制得的一种热塑性树脂，也可以用于生产纺熔法非织造材料，密度为0.94～0.96g/cm³，成型收缩率为1.5%～3.6%，成型加工温度为140～220℃。在工业生产中，也包括乙烯与少量α-烯烃的共聚物。

聚乙烯为白色蜡状半透明材料，无臭、无毒，手感似蜡，具有优良的耐低温性能（最低使用温度可达－100～－70℃），化学稳定性好，能耐大多数酸碱的侵蚀（不耐具有氧化性质的酸），常温下不溶于一般溶剂，吸水性小，电绝缘性能优良；但聚乙烯对于环境应力（化学与机械作用）很敏感，耐热老化性差。

目前在熔喷生产中应用较多的乙烯类聚合物有三种，即线性聚乙烯，主要应用于柔软性好而弹性差的产品；乙烯—醋酸乙烯共聚物（EVA），主要用于要求弹性好的熔喷产品；乙烯—丙烯酸甲酯（EMA）共聚物，主要生产具有弹性的黏合网熔喷非织造材料。

五、聚乳酸（PLA）

可生物降解非织造材料是一种置于自然环境中在微生物的作用下能缓慢分解而最终消失的环境友好材料，由可生物降解纤维制成。聚乳酸（PLA）及其共聚物便是突出的例子。

聚乳酸纤维的物理机械性能与聚酯纤维、聚酰胺纤维相近，制成的非织造材料用途广泛。目前，日本的东洋纺、幸和、钟纺、尤尼吉卡等公司均拥有可生物降解聚乳酸非织造材料的专利技术并已推出产品[19]。

聚乳酸是热塑性聚合物，具有固定的熔点，可采用熔融纺丝。

乳酸具有一个活性碳原子，有旋光性，可分为左旋乳酸（*l*-乳酸）、右旋乳酸（*d*-乳酸），等摩尔的*d*、*l*型混合时，又可得到外消旋乳酸（*dl*-乳酸）。因此，其聚合物可分为左旋聚乳酸（PLLA）、右旋聚乳酸（PDLA）、外消旋聚乳酸（PDLLA）、非旋光性聚乳酸（Meso-PLA）等，其性能也有差异。由于左旋聚乳酸（PLLA）具有一定的结晶能力，熔点较高（175℃左右），一般用它来纺制非织造材料。

表6－5为日本幸和公司所生产的聚乳酸纤维性能，并与聚酯、聚酰胺纤维作比较[22]。

表6－5　聚乳酸纤维的物理性能

项　　目	聚乳酸纤维	聚酯纤维	聚酰胺6纤维
密度/(g/cm³)	1.27	1.38	1.14
熔点/℃	175	260	215
玻璃化转变温度/℃	57	70	40

续表

项　　目	聚乳酸纤维	聚 酯 纤 维	聚酰胺6纤维
回潮率（标准状态）/%	0.5	0.4	4.5
断裂强度/(cN/dtex)	4.0～4.9	4.0～4.9	4.0～5.3
断裂伸长/%	30	30	40
杨氏模量/GPa	6.0～7.0	10～13	2.7～3.6
染色温度/℃	100	130	100
染料种类	分散染料	分散染料	酸性染料

六、功能添加剂

功能化改性是纺熔法非织造材料生产中的常用技术，它分为共聚改性、共混改性和后整理改性。通过改性处理，可使产品获得特殊功能，如阻燃、抗静电、抗紫外线、抗菌、亲水等功能，从而拓宽产品的使用范围，增加产品的附加值。

改性的关键是选择功能添加剂，包括种类、颗粒大小、比例，因为对纺熔法来讲，加入的功能添加剂都会影响纺丝过程。

（一）阻燃改性剂（Retardant modifier）

阻燃剂也称防火剂，是指能提高化学纤维阻燃性能的助剂。常用的阻燃剂主要是周期表中第Ⅲ族的硼，第Ⅴ族的氮、磷、锑、铋、砷，第Ⅵ族的硫，第Ⅶ族的卤素等元素形成的化合物。

按其化学组成的不同，阻燃剂可以分为磷系阻燃剂、卤素系阻燃剂、硫系阻燃剂、无机系阻燃剂、无机酸阻燃剂、碱金属盐阻燃剂和金属化合物阻燃剂。

在实际应用中，往往采用多种阻燃剂，以两种以上方式协同效应达到阻燃效果。在众多阻燃剂中，卤素系列应用较早，效果好、价格低，但其分解物中含有二噁英，对环境及人体健康不利。目前磷—氮阻燃剂以较好的阻燃性能和低毒性正被开发利用。其他无卤系阻燃剂的开发将以无毒、低发烟量、价廉高效、对原纤维性能无影响为重点。

该改性剂一般做成阻燃切片，其占常规切片的比例为3%～5%，并具有耐高温性，在纤维中分布均匀。

（二）抗静电（Antistatic）改性剂

抗静电剂是抑制合成树脂等电气绝缘性能的材料表面所产生的静电量或消除已积累的静电量所使用物质的总称。它们在合成纤维生产、加工和使用过程中发挥着很好的作用。特别是阻止静电发生、积累，克服纤维相互摩擦产生的电荷的作用，在电子信息化的今天意义更大。

合成纤维的抗静电剂种类很多，根据抗静电效果的持续性可分为暂时性抗静电剂和耐久性抗静电剂；根据应用的方法和场合的不同，可分为外部用抗静电剂和内部用抗静电剂；根据化学结构，主要可以分为阳离子型、阴离子型、两性型、非离子型等类型。表6-6列举了常见抗静电剂的类型及作用。

表 6-6 常见抗静电剂的类型及作用

类　型	名　称	作　用
阳离子型	烷基季铵盐、聚乙烯多胺、烷基胺盐、氨基脂肪酸	具有良好的抗静电效果，兼有柔软、平滑作用，杀菌作用，可以防止织物发霉，但有时会使纤维的色光发生变化。作为外部抗静电剂使用时，在染色加工前必须洗净，否则影响染色牢度。它不能与阴离子型抗静电剂混用（相容性不好），且价格较贵
阴离子型	脂肪酸铵盐、烷基磺酸盐、烷基硫酸酯盐、烷基磷酸酯盐	抗静电效果好，对染色影响不大，有柔软性、无毒，烷基磺酸盐对金属不腐蚀，价格低，多用于外部抗静电用，但不能与阳离子型抗静电剂混用
两性型	羟基甜菜碱、磺酸基甜菜碱、烷基丙氨酸	抗静电效果良好，有些（如甜菜碱型）不仅抗静电性较好，而且具有助染和加柔的作用，可与离子型抗静电剂或其他助剂混用，价格稍高。它可作内部或外部抗静电剂
非离子型	聚氧乙烯烷基醚、聚氧乙烯烷基酯、聚氧乙烯烷基胺、聚氧乙烯烷基酰胺、烷基多元醇	亲水基是醚键和羟基，不离解，耐酸、耐碱，可以和阳离子或阴离子型抗静电剂及其他助剂并用，能增强抗静电的效果。除了抗静电性外，醚型可以增进洗净、浸透和分散均匀性；酯型可以增进分散和平滑性。大部分内部抗静电剂中含有这一类型成分，当然也可用作外部抗静电剂
无机盐型	LiCl、$CaCl_2$、$MgCl_2$、磷酸盐	可与前面几种类型的抗静电剂并用，有时会取得明显的增效作用。但它们单独使用时，抗静电效果不大，而且无机盐易使金属生锈并影响纤维手感和外观
高分子化合物型	聚氧乙烯多胺、聚丙烯腈系高分子化合物	大分子结构中含有离子、吸湿性等防止带电成分，并且具有将其自身固着在纤维上而不溶于水的能力。该型抗静电剂属耐久性抗静电剂，耐洗涤性良好，但用于纤维后，会使纤维手感变硬
复合型	亲水性高分子化合物、低分子化合物的混合物，有时还混有少量无机盐及其他物质	该型抗静电剂是一种后加工用抗静电剂，广泛用于涤纶生产加工，具有一定的耐久性

抗静电改性剂的用量一般为3%～5%，应根据产品的抗静电性能要求及为保证纺丝顺利而进行适当调整。

（三）抗老化（Ageing resistance）改性剂

聚丙烯在成型加工、贮存和使用过程中不可避免地要与氧气及光接触，再加上温度的变化，导致它们在外观、结构和性能上发生变化，即老化。引起老化的外界因素主要是氧、光、热三个因素。这三种因素造成高分子材料的自动氧化反应和热分解反应，使高分子聚合物降解，产生一系列变化。为了抑制和减缓高分子材料的氧化降解，延长它们的使用寿命，提高其使用价值，常常在高分子材料里加入只需少量即能抑制或减缓高分子材料降解老化的物质，即抗氧剂。

常见的抗氧剂有以下几种：

1. 胺类 胺类抗氧剂是一类应用最早、效果最好的抗氧剂。胺类抗氧剂为芳香族仲胺的衍生物，主要有二芳基仲胺、对苯二胺、酮胺和醛胺等。这类抗氧剂虽然抗氧效能好，但易变色而污染制品，因此它们多用于对制品颜色要求不高的材料中。

2. 酚类 酚类抗氧剂是一类不变色无污染的抗氧剂，主要用于对制品色度要求较高或浅色的制品。这类抗氧剂大多数都含有受阻酚的结构，包括烷基化单酚、烷基化多酚及硫代双酚等类型，此外还有多元酚及氨基酚衍生物。

3. 亚磷酸酯类 亚磷酸酯是一类过氧化物分解剂，它们具有分解氢过氧化物产生结构稳定物质的作用，通常称之为辅助抗氧剂。

4. 其他抗氧剂 除上述三类抗氧剂外，还有硫代酯类及有机金属盐类。这两类也称为辅助抗氧剂，其品种及消耗量均比较少。

抗老化改性剂的用量根据产品的使用要求一般在0.01%～0.1%的范围内。

（四）亲水化改性剂

合成纤维的一大缺陷是透气性差、回潮率低、易产生静电、易沾污等，纺熔法非织造材料亲水化改性处理主要通过在成纤高分子链中引入亲水性基团或在聚合物中添加亲水性组分来改进纤维的吸湿、吸水能力。

亲水化改性功能母粒一般是将具有吸湿能力的聚合物与基体聚合物通过共混而制成的改性添加剂，如将聚酯与聚氧乙烯乙二醇、聚氯乙烯磺酸盐、亚烷基二醇等共混形成的添加剂。其用量一般在2%左右，用量过低亲水改性效果不明显；用量过高，可纺性不好，注头、毛丝断头增多，使纺粘布表面出现黏着、硬块等疵点。

（五）着色母粒

聚丙烯为纯碳链结构，大分子中没有染色位，故染色相当困难，一般采用着色母粒和主体切片共混纺丝的方法来获得有色纤维。

着色母粒是指颜料按20%～80%的比例经研磨或双螺杆挤出机均匀地分散到树脂中而制得的颜色颗粒，具有着色效果优良，便于自动计量和运输，节约能源，无粒尘、无污染等优点。

颜料是着色母粒中的主要成分，主要有无机颜料和有机颜料两大类。建议选用粒径在0.1～0.5μm之间的无机颜料，要求其耐热性在250℃左右，耐迁移性要大于5级，耐光性6～8级，与聚丙烯树脂有较好的相容性；对于医疗和妇婴用品，颜料中不能含用危害健康的重金属成分，如镉、铅、汞等。

着色母粒的加入量控制在1.2%～3.6%时，成品上染性好，且可纺性较好。

（六）分子量调解剂（降温母粒）

分子量调解剂是通过化学降解的方式，使大分子发生降解，且相对分子质量越大，发生降解的概率越大，从而使熔体黏度下降，相对分子质量分布变窄，熔体的流动性能即可纺性得到改善。分子量调解剂是以基体树脂为主体，添加一定的有机过氧化物及其他助剂制备而成，其中有效成分为有机过氧化物，例如 DTBP，其沸点较低（109℃），在高温下，母粒中的 DTBP 快速挥发，并均匀地扩散到与母粒相混的聚丙烯树脂中，当温度接近熔点以上时过氧键裂解，进一步攻击聚丙烯链上的叔碳原子，引发断链反应，从而使聚丙烯的高分子量部分减少，相对分子质量分布变窄，熔体流动性增加。

第三节　纺丝成网法的生产工艺与质量控制

一、纺丝成网法的工艺特点

纺丝成网法工艺具有过程简捷和纺丝速度快的特点，在整个纺丝过程中，成纤高聚物经历了两种变化，即几何形状的变化和物理状态的变化。几何形状的变化是指成纤高聚物经过喷丝孔挤出并被拉长而形成连续细丝的过程；物理变化即先将高聚物变为易于加工的流体，挤出后为保持已经改变了的几何形状和取得一定的纤维结构，使高聚物又变为固态。理论上讲，高聚物具有较固定的熔点，且熔点低于分解温度的都可以采用纺丝成网法。

纺丝成网法一般可分为四个步骤：

（1）高聚物纺丝熔体的制备（对于生产 PET、PA 品种时还包括切片的干燥）；

（2）熔体自喷丝孔挤出；

（3）熔体细流的气流拉伸和冷却固化；

（4）分丝、铺网和加固成布。

二、切片干燥

（一）切片干燥的目的及要求

纺丝成网法主要采用切片纺丝，当采用 PET 切片时，切片的干燥非常重要。未经干燥的切片，含水率通常约为 0.4%，且切片是无定形的聚合物，软化点较低。这种切片如不经干燥便用于纺丝，在加热熔融时会剧烈降解，使相对分子质量下降，在螺杆挤出机进料区容易产生环结阻料，进料速度较慢，影响纺丝质量。此外，水分在高温下汽化形成“气泡丝”，会造成毛丝或断头。这些都会影响产品质量和正常生产，因此，必须对切片进行干燥处理。PET 切片干燥的目的和要求如下：

1. 除掉切片粉末和粘连粒子　PET 或 PA 切片在进入干燥机之前，首先要进行筛分，除掉粉末和粘连的大切片。这些粉末会形成结晶度高的高熔点物，使高聚物熔体的均匀性变差；另外粘连的切片体积大，易堵塞管道，并使螺杆进料不畅，造成压力波动。切片输送管道一般较细，粘连粒子造成的危害较大，因此要求干燥中要正确操作，防止产生粘连粒子和结块。

2. 除去切片中的水分，提高切片结晶度和软化点　一般要求低于 40mg/kg，做薄型产品时应低于 30mg/kg，且切片含水率的波动范围要小，否则切片中含水率高将使 PET 大分子酯键水解，聚合度下降。少量水分留在聚酯切片中，会在纺丝时产生大量断头，使生产难以进行，成品丝质量下降。而使用PA切片时，一般要求低于500～600mg/kg。

3. 干燥过程中切片的黏度降要小　切片干燥后，要求其特性黏度的变化小于0.01。产生特性黏度变化的原因是高聚物大分子的降解，使特性黏度降低，或由于固相聚合而使特性黏度提高，故必须设定和控制好工艺条件，以稳定纤维质量。

另外，在切片干燥过程中还要求干燥过程的温度、风速、风压、风量均匀相同，干切片质量均匀，而且不能再度吸湿回潮。此外，还要求干燥设备运转费用低，操作和维修方便等。

（二）干燥设备

纺丝成网生产时，切片的干燥有真空干燥和气流干燥两种，由于干燥方式或设备不同，其工艺流程、工艺条件及操作方法等均存在差别。

对于PA切片或生产要求不太严格时，可采用真空转鼓干燥机，而对于PET纺粘法纺丝时，且生产速度较大时，类似于化纤FDY的生产，一般采用组合式干燥设备，如KF式、BM式、吉玛、川田等干燥设备。

1. 真空转鼓干燥机　真空转鼓干燥机是一种间歇式干燥设备，主要由转鼓部分、抽真空系统和加热系统三部分组成，如图6-4所示。

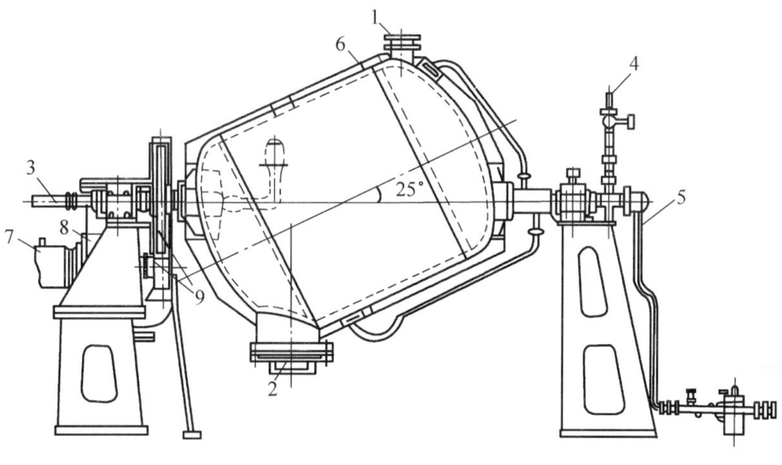

图6-4　真空转鼓干燥机

1—出料口　2—入口　3—抽真空管　4—热载入管　5—热载体回流管

6—转鼓夹套　7—电动机　8—减速器　9—齿轮

其中转鼓部分是全机的主体，其两端有碟形封头、倾斜装置（倾角为25°）的圆筒形容器，作用是保证切片在干燥过程中能较好地翻动，以便传热均匀，防止切片黏结并使卸料方便。整个鼓体分内外两层，内层为衬不锈钢的复合钢板，外层为锅炉钢板，两层之间用钢管支撑，其间通热载体。

抽真空系统包括真空泵及其附属装置，真空泵可用机械真空泵，也可用蒸汽喷射泵。采用机械真空泵时，常采用泵组，以获得较高的真空度。VC353型真空转鼓干燥机采用一台

$100m^3/h$ 的二级水环泵、一台 $200m^3/h$ 的罗茨泵和一台 $400m^3/h$ 的罗茨泵，且在水环泵和 $200m^3/h$ 的罗茨泵之间又串联一台空气喷射泵，以减轻水环泵的负荷。同时，为了防止从转鼓抽出气体中的水分进入真空泵，在真空泵与转鼓之间装备了蒸汽冷凝器和汽水分离器。蒸汽喷射泵具有工作稳定可靠、设备简单等特点。一般来说，三级蒸汽喷射泵喷射蒸汽压力为 98×10^4Pa；四级蒸汽喷射泵喷射蒸汽压力为（147～157）$\times10^4Pa$，转鼓内余压可降到 0.0053×10^4Pa；五级蒸汽喷射泵可使转鼓内的余压降到 0.00067×10^4Pa[23]。

加热系统因热载体不同而异。热载体可采用联苯混合物、38# 汽缸油、甘油、饱和蒸汽和过热蒸汽等。国内一般采用饱和蒸汽作为热载体，其特点是结构简单，不需要其他附属装置。若采用联苯混合物或油类为热载体，还需要一套相应的热载体加热和循环系统。

真空转鼓干燥机干燥质量高，可在较低温度下干燥切片，适合易氧化或热敏性的高聚物，但其存在干燥时间长，生产能力低，不能连续化作业等缺点。

2. 组合式干燥设备 这种干燥设备为连续式，主要由预结晶器、充填干燥器和热风循环系统三部分组成。切片首先经过预结晶器除去大部分含水（主要是表面吸附水），并具有一定的预结晶度，软化点提高，使切片在高温下不再发生粘连，然后进入充填干燥器，在干燥器内保证足够且均匀的停留时间，充分去除切片水分。由于组合式干燥机较好地运用了切片干燥原理，因而具有干燥效率高、干燥质量好且切片干燥质量稳定等特点。

比较典型的组合干燥设备有 KF 式干燥设备、BM 式干燥设备、吉玛式干燥设备、川田式干燥设备、多轮式干燥设备、来新式干燥设备。

KF 式干燥设备、BM 式干燥设备已在第一章第四节详细介绍过，故在此不再赘述。

3. 干燥工艺 随着生产速度和对产品质量要求的不断提高，一般企业都采用组合式干燥设备，其工艺如下。

（1）预结晶温度和时间。根据结晶机理，预结晶温度应在切片玻璃化温度与晶体熔融温度之间，温度越高，结晶完成的时间越短，但湿切片开始接触的温度越高，切片越易粘连。因此，预结晶温度和时间要根据设备和条件而定。

采用沸腾床预结晶器，切片不易粘连，预结晶温度可高至 160～180℃，时间为 8～15min；采用搅拌式预结晶器，温度为 120～140℃，需停留 1～1.5h；采用转鼓干燥器自然搅拌，温度在 120℃以下，时间为 4～5h[19]。

（2）干燥温度。温度越高，干燥的时间越短，干燥的效果也越好，但过高的温度会使切片黏度降增大，甚至会使切片变黄，影响纺丝，因此温度一般不超过 180℃。

干燥方式不同，干燥温度也不同。转鼓真空干燥温度为 120～140℃，热风干燥一般在 160℃以上。

（3）干燥时间。干燥时间既与干燥温度有关，也与干空气的含湿量或真空度有关。干燥时间一般在 4～6h 之间。

（4）干空气的露点。干燥用干空气的露点须小于－15℃，露点越低，越有利于干燥。

（5）风速。风速大，干燥时间就可缩短，但风速太大，切片粉尘易增多。风速的选择与设备型号、大小、料柱高度、生产能力有直接关系。

4. 干燥注意事项

（1）不同批号的切片不可混合使用。

（2）严禁将杂质带入切片中。

（3）要经常清理筛孔。

（4）注意气候变化对干空气露点的影响。

干空气的露点受大气温、湿度的影响较大，尤其是气候变化时，影响更为显著，及时调整干空气露点可节约能量，还可防止因干空气露点升高而使切片含水率升高。

（5）确保干切片含水率的均匀性。干切片含水不匀是造成长丝质量不稳定的原因之一，要保持工艺条件和操作的稳定性，就必须使干切片含水率波动尽量小。

三、切片的熔融

熔融是干切片在热作用下由固态转变为液态的一个过程。主要有两种熔融方式，即采用炉栅熔融或采用螺杆挤出机熔融，由于螺杆挤出机具有许多优点，炉栅目前已基本淘汰。

熔融时应注意三个问题：熔融均匀、防止降解、防止环结堵料。

（一）影响熔融均匀性的主要因素

1. 切片本身质量的影响　切片的特性黏度、相对分子质量大小及其分布、羧基含量、TiO_2 含量及颗粒大小等方面都直接影响熔融过程。

2. 干切片含水率的影响　干切片含水率高的比含水率低的更易水解，因此干切片含水率不均匀，必将造成熔体黏度不均匀。

3. 干切片中粉末量的影响　由于切片中的粉末和毛屑小而薄，其单位重量的表面积远大于切片，在相同的干燥条件下其特性黏度和结晶度相差较大，见表 6－7 及表 6－8。因此，使用含粉末的干切片，即使效率很高的熔体混合设备也仍然会有部分高黏度物料留在熔体流中而影响熔体均匀性。

表 6－7　干燥后聚酯切片和粉末的特性黏度

干燥时间/h	干燥温度/℃	特性黏度	
		聚酯切片	聚酯粉末
0		0.673	0.673
1		↓	0.690
2			0.705
3	180		0.709
4			0.712
5			0.723
6		0.702	0.727

表 6-8　干燥后聚酯切片和粉末的结晶度

试样	切片含粉末量/(g/kg)		干燥后的结晶度/%	
	干燥前	干燥后	切片	粉末
1	1.43	2.67	42	54
2	0.49	1.34	43	56
3	1.50	3.23	46	58

4. 切片尺寸的影响　切片颗粒尺寸一般为 ϕ3mm×3mm 或 4mm×4mm×2.5mm，过小尺寸的切片由于在螺杆的螺槽内层叠概率增大，导热性能差，必将影响熔融的均匀性。

(二) 防止熔融过程降解的措施

1. 熔融前　熔融前以氮气等惰性气体来置换切片间的空气，以防止在高温下发生剧烈氧化裂解反应，这对于 PA 来说更为重要。

2. 干切片含水率　干切片含水率应低。

3. 熔融温度　熔融温度不宜过高，否则易发生热裂解而使黏度降加大。

4. 熔融设备及管道　熔融设备及管道必须无死角，因为滞留在死角处的聚合物加热时间过长将会发生热裂解，热裂解产物会陆续被正常的熔体带走而影响纺丝质量。一般采用放射式分配管路。

(三) 影响环结阻料的因素

1. 切片　当高聚物切片中相对分子质量分布宽度较大时，低相对分子质量部分就会过早的软化熔融，而当切片软化点较低时，也容易在刚进入螺杆时就软化变形，此时螺杆内部还没有建立起较高的压力就容易产生阻料现象，因此切片必须经过预结晶和干燥两道工序，且要严格控制工艺条件。此外，超长切片也会在螺杆挤出机的进口处形成“架桥”现象而影响切片的正常供料，必须除去。

2. 螺杆的加热温度　进料段温度过高，切片过早熔融，造成熔体倒流，使熔体和未熔切片互相粘连，随螺杆转动而造成阻料，从而使切片无法继续喂入，为此在螺杆挤出机切片进口处设有冷却水盘管，冷却水量随螺杆挤出机的生产能力不同而不同。

3. 螺杆转速　螺杆转速过低，切片局部过早软化粘连，这也会引起环结堵料，螺杆转速一般控制在 25～75r/min。

(四) 熔融温度的选择

切片熔融温度通常选择在熔点以上 20℃左右，但同时必须低于其分解温度。为便于温度调节，螺杆是分区加热的。根据螺杆的长短，加热区可分为 5～7 区。熔融温度的选择与切片的相对分子质量、熔点以及结晶度有关。

一般熔融的初始温度要考虑切片的结晶度，温度应略低；中段由于切片发生相变、产生压缩，吸热量大，温度应高些；后段主要是使物料进一步均化，温度应趋近于纺丝箱内温度，即所谓低—高—低的模式，但也有由高向低或由低向高的模式，主要取决于切片特性和螺杆特点。

为了保证熔体质量的稳定，各加热区温度波动要严格控制，温度偏差通常控制在±(1～2)℃。

(五) 螺杆挤出机出口压力的确定

螺杆挤出机的出口压力必须保证使熔体在纺丝计量泵前的压力为3～5MPa，而且波动范围不大于±0.5MPa，这是为了提高计量泵熔体吐出量的准确性和缩小纤维线密度的偏差。

螺杆挤出机、静态混合器、分配管和熔体过滤器的结构及其特征详见第二章第五节内容。

四、纺丝工艺

纺粘法非织造材料的纺丝特点是采用超高速纺丝一步成型而获得全取向长丝（FOY），一般PP非织造材料的纺丝速度控制在3000～4500m/min，PET非织造材料的纺丝速度控制在5000～8000m/min。若低于这个速度，得到的则是部分预取向长丝（POY），剩余牵伸比大，这种长丝制成的纺粘布伸长大、强力低、尺寸不稳定，容易变形。

(一) 生产原料的选择和添加

在非织造材料中，除了少量不添加其他颜料的本色产品外，还要根据市场要求加入各种着色母粒或特殊功能母粒（如抗静电、抗老化、抗辐射、远红外、抗菌、亲水、阻燃、增白等），并使其与常规切片分别通过两个螺杆或按一定比例混合，搅拌均匀后通过一个螺杆，生产出符合特定要求的产品。

根据生产要求及产品的不同使用特点和助剂质量设计生产工艺配方确定生产配比后，在多组分电脑自动计量配料系统上进行定标，设计菜单，由电脑进行程序控制，自动、准确配料；或者在螺杆加料器中设计好螺杆转速和挤出机螺杆转速的对应关系，确定配方比例。使用人工计量时，用电子秤称量好助剂量，与原料在搅拌器中混合均匀后使用。

(二) 纺丝工艺

纺丝过程的工艺参数主要有挤出机各区温度、法兰区和弯管区温度、纺丝箱体温度以及熔体压力和纺丝速度等，这些参数决定纤维形成的历程以及纤维的结构和质量。

1. 螺杆挤出机各区温度 螺杆挤出机一般分为进料区、熔融压缩区和计量区三个区段，其中又分7～10个加热区，各区的温度按物料相应的状态而不同。

进料区的主要任务是对切片加温和预热，为保证螺杆的正常运转，在此区间切片不应过早熔化，但又要使切片达到半熔状态。若温度过高，易造成切片在进料口环结无法进料；若温度过低，则会加大熔融段压力，使切片不能融化，造成进料的阻力。这个区的温度设计，PP一般为200～210℃，PET为265～280℃，PA6为265～275℃。

熔融区为主要加热区，切片必须在此区保证百分之百的熔化，因此该区温度要高，但过高又会使聚合物降解，质量下降。这个区温度，PP一般为225～235℃，PET为275～285℃，PA6为270～280℃。

计量区的作用是使切片进一步熔化，保持熔体在稳定的压力下前进，其温度可比熔融区稍低2～3℃。

2. 法兰区（Flange area）和弯管区（Bend area）的温度 法兰是螺杆与管道的连接部分，弯管是分配熔体的专用管道，这两区的主要作用是对熔体起保温作用，因而温度不必太高，应与计量区温度大体一致，或稍低2～3℃。

3. 纺丝箱体的温度 纺丝箱体主要是对纺丝组件（又称模头）和计量泵进行保温，因此该区温度应稍高一些，接近于纺丝温度，以增加熔体的流动性能，保证喷丝的顺畅。

纺丝温度 T_s（熔体即将出喷丝板的温度）的控制直接影响纺丝生产的正常进行以及纤维质量，从而影响成品的布面质量和内在质量。温度升高，熔体的流动黏度降低，熔体的均匀性和流变性能好，可纺性提高，经冷却后丝束的最大拉伸比和自然拉伸比增大，牵伸后丝束的单丝强力和断裂伸长加大，成品的各项指标也可提高。但温度太高会加剧熔体降解、黏度降低，使螺杆压力产生波动，泵供量不稳，喷出丝均匀性差，无法牵伸，牵伸丝毛丝、断头多，极易产生注头丝，在成网布面产生浆点，而且极易污染喷丝板，缩短喷丝板使用周期。熔体温度过低，因黏度太高，会使熔体在喷丝孔中剪切应力加大，造成熔体破裂，可纺性差，布面产生并丝。

一般，纺丝温度控制在 $T_f < T_s < T_d$，对于非牛顿行为突出的高聚物，其纺丝温度尽可能高些，以改善其流动性。对于PP、PET、PA纺丝成网，只要不污染喷丝板面、不产生注头丝，纺丝温度就可适当提高。

总之，各区温度的具体控制要根据设备、原料、成品性能的不同而做具体调整。有的设备温度分布是低—高—低—较高，有的从高到低，少数情况还有温度平稳分布、各区温度一样，但不论如何分布均必须保证生产时不会发生“环结阻料”现象。

4. 纺丝熔体压力 纺丝熔体压力是指纺丝组件的压力。若熔体压力太低，熔体分配不均匀，形成的熔体细流粗细不一、表面不规整；若熔体压力过高，则易造成熔体破裂。

在PP纺丝成网法非织造材料生产过程中，熔体压力一般控制在6～10MPa；PET纺丝时，熔体压力应控制在10～12MPa。因此在纺丝箱体上一般都安装有测量范围为0～50MPa的压力测量头，以测量熔体压力，还安装有测量范围在0～400℃的铂电阻测量头，以测量熔体温度。

5. 喷丝速度与纺丝速度 喷丝速度 V_0 又称喷丝头挤出速度，是指熔体从喷丝头吐出的速度；纺丝速度 V_L 是指纤维拉伸前进的速度，两者单位均为m/min。两者的比值称为喷丝头拉伸比。

泵供量 G 是计量泵单位时间输出的熔体的质量，单位为g/min，其直接影响喷丝速度。此外，喷丝板的孔数和孔的直径大小也影响喷丝速度。这些直接影响到纤维线密度的大小和均匀性以及纺粘材料的品质。

纺丝速度也直接影响纺丝的稳定性。若纺丝速度过低，从喷丝孔中喷出的熔体细流速度太慢，极易冷却变硬，流动性差，断裂伸长率小，拉伸过程易出现断丝现象；而纺丝速度太高，从喷丝板中喷出的熔体细流速度太快，冷却难度大，易发生熔体粘连及并丝现象，且纤维线密度高。

在纺丝开始前，要用铜板和专用硅油认真清理喷丝板板面，用专用温度计测量板面温度。

对长期受热、板面有老化原料且用一般刮刀无法彻底清除时，可用不锈钢丝摩擦板面，直至板面光亮，然后再喷洒一次脱模剂。

在生产开车时，不同设备在纺丝开始时，要根据设备要求先开启一定数量的纺丝泵；当纺丝泵喷出的丝均匀无熔滴后才能用引丝管引丝，再将引好的丝用专用切丝刀切断后放入牵伸喷嘴中；当所有纺丝泵全部启动引丝完毕后，再进行分丝和铺网，以防止丝束相互缠结而引起挂丝。

五、气流牵伸

从喷丝头出来的熔体细流经冷却后形成初生纤维，由于取向度较低，物理机械性能远远达不到使用要求，主要体现在强力低、伸长大、结构极不稳定，必须通过进一步的加工，才能提高纤维的物理机械性能，使其具有优良的使用性能。

拉伸是后加工过程中最主要的环节，它不仅是提高纤维物理机械性能必不可少的手段，而且也是检验纺丝成型过程进行好坏的关键。

拉伸是在固态条件下把成型的纤维拉长到原来的 20%～2000%。这种伸长过程常伴随着大分子链或聚集态结构单元发生舒展，并沿纤维轴向排列取向，如图 6－5 所示。在拉伸的同时，常伴有相态结构的改变（晶区的部分破坏）以及其他结构特性的改变。拉伸后纤维的取向度得到提高，同时伴有密度、结晶度等其他结构方面的变化，纤维的断裂强度显著提高，伸长率下降，耐磨性和耐疲劳性也明显改善。

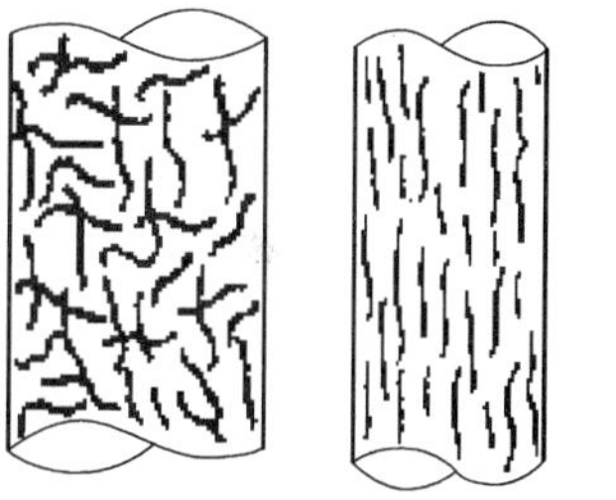

（a）拉伸前初生纤维的大分子　（b）拉伸后发生取向的大分子

图 6－5　大分子拉伸前后的状态示意图

在纺丝成网法生产中，由于纺丝、拉伸、分丝、铺网、加固是连续进行的，要求拉伸在极短的时间内完成，所以难以采用传统化纤的罗拉式拉伸，同时，在对纤维进行冷却时还要防止纤维粘连缠结，以利于分丝和铺网，所以纺丝成网法非织造材料生产中多采用气流牵伸。

（一）气流拉伸原理

以意大利 NWT 公司的纺粘法生产线气流牵伸为例（图 6－6），丝条由喷丝孔中挤出后经垂直吸入的冷却气流（属侧吹风）冷却进入拉伸气流风道，拉伸气流由纤维的两侧吹入，纤维在两侧高速拉伸气流的夹持下产生加速度从而实现拉伸。

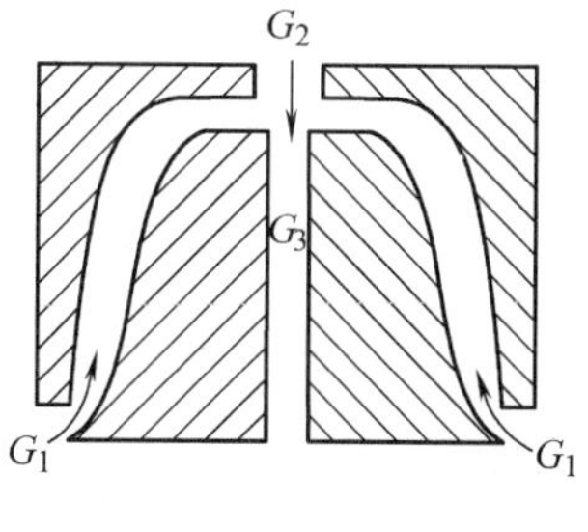

图 6－6　拉伸原理图

由于喷丝板为单排或双排喷丝，双面侧吹风冷却速度很快，丝条很快凝固，凝固点离喷丝板约 5～7cm 处，故可以认为丝条的拉伸取向主要发生在凝固点以上的熔体区域，凝固点以下丝条就进入了等速阶段。本设备为低压气流牵伸，拉伸力较小，由图 6－6 可知，丝条的拉伸速度主要取决于气流、喷吹、拉伸管上部入口补充气流的抽吸负压，拉伸气流主要是由喷吹气流与上口的二次气流混合后形成的，气流拉伸的能量符合伯努利方程。

假设气拉喷气缝口的喷速为W_0，喷气量为G_1，气拉喷管出口的混合气体速度为W_1，喷出量为G_3，而$G_3=G_2+G_1$，G_2为气流喷管上端入口的二次气流量，丝条出气管的实际输出速度为W_2，纤维的吐出量为M，丝条在成型气拉过程中总应力为F，行程为S，气拉喷嘴中气流的总压力损耗为$\sum h_f$，则有：

$$G_1\frac{W_0^2}{2}=G_3\frac{W_1^2}{2}+M\frac{W_2^2}{2}+F\cdot S+\sum h_f$$

生产经验表明$G_1=G_2$，$G_3=2G_1=2G_2$，$W_1=0.32W_0$，所以：

$$W_2=\frac{1}{\sqrt{M}}\sqrt{G_1W_0^2-(0.32W_0)^2G_1-2F\cdot S-2\sum h_f}\ .$$

$$=\frac{1}{\sqrt{M}}\sqrt{0.8G_1W_0^2-2F\cdot S-2\sum h_f}$$

又知$R=\frac{W_2}{W_3}$，W_3为丝条从喷丝孔中的喷出速度。

所以：

$$R\approx\frac{1}{\sqrt{M}W_3}\sqrt{0.8G_1W_0^2-2F\cdot S-2\sum h_f}$$

$$R\approx\frac{1}{\sqrt{M}W_3}\sqrt{0.8G_1W_0^2}$$

上式分析可知，拉伸倍数R与$\sqrt{M}$和W_3成反比，即吐丝量与吐丝速度对拉伸倍数影响很大，它们直接影响单丝线密度。当纺丝工艺不变时，即M与W_3不变、$F\cdot S$的值也不变时，R随G_1、W_0的升高而升高，同时$F\cdot S$的值很小且可以忽略。虽然$\sum h_f$随喷气速度和喷出量的升高而升高，远不及W_0、G_1的增量，所以当提高喷气量和喷气速度时，拉伸倍数升高，单丝线密度下降，单丝变细。

（二）牵伸设备

气流牵伸设备有多种结构形式，最常用的有三种，即管式牵伸、窄狭缝式牵伸和宽狭缝式牵伸；若按风压大小，又可分为正压牵伸、负压牵伸和正、负压相结合牵伸。

1. 管式牵伸 用管式牵伸法进行纤维拉伸的产品有PP、PET、PA等纺丝成网法非织造材料，整个牵伸系统由空压机、高压空气分配缸和牵伸管构成。

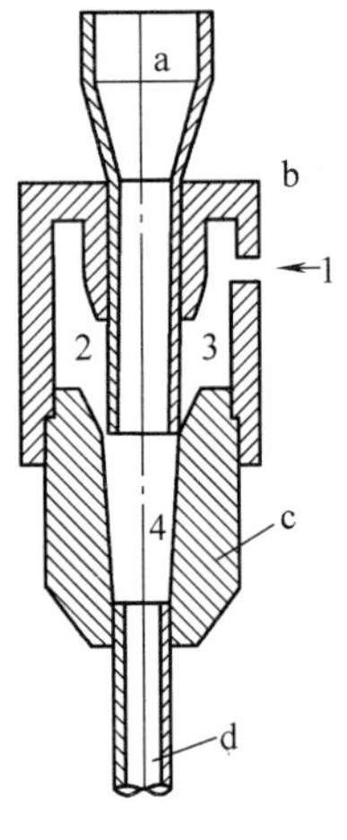

图6-7 管式牵伸机的结构示意图

a—吸丝嘴 b—气腔 c—管接头 d—喷管 1—空气入口 2—气室 3—环形切口 4—长丝甬道

管式牵伸机的内部结构如图6-7所示，其由a、b、c、d共4部分组成，高压空气从空气进口1进入到风室2，通过环形切口到长丝甬道4中，并与初生纤维相交成一定角度，也可以与长丝平行而下，初生纤维由吸丝嘴a进入，在高速气流的夹持下通过喷嘴得到拉伸。牵伸喷嘴的供风压力及环形切口的大小可根据工艺和产品的需要进行调整。若想提高牵伸效果，可增加喷管 d 的长度。

圆管式拉伸器是由若干个小块喷丝板组成的，每块喷丝板的孔数为 70～100，经多个区域的单面侧吹风冷却，初生纤维经各自对应的圆管式拉伸器进行高压气流拉伸，圆管式拉伸器的入口直径为 8～16mm，也有采用一块喷丝板分多个小喷丝区的方式。拉伸空气由空压机单独供风，生产 PET 纺粘布时，牵伸风压为 0.5～0.8MPa，风速为 10000m/min；生产 PP 纺粘布时，牵伸风压为 0.05～0.2MPa，风速为 5000～7000m/min。进入管式牵伸后，丝束从入口导入拉伸管，在高压空气的夹持作用下被迅速拉伸，丝条的直径也从 0.3～0.6mm 突变到 0.015～0.02mm，纤维的牵伸速度为 3000～5000m/min，牵伸倍数达 500～800 倍，纤维成品的线密度为 1.5～2.5dtex。适当提高工艺气压和减小拉伸管直径均可有效提高拉伸效果。圆管式拉伸器的耐压能力比一般狭缝板式强得多，容易闭锁引射，能对纤维进行更为有效的握持和拉伸。一般高压气流拉伸工艺多采用该法。

由于纤维束从较细的拉伸管中高速喷出，丝束比较集中，分散困难，易在纤网中产生“云斑”现象，可采用多排纺丝管牵装置和摆丝片装置，如图 6-8 所示，用来提高低面密度时纤网的均匀度，减少“云斑”。

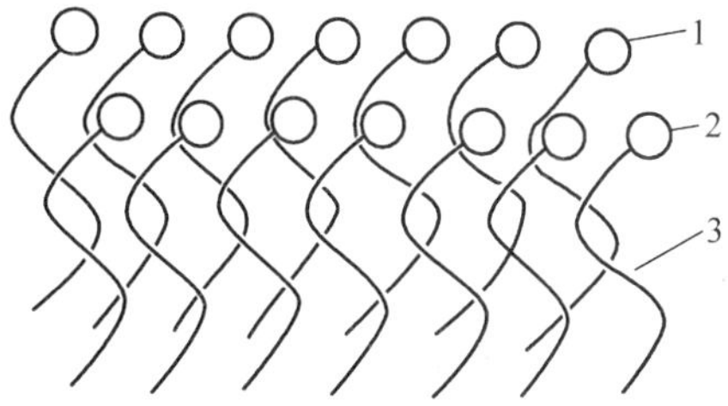

图 6-8　多排纺丝管牵装置和摆丝片装置
1—后排拉伸管　2—前排拉伸管　3—丝束

2. 窄狭缝式牵伸　窄狭缝式牵伸以意大利 NWT 公司的设备为代表，我国部分国产设备也采用该法。该工艺采用多块喷丝板和其对应数量的拉伸狭缝，喷丝板的数量由所生产的纤网宽度决定，每块喷丝板孔数在 250～800 之间，喷丝板下方配备多个侧吹风出口，对丝条进行双面侧向垂直吹风，同时对应多个拉伸喷嘴，并配有摆丝器和吸风设备，拉伸空气由专用供风机单独供风。

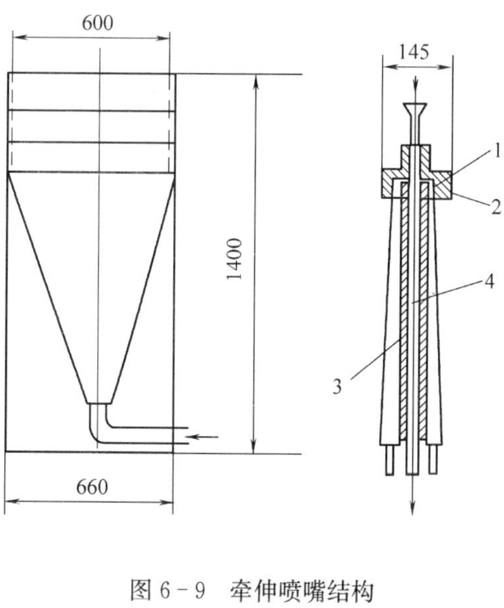

图 6-9　牵伸喷嘴结构
1—风室　2—风片　3—风道　4—送丝道

由于窄狭缝式牵伸的喷嘴总长度太长，属于低压拉伸，结构示意图如图 6-9 所示[19]，其外形尺寸为 660mm×145mm×1400mm，进丝喇叭口下端宽为 6mm，窄缝以下的送丝道宽为 10mm，该装置从送丝道中间分开，两侧的结构是对称的，每侧有各自的供风道、风室和窄缝，窄缝宽 0.8mm。空气从风道 3 进入风室 1，由两侧窄缝喷嘴形成两股风片。风片送丝道两面内侧垂直向下高速运行。由吸口吸入呈一排彼此分离的长丝片，在高速运行的两股风片的握持下，通过送丝道 4，而得到牵伸。

窄狭缝式牵伸工艺上采用了低压强（0.02～0.1MPa）和大风量的供风方式，风速在 2000m/min 左右，纤维牵伸比在 200～300 之间，牵伸倍数较低，且纤维取向度低，剩余的牵伸比较大，纤维线密度一般在 3～5dtex。

3. 宽狭缝式牵伸 宽狭缝式牵伸又称整体狭缝式拉伸，是指纺丝拉伸装置可采用一个或多个纺丝箱体，经分配管道和整块矩形喷丝板挤出的长丝，经侧吹风冷却，然后在整条狭缝拉伸通道上进行气流拉伸和成网的工艺过程。工艺上又分为抽吸式和牵引式。

抽吸式整体狭缝式拉伸如图 6－10 所示，根据纺程可分为冷却区 $H_{冷}$、拉伸区 $H_{拉}$ 和分丝成网区 $H_{网}$。抽吸式结构需对喷丝板至成网装置的立面实行系统封闭，因此在成网帘下抽吸风时，就在抽吸风道中形成负压，该类技术中的抽吸风同时又是拉伸工艺用风。由于受抽吸风工艺和风速度的限制，采用该方法生产高面密度的产品存在困难。

牵引式整体狭缝式拉伸工艺中正压风由空气压缩机单独供给，专供的拉伸工艺风通过喷射牵引系统的方式满足对纤维线密度所需的气流拉伸力。这种工艺的纺丝速度可达到 6000m/min 以上。为了使纺丝和拉伸工艺优化，通常将喷丝板到拉伸装置与冷却区的高度以及拉伸装置出口到成网帘的高度设计成可上下调节的。图 6－11 为牵引式整体狭缝式拉伸工艺与成网过程，其原理是对熔体纺丝线上丝条的拉伸取向和结晶进行控制，减少丝条拉伸的阻力和较高的大分子取向及结晶。

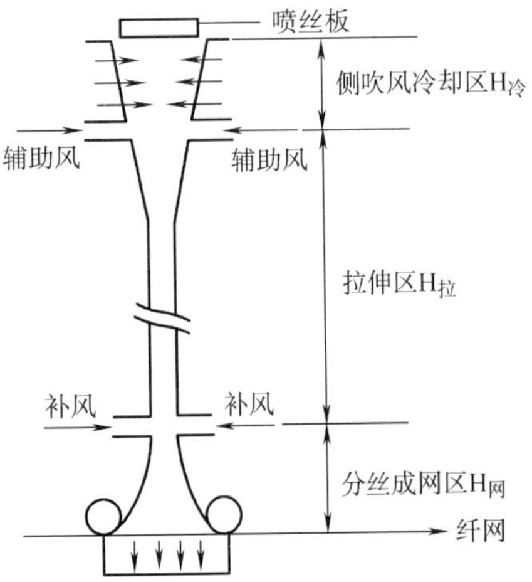

图 6－10 抽吸式整体狭缝式生产过程

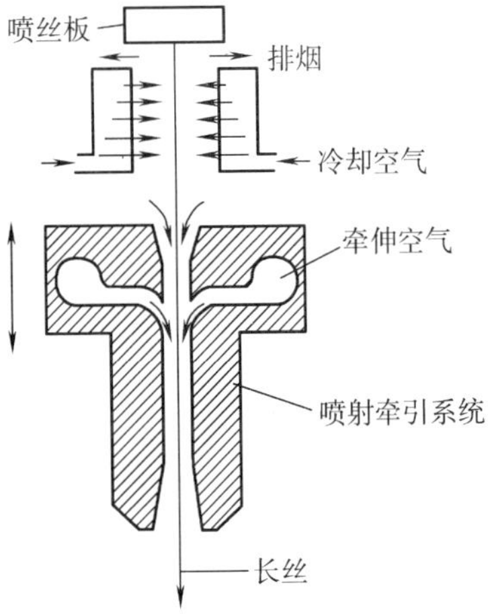

图 6－11 牵引式整体狭缝式拉伸工艺与成网过程

总之，宽狭缝式牵伸在纺丝成网法非织造材料生产中开发最早、应用最广，如德国莱芬豪舍公司开发的 Reicofil 1、Reicofil 2、Reicofil 3、Reicofil 4 等系列以及日本 NKK 和美国的 ASON 公司开发的设备，都是以压缩空气为牵伸动力的宽狭缝式牵伸喷嘴，可以通过调节喷嘴的位置和喷射牵伸压缩的空气流量、压力等参数，在同一条生产线上生产 PP 纺粘产品和 PET 纺粘产品。

（三）气流拉伸工艺

气流拉伸工艺有赛雷克斯（Cerex）法、多坎（Docan）法、费罗伊登贝尔克（Freudenberg）法、赖科菲尔（Reicofil）法、罗纳·普朗克（Rhone Poulenc）法、泰帕尔法、NWT 法等，常见的有多坎法、赖科菲尔法、泰帕尔法、NWT 等方法。

1. 多坎法　这种方法采用德国 Lurgi 公司的专利，在纺粘生产中应用较多。如图 6-12 所示多坎法采用长方形喷丝板，每块喷丝板长 45cm，上面分成七个喷丝孔区。采用聚丙烯作为原料时，当生产的线密度为 1.65dtex 时，每个喷丝孔区是 150 孔；线密度为 3.3～5.5dtex，100 个孔；线密度 5.5～16.5dtex 时，35 个孔。

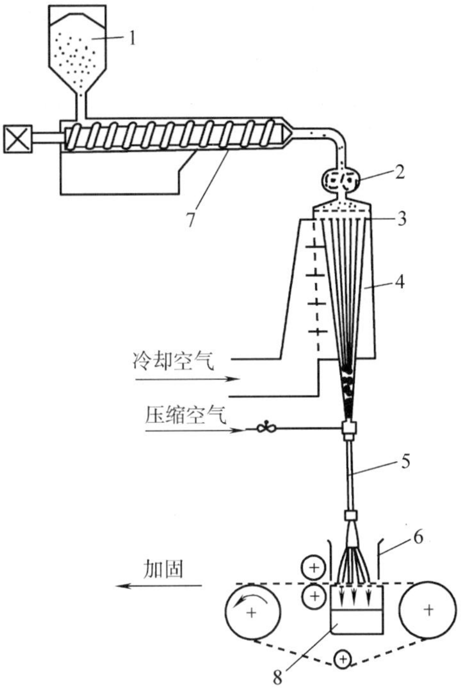

图 6-12　多坎法纺粘工艺过程

1—切片料仓　2—纺丝泵　3—喷丝板　4—冷却室　5—拉伸系统　6—成网机　7—挤出机　8—吸风

由切片料仓进入螺杆挤出机中，并经计量泵，喷丝板，吐出熔体细流，在冷却空气吹动下，完成对长丝的冷却，然后长丝进入到气流拉伸装置，高压空气对丝条产生加速度，从而实现拉伸取向作用，高压空气的压力高达 2.03～2.05MPa（20～22atm），拉伸速度达 3500～4000m/min，甚至更高，拉伸比达 1∶200 以上，经过这样的拉伸，长丝的强力可达到要求。拉伸装置的喷嘴由于受到高压空气的作用及与长丝的相互摩擦，很容易磨损，所以必须使用耐磨材料。

长丝经拉伸后到达拉伸管道末端的这段管道为喇叭状，高压气流在这里突然扩散、减速，产生空气动力学上的孔达（Coanda）效应，从而使纤维相互分离。

拉伸管道的喇叭口输出的长丝非常蓬松，接近于单根状态，其运动速度也减到了 20～200m/min，由于凝网帘下方吸风装置的空气抽吸作用，长丝在凝网帘上铺置成网。

凝网帘一般采用金属丝网或聚酯长丝编织网。拉伸管道的喇叭口可以与凝网帘的运动方向成一定的角度排列或平行排列，通过适当的排列，可以使每块喷丝板形成的纤网之间无明显的接痕，以提高纤网的均匀度。多坎法可以生产纤网的定量为 20～2000g/m²，通过控制凝网帘的运动速度可以得到不同定量的纤网，多坎法得到的纤网宽度最小为 900mm（一块喷丝板），最大可达 5m 以上。

成网后立即进行预加固，低克重的纤网一般采用热轧加固，高克重的纤网采用针刺加固，预加固后根据产品要求选择主加固方式。

多坎法的生产速度高，当纤网定量为 80g/m² 时，输出速度约 30～50m/min。多坎法生产的纤网纵横强力比可达 1.5∶1。

2. 赖科菲尔法　高聚物熔体经过螺杆挤出机、计量泵后，从喷丝板喷出，形成长丝，在喷丝板的下方左右两侧各有一根风管，风管靠近长丝的一侧开有许多通风孔，经冷却的清洁空气以温度 20℃、风速 1m/s 通入风管，经通风孔逸出，对熔体细流进行强制冷却。在风管

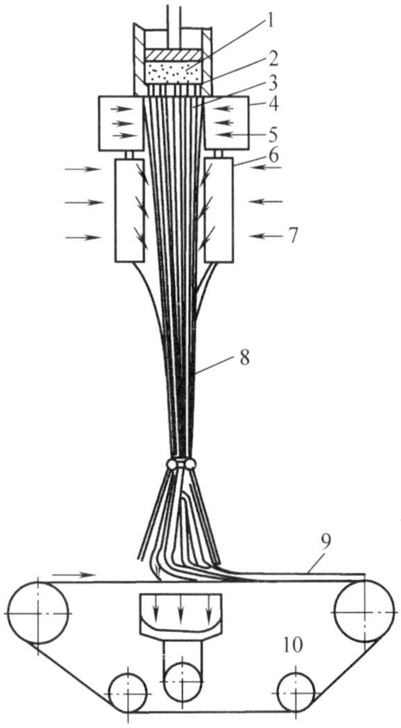

图 6－13　赖科菲尔法纺粘工艺图
1—熔体　2—喷丝板　3—长丝
4—风管　5—冷风　6—导流板
7—室温空气　8—风道板　9—纤网
10—成网机

的下方并排垂直安装许多导流板，室温空气从导流板之间导入，在导流板的下面安装两块风道板，形成了长丝的拉伸管道。风道板之间的距离可调，以控制拉伸范围，在风道板的下端弯成一定角度形成一个喇叭口，气流在此扩散，一方面减速，另一方面形成紊流，以便分丝和成网，风道板的下方是凝网帘，凝网帘的下方是吸风口，两台75kW 的鼓风机抽风产生负压，形成了一股自上而下的气流，对长丝进行拉伸，气流在经过两块风板之间的狭缝时，拉伸速度达到最高，空气流速一般为 3000m/min，最高可达 9000m/min，从而完成了对长丝的拉伸和取向。与多坎法相比，纤维受到的拉伸取向不强，因此影响了强力，但它从冷却区到拉伸区全长仅 3.6m，距离很短，节约了基建投入。为提高纤维强力可增加鼓风机的吸风量（如 150m^3/min），这种方法得到的纤网可直接进行热轧黏合，也可先经过预针刺再进行其他主加固。赖科菲尔法纺粘工艺如图 6－13 所示。

赖科菲尔法可采用聚丙烯、聚酯为原料，采用聚丙烯时，熔融指数达到 12～35g/10min；所用喷丝板有 3 种规格，可纺的纤维线密度分别是 2.2～6.6dtex，7.7～13.3dtex，13.3～20dtex，每种规格的喷丝板所纺线密度都可借助调节风道板的间距，喇叭口的角度，鼓风机的风量等参数来控制。

3. 泰帕尔法　泰帕尔法是美国杜邦公司开发的，是世界上应用最早的纺丝成网法技术，其以聚丙烯为原料，在聚合物熔体中添加导电盐，从而使长丝带上同性电荷进行静电分丝。

高聚物熔体从喷丝板中挤出，经冷却后形成长丝，高压电板由静电发生器得到高压电荷，长丝经过高压静电场时便带上了同性电荷，然后经过气流拉伸管中的高压空气对长丝进行拉伸，当长丝从拉伸管中输出时，因静电作用纤维相互排斥而分丝，然后受到凝网帘下方的极板所形成的相反极性电荷吸引而飞向凝网帘，在凝网帘上形成纤网，然后经过热轧加固，形成非织造布，泰帕尔法纺丝成网工艺如图 6－14 所示。

该法成网宽度为 2～5.17m，克重为 51～478g/m^2，主要用于簇绒地毯的基布、家具内衬、土工布等。

4. NWT 法（低压牵伸）　这种方法采用低压大流量气流牵伸，牵伸风管较短，一般在 1m 左右。采用矩形单排喷丝板，一条生产线有 23 个喷丝板并列排行，每个喷丝头下边相应有牵伸喷嘴。牵伸喷嘴利用以切线方向喷入的经计量气流的空吸效应把丝束吸入，并取得拉伸，牵伸气流的流量为 2300m^3/h，温度为 20℃。纺 PP 时，压力为 0.025MPa；纺 PET 时，压力为 0.05MPa，相对湿度为 90%～95%，气流牵伸管道长 1m 左右。

（四）影响牵伸工艺的主要因素

气流牵伸的特点就是利用空气气流的高速流动带动纤维前进并产生牵伸，其影响因素有以下 10 个方面：

1. 牵伸机的结构　在相等的风量下，喷口和牵伸风道的大小与牵伸速度成反比，喷口与牵伸风道越小，牵伸速度越高，所得纤维的强度也越高，反之亦然。

2. 牵伸风的风温　牵伸风的风温高，丝条不能得到充分的冷却定型，从而影响取向与纤维的强度，牵伸风温一般不超过 50℃。

3. 牵伸风的风压和风速　要想实现高速牵伸，风压和风速必须达到一定的要求，一般情况下考虑到纤维在风中打滑的因素，风速控制在纤维前进速度的两倍左右，如纤维的速度为 5000m/min，则风速为 10000m/min。

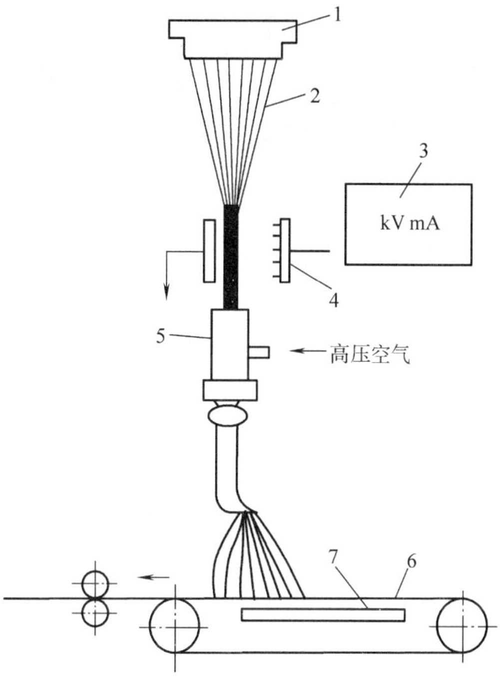

图 6－14　泰帕尔法纺丝成网工艺图
1—喷丝板　2—长丝　3—静电发生器　4—高压电极　5—气流拉伸管　6—凝网帘　7—极板

4. 冷却条件　冷却条件包括风速、风温和风湿，其中风速影响最大。

由于空气的导热系数低，熔体细流与周围空气的换热效果主要取决于空气的给热系数。气流速度过高，喷丝板板面温度过低，易产生断丝，同时会使丝条向一侧鼓出，引起丝条振荡或飘动，使初生纤维条干不匀；如果冷却风速过低，不能带走应排除的热量，丝条不能充分固化，拉伸时也易产生断丝现象；此外，冷却吹风压力的波动和均匀性都影响吹风速度的变化，从而使单丝产生振荡或飘动，吹风压力变化值 ΔP 和吹风压力 P 的比值越小，纤网中纤维直径越均匀，并有较低的伸长不匀率。一般纺丝成网冷却风速范围在 0.4～1.5m/s，并可根据熔体挤出量的大小来控制。

熔体细流从喷丝板挤出后，立即受到冷却吹风的冷却，如图 6－15 所示，此时要求冷却的速度较快为好，目的是要使丝束冷却到凝固点以下。冷却的推动力就是冷却风与被冷却丝条间的温差，冷却吹风和聚合物丝条间的温差至少在 10℃以上，才能较好的保证丝条的均匀冷却。根据聚丙烯、聚酯、聚酰胺各自不同的 T_g，应控制聚酯的冷却吹风温度要比聚酰胺 66 和聚丙烯的高些。对聚丙烯纺丝成网来说，应采用骤冷的方式进行冷却，形成更多的准结晶结构，以有利于拉伸的顺利进行。在不影响冷却效果的前提下，随风温的适当提高，初生丝断裂强度有所提高，还可减少骤冷风系统的能耗。聚酯和聚烯烃类的冷却吹风温度在 8～30℃范围内，生产上一般将风温控制在 20℃±2℃。

随着冷却吹风相对湿度的提高，它的比热和热容量将会增加，热吸收量也随之增加。从而使冷却吹风在吸收同样的热量时温度降低，能保证冷却吹风温度的相对稳定，提高冷却效果。同时高的含湿量会减少丝条在纺丝中产生的静电和飘荡，改善成网质量。由于 PP、PET

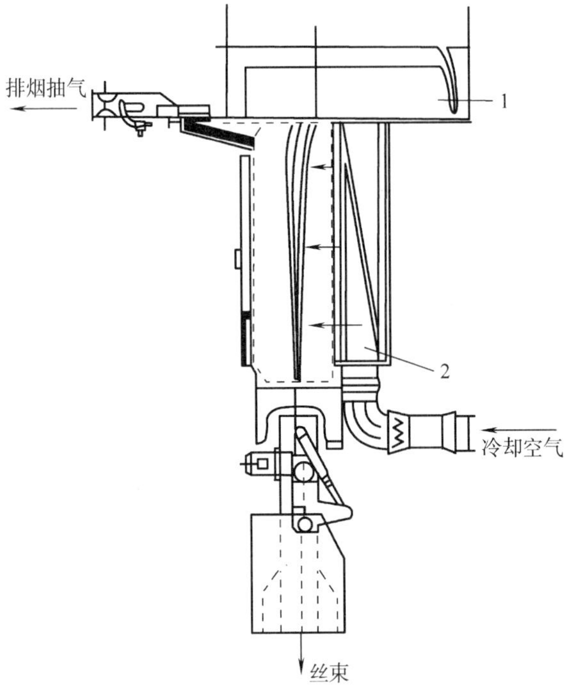

图6-15　侧吹风室结构
1—纺丝箱体　2—气流分配室

回潮率非常低，风湿影响不太显著，一般控制在65%±5%即可。

大多数熔纺高聚物当其被加热至熔融温度时，都会生成一些不可见的气态产物或单体，这些单体如不除去，就会影响环境和产品质量。如单体累计较多时，会沉积在喷丝板板面上，从而缩短喷丝板的有效使用周期，因此在喷丝板下方设有排烟装置和过滤装置，可有效地将气态分解物吸去。排烟系统的抽吸作用需要有另外气流补给，以使工艺气流平衡，否则排烟装置就会从冷却系统吸走一部分空气，扰乱冷却室的空气流谱，严重时会扰乱冷却气流流场，造成纤维均匀性不佳。

5. 高聚物质量对牵伸的影响　高聚物质量指高聚物的相对分子质量及分布情况。相对分子质量过高的高聚物拉伸取向困难，需较高的熔体温度和牵伸力；相对分子质量太小受到外力作用时拉伸取向容易，但所得纤维强度不够。同时，相对分子质量分布不宜过宽，否则也会造成拉伸工艺不稳定，应选用相对分子质量分布系数小的树脂。

6. 高聚物灰分、杂质的影响　由于纺粘法非织造材料采用气流牵伸，速度相当高，拉伸倍数相当大，丙纶牵伸速度在3000～10000m/min之间，涤纶牵伸速度在5000～10000m/min之间，稍有灰分、杂质都会影响纺丝质量，并出现断头、毛丝等不良现象，因此，选用的高聚物所含灰分、杂质量要低，同时还要求过滤系统有较好的过滤性。

7. 喷丝板的清洗质量对牵伸质量的影响　如果清洗质量不好，存在堵塞或不规则的孔径，从喷丝孔中吐出的初生纤维就会发生变形或弯曲，牵伸时易产生断丝或与相邻纤维黏结，发生并丝现象。此外，若初生纤维太细在牵伸时易断裂，形成断头，也会影响牵伸质量。

8. 塑化效果对牵伸的影响　如果高聚物挤出后塑化效果不好，熔体存在僵块、晶点及黏度不均，挤出喷丝孔后就会发生不同的胀大变形，给牵伸带来困难。黏度不均的熔体流动性差异大，黏度低的熔体流动性好，牵伸倍数高；黏度高的熔体流动性差，拉伸倍数低，从而造成丝条强度不均。

9. 牵伸段长度　在牵伸器其他结构几何参数固定的情况下，对于一定的喷射气体压力，牵伸段有一个最佳长度。牵伸段长度过短，单丝受力小，丝束在气流中容易滑脱；牵伸长度过长，气流摩擦阻力增加，气流速度下降，也会使单丝受力减小。

10. 材质和野风的影响　牵伸管道内外表面要光滑，以免造成挂丝，材质本身要耐磨，强度要高；同时还要避免野风的干扰。

（五）提高牵伸丝质量的途径

初生纤维经过气流拉伸后形成强伸度较好的纤维，其质量直接决定了纺丝成网法非织造材料的质量，因此牵伸纤维怎样才能具有较好的物理机械性能是整个纺丝成网法生产工艺的关键。

1. 选用质量较好的高聚物切片　生产PP纺粘非织造材料时，要选用等规度≥95%、MI在30～40g/10min、平均分子量在（12～30）×10^4、熔点在158～165℃、相对分子质量分布指数<4的切片，而且要求所用切片外观均匀，粉末较少，并尽可能选用一个生产厂家的切片。

生产PET纺粘非织造材料时，要严格控制六大指标，即特性黏度、二甘醇含量、羟基含量、熔点、凝聚粒子含量和灰分，而且切片含水率要严格控制在30mg/kg以内。

2. 控制好纺丝速度和温度　传统的合成纤维生产纺丝速度（V_L）通常是指纺丝卷绕速度，而纺丝成网气流拉伸工艺中的纺丝速度可根据下式进行推算：

$$V_f = Q\frac{10000}{Tt}$$

式中：V_f为气流拉伸工艺中的纺丝速度（m/min），远远小于拉伸气流速度；Q为喷丝孔挤出量［g/(孔·min)］；Tt为所纺单丝的线密度（dtex）。

随着纺丝速度的提高，纤维线密度减小，纺丝线上丝束的张力增大，成网长丝分子取向度提高。

PP纺丝成网的纺丝速度控制在2500m/min以上，纺丝温度控制在熔点偏上的区域，这是由于PP等规度高，非牛顿行为更为突出，纺丝温度比其熔点更高才能具有较好的流变性能，添加降温母粒后，一般控制在235℃左右。

PET纺丝成网的纺丝速度控制在4000m/min以上，纺丝温度控制在265℃左右。

3. 泵供量（Pump delivery）

（1）泵供量与初生纤维直径的关系。泵供量是计量泵单位时间输出的熔体质量，以克计。在不影响纺丝的前提下，减少泵供量，纺程上纤维直径急剧下降，直至其不再变化，这一现象称为细颈现象。图6-16为聚丙烯纺丝成网工艺中，聚合物挤出量与纤维直径的关系。这是由于喷丝孔挤出量下降，纺程上凝固点处所受的张应力上升，增加到足以克服屈服点应力时发生细颈拉伸。这与恒定熔体流量即挤出量一定时，提高纺丝成网的纺丝速度到一定工艺值，纺程上出现的细颈现象相同[24]。

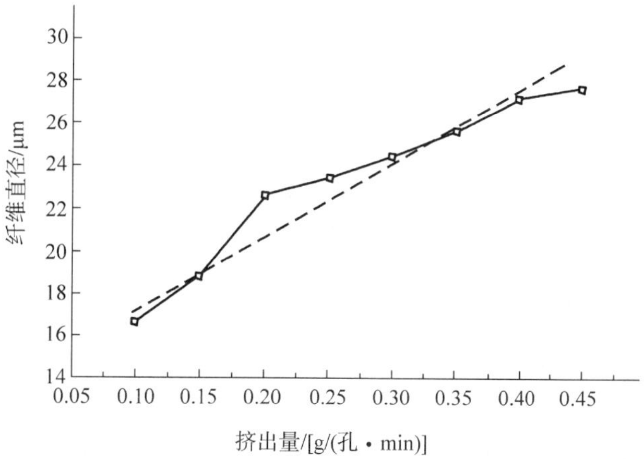

图6-16　喷丝孔挤出量与纤维直径的关系

(2) 泵供量与拉伸纤维和纤网的关系。纺丝成网中纤维的力学性能在相同纺丝速度工艺条件下，随喷丝孔熔体挤出量的降低，熔体细流的细颈拉伸部分逐渐缩短，即自然拉伸比 N 逐渐降低，预取向度增加，有利于提高拉伸纤维的取向和结晶。这是因为纺丝成网工艺中纺丝速度相同时，若喷丝孔的挤出量下降，则丝条在纺程上所受张力相对增加，表现在纤网强度的提高。

由此可知，纺丝成网过程中，纤维结构的形成不仅与纺丝速度、气流速度有关，而且与喷丝孔熔体挤出量有关。纤维结构的形成是纺丝应力与冷却效果的综合反映。

4. 采用异形喷丝孔 在纺丝工艺中采用异形喷丝孔是改善、提高非织造材料性能的有效途径。纤维的比表面积直接影响作用在纤维上牵伸力 F_{drag} 的大小，在其他条件相同的情况下，提高纤维的比表面积，将提高 F_{drag}，从而提高牵伸效果。采用异形截面纺丝时，在相同线密度情况下，可大大增加丝条的表面积，以改善牵伸效果。此外，采用异形喷丝孔还可以改善纤维的弹性、光泽、抗起球性、耐磨性等。

5. 严格控制好冷却条件 冷却条件直接影响初生丝条凝固点的位置，即直接影响纤维线密度的均匀性，必须严格控制风温、风速、风量、风压、风湿等工艺参数，同时避免野风的干扰。这一点在前面已做了详细讨论。

6. 提高牵伸气流速度和密度 提高气流速度，丝条的速度也会增大，但气流速度的增大值远大于丝条速度的增大值。在 Recofil 工艺中，减小狭缝宽度将提高气流速度，增大牵伸作用，反之则减小牵伸作用。另外，在狭缝宽度和压力不变的条件下，增加抽吸风量将会提高牵伸气流的速度，改善牵伸效果[23]。

气流密度越大，F_{drag} 也越大，因此提高牵伸气流的压力也有利于改善牵伸效果，提高纤维的取向度和结晶度，从而改善纤维的性能。气流密度与气压成正比，Recofil 工艺中采用了负压牵伸，牵伸气流压力较低，这也是造成牵伸作用不充分的一个原因。有些纺粘工艺采用正压牵伸，牵伸气流压力较高，所得的纤维强度较好，如 Docan 工艺。

提高牵伸风速度的方法，一是提高牵伸风风量和风压；二是减少牵伸风的流动阻力，使气流运行畅通。

生产中改进牵伸机的结构，对提高牵伸风速度有重大影响。如将管式牵伸机的牵伸风道直径缩小，在同样风量和风压下，流经牵伸机风道的气流速度将得到提高；而且，牵伸机的牵伸风道缩小后，牵伸气流和纤维束能够进一步集中在风道中心流动，更大程度地提高牵伸风对纤维束的握持作用，使纤维牵伸速度加快，牵伸倍数增加，牵伸效率提高。

为了生产超细纤维非织造材料，各大制造厂商都在探讨进一步提高牵伸风速度的办法，如改进牵伸机的设计结构、提高加工精度、研制高速拉伸工艺、降低纤维线密度。莱芬豪斯公司开发的 PP 长丝非织造材料和三菱公司开发的 PET 长丝非织造材料的纤维线密度均低于 1dtex。

六、成网

在纺粘法非织造布生产技术中，成网就是将聚合物经熔融挤出、纺丝、冷却、牵伸后形成的连续长丝均匀分散开，并铺置在成网帘上，形成均匀纤网，它包括分丝、铺网和网下吸风。

成网是纺粘法非织造材料生产中的一个重要工序，技术难度高，因为在纺丝牵伸后形成的长丝必须在很短的时间内分丝并铺成网。由于长丝运动速度高，而牵伸气流速度更高，控制气流运动的难度更大，因此，在纺粘法非织造材料生产过程中，很难对纺丝成网的均匀度进行有效控制，特别是在生产薄型产品时，纤网的均匀度就更难控制。

（一）分丝

所谓分丝，就是指将经过拉伸后的丝束分离成单根丝条状态，以防止成网时纤维相互粘连，保证铺网的均匀。

1. 静电分丝法　又分为强制带电法和摩擦带电法。

强制带电法就是纤维在拉伸时，给丝束一个上万伏的静电电压，这个强电场使长丝带上同性电荷（根据聚合物的特性，可以是正电荷或负电荷），因电荷同性相斥而达到分丝的目的。摩擦带电法是利用长丝在拉伸过程中相互摩擦产生的静电而分丝的方法，如美国的泰帕尔法，如图 6－17 所示。为了保证有充分的静电荷而达到分丝的效果，纺丝时，可在聚合物熔体中加入一些增加静电作用的添加剂，以提高静电产生效果，使长丝相互排斥达到分丝的目的。

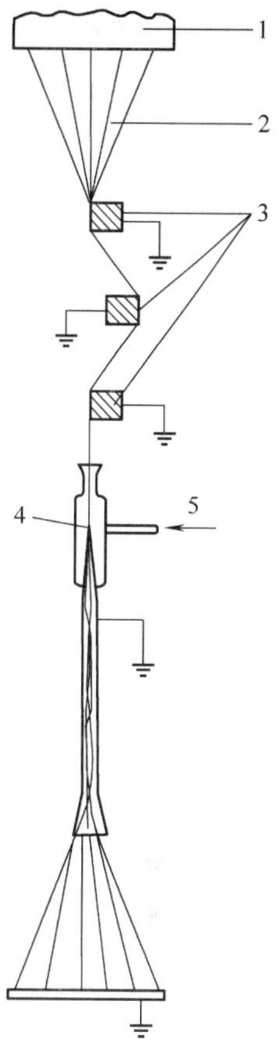

图 6－17　摩擦带电法分丝
1—喷丝板　2—丝条　3—介电摩擦辊
4—拉伸喷嘴　5—拉伸空气

静电分丝法的优点是成网较为均匀，缺点是纺粘布的横向拉力较小。

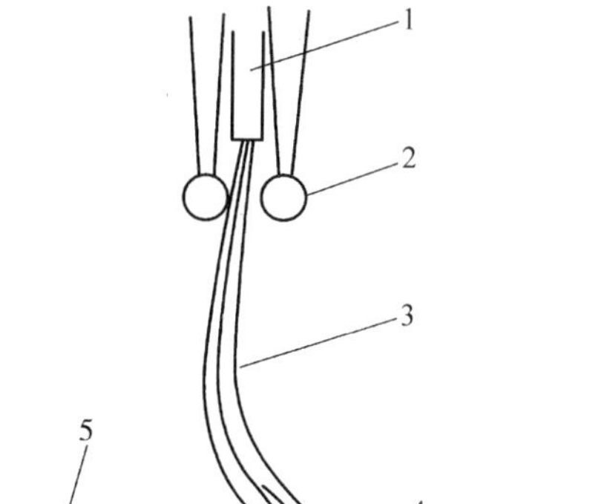

图 6－18　摆丝成网装置示意图
1—气流拉伸装置　2—往复摆丝辊　3—长丝
4—成网帘　5—纤网　6—抽吸装置

2. 机械分丝法　利用挡板、摆片、摆辊或振动板等机械手段，使丝束在拉伸后经过撞击、振动等机械作用达到纤维互相分离的目的，这种方法制成的非织造布常有并丝现象出现，但因拉力较大，布的强力较高。机械分丝法如图 6－18 所示。

3. 气流分丝法　利用长丝牵伸过程中高压气流在管道中产生的空气动力学效应，形成紊流或经气流扩散而减速，使丝束中的纤维分离。这种方法铺网比较均匀，但纺粘布的横向拉力小。

（二）铺网

铺网就是将经过冷却、气流牵伸、分丝后的长丝均匀地铺在成网帘上，形成均匀纤维网，并使铺置的纤网不因外界因素而产生波动或丝束转移。一般采用凝网和吸网相互结合的成网方式，成网的关键是对牵伸后的纤维运动进行有效控制。目前，铺网有机械控制和气流控制两种，机械控制有排笔式铺网和打散式铺网等，气流控制则有喷射式铺网和流道式铺网等。

1. 排笔式铺网 以意大利 NWT 系列为代表，采用狭缝牵伸，圆辊式摆丝器，利用气流的附壁效应进行摆丝铺网。

这种方式的优点是布的纵横向强力差别较小，但由于摆辊和附壁效应，气流裹挟丝束经过摆丝器后，会形成一束宽度很窄的气流射到成网帘上，由于气流比较集中，流速很快，网下吸风不完全，从而把纤网上部的丝吹散、吹乱，产生并丝。

2. 打散式铺网 以意大利 STP 系列为代表，采用管式牵伸器和摆片式摆丝器进行打散铺网。丝束从比较细的牵伸管喷出，比较集中，使用一般摆丝器很难把丝束分散均匀。采用打散方法，先打在一个摆片上，再折到另一个摆片上，且气流速度较大，丝束经打散后铺网，就像一块泥巴打在板上四处飞溅，飞溅出的块大小不一，分散不匀。因此采用打散方法分丝铺网，布面易产生“云斑”，但可以通过提高摆丝器摆动频率来减小“云斑”现象。

3. 喷射式铺网 这种方式是利用高速气体出牵伸器后，随着喷射气流截面宽度的扩大，气流速度下降，在气流速度与纺丝速度相等点以后，丝条在气流中呈螺旋状向下运动，最后呈椭圆形落到网帘上。这种铺网方式并丝极少，没有云斑，柔软性好，伸长率大。由于椭圆的长短轴之比不同，纵横向强力差别较大。

4. 流道式铺网 以德国莱芬为代表，采用横式整体牵伸器和压布辊技术，牵伸器出口就是成网帘，纺丝甬道全部密封。随着牵伸器甬道宽度的扩大，气流速度下降，丝在气流中呈螺旋状向下运动，最后落到网帘上。这种方式成网效果好，没有气体射流，但要减小系统内部的紊流和涡流。

（三）网下吸风

网下吸风在纺粘法非织造材料生产中有两种形式。一种是在负压法拉伸工艺中，利用网下吸风，对纤维进行气流牵伸，如莱芬豪斯系列 1、系列 2 就是如此。这种负压法牵伸的优点是噪声低，耗电量低，但要达到很高速的牵伸，单纯依靠网下吸风还不够，还需要适量增加一些正压吹风，最近莱芬 4 型的新技术就有了这种改进。另一种形式是采用正压牵伸的设备，如管式牵伸，用来吸收牵伸带下的大量气流。这部分气流若不排除，风在网上会造成飞散，使纤维在网上“飞舞”，从而使成网难以进行，纤网均匀度较差。因此，必须将网下吸风与牵伸风配合好。

（四）输送网帘的主要指标

输送网帘常起到输送纤网、托持纤网、分离气流等作用，一般用高强低伸聚酯、聚酰胺长丝或金属丝织造而成，对其要求如下：

1. 透气性 网帘的透气性能对铺网过程有重大影响，若网眼较小时，气流通过阻力大，影响丝条的冷却，形成多个拉伸速度梯度，使纤维得不到充分拉伸。网眼较大时，在抽吸气流的作用下纤维会被过多地吸入网眼中，与网帘紧密附着，不易剥离纤网，而产生缠网现象，特别在生产小定量产品时尤为严重。因此，输送网帘的孔眼大小（即目数）要严格控制。

2. 承受张力 输送网帘起到分离气固（气流和纤网）和承受输送纤网的作用，要避免因网帘的透气性差及被抽吸时的下挠而出现的“兜布”现象。要根据产品的产量和纤网的定重来调整网帘的张力。纤网定重越小，张力也相应较小，但张力应能保证网帘不会产生打滑而造成速度不稳定；定重较大时，张力也相应增大，以保证网帘在通过抽吸区时处于平整状态，从而消除或改善纤网表面沿幅宽方向出现的不规则波浪状“裂纹”，但张力不能过大，否则会对网帘造成损害。

3. 网帘幅宽 为了有效承载和全部接收由扩散段落下的纤维，网帘的宽度一般大于产品幅宽 0.3～0.5m，如产品名义尺寸为 3.2m 的生产线，铺面宽≥3.4m。在负压拉伸系统中，还要加上通道密封机构的宽度，因此，配套网帘的宽度要控制在 3.6m 左右。

4. 抗静电性 在铺网过程中，由于纤维相互摩擦而产生静电，有时静电分丝也会带来一部分静电，这些静电对纤网与网帘的分离是不利的，容易出现翻网现象。因此，有的网帘在制造过程中，混入电阻率较低的碳纤维材料或少量导电纤维，以使积聚的电荷得到释放，提高网帘的抗静电性能。

5. 密封装置 由于网帘起到气固分离的作用，必须保证纤网较好地附着在网帘上并随着网帘运动，一般在网帘的下方与拉伸通道相对应的位置，设置一个密封的抽吸通道，该通道与一个流量大于冷却及辅助风流量总和的离心风机吸入口相连接，使网帘处保持负压状态；通道上下形成足够大的压力差，使气流产生高速运动，从而使丝条拉伸后达到良好的铺网状态。

生产中采用网下的支承辊和网上的压辊对网帘实现压丝和密封。支承辊一般采用外表胶辊，网上压辊则采用外镀陶瓷或镀铬后经特殊喷砂处理的辊筒，以免在运转过程中出现粘丝现象。

此外，成网工艺还要满足以下条件：

（1）表面结构均匀，孔隙大小一致；

（2）足够的耐冲击强度；

（3）网帘的接缝处要与主体结构一致；

（4）网帘两边带区强度要高，以防止网帘使用后变形（兜布现象）；

（5）网帘的使用寿命要长。

常见的网帘组织结构为平纹组织或斜纹组织，目数一般为 30～40 孔/cm（70～100 孔/英寸）。

七、加固

初生纤维经过冷却、气流牵伸、分丝铺网之后，所得的纤维网还只是半成品，必须经过加固手段才能形成最终的非织造材料。目前对纺丝成网非织造材料的加固方法有四种形式，即热轧加固（Hot rolled reinforcement）、针刺加固（Pinprick reinforcement）、水刺（Water-jetting）加固和复合加固法，其中针刺加固和传统的针刺加固并没有太大区别，在此不再讨论。

（一）热轧加固

热轧加固是纺丝成网法非织造材料的最主要加固手段，适合加工 10～150g/m^2 的纤网。

它是利用热塑性高聚物的特性，使纤网在热轧机中受到压力和热量时发生软化和熔融，并在轧点位置被“熔接”在一起，从而形成一定强度的非织造材料。

1. 对热轧机的工艺要求

(1) 速度可调，范围大，可生产不同克重的产品，一般为 5～300m/min。

(2) 热辊表面温度应能满足不同的生产工艺要求，表面温度要分布相当均匀、控制精确，辊的温度偏差值为±1℃，建议采用电磁感应加热。对于生产 PP 非织造材料而言，温度控制在 135～165℃；生产 PET 非织造材料，温度控制在 235～250℃。

(3) 线压力可调且均匀一致，要避免中鼓度的产生，生产不同克重产品时的线压力如下：

克重 15～25g/m^2，线压力为 60～90N/mm；

克重 25～80g/m^2，线压力为 70～110N/mm；

克重 80～200g/m^2，线压力为 90～150N/mm；

(4) 要有强制冷却装置，以保证加固速度与卷取速度同步，冷却辊温度一般为 50～60℃。

(5) 使用刻花辊筒热轧加固时，刻花辊筒上的花纹图案要丰富，以满足不同客户的要求。

(6) 热轧机上必须有安全保护装置，设有急停开关和安全绳索。

2. 热轧机的配置方式

对于纺丝成网产品，一般使用点黏合和面黏合，表面黏合则很少使用。

(1) 点黏合。点黏合热轧是通过对纤网的局部融熔热黏合而达到加固纤网的目的，在纺丝成网中应用广泛。点黏合热轧加固通常适合中低克重的非织造产品，最高面密度通常不大于 100g/m^2，适合于生产用即弃卫生产品、包覆材料、服装衬基布、鞋衬、家用装饰材料、台布、擦布、地板革基布等。

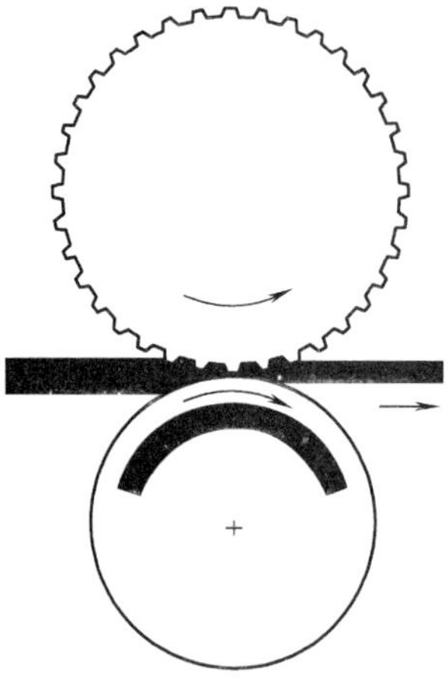

图 6-19　点黏合热轧示意图

点黏合热轧工艺采用一对钢辊进行热轧，如图 6-19 所示，其中一辊为刻花辊，另一辊为光辊，热轧后纤网中仅有局部区域被黏合加固，未黏合区域仍保持较好的蓬松性，产品的手感较好。生产中，黏合面积比例一般控制在 8%～30%。

(2) 面黏合。面黏合热轧适合于生产婴儿尿片和妇女卫生巾包覆材料、药膏基布、胶带基布及其他薄型非织造材料，纤网的克重通常为 18～25g/m^2，所得产品表面结构比较光滑。

面黏合热轧采用两台热轧机。纤网通过输网帘送至第一台热轧机，第一台热轧机加热钢辊在上，弹性辊在下，纤网通过轧辊钳口后，上表面发生了热轧黏合，然后再由一对牵拉辊将纤网从弹性辊上剥下，经过补偿装置后再送至第二台热轧机。第二台热轧机的加热钢辊在下，弹性辊在上，对纤网的下表面进行黏合加固。经过两台热轧机黏合加固后，纤网通过一对水冷却辊冷却，然后再送至卷绕装置卷绕。

3. 刻花辊（Engraving Roll）的工艺控制　为了满足产品和用户的某些特殊要求，有时要使用刻花辊进行热轧加固。

刻花辊的结构要适应热轧工艺要求，经过热轧加固后的纤网，只在纤维相互堆叠的交叉点和对应刻花辊的轧点处被热轧黏合连接在一起，属于点黏合加固，而其他位置的纤网仅受到加热和压缩，厚度缩小，而不发生黏合，仍保持着原来的柔软手感和蓬松透气性。因此花辊的图案、轧点形状、密度对非织造布的强力影响很大。

当生产不同面密度或不同性能要求的热轧非织造材料时，应选择不同轧辊轧点花纹和不同轧点高度的轧辊。图 6-20 为热轧非织造工艺常用刻花辊的轧点形状，图 6-21 为非织造复合用刻花辊花纹和产品外观[24]。

图 6-20　常用轧点形状

图6-21　复合用刻花辊花纹（上）和产品（下）外观

轧点密度由刻花辊外圆单位面积内所有轧点的面积总和所占的百分比来表示。

生产中，常用的刻花辊工艺为：轧点尺寸，0.75mm×0.75mm；轧点面积，0.56mm²；轧点总高度，0.66mm；轧点间距，1.72mm；轧点密度，33.8 个/cm²；轧点面积百分比，19%；轧点中心线与辊轴线交角，45°。

（二）水刺加固

水刺加固（缠结）可提高许多纺粘法非织造材料的特性，使它们更柔软、强力更高，还可提高生产速度和单线能力，有利于开发更多性能卓越的功能材料，但同时还要加强水刺理论的研究，如水刺非织造工艺中射流冲击理论的分析，纤维网内部结构特征的分析等。

若“纺粘＋水刺”技术推向市场，可能会带来如下变革：

（1）纺粘成网和水刺缠结的生产速度可达到 500m/min 以上，降低了生产成本，提高了生产效率；

（2）生产加工中不需要或很少需要化学黏合剂，这对加工医疗和卫生用品尤为有利；

（3）纺粘产品本身强度就大（不需要切断），水刺缠结程度和缠结点更多，因此纺丝成网水刺材料强度高，纵横向强度高[25]，柔性和透气性好，而且不会损伤纤维，产品手感好。

（4）可用来按设计的产品性能加工不同层数的多层复合材料，如浆粕气流产品夹在两层水刺材料中间，从而赋予产品更大的吸湿性，拓展了产品的使用范围。

（5）用水刺技术可分裂共轭纤维（超细纤维），促进了从聚合物到最终非织造产品一步法的实现。

目前，世界上仅有两条试生产线在运行，其中一条在我国江西省。

1. 水刺原理 水刺加固是用直径为 100～180μm 的水流，在 2～20MPa 的压力下，高速喷射到纤维网层，当水流射到纤维网下面的输送网上时，水流会反弹回到纤维网上，而后再垂落流下。纤维网层中的纤维在水刺力和反弹力的双重作用下，由于水流的多方向性和强度不同，在不同方向上产生不同程度的缠结，从而形成了手感柔软，强度较高的水刺法非织造材料。水刺原理如图 6－22 所示。

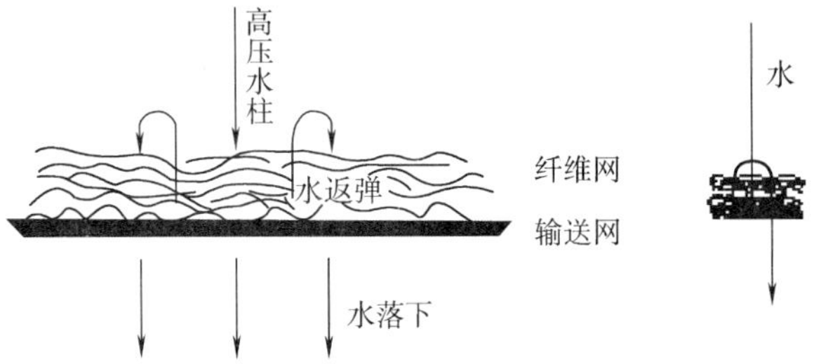

图 6－22　水刺原理

2. 水刺生产过程 图 6－23 是一种常规型（平网式）的水刺法生产工艺流程示意图。

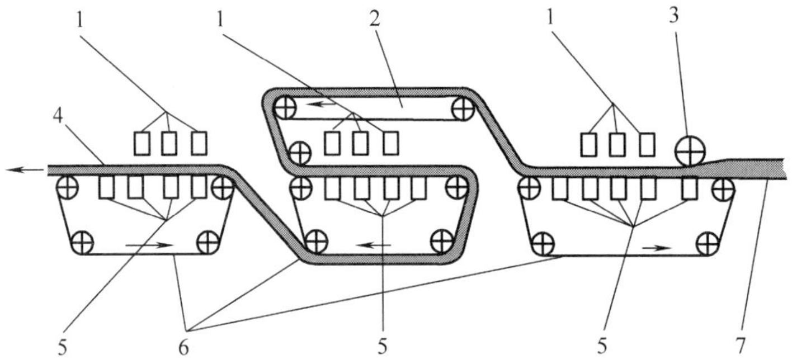

图 6－23　常规型的水刺法生产工艺流程示意图

1—水刺头　2—过桥装置　3—预湿装置　4—水刺非织造布　5—脱水箱　6—输网帘　7—干纤网

其工艺流程如下：

切片→螺杆挤出机→纺丝箱体→纺丝细流→冷却→气流牵伸→分丝铺网→纤维网→预湿→正面水刺→反面水刺→烘干→卷取

（正面水刺、反面水刺）→水回收处理

3. 工艺控制 为了保证生产顺利进行，水刺头要出水顺畅并节约水源。水的回收与过滤主要采用滤袋法、砂滤法、气浮法，一般要经过 3～4 次过滤，是一个由粗过滤到精过滤的过程。

由于纺粘法非织造材料采用的是高速生产，其生产速度一般可达 80～200m/min，而水刺机对如此高的速度是完全可以适应的。水刺机配有4～12台水刺板，每台有几千根水针，而且纺粘法生产的是长丝，强力很高，不同于短纤维梳理成网，完全要依靠水刺来构成布的强力，因此，纺粘法水刺头也可少于短纤维梳理成网的台数。

在纺丝成网＋水刺加固工艺中，纤网定重一般可为10～400g/m²。如生产平纹布，则仅用滚筒式水刺机即可；若生产花纹布，则需配有平台式水刺机，以刺出花纹图案来。由于纺粘法可以生产出各种有色纤维网，若再配上各种花纹图形，则制成的非织造材料十分美观，且强力高。

水刺加固采用的水压，第一道一般为2～4MPa，第二道一般为7～10MPa。水的压力和水刺次数依据产品平方米克重的不同而有相应变化，定重大的产品，水压应较高些，使用的水刺头数也应多些，反之，水压应低些，水刺头数可适当减少。

水刺非织材料必须烘干才能卷取，对于PP纺粘非织材料，则烘干温度一般为80～110℃；对于PET纺粘非织材料，烘干温度可达120～150℃。

八、热处理

（一）热定型

热定型可使某些链间的联结得到舒解和重建，因为定型所经历的时间较长，与大分子链段松弛时间有相同的数量级，所以来得及进行纤维重建。在这个过程中，内应力大部分可消除，大分子链的联结点得以加固，也能生成一些新的联结点，无定形区的平均序态也有所提高，这样就在很大程度上改善了纤维的品质。

1. 热定型的目的 热定型是纺丝成网法生产中一个重要工序，特别是在造纸、毛毯、防水卷材基布、地板革基布、鞋和服装衬及土工布的纺粘法生产线中，热定型工艺是必须采用的工艺。

通过热定型可以使纺粘非织材料的物理机械性能得到改善和提高，使纤维结构和尺寸稳定性及染色性能得到改善。同时，纤维的结晶度、结晶结构均可得到较大的改善，从而达到提高纺粘产品物理机械性能的目的，特别是强度、模量和收缩率等性能方面的改进。

2. 热定型设备 纺丝成网法热定型设备有两种：热风穿透式和接触传导式，其中热风穿透式的应用更为广泛。

热风穿透式热定型设备的结构示意图如图6-24所示。

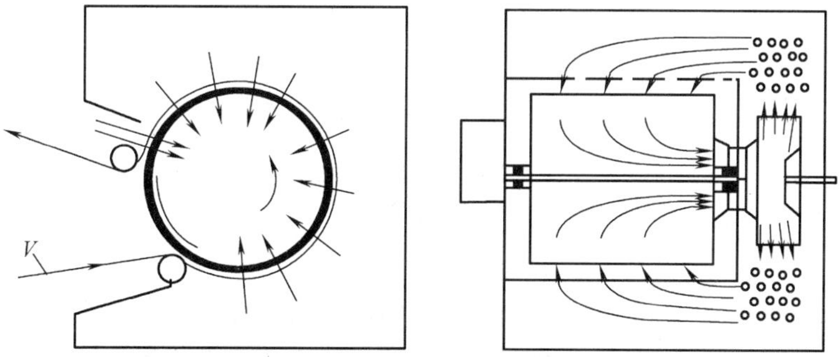

图6-24 热风穿透式热定型设备结构简图

该设备是以一个或多个直径为 2m 左右的回转圆网筒为主体，滚筒表面开有许多小孔，滚筒内部有专门的均风装置，滚筒的一侧（或两侧）连接风机。滚筒外面是热风供给和保温层，热源一般为热油加热的空气或过热水蒸气，热空气或过热蒸气强制穿透纺粘非织材料，并通过滚筒表面的小孔被其内部风机吸走，从而实现对纺粘非织材料的热定型。

3. 热定型工艺 由于纺粘法具有生产速度高的特点，而热定型大多又要求在线实施，因此纺粘法中的热定型不同于化纤中的热定型，对于易结晶的 PP 纺粘产品无须热定型，而对于 PET、PA 长丝产品唯有当气流牵伸速度（是指丝条的行进速度）达 6000m/min 以上时才可以不用进行热定型。

热定型温度一般在玻璃化温度与纤维的熔点之间，通过滚筒速度的调节并辅以拉幅等手段以改善产品的横向性能参数，以适应不同的生产需要。

在热定型中要控制好温度和风量，温度包括热风穿透温度、循环热油或过热蒸气的温度；风量包括穿透风量和吸收风量。此外，还要注意热风的均匀性即热风要分配均匀，使纺粘布在单位时间内能得到温度、风量一致的热定型。热定型后纤网还要通过几对冷却张紧辊，它们可以将热定型后较为蓬松的纺粘布迅速冷却张紧，这个张力对热定型工艺有重要作用。

经过热定型后，纤维强度有一定的下降，密度有一定的升高，热定型结晶度可以达到20%～30%。

生产还表明，适当的热定型温度可以使 PET 纺粘非织造材料的强度和初始模量增加，剩余收缩率下降，该温度一般在 200～300℃之间。

（二）后处理

后处理是纺粘法生产能够迅速扩大市场的重要手段，通过对最基本的坯布进行在线后处理和离线处理，可满足市场的各种需求。其中在线后处理包括烧毛、浸渍、烘干、染色、冷轧等。

1. 烧毛 该工艺用于针刺加固的纺粘材料，目前有两种方法，一种是直接利用明火将纺粘布表层的部分纤维熔融；另一种则是利用明火将一块不锈钢板加热，纺粘材料通过不锈钢板，从而使纤维部分熔融。烧毛能使纺粘材料表面达到非常理想的表面粗糙度，适合于做过滤材料时使用。

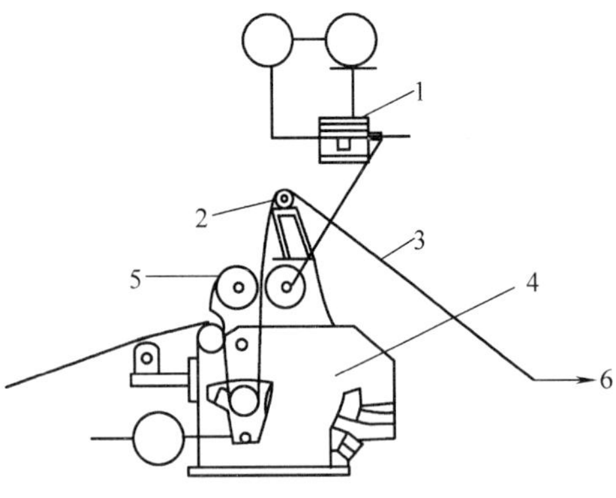

图 6－25 浸渍设备

1—传动电动机 2—挤干辊 3—纺粘布 4—泡沫浸渍槽 5—导入辊 6—烘干

2. 浸渍 这种工艺也用于针刺加固的纺粘材料，工艺流程图如图 6－25 所示，通过控制上胶量，可开发各种胎基布，例如防水基布、沥青油毡基布等。

3. 泡沫染色 该工序适用于水刺加固的纺粘产品，即纤网经过正反两面水刺后，通过发泡装置对非织材料实施在线泡沫染色，然后再烘干和卷取，本方法环保、高速，可赋予产品更多附加值。

4. 冷轧 利用一对直径 800mm 左右、内部通有冷却水的压辊对烘干后温度仍在 T_g 以上的纺粘材料进行强压，使产品在厚度上满足用户要求。冷轧后，产品具有较好的光洁度和平整度。

九、卷取

非织造材料的出厂状态一般是卷状的，又称卷材。

表征卷材规格的几何尺寸主要是卷长、幅宽。卷长即非织造材料的展开长度，单位为米；幅宽是指非织造材料的横向宽度，其与生产方向相垂直，其最大值等于生产线的宽度，一般生产中要有切边，因此幅宽小于生产线的宽度。目前国内设备的规格以 3.2m 为多。

（一）卷绕机

卷绕机的作用是对已定型的非织造材料进行定宽、定长、分切、卷绕的设备，它是纺粘生产线中机构最多、动作最复杂的机器。一台卷绕机一般由卷绕系统、分切系统、自动换卷系统及计量控制系统组成。

目前，纺粘非织造材料卷绕机有单接触辊式收卷机和双接触辊式卷绕机两种。这里仅介绍单接触辊式收卷机，其结构示意图如图 6-26。

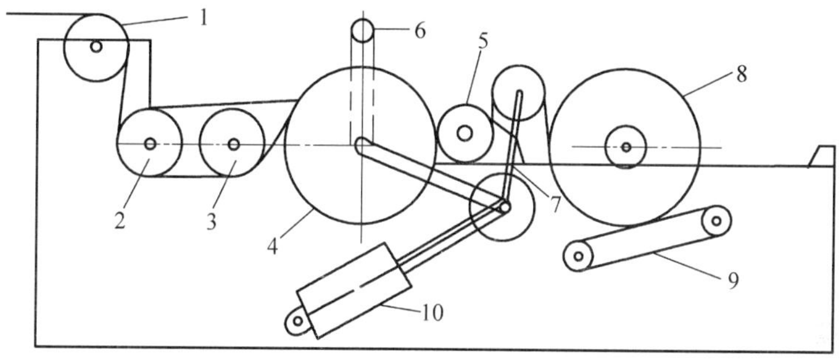

图 6-26 单接触辊式收卷机结构图

1—导向辊 2—导向及边切辊 3—展平辊 4—卷取驱动辊 5—卷芯辊 6—基叉 7—锯齿形切刀 8—布卷 9—驱动带 10—切刀工作汽缸

单接触辊式收卷机是靠摩擦辊来进行卷取的，卷芯轴是靠汽缸的推动力来实现转动的。推动力越大，摩擦力就越大，卷芯轴的线速度与辊筒线速度同步。

卷绕机的两侧机架都是经过机械加工并消除应力的钢结构，卷绕辊具有▽12.5 以上的表面粗糙度。它是由厚壁钢管制成，表面经过离子喷涂，具有较好的牵引力。卷绕辊的轴头是加粗的，在高速卷绕时，不会弯曲并能传送所需的扭矩。当生产中存在打滑现象时，卷绕机的线速度可比铺网机快 5%～10%。

生产中，布卷的直径受到卷长或机器结构的限制，在卷长到达设定值或卷径已接近卷绕机允许的最大尺寸时，必须将非织造材料切断，并开始卷绕到另一个后备的卷绕杆上，这一动作由自动换卷系统来实现，它一般有以下 3 个功能：

（1）可以自动切断非织造材料，切割分为快速横向切割、慢速横向切割、快速全幅垂直切割等。在快速横向切割收卷机中，以 Reicofil 型生产线配套的收卷机性能最为优良，其自动化程度高，使用方便；

（2）能将切割后的非织造材料迅速卷绕到新的卷芯轴上；

（3）切刀自动返回原位而不损伤非织造材料。

卷取工艺流程如下：

布卷从正常卷绕位置退出→布卷继续卷绕→备用卷绕杆进入工作位置→横向切断并由备用杆做正常卷绕→成品布卷下线→复位→贮存新的备用卷杆

在非织造材料生产过程中，还要对非织造材料进行计长，以满足用户的使用要求。可通过装在停动轴上的传感器来计量辊子的转数，并将转数转化后直接在数字表或计算机显示屏上读出。

卷绕机的主要特点可总结为：

电气自动控制，卷绕均匀；具有切边、纵切、横切功能；配备自动计长装置。

（二）卷取中的工艺计算

卷长是纺粘产品规格的一个主要指标，一般由卷长控制计数器来实现卷取的循环操作。由于大多数计量装置都是靠摩擦传动的，不可避免存在着打滑现象，而且传动件的磨损也会影响计量的准确性。此外，计量装置的安装位置对计量精度也会产生很大影响，如果计量装置所检测的是张力异常部位的非织造材料，必然会产生很大的系统误差。因此，在实际生产中，除了要注意卷长计量装置的准确度外，还要采取在不展开布卷的情况下，根据下线产品的实际卷重、定重、幅宽来验算产品的卷长[19]。具体验算公式如下：

$$L=1000W/G \cdot b$$

式中：L 为理论卷长（m）；W 为实际卷重（kg）；G 为实测定重（g/m^2）；b 为实测幅宽（m）。

也可以根据连续两卷产品在两次横向切断动作之间的时间间隔 t 及当时卷绕机的运行速度 V 计算出理论卷长。

$$L=Vt$$

式中：V 为卷绕速度（m/min）；t 为时间间隔（min）。

另一种方法是在卷取辊卷取期间，将手持式计长仪直接靠在产品布卷上，读取在一定时间间隔（如 1min）的测量结果，将其与机器上的计长仪读数进行比较，从而判断卷长计量装置的准确度是否符合要求。

（三）边料回收

边料包括毛边、废丝和不合格的非织造材料。由于边料的大部分成分仍是主切片的成分，因此往往要回收利用，以实现纺丝成网生产中原料的“零损耗”。一般是将边料粉碎后进入回收螺杆，铸带切粒后与正常切片按一定的比例混合进入纺丝系统，也可直接通过回收螺杆送料，在回收螺杆内加热熔融后送入主螺杆混合，进入纺丝系统。但加入的比例一定要严格控制，一般不超过正常切片的 5%，即使边料较多，也要分批次逐渐进入到纺丝系统。

第四节　熔喷法非织造材料的生产工艺与质量控制

熔喷法非织造材料的生产工艺原理与纺丝成网法非常相似，它们都是将成纤高聚物在熔融状态下由喷丝孔挤出，但在纤维成型工艺方面二者是有本质区别的。在纺丝成网法非织造材料工艺中，采用骤冷空气对挤出的熔体细流进行冷却，并进行高速气流拉伸，形成的连续长丝被铺放到成网帘上，形成长丝纤维网；而在熔喷法非织造材料生产中，离开模头的熔体在高速热空气作用下吹成超细的短纤维，以极高速率飞向凝网帘或滚筒上形成超细短纤维网。二者生产的单丝线密度差异很大，纺丝成网法为15～40μm，且为长丝，而熔喷法仅有1～5μm，属于超细短纤维。在纤网加固的方式上，两者既有相似之处，又有不同的地方。前者纤网的加固方式有热黏合、针刺、水刺、复合加固法等；后者则常采用热黏合或自身黏合的方式进行加固。

一、生产工艺流程

熔喷法非织造材料的生产工艺是将聚合物切片加入到螺杆挤出机中形成均一的熔体并从模头喷丝孔中挤出，得到熔体细流，经加热的拉伸空气从模头喷丝孔两侧风道中高速吹出，对熔体细流进行热拉伸。冷却空气在模头下方一定位置从两侧补入，使纤维冷却和结晶，另外在冷却空气装置下方也可设置喷雾装置，进一步对纤维进行快速冷却。在接收装置的成网帘下方设有真空抽吸装置，使经过高速气流拉伸成型的超细纤维均匀地收集在接收装置的成网帘（或滚筒）上，依靠自身黏合或其他加固方法成为熔喷非织造材料，其工艺示意图如图6－27所示。

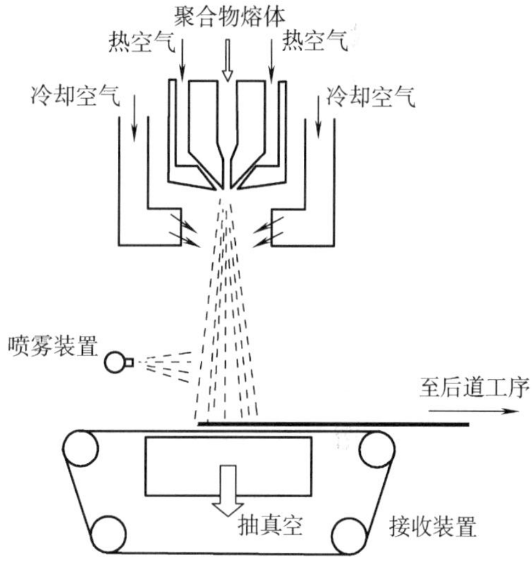

图6－27　熔喷非织造材料生产工艺流程图

熔喷非织造材料的工艺流程如下：

空压机(或风机)→空气加热器→气体分配装置→（至熔喷模头组合件）

聚合物切片、功能切片→螺杆挤出机→熔体→过滤→计量→熔喷模头组合件→熔体细流拉伸→冷却→接收装置(包括加固)→卷绕装置

二、主要设备

一条完整的熔喷生产线包括主机、加热系统、润滑系统、液压系统、冷却系统、电气控

制系统等几部分。其中主机主要由喂入系统、螺杆挤出机、过滤装置、计量泵、熔喷模头组合件、接收装置、卷取系统。生产聚酯及聚酰胺等熔喷非织造材料时，还需要进行切片干燥和预结晶。

（一）喂入系统

喂入系统包括主料喂入和功能切片喂入两部分。喂入系统的主要作用是对切片实行定时定量的喂料，以满足挤出量的要求。

条件好的企业，功能切片和常规切片分别通过计量装置来实现比例喂入，在每个集料箱内都有一个螺旋搅拌器，通过搅拌使各种粒料混合均匀。小企业则直接将两者混合后喂入。

在喂入中要注意保持输送管道的畅通，一般采用脉冲式输送，可有效地减少粉末量。

（二）螺杆挤出机

目前，大多数企业仍选用单螺杆挤出机，但为了满足对产品质量的更高要求，应选用一些新型螺杆，以提高加料段输送物料的效率和混炼的效果，减少挤出时熔体的压力、温度及挤出量的波动。这些新型螺杆主要有如下两种。

1. 分离型螺杆 分离型螺杆是在螺杆的压缩段设有主副两条螺纹，使少量未熔融的物料在经过附加螺纹的螺棱时受到强烈的剪切作用，从而使两相物料受热均匀、熔融完全，并减少挤出脉冲，同时排出固体物料中的气体。其结构示意图如图6-28所示。

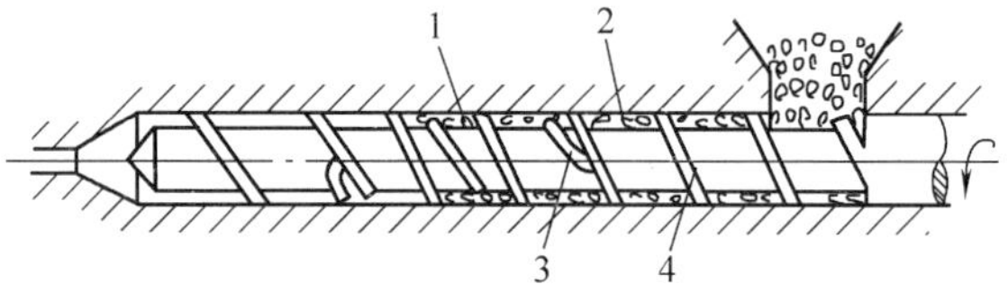

图6-28 分离型螺杆

1—液相槽 2—固相槽 3—附加螺纹 4—主螺纹

2. 分流型螺杆 分流型螺杆是利用螺杆上的销钉或通孔将含有固体未熔物的料流进行多次分流、多次汇合，以改变物料的流动状况，促进熔融，增强混炼和均化的一种螺杆。

销钉式混炼螺杆是利用许多销钉分流元件，将含有固体料和未彻底熔化的料流分成许多细小的料流，然后将细小的料流又汇合在一起，经这样多次的作用，料流中的固相被分成细小的碎块，从而有利于物料的搅拌，提高物料的混合能力，同时增加了摩擦热，促进高温液相向低温固相的传热。

此外，还有屏障型螺杆、双螺杆挤出机和排气式挤出机。

（三）过滤装置

在生产过程中，如果高聚物熔体中含杂太多，易堵塞喷丝头，影响正常纺丝，因此，熔体从螺杆挤出机挤出后，在进入熔喷模头组合件之前需经过过滤装置。常采用双活塞过滤装置，这种装置可以保证在生产过程中在线更换滤网。当工作一段时间后因过滤元件阻塞，使过滤装置内的压力增大到一定值时，就需要更换滤网。此时，液压系统将其中一个活塞杆缓慢移出，而另一个活塞杆仍正常工作，移出的活塞杆更换滤网后复位，再切换另一个滤网。在更换过程中，设备始终保持正常的工作状态。

滤网一般采用的是复合金属滤网，共由4～6层组成，表面层数较少，中间层数较多，滤网的更换周期取决于使用原料的含杂情况。

（四）计量泵

计量泵的作用是精确计量，连续输送高聚物熔体到纺丝模头，并产生一定的压力，以保证熔体能克服纺丝模头的阻力，从纺丝模头喷出熔体细流。计量泵由1对精确啮合的齿轮、3块泵板、2个轮轴和1幅联轴器组成。

（五）熔喷模头组合件

模头组合件是熔喷生产线中最关键的设备，它由聚合物熔体分配系统、模头系统、拉伸热空气管路通道以及加热保温元件等组成，也有人称其为纺丝组件。

聚合物熔体分配系统的作用是保证聚合物熔体在整个熔喷模头长度方向上均匀流动。一般要满足两个条件，一是熔体流动时间上尽可能短且相同；二是熔体在流动中压力降尽可能小且相同，以避免产生过多热降解，同时还要避免因熔体流动死角造成聚合物的过度热降解，以提高纤网克重的均匀度和其物理机械性能的均匀性。目前主要采用衣架型聚合物熔体分配系统，如图6-29所示。

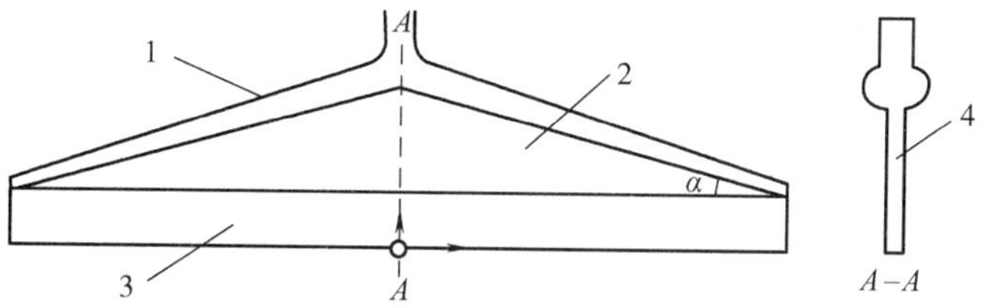

图6-29 衣架型聚合物熔体分配系统示意图

1—歧管 2—衣架区 3—成型面 4—狭缝槽

在熔体分配过程中，影响分配均匀度的因素主要有两个：一是歧管倾斜角度，随着歧管倾斜角度的增加，聚合物熔体在分配系统中央处的流动速率趋于减小，而两边的流动速率明显增加；二是高聚物熔体本身，成纤高聚物熔体一般表现为非牛顿行为，应通过对高聚物的相对分子质量及其分布的分析，选用较高的加工温度，以改善其流变性能。

模头系统一般由底板、喷丝头、气板、加热元件等组成，典型的结构如图6-30所示。

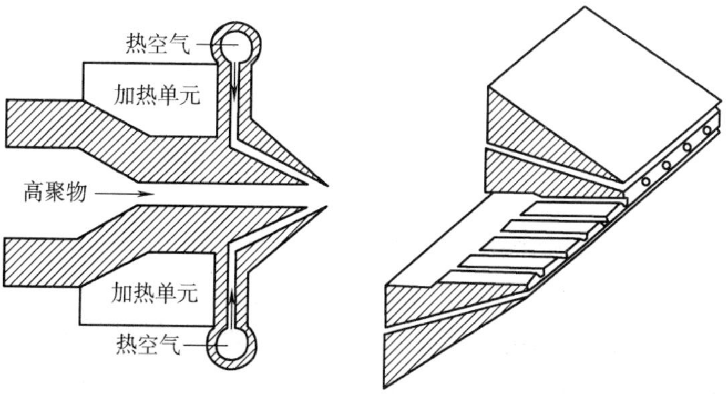

图6-30 模头结构

喷丝头喷丝孔呈单排或双排（很少）排列，常用直径为0.2～0.4mm，长径比大于10，孔距为0.6～1.0mm，加工精度要求较高，光洁度大于▽10，以保证整个工作宽度上每个喷丝孔挤出的聚合物相等。常用的拉伸热空气风道夹角为30°、60°、90°，其中60°最常见。

此外，在熔喷非织选材料生产中，要求熔喷模头在整个工作宽度上保持热空气流喷出速度和流量一致，以获得对聚合物熔体细流均匀的拉伸效果。

（六）成网方法

熔喷生产中，经热空气拉伸和冷却固化后的超细纤维在拉伸气流的作用下，被吹向凝网帘或带有网孔的滚筒，凝网帘下部或滚筒内部由真空抽吸装置形成负压，纤维被收集在凝网帘或滚筒上，依靠自身热黏合成为熔喷法非织造材料。

（七）卷取

切边卷取是熔喷非织造材料生产的最后一道工序，纤网经切边卷取后才成为产品。在通常的情况下，将切下的边料直接喂入回收装置，进行适当的处理后与合格切片一起喂入挤出机再加工，也有的直接将其作为半成品原料加工成最终产品。

三、常见熔喷生产线

目前，世界上比较著名的熔喷法非织造材料制造商有美国的埃克森公司、德国的莱芬豪斯公司、美国的贝阿克斯公司和日本的高度纸工业株氏会社等。

（一）美国埃克森公司的熔喷生产设备

图6-31为美国埃克森公司的熔喷法工艺流程，切片喂入螺杆挤出机，经加热熔融后从喷丝头挤出，在喷丝头出口处聚合物受到高速热气流拉伸；同时，冷却空气从喷丝头两侧补充过来，使纤维冷却、固化，形成超细、不连续的丝条，并在气流作用下凝集到多孔滚筒上形成纤网[26]。

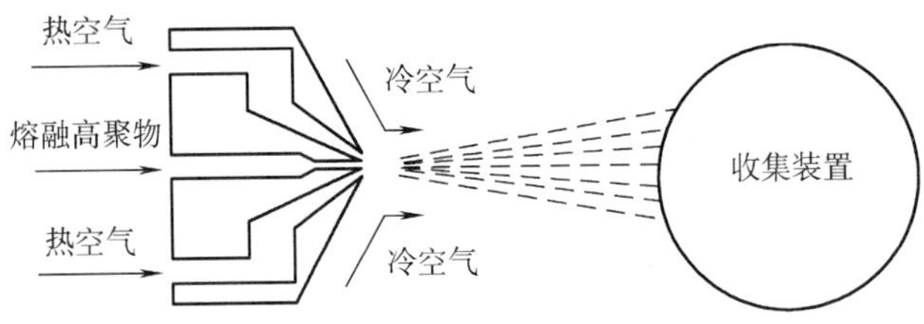

图6-31　埃克森公司的熔喷法工艺流程

（二）德国莱芬豪斯公司的熔喷生产设备

德国莱芬豪斯公司的熔喷生产设备和熔喷纺丝成网复合生产设备，其原料喂入采用多料斗方式，便于添加色母粒和其他添加剂。该熔喷生产线的模头以水平位置固定，通过平网式接收装置传动辊的左右移动来调节熔喷工艺接收距离。莱芬豪斯公司的熔喷纺丝成网复合生产设备的退卷装置可退卷各种材料，如退卷纺丝成网非织造材料，最终形成SMS材料；退卷塑料薄膜，则可生产复合防护服材料，因此，该复合生产线的产品品种变换较灵活。

该公司生产的 MB2400 型全自动熔喷生产线，如图 6－32 所示。

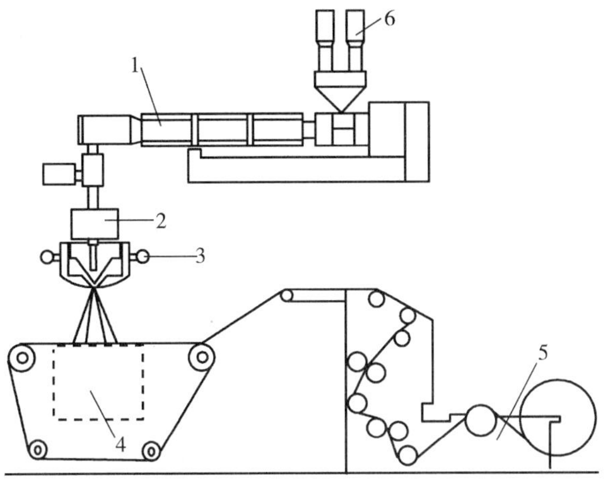

图 6－32　莱芬豪斯公司的熔喷法非织造布生产工艺流程

1—螺杆挤出机　2—计量泵　3—熔喷模头组合件　4—接收网　5—切片卷绕装置　6—喂入装置

该生产线以聚丙烯为原料，可根据产品要求，分别添加色母粒和抗静电剂；设备的各个部分都可由电脑控制，自动化程度高；产品定量范围为 10～500g/m^2，有效幅宽为 2400mm，年生产能力为 1500t。整套设备由主机、加热系统、润滑系统、液压系统、冷却系统、电气控制系统等几部分组成。主机是整套设备的核心，它包括喂入系统、螺杆挤出机、滤网、计量泵、熔喷模头组合件、接收网系统和卷绕系统。

（三）美国贝阿克斯公司的熔喷生产设备

美国贝阿克斯公司开发出一种具有多排喷丝孔并列排列的熔喷设备。图6－33是该系统的

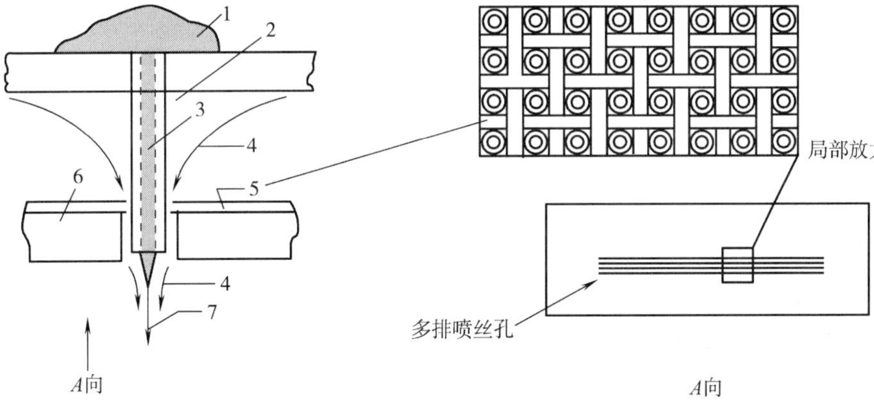

图 6－33　贝阿克斯公司的熔喷原理及喷头结构示意图

1—聚合物熔体　2—热空气胺　3—毛细管　4—拉伸热空气

5—筛网　6—盖板　7—超细纤维

熔喷原理及模头结构示意图，聚合物熔体1从毛细管3中挤出，热空气腔2中的拉伸热空气4从筛网5与毛细管3组成的缝隙中喷出，并将从毛细管3中挤出的聚合物熔体拉伸成超细纤维7。由于采用多排喷丝孔，因此熔喷模头每厘米长度上最多可有131孔，这样就大大提高了生产速度，增加了产量。工作宽度较大时，配置多个计量泵，以保证熔喷纤网面密度的均匀性。贝阿克斯公司的熔喷系统通过更换模头，可生产纤维直径为1～50μm的熔喷非织造材料，当模头工作宽度为500mm时，产量为300kg/h，纤维直径为2μm、6μm、10μm时，能耗分别为6.6kW·h/kg、3.3kW·h/kg、1.54kW·h/kg[24]。

四、工艺控制

熔喷非织造材料的生产过程较短，但整个工艺过程则较为复杂，它涉及聚合物性质、纺丝工艺和空气流动学等诸多知识。

影响熔喷非织造材料最终产品质量和性能的工艺参数很多，如高聚物性质和结构，切片的熔融指数、聚合物熔体的挤出量、热气流速度、螺杆挤出机的温度、纤网结构、喷丝板的结构与喷丝孔的形状、热空气的温度、喷丝孔与成网帘的距离、加固方式等。这些参数不仅变量多，而且彼此之间有一定的关联性，因此熔喷法非织造材料的生产工艺参数控制比较复杂，需要综合考虑，现以PP为原料来讨论主要工艺参数的影响。

（一）PP切片

PP切片的自身结构直接影响可纺性，由于PP树脂更多地表现为非牛顿行为，生产中要严格控制相对分子质量及其分布，相对分子质量分布系数一般小于4，同时切片的含杂要小于0.025%，才能减少毛丝、注头丝等不良现象。为了保证切片在螺杆中熔融均匀，切片的外观大小要均一。

（二）功能添加剂

功能添加剂可有效改善PP的可纺性，增加产品的功能性，提高产品的附加值。目前，常用的功能添加剂有阻燃改性剂、抗静电改性剂、抗老化改性剂、降温母粒、着色母粒、增白母粒等。但这些功能添加剂的混入比例要严格控制，因为这些添加剂大多含有无机物质。

事实表明，生产中加入的所有非主体物质都会影响正常的纺丝，这些功能切片的混入量一般不超过5%。

（三）熔融指数

由于聚丙烯的相对分子质量是不易测得的，生产中常用熔融指数来表征熔体流变性能。MI的大小直接反映了PP树脂的相对分子质量大小及其分布，一般熔体流动速率越高，熔体的黏度就越低，就更易于拉伸成细旦纤维，用于熔喷法非织造材料的MI为400～1000g/10min。由于熔喷工艺得到的是超细短纤维网，因此，在熔喷法生产中所用的原料中首推高熔融指数的聚丙烯树脂，因为它具有良好的流动性。MI较大的聚丙烯树脂，其相对分子质量较小，熔喷的纺丝温度可相应下降。

图6-34为聚丙烯熔融指数（MI）与熔喷非织造材料纵向强度和顶破强度的关系；图

6-35 为聚丙烯 MI 与熔喷非织造材料断裂伸长的关系，从两图中可以看出，随着聚丙烯 MI 的增加，熔喷非织造材料的纵向强力、顶破强度和断裂伸长均呈下降趋势[24]。

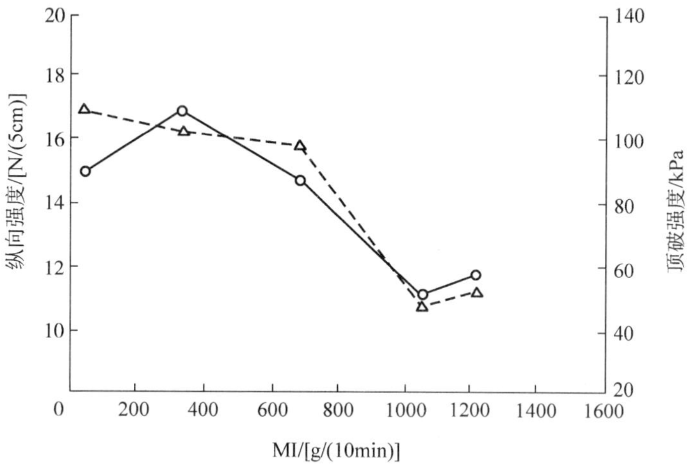

图6-34 聚丙烯 MI 与熔喷非织造材料纵向强度和顶破强度的关系

○—纵向强度 △—顶破强度

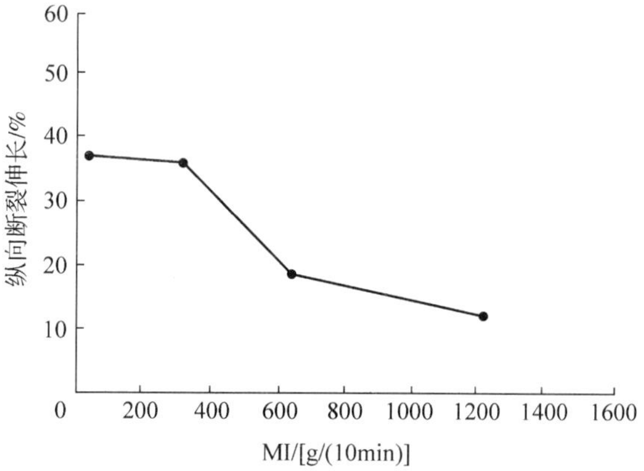

图 6-35 聚丙烯 MI 与熔喷非织造材料断裂伸长的关系

低熔融指数的聚丙烯树脂熔喷时，其聚合物熔体流动速率低，通常需要比较高的纺丝温度和拉伸空气温度，由此聚合物熔体细流不易发生结晶和取向，初生纤维预取向度较低，且会形成拟六方变体，这是一种准晶或近晶结构的碟状液晶，非常适合熔喷热空气的后续拉伸，以提高纤维的取向度，从而制得强度较高的纤维和纤网。

因此生产中要严格控制熔融指数，使其在以下两个条件中获取一个平衡点。

(1) 利于纺丝，降低能耗；

(2) 提高纤网的物理机械性能。

不同产品熔融指数与定量的关系见表 6-9[19]。

表 6-9　不同产品与熔融指数、定量的关系

产　　品	A	B	C	D
PP 树脂切片的熔融指数/[g/(10min)]	1000	500	400	110
定量/(g/m²)	130	120	120	100

(四) 螺杆挤出机的挤出量和挤出速度

螺杆挤出机的挤出量和挤出速度直接影响到模头的喷丝速度和喷丝量，在其他工艺条件不变的前提下，随着螺杆转速的提高，其挤出量和挤出速度也相应提高，则从模头中喷出的细流就越多，形成的纤维直径就较细。在相同克重下，若单位面积内的纤维根数较多，则彼此间的黏结机会增加，在纤网加固后，纤维间的黏合和缠结较牢固。但当挤出速度达到一个峰值后，黏合强度便趋于减小，原因可能是熔喷工艺本身的牵伸速率不足导致布面黏结纤维数量的减少和并丝的出现。生产中随着螺杆挤出机的挤出量和挤出速度的提高，产品的纵横向强度、撕破强度、断裂伸长率和弯曲刚度均相应增加。

(五) 螺杆挤出机各区的温度控制

螺杆挤出机是形成均匀熔体的关键，根据切片在挤出机各区域的状态不同，其温度的设置非常重要，直接影响到纺丝过程的顺利与否和产品的物理机械性能。若温度偏低黏度偏大，流变性能不好，会堵塞喷丝头而出现注头丝，布面疵点增加；若温度偏高会出现较大的热氧分降解而影响纤网的均匀度，表 6-10 为生产不同产品时螺杆挤出机各区的温度设置。

表 6-10　生产不同产品时螺杆挤压机各区温度的设置

产　　品	进料段/℃	压缩段/℃	计量段/℃
A	165	260	270
B	170	270	275
C	175	275	280
D	180	280	290

注　A，B，C，D 均为聚丙烯，相对分子质量从低到高。

(六) 拉伸热气流速度和温度

在熔喷法非织造材料生产过程中，拉伸热气流速度是一项重要的工艺参数，其速度的大小直接影响到纤维的线密度和产品的物理机械性能。在其他工艺不变的情况下，纤维的直径会随着拉伸热气流速度的增大而变细，如图 6-36 所示。

因此，拉伸热气流速度提高后可以生产超细纤维网，所得产品手感较好，纤维网中的纤维缠结点增多，布面光滑、密实；但热气流速度也不宜过高，因为当其超过某一临界值时就

会使形成的超短超细纤维飞散到空中无法收集，即熔喷工艺中所说的出现"飞花"现象，严重地影响了布面的外观。一般拉伸热气流速度应控制在400～600m/s。

热气流的温度要使熔体细流处于黏流状态，一般高于熔点，通常在110～130℃之间，常用120℃。

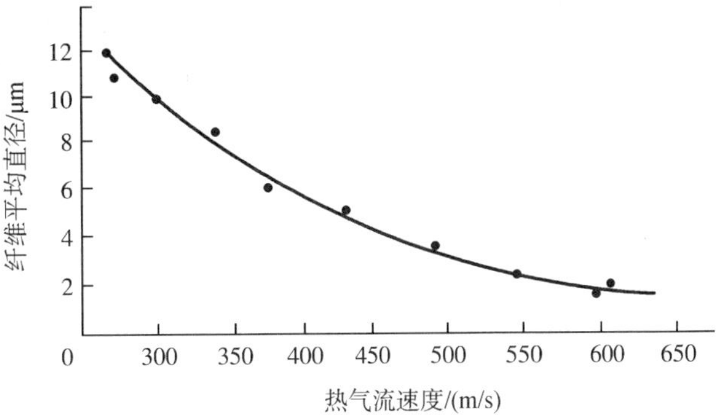

图6－36　拉伸热气流速度与纤维平均直径的关系
（每孔每分钟熔体挤出量为0.35g）

熔喷法非织造材料生产中，拉伸热气流速度除了影响纤维线密度外，还影响到纤网中纤维之间的热黏合效果。通常，提高拉伸热气流速度，有利于提高纤维强度并改善纤网中纤维之间的热黏合效果。

（七）拉伸气流喷射角度的大小

拉伸气流喷射角度的大小也同样影响纤维的拉伸效果和纤维在成网帘上的分布。当拉伸气流的喷射角接近90°时，将产生高度分散并湍动的气流，使纤维在成网帘上形成无规则的杂乱分布。当拉伸气流的喷射角度为60°时，在喷丝孔附近的气流比较紊乱，且在喷丝孔轴线上和邻近区域的气流速度较高，并沿喷丝孔轴线方向平行分布，有利于熔体细流的拉伸，形成超细纤维。而角度越小时，则越容易形成平行的纤维束。

因此，拉伸气流的喷射角度越小，喷丝孔附近的气流紊乱程度越弱，气流在喷丝孔轴线方向的分量越大，越有利于拉伸，生产中一般将其控制在60°左右。

（八）接收距离

从模头喷丝孔出口处到接收帘网或滚筒的垂直距离称为熔喷工艺的接收距离。

熔喷工艺中的接收装置主要有滚筒式、平网式和立体成型（芯轴）式等。滚筒式接收器其内部吸风通道分为多层，以保证辊筒在整个工作宽度上吸风量一致。平网式接收器成网帘的周长固定，当成网帘传动辊左右移动时，可调节帘网成网工作面的水平位置，从而达到改变熔喷工艺接收距离的目的。目前，将熔喷生产线的模头系统以及螺杆挤出机等设计在一个升降平台上，通过升降平台来调节熔喷工艺的接收距离。

在其他工艺条件不变时，聚丙烯熔喷非织造材料的透气率与接收距离呈近似正比关系，如图6－37所示。原因是随熔喷工艺接收距离的增大，熔喷纤维运行速度趋缓，在成网帘上形成了蓬松的纤网结构；同时，由于纤网蓬松度增加，将造成PP非织造材料的最大孔径和平均孔径变大，如图6－38所示。

接收距离增大时，纤维飞向成网帘的速率降低，纤网的蓬松度增加，厚度增加[27]；接收距离减小时，拉伸热空气冷却和扩散不充分，使熔喷纤维之间的热黏合效率得到提高，造成产品的蓬松度下降，纤网体积密度增加，此时纤网中的纤维多数卷曲，并呈团聚结构，如图6－39所示。

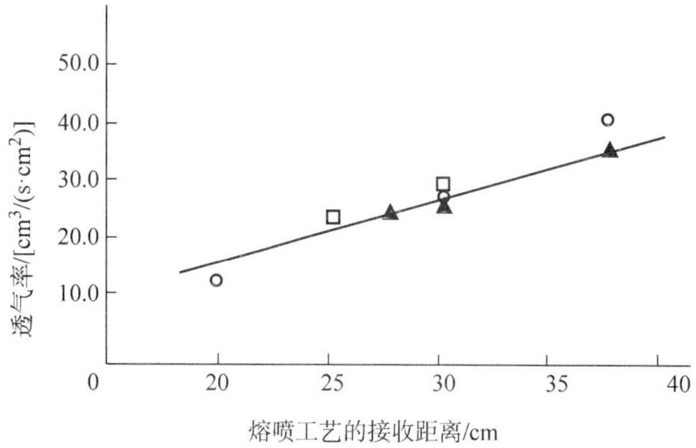

图 6－37　聚丙烯熔喷非织造材料透气率与接收距离的关系

□—MI 为 1400g/(10min)，拉伸空气控制阀打开率为 90%

○—MI 为 35g/(10min)，拉伸空气控制阀打开率为 90%

▲—MI 为 1400g/(10min)，拉伸空气控制阀打开率为 95%

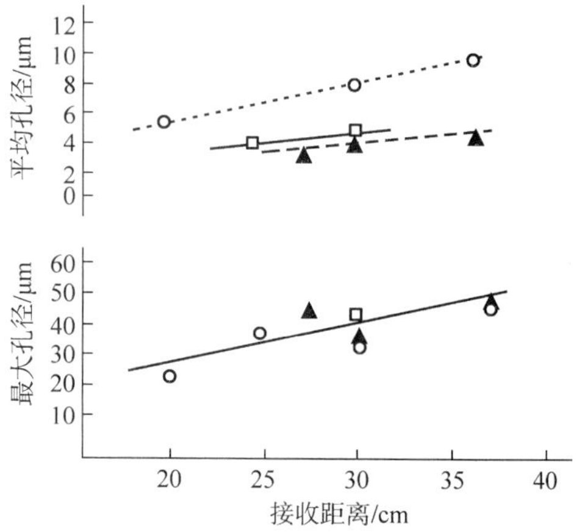

图 6－38　接收距离与聚丙烯熔喷非织造材料平均孔径和最大孔径的关系

（图中符号同图 6－37）

纤网强力取决于纤维之间的缠结和抱合，随着熔喷接收距离的增大，熔喷非织造材料的纵横向断裂强度和弯曲刚度均呈下降趋势。观察图6－40和图6－41，随着熔喷接收距离的增大，熔喷非织造材料的撕破强度的下降趋势快于顶破强度。

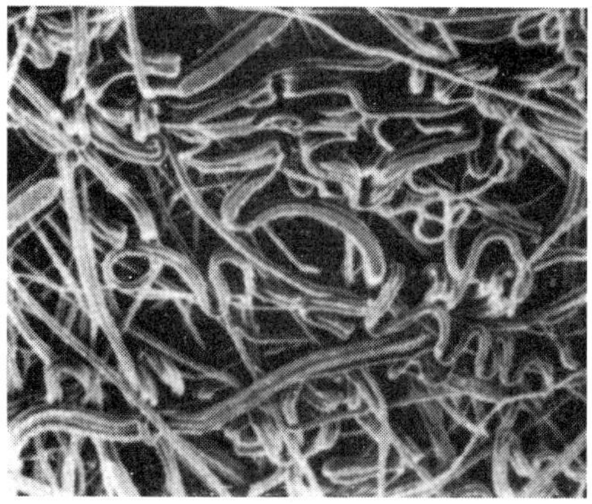

图 6－39　团聚状排列的熔喷纤维

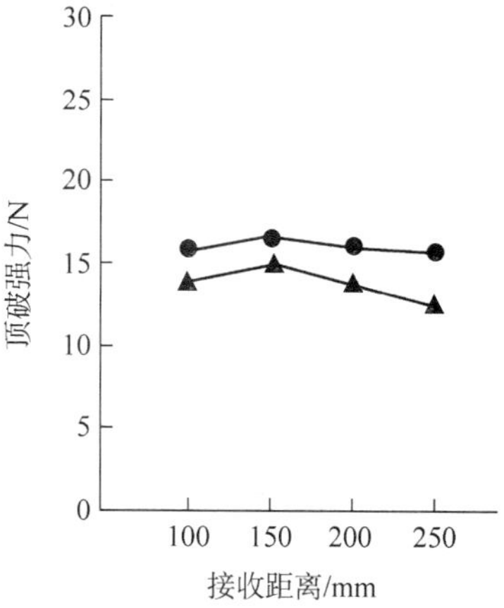

图 6－40　接收距离与顶破强力的关系

●—螺杆转速 12r/min 时的顶破强力

▲—螺杆转速 8r/min 时的顶破强力

接收距离的大小直接影响丝条的牵伸程度和纤维在成网帘的铺置范围，随着接收距离的增大，非织造材料的纵横向强度与弯曲刚度均有所降低，纤维直径变细，其结果导致所得非织造材料的手感变得蓬松、柔软，过滤效率和过滤阻力下降。

生产中，可根据以上规律通过改变或调节接收距离，生产不同性能的产品，如改变接收距离，可生产具有密度梯度的滤芯。

（九）纺丝工艺

纺丝工艺包括单孔挤出量、纺丝温度以及熔体黏度。聚合物熔体的挤出量影响纤维的线密度和产量，挤出量越大，熔喷产量越高，但得到的纤维直径较粗。熔体挤出量与纤维直径的关系如图 6-42 所示。

纺丝速度与纤维直径的关系可由下式表示[24]：

$$V_F=\frac{1.273\times10^6Q}{\rho d^2}$$

式中：V_F 为纺丝速度（m/min）；Q 为喷丝孔吐出量[g/(孔·min)]；ρ 为纤维密度(g/cm³)；d 为纤维直径（μm）。

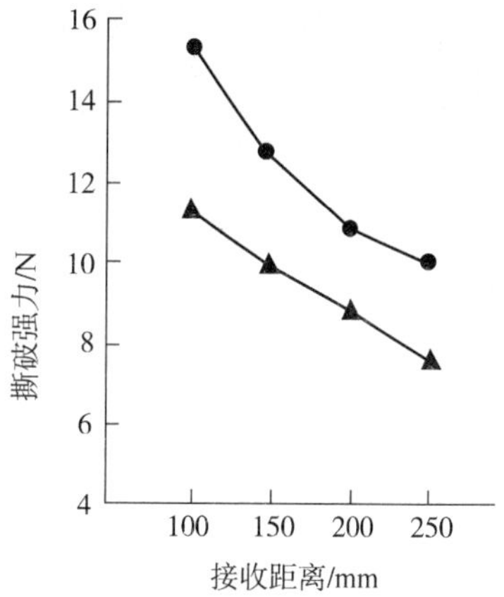

图 6-41　接收距离与撕破强力的关系

●—螺杆转速 12r/min 时的撕破强力

▲—螺杆转速 8r/min 时的撕破强力

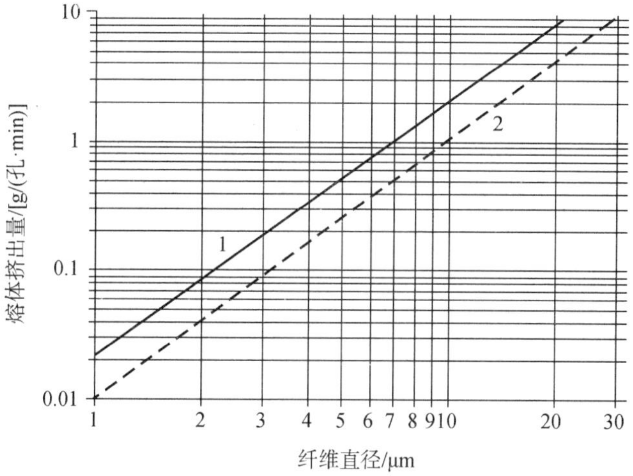

图 6-42　熔体挤出量与纤维直径的关系

1—拉伸热空气速度为 500m/s　2—拉伸热空气速度为 200m/s

熔喷喷丝头喷丝孔每分钟挤出的聚合物熔体质量越大，则纤维越粗。因此，在保证熔喷非织造材料产品纤维细度的前提下，要提高熔喷产量，必须增加熔喷模头喷丝孔的数量。

拉伸空气速度是熔喷工艺中主要的工艺参数，直接影响到熔喷纤维的线密度。对于一定的聚合物熔体挤出量及一定的熔体黏度，拉伸空气速度越大，则纺丝线上聚合物熔体细流受到的拉伸作用越大，纤维越易变细。

在工业化生产中，通常采取高流速的拉伸热空气来补偿因聚合物挤出量增加而引起的纤维直径变化，即拉伸热空气速度与聚合物挤出量必须相匹配。

熔喷温度是指熔喷模头的工作温度，可用以调节聚合物熔体的黏度。熔喷温度一般高于 PP 树脂的熔点，使之处于黏流状态。在其他工艺条件不变时，聚合物熔体黏度越低，熔体细流可拉伸得越细。因此熔喷工艺中采用高 MI 的聚合物切片原料，较易得到超细纤维。但是，熔体黏度过小会造成熔体细流的过度拉伸，形成的超短超细纤维会飞散到空中而无法收集，即出现“飞花”现象。因此，为了防止熔体在剪切力的作用下产生破裂，熔喷常用聚丙烯原料的熔体黏度范围为 50～300Pa·s。

第五节　纺熔法非织造材料的性能及用途

纺粘法非织造材料的应用十分广泛，其主要市场是卫生材料、土工布[28]、农业用品、医疗用非织造布等方面。

在习惯上，可以根据产品的使用特征分为用即弃型产品和耐久型产品两大类。用即弃型产品是指一次性的、经济价值较低、使用方便，而且是人们经常需要而大量使用的产品，又称“短使用寿命产品”；耐久型产品则指用于工程、建筑和各种工业制品、生活用具中的部分材料，又称“长使用寿命产品”。

一、卫生材料

纺粘法非织造材料在卫生材料方面的应用，一般是婴儿尿布、妇女卫生巾和成人尿失禁用品，这类产品又可称为吸收性产品。它们都用于吸收人体排泄出的废物（液），具有良好的吸收性能且对人体皮肤无刺激。这类产品舒适、清洁卫生、轻薄且便于携带，给人们的生活带来很大的方便。

吸收性产品一般使用非织造材料、超吸收性能的高分子材料、木浆绒、塑料薄膜这 4 种主要材料，婴儿尿布从上到下或者说从接触皮肤的一层开始到尿布的外层，其主要结构包括顶层包覆材料，接受（尿液）、转移或分配层，吸收芯子、背层；除此之外，还有 3 个次要的结构材料：阻断尿液渗出的“腿口”、弹性材料和热熔胶。

二、土工布

纺粘法非织造材料在建筑方面的应用主要是指在土工布（Earthwork cloth）方面。土工布和其他土工合成材料一起被看做是继钢材、水泥、木材之后的第四种新型岩土工程材料，在水利、电力、铁路、公路、港口、机场、建筑、围垦、环保、军事等工程中得到了应用。

所谓土工布，一般被定义为岩土工程中所使用的一种透水性纺织品，它应当和岩土直接接触并且构成工程的一部分，而这种纺织品可以是机织、针织或者是非织造的。土工布除了在岩土工程中可以单独使用外，在很多情况下也可以和其他土工合成材料组合应用。

早期的土工布主要是机织和针织的，后来由于非织造材料生产技术的发展，非织造材料开始在土工布中广泛使用，由于其优良的性能而备受欢迎。其中用聚酯生产的土工布对岩土工程更为适合。

三、农业用品

我国是一个农业大国，全国农业生产跨越的地域广阔，所遇到的自然气候和地理条件差异很大，利用纺粘法非织造材料及其和其他材料的组合来达到保温、遮阳、防雨、防虫害等目的，从而有可能创造出一个小环境，使得在不利于作物生长和栽培的自然条件下也能使作物获得良好的生长。

在果园种植方面，对水果生长期中的果实采用纺粘法非织造材料“套袋”技术可以防止病虫害，起调节温湿度的作用，使水果生长得又大又美观。此外，用纺粘法非织造材料做“套袋”在茶叶、烟叶等方面也都有很多的应用。

四、纺粘法非织造材料的其他用即弃产品

用即弃非织造材料产品中主要包括医用产品、过滤材料和防护服等。

1. 医用产品 纺粘法非织造材料在医用产品方面的应用主要有外科手术服、手术盖布、手术用具包布、蒸汽消毒包布、伤口护理用布以及医务人员的帽子、口罩、鞋罩等。

2. 过滤材料 非织造布过滤材料因具有三维结构，孔隙小，分布均匀，总孔隙率大，可满足于对多种粒尘的过滤要求，滤尘效率高，优点较传统纺织品更为突出[29]。

过滤材料包括空气过滤和液体过滤。其中用于液体过滤的主要是湿法成网产品、熔喷材料和涤纶纺粘材料。在水的过滤方面，多用涤纶纺粘材料。

3. 工业防护服 非织造材料防护服主要用于化工、矿产等行业。防护服具有隔离作用，能保护操作工人的健康。用于这个市场的非织造材料主要是纺粘法产品，而且主要是美国杜邦公司的聚乙烯闪蒸法纺粘产品 TYVEK。其中，丙纶纺粘和 SMS 产品在防护服中也有一定应用。此外，用即弃非织造材料还可用于织物柔软布、包装材料、飞机上用的枕头套和靠头垫布等。

五、纺粘法非织造材料的其他耐久型产品

纺粘法非织造材料的耐久型产品除土工布、屋顶防水材料基布、农业用布外，还有家具用布、电子工业用布、革制品用基布、涂层和层压基布、地板覆盖产品等。

1. 床和家具用布 纺粘法非织造材料在家具用布的应用主要有沙发中弹簧的隔离用布、底部防止灰尘散出的盖布，床罩的底布等。另外，在室内的软分割、窗户的处理等方面也有应用。

2. 电子工业用布 纺粘法非织造材料用在电子工业方面主要是做电池隔离布和少量其他绝缘材料。很显然，这个市场的非织造材料相对于其他产品来讲产值要高，这也意味着对产品的技术要求高，其技术难度更高。

用于电池中电极隔离的可以是纸、非织造材料和微孔膜等类似材料，但是在镍氢和镍镉

电池中必须采用非织造材料，而且是热轧产品。碱性电池（非充电式）一般则采用湿法成网的非织造材料。

3. 革制品用基布、涂层和层压基布 纺粘法非织造材料在鞋革、箱包革、家具用革方面，作为各种基布而被广泛采用。除革制品以外，纺粘法非织造材料也适宜于涂层或和其他材质层压，用于装饰和包装等产品，例如手提袋、西服罩、空调罩、旅行帽等。

4. 地板覆盖市场 涤纶纺粘材料由于其力学性能好，具有各向同性和产品的均匀性等优良性能，在地板覆盖市场被广泛采用。

在地毯底布中，纺粘法非织造材料占主要部分，如汽车用地毯底布有80%～90%都是采用涤纶纺粘材料做成的。采用涤纶纺粘材料做成的汽车用簇绒地毯，无论是第一层或第二层底布，都会将汽车内装饰得更为舒适。此外，涤纶纺粘法底布还被大量的宽幅簇绒地毯用于宾馆和各种高档建筑内。

六、吸油材料

聚丙烯熔喷非织造材料的多微孔性与疏水性使其成为吸油材料与擦布的最佳选择，其吸油量可以达到本身重量的20～50倍，具有吸油速度快，吸油后能长期浮于水面不变形、水油置换性能好，可以反复使用、长期存放等特点，受到这一领域的欢迎[31]。美国、日本和欧洲等国家和地区已广泛利用熔喷吸油材料进行工厂设备泄油治理、海洋环境保护、污水治理以及其他油料溢出和油污治理等方面。

七、擦布

工业及家庭用擦布是目前发展最为迅速的市场，由于熔喷法非织造材料去污力强、手感柔软、不损坏被揩拭的表面，因此很有发展前景。国外有的企业用熔喷法非织造材料制作婴儿揩擦布、家庭用擦布、个人用揩拭布都很受欢迎，熔喷擦布也可用于汽车揩拭布、精密机床、精密仪器的揩布等[33]。

八、保暖材料

由于熔喷法非织造材料比表面积大，在材料中可形成大量的微细孔隙，孔隙率高，可贮藏大量空气，能有效阻止热量扩散，具有极好的保温效果，被广泛应用于服装生产中[31]。保暖用熔喷法非织造材料的应用目前最成功的是美国3M公司开发的一种特殊熔喷法产品，它是在熔喷成纤过程中，另将一股气流混入聚酯短纤维中，使熔喷的超细纤维与普通的聚酯短纤维充分混合，形成由弹性良好的聚酯短纤维与聚丙烯超细纤维构成的空气保暖结构。这种保暖材料轻而暖，已被成功用于生产滑雪衫、手套、帽子、夹克等产品。

☞ 复习指导

1. 了解纺熔法非织造材料的分类和特点，掌握纺丝成网法、熔喷法非织造材料的定义，了解纺丝成网法、熔喷法非织造材料的产品性能和应用。

2. 了解纺熔法非织造材料的生产原料，掌握PP、PET等原料在纺丝成网法、熔喷法非织造材料生产中的具体要求。

3. 掌握纺丝成网法的生产工艺流程，掌握各主要工序的工艺控制要点和提高产品质量的具体方法。

4. 掌握纺丝成网法的纺丝工艺控制要点。

5. 掌握纺丝成网法的气流拉伸原理和常见拉伸工艺的质量控制。

6. 掌握熔喷法非织造材料生产原理和工艺控制。

☞ 思考题

1. 什么叫纺丝成网法、熔喷法非织造材料？其生产工艺流程各是什么？
2. 简述等规聚丙烯在纺丝成网法、熔喷法生产的具体要求。
3. 简述聚酯在纺丝成网法、熔喷法生产的具体要求。
4. 简述功能添加剂的种类及作用。
5. 简述着色母粒在纺粘生产中的工艺控制。
6. 简述纺熔法非织造材料生产中切片干燥的目的及干燥工艺要求。
7. 简述防止切片熔融过程降解的措施有哪些。
8. 简述纺熔法非织造材料生产中纺丝工艺控制的措施。
9. 简述气流牵伸原理。
10. 目前纺粘法非织造材料生产中气流牵伸的牵伸设备有哪些？
11. 论述纺粘法非织造材料生产中影响牵伸工艺的主要因素。
12. 讨论提高牵伸丝质量的途径有哪些？
13. 泵供量的减小（喷丝孔挤出量下降）是如何影响拉伸纤维的性能的？
14. 什么叫分丝、铺网？目前各有几种方法？
15. 纺丝成网法非织造材料生产中对输送网帘有哪些要求？
16. 纺丝成网法非织造材料生产中的固结方法有几种？各有什么特征？
17. 什么叫卷长？卷取中的工艺计算有几种方法？
18. 什么叫接收距离？它如何影响熔喷产品的质量？
19. 简述熔喷生产中模头组合件的作用。
20. 简述熔喷生产中热空气的喷射角度、热气流速度和温度对产品质量的影响。
21. 熔喷生产中工艺控制应从哪几个方面入手？

主要参考文献

[1] 王延熹. 非织造布生产技术 [M]. 上海：中国纺织大学出版社，1998.

[2] 赵博. 熔喷法非织造布生产技术的发展 [J]. 聚酯工业，2008，21 (1)：5-8.

[3] 袁健鹰，李治. 聚酯纺粘法非织造布的发展及应用领域 [J]. 非织造布，2002，10 (4)：14-16.

[4] 陈喆，陈龙敏．纺粘非织造工艺的发展（二）[J]．上海纺织科技，2005，33（4）：36－37.
[5] 2007年中国纺丝成网非织造布工业生产统计公报［R]．中国产业用纺织品行业协会纺粘法非织造布分会，2008，2.
[6] 郭合信．“十一五”期间中国纺粘法非织造布发展展望［J]．非织造布，2006，14（2）：3－5.
[7] 刘玉军，侯幕毅，肖小雄．熔喷法非织造布技术进展及熔喷布的用途［N]．纺织导报，2006（8）：79－81.
[8] 谢明，韩涛．熔喷法非织造布的现状及发展趋势［N]．纺织导报，2005（6）：106－109.
[9] 于作涛，张丽颖．浅谈日本东洋纺涤纶纺粘法技术［J]．非织造布，2005，13（2）：33－35.
[10] 闫本营．SMS非织造布生产工艺路线探讨［J]．非织造材料，2006，14（2）：13－17.
[11] 郑伟，刘亚．SMS非织造布的生产工艺和应用［J]．合成纤维，2007（4）：29－31.
[12] 徐家福，杨雅光，郭秉臣．熔喷法非织造布结构与性能分析［J]．非织造布，2005，13（3）：35－39.
[13] 邢声远，张建春，岳素娟．非织造布［M]．北京：化学工业出版社，2003.
[14] 芦长椿．纺粘非织造布技术现状与发展［J]．合成纤维，2007（9）：1－5.
[15] 王峰．高熔体强度聚丙烯的结构与性能［D]．北京化工大学，2003.
[16] 靳向煜，吴海波，朱远胜．纺粘/熔喷复合材料的设计与加工工艺［J]．产业用纺织品，2000（9）：22－24.
[17] 董纪震，赵耀明，陈雪英，等．合成纤维生产工艺学［M]．北京：中国纺织出版社，1994.
[18] 刘亚，刘璐．原料对聚丙烯纺粘法非织造布物理—机械性能的影响［J]．非织造布，2006，14（2）：27－29.
[19] 郭合信，何锡辉，赵耀明．纺粘法非织造布［M]．北京：中国纺织出版社，2003.
[20] 马良海．聚丙烯在熔喷非织造布中应用［J]．现代塑料加工应用，2007，19（4）：59－61.
[21] 于作涛，张丽颖．浅谈日本东洋纺涤纶纺粘法技术［J]．非织造布，2005，13（2）：33－35.
[22] 赵耀明，麦杭珍．可生物降解聚乳酸非织造布［J]．产业用纺织品，2001，19（4）：31－33.
[23] 郭秉臣，徐朴，朱民儒．非织造布学［M]．北京：中国纺织出版社，2002.
[24] 柯勤飞，靳向煜．非织造学［M]．上海：东华大学出版社，2004.
[25] 叶奕樑，徐朴．纺丝成网非织造布的技术发展趋势［J]．非织造布，2002，23（6）：12－18.
[26] 马建伟，郭秉臣，陈韶娟．非织造布技术概论［M]．北京：中国纺织出版社，2004.
[27] 袁传刚，张勇．熔喷法聚丙烯过滤材料加工工艺参数对其性能的影响［J]．产业用纺织品，2008（1）：16－18.
[28] 张丽霞．国外纺粘熔喷法非织造布的发展趋势［J]．产业用纺织品，2002（9）：10－12.
[29] 郭合信．美国纺粘法与熔喷法技术的新发展［J]．北京纺织，2005，26（1）：10－14.
[30] 石波，安树林．熔喷法聚丙烯非织造布滤材［J]．天津纺织技术，2003，41（1）：25－28.
[31] 刘伟时．熔喷非织造布技术发展概况及应用［J]．化纤与纺织技术，2007（4）：33－37.
[32] 徐家福，杨雅光，郭秉臣．熔喷法非织造布结构与性能分析［J]．非织造布，2005，13（3）：35－39.
[33] 余木．熔喷非织造布产品的开发和应用［J]．纺织服装周刊，2007（22）：14.

第七章　熔纺纤维的改性

化学纤维发展到20世纪70年代后进入了一个新时期，一方面传统的涤纶、锦纶、丙纶等纤维的产量大大增加，价格降低，为解决人类衣着问题作出了巨大贡献；另一方面，随着科学技术的不断进步和人民生活水平的逐步提高，某些化学纤维的缺点逐渐暴露，如起毛起球、闷热、不透气不透湿、手感差、静电大、染色困难、光泽不佳等，为了克服化学纤维本身固有的不足，适应人们在衣着、装饰及特殊领域的需要，得到更高附加价值的纤维，各厂家纷纷研究开发具有更好性能的纤维，而其重点，是对常规化学纤维进行改性。

化学纤维的改性，原则上是要在保持其原有优异性能的前提下，赋予其新的性能。然而，由于纤维结构与性能错综复杂的关系，当采用某种方法改善某一种性能时，不可避免地会引起其他性能的变化。例如，采用共聚合改进疏水性化学纤维的吸湿性或染色性时，往往伴随熔点降低或强度下降。因此，在改性实践中，必须防止纤维有价值的性质受到过多的影响，应在相互矛盾的效应中求得综合平衡，使纤维材料获得更高的使用价值和更广泛的用途。

目前化学纤维的改性方法主要有化学改性（Chemical modification）和物理改性（Physical modification）两种方法。化学改性是通过分子设计，改变已有成纤高聚物的结构，来达到改善纤维性能的目的；物理改性则是在不改变成纤高聚物基本结构的条件下，通过改变纤维的形态结构来改善纤维的性能。

由于高分子材料在加工成纤维材料的过程中经历的加工步骤很多，因此具有较大的改性自由度，可以在成纤高聚物的聚合阶段、纺丝阶段或织物后整理阶段用化学或物理方法改性，见表7-1[1]，由此得到的主要改性纤维有复合纤维、异形纤维、细特纤维等。

表7-1　化学纤维的改性目标与改性手段

改性手段＼目标		离子型染料可染性	易染性	抗起球性	亲水性	防污性	抗静电性	难燃性	仿天然纤维（仿毛、仿丝）
聚合阶段	分子量			○					
	添加剂		○		○	○	○	○	
	共聚	○	○	○	○			○	
	共混	○	○		○	○	○	○	
纺丝阶段	多孔性		○	○	○				
	断面					○		○	○
	复合纺丝								○

续表

改性手段 \ 目标		离子型染料可染性	易染性	抗起球性	亲水性	防污性	抗静电性	难燃性	仿天然纤维（仿毛、仿丝）
纺丝阶段	卷曲								○
	混纤						○		○
	表面	○	○	○	○	○			○
	交络								○
后整理阶段	化学处理							○	○
	树脂加工			○	○		○	○	○
	射线照射				○				○

第一节 复合纤维

一、复合纤维的发展概况

随着人们生活水平的提高和环保意识的增强，消费市场出现了对高感性化、高功能化纺织品的需求。为了解决这些需求，必须对传统的纤维制造进行变革，开发出高功能纤维、高感性纤维、智能纤维以及可降解纤维等，以提高纺织品的科技含量和人们的生活质量。复合纤维的开发则是实现纤维高感性化、高功能化的一个重要手段。它可以通过喷丝板形设计、聚合物的配选设计以及纺丝纤维的截面设计等多种方式，获得各种性能、风格的新型纺织材料[2]。

复合纤维（Composite Fibre）是指由两种或两种以上的高聚物或同种不同性能的聚合物，以一定的方式沿纤维轴向复合而成的纤维。这类纤维可集多种组分的优点于一身，如涤/锦复合纤维，它既具有锦纶耐磨性好、高强、易染、吸湿的优点，又具有涤纶弹性好、模量高、织物挺括等特点。可以说，复合纺丝法是一种日益重要和普遍应用的使化学纤维仿真并超过天然纤维的物理改性技术。

复合纤维的概念最早是在20世纪40年代由Avisco公司的Sisson等提出的。而将复合纤维第一次商业化应用的则是美国杜邦公司，1959年，美国杜邦公司发明了聚丙烯腈复合纤维“Orlon Sayelle”，至此，开始了复合纤维的工业化生产。1963年，杜邦公司又开发出聚酰胺/聚酯复合纤维“Cantrece”[3]。受此影响，日本也开始了复合纤维的研制工作。1965年，日本钟纺公司研制出了并列型自卷曲复合纤维，自此以后，其他各种形式的并列型复合纤维不断涌现。20世纪60年代中期，日本东丽、钟纺、帝人、可乐丽等公司在双组分复合纤维的基础上发展了多层复合纤维，并发现利用这种纤维制成的织物在后整理时纤维内各个组分间发生分裂剥离，能形成更多更细的纤维。由此，织物性能发生了质的变化，其柔软性、悬垂性、光泽度甚至吸水性、透气性都大大超过常规产品。1970年，东丽公司研制出了溶解型复合超细纤维，并成功开发了人造麂皮等迎合时装潮流的高档面料。与此同时，各种皮芯型、并列型复合导电纤维也研制成功并投入了工业化生产，从此揭开了复合纤维作为高性能纤维新品的帷幕。20 世纪 80 年代初期，由于超细纤维纺织品如高级仿丝绸、超高密织物、仿皮革制品等在日本、欧美市场屡获成功，在国际纺织品市场掀起一股“超细热”，从而进一步刺激了复合纺丝技术的发展。1995 年全世界产量已达 16.0 万吨[4]，1998 年达 17.5 万吨，其中美国为 4.5 万吨，西欧为 3.9 万吨，日本 6.0 万吨，其他地区为 3.1 万吨。2001 年底，世界复合纤维产量突破年产 21 万吨[5]。

我国 20 世纪 70 年代就已开始了复合纤维的技术研究，并成功地研制了腈纶类并列型复合纤维。到 20 世纪 80 年代中期，已相继研制出涤/锦皮芯复合纤维、锦纶类并列型复合纤维、偏心皮芯型复合纤维、三角皮芯型复合纤维等产品。20 世纪 90 年代，我国复合纤维生产技术得到了很大的发展，剥离型复合超细纤维和海岛型复合超细纤维生产技术均已得到了很大的提高，生产的复合超细纤维平均单丝线密度在 0.26～0.39dtex 之间，该类产品的主要技术指标和剥离度已接近国际水平。近年来，随着复合纤维生产技术的进步，复合纤维设备的研制工作在我国也已取得了很大的进步。1998 年中国纺织科学院化纤机械厂成功地研制出了可以生产超细纤维的复合纺丝机，该纺丝机现已陆续在全国推广。与此同时，国内许多企业采用引进或嫁接技术方式先后从国外引进了许多先进的技术和生产设备。目前，部分生产企业已能够生产 0.04～0.13dtex 的复合超细纤维。

二、复合纤维的分类及特点

复合纤维目前已达数百个品种，根据组分的数目可分为双组分和多组分复合纤维。目前开发的多为双组分纤维（共轭纤维）。双组分纤维按横截面的形态又可分为四类：并列型、皮芯型、海岛型和原纤分散型。各种类型复合纤维的横截面如图 7－1 所示[6]。

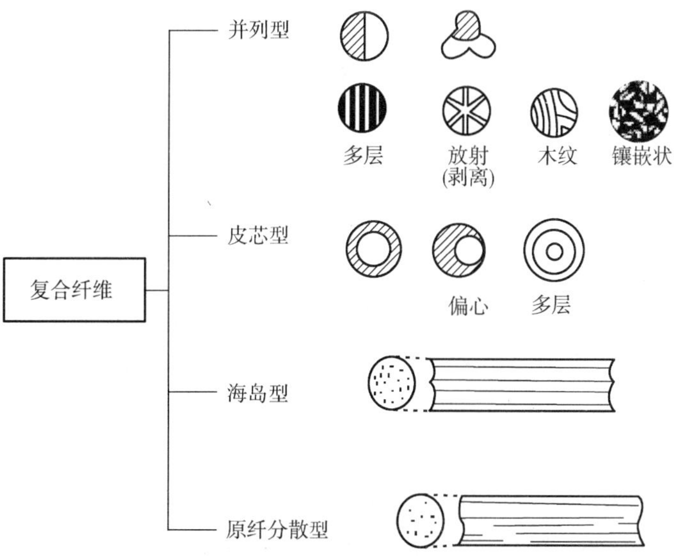

图 7－1 各种类型复合纤维的横截面示意图

（一）并列型复合纤维

并列型复合纤维（Side-by-side composite fiber）是由不同性能或结构的聚合物并列排列并沿纤维轴向复合而成的纤维。各组分的比例可对称，也可不对称。这种纤维最重要的特征就是可利用各组分收缩性质的不同而产生类似羊毛的理想的螺旋形三维卷曲，由此可生产出永久性的、具有自卷曲性质的化学纤维。

目前开发的并列型复合纤维，主要是 PBT/PET 与 CDP/PET 等并列型复合纤维。PBT 与 PET 都是聚酯类聚合物，大分子结构极为相似，两者有良好的相容性和黏合性，可制成并列型复合纤维而不发生剥离。并列复合后，由于两组分不对称分布，并且收缩率不同，在拉伸和热定型后产生三维卷曲，不必经变形加工，即可达到高弹性，这样就缩短了工艺流程，降低了成本，又避免了纤维在变形加工过程中的强力损失。PBT/PET 复合纤维兼具 PBT 的高弹性和 PET 纤维的特点。该纤维不仅弹性好、上色快、色泽鲜艳，而且手感柔软，柔中有刚，有优良的耐热性、耐氯性及耐碱性。不同线密度的复合长丝已在丝绸、针织、色织、线带、毛麻行业中得到应用，适宜制作各类连裤袜、紧身裤、弹力牛仔裤、游泳衣裤及各类中、高档运动服和风格别致的新型丝绸[7]。

（二）皮芯型复合纤维

皮芯型复合纤维（Sheath-core composite fiber）是由不同性能或结构的聚合物以一种组分包围另一种组分或相互间层层包覆并沿纤维轴向复合而成的。皮芯型复合纤维可分为同心圆型、偏心圆型、异形截面型等数种。这种纤维可利用各组分不同的性质而产生不同的形态和效果。

如聚酰胺/聚酯皮芯复合纤维，主要以聚酰胺为皮，聚酯为芯，兼具锦纶和涤纶的优点。该纤维弹性模量好，手感柔中有刚，由于充分发挥了锦纶易于上染的优点，因此具有优良的染色性，可以使用常压染色设备，操作较方便。该类复合纤维通常采用色谱较全、色泽鲜艳、染色牢度好的酸性染料和匀染性好的分散性染料染色。

聚酰胺/聚酯偏心复合长丝，由于两种高聚物的热收缩性不同，使纤维呈现三维空间卷曲，其卷曲性能介于锦纶高弹丝和涤纶低弹丝之间，可以不经加弹直接应用于针织行业。高支数的锦/涤偏心复合纤维织物手感柔软、富有弹性，又有较好的尺寸稳定性，产品轻盈、滑爽，可与真丝媲美，同时具有良好的透气、吸湿、抗皱、防污、耐磨性能，穿着舒适，具有明显的丝绸感。

聚酰胺/聚丙烯皮芯复合纤维，采用聚酰胺为皮、聚丙烯为芯的复合形式，可以保持锦纶回弹性好、耐磨性好、易染色等优点，克服丙纶染色困难、吸湿低、易老化等弱点，而且丙纶原料价格低廉，又是合成纤维中密度最小的一种。此外，通过复合纺丝，芯层聚丙烯母粒着色，从而省去染色工序，降低成本。

如果在皮层或芯层添加各种功能助剂如抗菌、芳香、抗紫外、光敏变色及导电物质等，则可制得各种功能性纤维。例如，以聚酯（抗静电聚酯或半消光聚酯）为一组分，以炭黑导电介质与高聚物为另一组分，采用复合纺丝技术制得皮芯型导电纤维。含炭黑高聚物可以作皮层，也可作芯层，且均具有良好的导电性能，现已用于防爆服、防尘服等。近年来，以

CuI 为导电组分的皮芯型白色导电涤纶也已研制成功。

皮芯型复合纤维还可以采用低熔点（110～130℃）聚乙烯为皮，熔点（160～170℃）较高的聚丙烯作芯，制成用于生产非织造布的热黏纤维，即 ES 纤维。

皮芯型复合纤维的种类及用途见表 7－2。

表 7－2 皮芯型复合纤维的种类及用途

皮	芯	性 能	用 途
聚酰胺	聚酯（偏心）	永久性三维立体卷曲	可作蓬松织物、填充物
聚乙烯	聚酯、聚丙烯	外皮为低熔点（110～130℃）	可作 ES 纤维，用于非织造布黏合
聚酰胺	聚乙烯＋炭黑	纤维具有导电性	编织物、防护服、工业用织物
聚酯	聚乙烯＋导电金属氧化物	纤维具有导电性	编织物、防护服、工业用织物
聚酰胺	聚酰胺＋炭黑	吸湿、耐磨、易染、高模量、抗皱	服装、装饰用织物
聚酯	聚酰胺＋炭黑	抗静电	地毯
含氟聚合物	聚苯烯类聚合物	有光导性能	光导纤维
聚酯/聚丙烯	聚酯、聚酰胺、聚丙烯＋功能性微粉材料	防菌、防紫外线、防微波，具有远红外、负离子、香味等功能	可开发功能性纺织品

（三）海岛型复合纤维

海岛型复合纤维（Sea-island composite fiber）也称多芯型复合纤维，是由一种聚合物作为母体（即海的组分），另一种聚合物以细纤维（岛）形式分布于母体纤维中。其“岛”和“海”成分在纤维轴向上是连续、密集、均匀分布的，如图 7－1 所示。从整根纤维来看，它具有常规纤维的线密度。但是如果用溶剂把“海”成分去掉，则可以得到集束状的超细纤维束，用于制作合成皮革、擦布、超细过滤介质、人造动脉和其他的许多特殊应用；如果把“岛”成分溶解掉，则可以得到多孔中空纤维，再利用膨润作用，便可使“海”成分微纤化。如日本可乐丽公司开发的 PET 长丝产品“K-21”，纤维的中空率可达 40％以上，密度只有 0.85g/cm^3，比聚丙烯的密度还小，用这种纤维制成的织物可以浮在水面上。

海岛纤维的岛组分一般采用聚酯（PET）或聚酰胺（PA），与其复合的海组分可以用聚乙烯（PE）、聚酰胺（PA6 或 PA66）、聚丙烯（PP）、聚乙烯醇（PVA）、聚苯乙烯（PS）以及丙烯酸酯共聚物或改性聚酯等。岛的数目从 16、36、64 到 200 甚至可以达到 900 或 900 以上[8]。

（四）原纤分散型复合纤维

原纤分散型复合纤维（Matrix-fibril bicomponent fibre）也称天星型（Sky-star type composite fiber）或双成分纤维（Biconstituent fibre），是一种组分的高聚物以原纤的状态分散于另一组分中形成的。在这类纤维的横截面上，原纤的大小和分布位置都是随机的；原纤沿纤维的轴向呈不连续分布，如图 7－1 所示。

这些原纤的存在会增加纤维的模量，例如 Allied Chemicals Ltd 生产的双成分纤维

“Source”，是将 PET 分散在 PA 熔体中，PET 原纤的存在增加了纤维的模量，降低了纤维的吸湿回潮率和可染性能，提高了变形能力，并且赋予纤维独特的光泽和外观。用其制成的帘子线既能保持与橡胶的黏合力，又能改善轮胎的“平点”现象。

三、复合纤维的制造方法

一般的熔纺复合纤维的生产工艺流程如下：

聚合体A切片→干燥→螺杆熔融挤出→计量
聚合体B切片→干燥→螺杆熔融挤出→计量
→复合喷丝组件→丝束→冷却成型→卷绕→拉伸→卷曲→成品

复合纤维的生产工艺流程基本上与常规纤维的生产工艺流程相似，但由于复合纤维是一种多组分的纤维，所以纺制复合纤维的组件不同于常规纤维。复合纺丝组件是制造复合纤维的关键部件，绝大多数复合纤维的截面形态都是通过复合纺丝组件来形成的。复合纺丝组件通常由过滤系统、分配板和喷丝板组成。一块或多块分配板组成分配系统，分配系统决定了复合纤维的复合状态。

下面就几种类型复合纤维的生产方法作简要的介绍。

(一) 并列型复合纤维

生产并列型复合纤维的方法主要有直接喂入法和复合液流法。

1. 直接喂入法[9]　直接喂入法是纺制并列型复合纤维最主要的方法。它是将两种组分以熔体的方式，直接喂入喷丝孔，在喷丝孔或接近喷丝孔的地方相汇合，形成复合纤维的方法。直接喂入型喷丝头组件，尤其是其中的分配板是纺制并列型复合纤维的关键部件。分配板的形式有隔板式和狭缝式两种，见图 7-2。

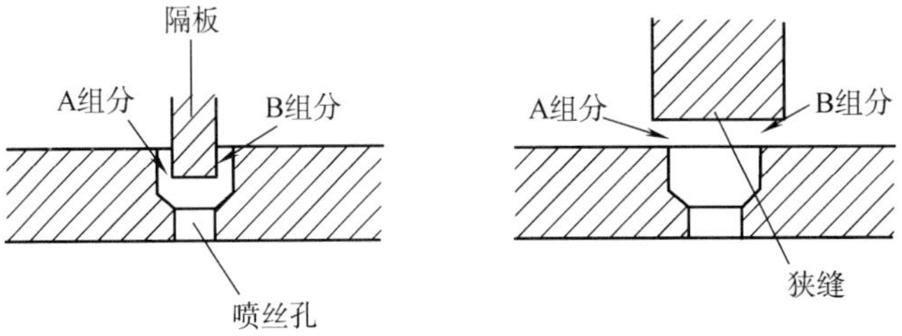

(a)隔板式　(b)狭缝式

图 7-2　并列型分配板的两种形式

调节两组分的流量，可以控制它们在复合纤维断面上的比例。而组分黏度差异的大小影响界面的状态，黏度大的组分在界面上突出，黏度小的则向该组分内凹陷。

用异形喷丝孔代替圆形孔，纺制的复合纤维将获得更好的卷曲性、蓬松性与压缩回复性。

2. 复合液流法　因为两种高黏度的聚合物流体合并在一起时，在适当的条件下，可以流过相当的距离，而不改变它们的结构，即保持原来的层状形态。即使复合液流的直径发生变化，也不会改变液流的相对形态，也就是说不发生混合。因此，有可能采用如图 7-3 那样的分配系统，而成功地纺出并列型复合纤维。

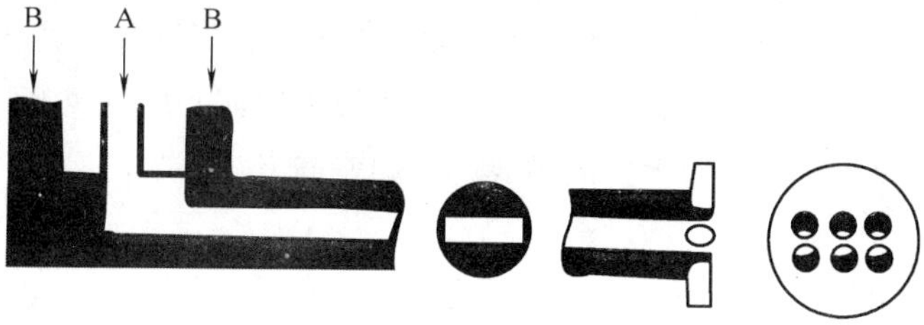

图 7－3　平行复合液流法纺制并列型复合纤维

也可用套管式同心复合流系统纺制并列型复合纤维，如图 7－4 所示。

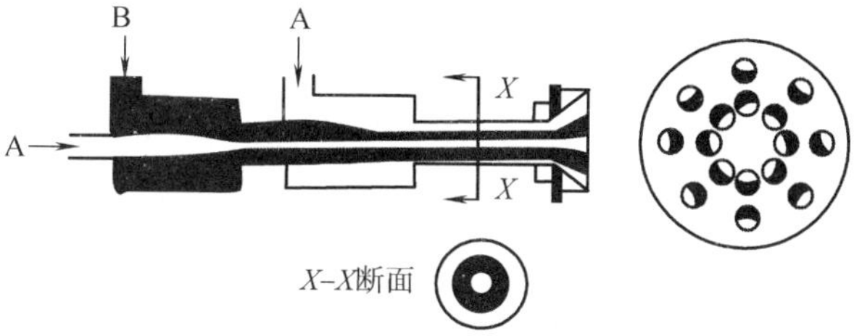

图 7－4　套管式同心复合流系统纺制并列型复合纤维

（二）皮芯型复合纤维

纺制皮芯型复合纤维的主要方法是直接喂入法。根据采用的喷丝头组件中分配板结构的不同，又可分为导管式［图 7－5(a)］和狭缝式［图 7－5(b)］。前者 B 组分经导管流向喷丝孔，后者以圆形平顶环绕喷丝孔的方式纺制复合纤维，两者都是通过调节双螺杆的挤出量来控制复合比。

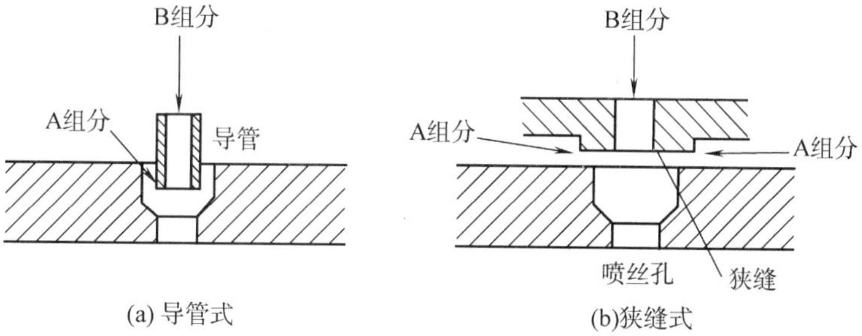

图 7－5　同心皮芯型分配板的形式

狭缝式分配板的结构比较简单，对下分配板导孔与喷丝板导孔的同心度的要求可以低些，机械加工容易，便于多圈排列，适用于多孔化的发展，因此应用比较广泛。

一般偏心皮芯型喷丝头组件大多是在同心皮芯型喷丝头组件的基础上加以改进的。改进方法如下所示：

1. 改进导管式分配板结构　如使导管偏离喷丝孔的中心轴位置（图 7－6），并适当控制两组分纺丝熔体的供给速度就能得到理想偏心度的皮芯复合纤维。

2. 改进狭缝式分配板结构　如可以采用将狭缝面设计成倾斜形，即与喷丝板平面形成一定角度的方法，如图7-7（a）所示。这种方法使狭缝的距离在各方向上不等，而将芯部熔体挤向一边，并且随角度的增大，偏心度加剧，可以纺出不同偏心度的皮芯型复合纤维。另外，也可以采用下分配板导孔与喷丝板导孔的轴线产生偏差的方法，见图7-7（b）。

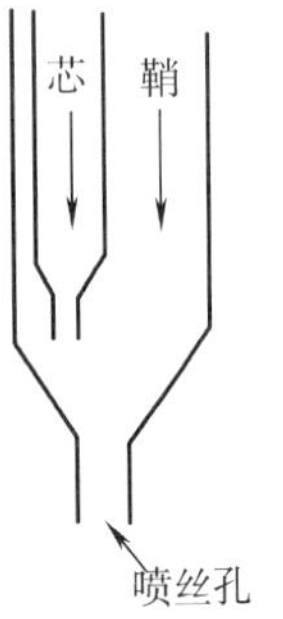

图7-6　改进导管式分配板示意图

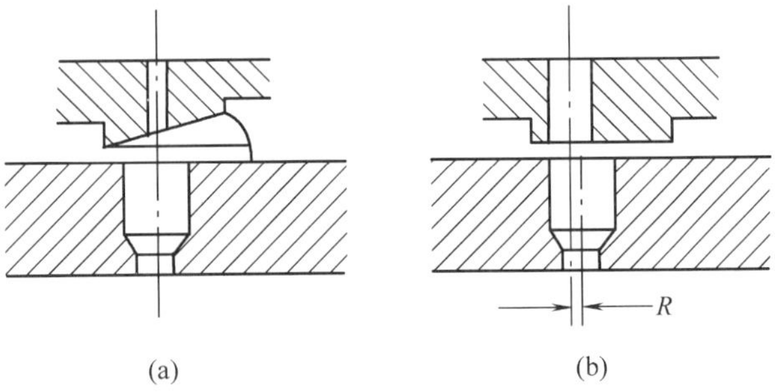

图7-7　改进狭缝式分配板示意图

改变喷丝孔的形状，使皮或芯，或者二者同时都纺成异形纤维的复合皮芯型纤维，如图7-8所示。

（三）海岛型复合纤维[10]

海岛型复合纤维的制造过程是先将两种或两种以上的聚合物流体以皮芯型或并列型的方式在纺丝组件形成复合细流，再把它们汇集在一起，像生产单一成分纤维那样从喷丝孔挤出，从而得到海岛型纤维。纺制海岛超细长丝除了要有复合纺丝设备外，最关键的是要有海岛型喷丝组件。图7-9是海岛型喷丝头组件示意图，其中A是岛组分，B是海组分。

图7-8　异形复合纤维横截面示意图

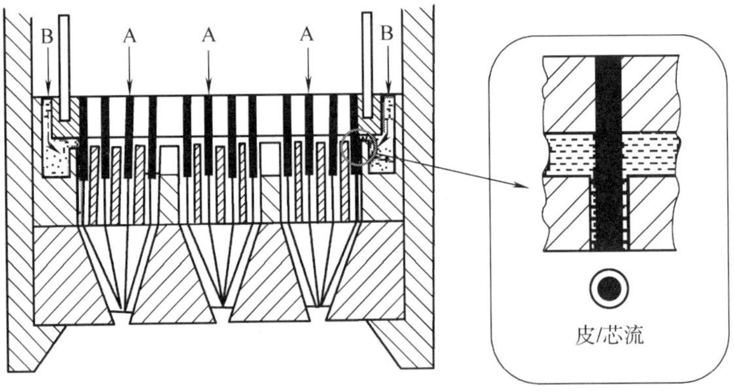

图7-9　海岛型喷丝头组件示意图

（四）原纤分散型复合纤维

这种纤维的成纤是一种聚合物以悬浮液滴的形式进入另一熔体中，经喷丝、拉伸使该分散的颗粒被拉伸成与纤维轴向平行的微纤，再通过溶解其基质，形成具有一定线密度、长度分布的超细短纤维。

四、复合纤维的用途

复合纤维作为一种具有特殊风格和性能的纤维品种，已广泛应用于人们的生活、工业、医疗、光电通信等领域，成为一种不可缺少的纤维材料。

(一) 服用

复合纤维织物正以其细致精巧的风格、柔软丰满的手感、良好的悬垂性、覆盖性、耐磨性、吸湿性、丝质感以及华丽的外观、独特的光泽迎合了人们对高档服饰的追求。可用作仿麂皮、普通桃皮绒、MOSS桃皮绒、人造羽绒等秋冬季流行服装，高尔夫夹克衫、网球服、棒球服、滑雪服等优质运动服，具有防雨透气、疏水疏油、抗菌防尘等功能的防护服，还可用作“呼吸性”泳衣、内衣、衬衫以及便携便贮存的压缩型服装。

(二) 产业用

产业用纺织品是一个新兴的充满活力的领域，今后大有发展潜力。利用复合纺丝技术，可为高档人造革基布、高档人造麂皮基布、高级洁净布、衬垫材料、滑雪缩合膜材料、离子交换材料、遮阳伞、汽车彩色外罩、卫生用品（尿不湿、卫生巾等）、纸类（高强纸、超柔纸等）等产品提供优质的原料。

(三) 生物用

生物功能纺织品的研制已成为21世纪纺织工业的突出主题之一。复合纤维由于其单位重量的比表面积特别大，可加工成任意形状、线密度，具有优良的持久性、机械强度等特点，可广泛用于生物工程、医疗的各个领域，如可为人造动脉、人造血细胞分离器、酶支持物、贝类及海藻抑制剂等生物制品提供原料。

第二节 异形纤维

一、异形纤维的发展概述

异形纤维（Profiled fibre）是异形截面纤维的简称，是指用非圆形喷丝孔纺制的具有异形截面的或中空的纤维。

异形纤维的研制，是从模拟天然丝的三角形截面开始的。1954年，世界上首次发表了关于异形纤维制造的报告。美国杜邦公司的三角形、三叶形尼龙闪光丝于1959～1960年间正式投入生产，四叶形、五叶形纤维的制造随后也相继发表，1965年，美国杜邦公司发表了尼龙66中空纤维的文献。20世纪70年代初期，美国聚酯异形丝产量占其聚酯纤维总产量的15%左右。

其他国家如日、意、德等国也相继发展了异形纤维，其中以日本发展最快。从1970年起，日本投入工业生产的“仿丝型”合成纤维中，聚酯异形丝的产量最高。到1980年，日本聚酯长丝总产量中，异形丝占16.9%。

迄今为止，国外异形纤维，尤其是异形中空纤维、异形复合纤维以及异形化学改性纤维已经得到了广泛应用。

我国异形纤维的研制始于20世纪70年代中期，研究的重点是喷丝板制造技术。近年来随着纺织科技的发展，喷丝板制造技术已有了长足的发展，纺丝技术更趋成熟完善，已形成了完整的生产技术链。因此异形纤维产品也从最初的三角、中空截面发展到今天的多种异形品种，如五角形、三叶形、多叶形、哑铃形、椭圆形、L形、藕形及异形中空等。

随着各种新型织物的出现，异形纤维的使用量也将会越来越多。近几年，日本在异形纤维的开发和应用上已走在世界的前列。日本东丽公司采用复合纺丝技术，开发出三瓣状截面的聚酯纤维，其织物的摩擦声响与真丝的“丝鸣”已十分接近，因而具有“丝鸣”效果。日本可乐丽公司开发的三角截面芯鞘型复合纤维，折光指数接近棉纤维和聚酰胺纤维的折光指数，加之其芯部形状为带有三个尖角的圆形，有利于光线从芯鞘交界面折射出去，并与从三角棱柱形的鞘部反射出去的无色光叠加，从而产生光彩夺目的效果。

二、异形纤维的性质[1]

（一）光泽

异形纤维的最大特征是其独特的光学效应，这也是制造这类纤维的主要目的之一。纤维光泽与纤维截面形态有较大的关系，当一束平行光照射在不同截面形态的纤维表面时，会发生不同的光学效应。例如三角形截面具有真丝般的光泽，光照射在其上时，可在纤维内部的棱边上产生全反射，然后再从另外的棱边上透射出去，这样在产生全反射的棱边处光泽就弱，而其他棱边处的光泽就强。当入射角改变时，产生全反射的棱边也会改变，从而产生“闪光”效应，给人以特殊的感觉。因此异形纤维改变了圆形纤维的“极光”，特别是中空型的异形纤维，由于它的反射层相应减薄，同时又存在内反射，表层反射和内反射的综合，可加强反射光的强度，所以中空型的三角形纤维有调和的色调以及更好的光泽效应。

（二）手感

纤维的手感与摩擦系数有关。由圆形截面纤维制得的织物，触摸时常有一种类似蜡状物的软滑感；而异形截面纤维的织物，由于纤维的表面积增大，特别是纤维的摩擦系数随着纤维截面的变化而变化，纤维的静、动摩擦系数的差值相应增大，从而改变了织物的蜡状感。几种纤维制成的织物的摩擦系数见表7-3。

表7-3　织物的摩擦系数

纤维截面形状	聚酰胺					聚酯		真丝绸
	圆形	三角形	菱形	三叶形	豆形	圆形	三角形	三角形
静摩擦系数 μ_s	0.39	0.37	0.44	0.48	0.45	0.25	0.45	0.59
动摩擦系数 μ_d	0.31	0.28	0.35	0.35	0.37	0.22	0.39	0.47
$\mu_s-\mu_d$	0.08	0.09	0.09	0.09	0.08	0.03	0.06	0.12

此外，相同线密度的同类纤维，异形纤维的直径大于圆形纤维；异形纤维的刚度也大于圆形纤维（表7-4），因此异形纤维较普通纤维更有身骨。

表7-4 异形纤维的直径与刚度

截面形状	线密度/dtex	刚度/kPa	纤维直径/μm
圆形	3.3	11.76	17
	1.7	3.92	12.5
圆中空	3.3	21.56	18.3
	1.7	6.27	13.5
三叶形	3.3	33.32	20.9
	1.7	11.76	16.1
三角形	3.3	21.56	19.04
	1.7	7.15	14.4

（三）耐弯曲性与耐磨牢度

异形截面会使纤维的耐弯曲性与耐磨牢度降低，而中空异形截面的这些性能可提高2～3倍，这是因为中空纤维的内部应力较小的缘故。

表7-5 纤维截面形状与抗弯曲性和耐磨牢度

纤维截面	断裂摩擦次数	断裂弯曲次数
圆形	670	2000
五角星形	350	1850
中空三角星形	1250	6000

（四）蓬松性与透气性

一般情况下，异形纤维的覆盖性和蓬松性要优于普通合成纤维，织物手感更厚实、蓬松，透气性好。这是因为普通合成纤维的截面为圆形，纤维之间排列紧密，孔隙小，而异形截面的纤维由于外形不规则，纤维之间排列无法紧密，孔隙相应增大的缘故。同等质量的纤维，异形度、中空度越高，则占有的空间就越多，其织物蓬松性和透气性越好。

圆形与异形纤维织物的蓬松性和透气性对比情况见表7-6及表7-7。

表7-6 织物的蓬松性

试样	聚酯		
截面	圆形	三角形	五角星形
蓬松度/(cm^3/g)	1.63	1.72	1.75

表 7-7　织物的透气性

试　样	聚　酰　胺				
截　面	圆　形	三角形	菱　形	三叶形	豆　形
透气性/[mL/(s·cm²)]	36	41	43	47	51

（五）抗起球性

普通圆形截面合成纤维，由于本身强度高，表面光滑，纤维间的抱合力差，其织物表面经强力摩擦后，易起毛，而这些起毛突出的纤维再次摩擦时会缠结成球，由于纤维球的根部仍与织物牢牢相连，因而不易脱落。对于异形纤维而言，由于纤维表面积增大，纤维间的抱合力增大，纤维头端难于从织物中滑出，织物经摩擦后不易起毛；即使起毛起球后，因单丝的强度异形化后相对降低，球的根部与织物间连接强度降低，毛球容易脱落，不会长期附着在织物上。

试验表明，锯齿形、枝翼形截面纤维游离起球的倾向最小。五角星形、H 形、扁平形截面纤维和羊毛等纤维混纺，比纯纺起球少得多。

100%聚酯织物的纤维截面形状与毛球生成量的关系如图 7-10 所示。

由此可见，普通圆形聚酯纤维织物起球现象严重，异形聚酯纤维的起球倾向小得多。

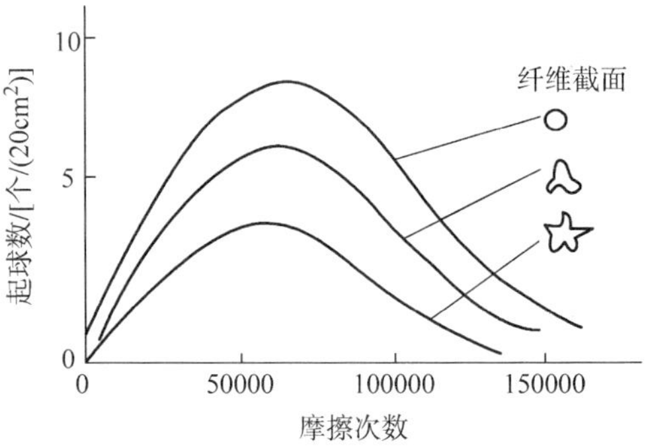

图 7-10　织物的起球试验（100%聚酯）

（六）染色性

异形纤维由于表面积增大，染色速率明显提高。但由于异形化后的纤维对光线的反射强度增大，而使色泽的显色性降低。因此，在相同染料吸着量的情况下，异形纤维在视觉上显得颜色较浅。所以，对异形纤维染色时，要想从外观上获得同样的颜色深度，必须比圆形截面纤维增加 10%～20%的染料。

（七）防污性

由于异形纤维对光的反射作用增强，纤维及其织物的透光度减小，再加上异形纤维表面积较大，做成织物即使有轻微污染也不易察觉，因而提高了织物的耐污性。

三、异形纤维的制造方法[12]

（一）喷丝孔异形法

纺丝液从喷丝板挤出的瞬间，是纤维截面成型的关键。因此将喷丝孔按所要求的截面进行加工，纺丝液从异形孔中喷出后，逐渐凝固成异形。图 7-11 所示为几种制造异形纤维所用喷丝孔的形状和相应的纤维横截面形状[11]。

（二）膨化黏结法

该方法采用一组距离较近的喷丝孔板，纺丝液被挤压离开喷丝孔的瞬间，由于压力突然降低，会发生膨化，而此时的纺丝液尚未凝固，因而相邻部分就会黏结，在适宜的纺丝速度和冷

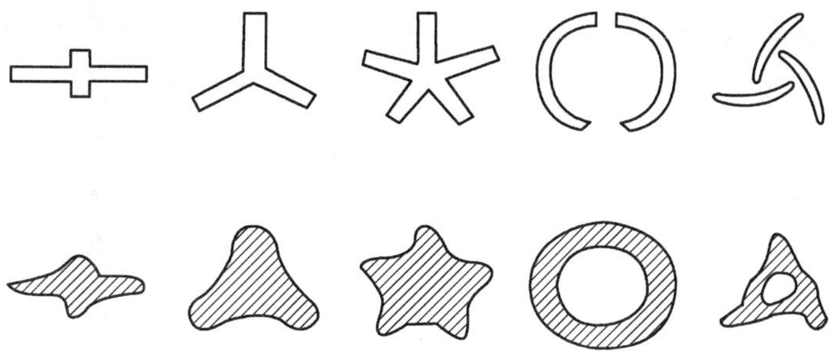

图 7-11 几种非圆形喷丝孔形状及相应纤维横截面形状

却条件下纤维截面随之改变。中空、多孔纤维常用此加工方法。

（三）复合纺丝法

将两种或两种以上的高分子化合物，通过特殊的喷丝组件，将各组分按一定的比例、位置通过喷丝孔挤出、成型，因而它虽是一根单丝纤维，却含多种组分。将其中一种组分溶解或用机械方法使其分裂，单根纤维也就分裂成更细且截面呈异形的多根丝。

（四）轧制法

轧制法类似于冶金工业中的轧钢。纺丝熔体经喷丝孔挤出后，趁尚未完全固化时，用特殊热辊挤压成型。

（五）孔形（径）变化法

用两块重叠的喷丝板，且每块喷丝板上喷丝孔形状各异，但中心线基本吻合。在纺丝过程中，两块板相对移动或旋转，纺出纤维的截面和外形也相应变化。

四、异形纤维的用途[13]

改变喷丝孔的截面形状，可以得到三角形、多角形、三叶形、多叶形、十字形、扁平形、Y形、H形、哑铃形等异形纤维。由于异形纤维具有特殊的光泽、蓬松性、抗起球性、回弹性、吸湿性等特点，如三角形截面的纤维有闪光效应；十字形截面的纤维弹性好；扁平截面的纤维能明显改善抗起球性。而且异形纤维做成的织物手感厚实，有温暖感，所以异形纤维被大量用于仿毛、仿丝、仿麻产品中。

异形纤维按用途和截面形态的关系，主要有以下四大系列，即三角形系列、中空形系列、多角形或多叶形系列、扁平形系列。其各自的应用情况如下。

（一）三角及三叶形系列

三角形系列的异形纤维主要有闪光效应的仿丝绸织物，仿毛织物，灯芯绒、平绒等绒类织物，毛线、装饰织物等。三叶形纤维因耐磨、手感优良，耐穿，可用于织造针织外衣。

（二）中空形系列

中空形异形纤维密度低、弹性好，抗起球性、蓬松性、保暖性优良，主要适用于仿毛织物、保暖制品、工业用制品、装饰织物等。

（三）多角或多叶形系列

多角或多叶形纤维光泽软和，适于织造丝绸、缎类织物，而且其手感舒适，保暖性好，有较强的羊毛感和抗起球、起毛性，也适合于制作仿毛织物，其绒毛既能相互缠结，又能蓬松竖立，富有立体感和丰满厚实感。多叶形变形纱制作的针织外衣光泽柔和，有良好的蓬松性、覆盖性、耐磨性。

(四) 扁平形系列

扁平形截面纤维具有优良的刚性，可以作为仿毛皮中的长毛用纤维。

第三节　细旦纤维

细旦纤维（Fine tex fiber）具有手感柔软、穿着舒适等特点，是开发高档织物的重要材料，自20世纪90年代以来，世界各大知名化纤公司纷纷推出聚酯、聚酰胺以及聚丙烯等细旦长丝，同时也出现了“细旦纤维”（Fine tex fiber）、“微细旦纤维”（Micro-fiber）、“超细旦纤维”(Superfine fiber) 等名词，然而至今国际上仍没有有关细旦纤维的统一定义。AKZO公司提出的分类标准为：单丝线密度大于7.0dtex为粗旦纤维；2.4～7.0dtex为中旦纤维；1.0～2.4dtex为细旦纤维；0.3～1.0dtex为微细旦纤维或微细纤维；小于0.3dtex为超细旦纤维或超细纤维。而Montefibre公司则将单丝线密度低于0.55dtex的聚酯纤维称为超细纤维。各个国家在超细纤维的分类标准也不统一，如美国的PET委员会将单丝线密度在0.3～1.1dtex及以下的纤维定义为超细纤维；日本化纤行业将单丝线密度低于0.33dtex的纤维称为超细纤维；意大利的超细纤维则是指单丝线密度在0.5dtex以下的纤维；我国一般把单丝线密度在0.9～1.4dtex的纤维称为细旦纤维，将0.55～1.1dtex的纤维称为微细纤维，将单丝线密度小于0.55dtex的纤维称为超细纤维。目前，我国已能生产出单丝线密度在0.5dtex左右的超细纤维。国际上最细能做到单丝线密度0.0001dtex的超细纤维，这意味着只要有4g重的这种纤维，就可以把地球和月球连接起来。

一、超细纤维的特点[13]

（1）超细纤维的单丝细度和单丝截面直径比真丝或其他天然纤维都小，卷曲模量低，因此织物的手感柔软、细腻。

（2）超细纤维单丝弯曲刚性小，手感柔软，织物悬垂性好。但是，这也影响了其变形长丝的卷缩率。弯曲刚性越小，则卷缩率越小，蓬松性越差，同时使织物不够挺括。

（3）超细纤维的绝对强力较低，但由于其线密度小，相同号的纱其截面纤维根数比常规纱多，因此纱的总强度较高。这有利于在后加工中对织物进行起绒或砂洗处理，来制备仿鹿皮、仿天鹅绒等高档织物，又使产品具有较好的耐磨性和抗皱性。

（4）超细纤维的比表面积大。同样线密度的超细纤维纱线表面积大约是普通化纤纱的两倍，从而提高了织物的蓬松性、覆盖性和吸收能力。

（5）超细纤维具有良好的集束性和可织性，适应于喷水、喷气、有梭、片梭、剑杆以及针织等多机种生产。

在织造超细纤维织物时，根据超细纤维的特点，应注意：超细纤维在各道工序中的张力较普通丝应低；超细纤维的捻度可比普通丝低些，其表面效应不变；超细纤维上浆时，吸浆量较普通丝多，烘箱温度应高一些。

二、超细纤维的纺丝技术

超细纤维按纤维长度可分为两类：长丝型和短纤维。利用不同的生产技术，可制造出不同线密度、不同种类和不同用途的超细纤维。

（一）超细长丝的生产方法

1. 直接纺丝法 直接纺丝法是采用传统的熔融纺丝方法制造长丝型超细纤维的方法。该方法要求严格的工艺条件，较高的熔体过滤精度，充分的静态混合以及较低的纺丝张力。Cuculo 等认为，纺微细聚酯纤维所用的聚酯熔体的特性黏度以 0.5dL/g 为宜。提高螺杆挤出温度至 295～305℃，还可以减少喷丝孔挤出胀大现象。喷丝孔直径小，可以降低喷丝头拉伸倍数，但也不可过低，否则使剪切速率增大，挤出胀大效应增强。

对于超细纤维，单位重量的表面积大而热容量小，因此初生纤维的冷却条件非常重要。纤维的冷却状况直接影响纺丝张力，而纺丝张力又是决定纤维最低线密度的重要参数。因此，通过喷丝板的合理设计，冷却位置及温度的最优化，使纤维能够迅速而均匀地冷却是非常重要的。

为了使超细纤维的直接纺丝稳定运行，以下就喷丝板的设计、纺丝速度及丝条的冷却这三个方面进行简要讨论。

（1）喷丝板的设计。

①喷丝板的孔数。喷丝孔过多，丝条难以均匀冷却，从高密度配置的喷丝孔纺出的丝条会使周围空气成为伴随气流，形成气帘，造成中心部丝条供风不足，集束时单丝间易于黏着而产生僵丝或毛丝；喷丝孔过少，丝束总线密度小，每个纺丝位的熔体吐出量少，以致喷丝板下端温度偏低，熔体黏度增大，在细化时易产生断头，为此必须提高纺丝温度，但纺丝温度受到聚合物热稳定性的限制。因此喷丝孔过多或过少都不利于纺丝。

②喷丝孔径。在一定的纺丝速度下，随着纤维线密度的减小，每一喷丝孔的挤出量减少，孔径也相应减小，但小的孔径存在加工精度及清洗困难等问题。一般孔径最小限度为 0.07mm。

③喷丝孔配置。喷丝板上喷丝孔的分布要有利于丝条的均匀冷却，如可使喷丝孔环形配置，同时在喷丝板中心设置贯通于组件的中心吹风管与环吹风共同冷却丝条，如图 7－12 所示。

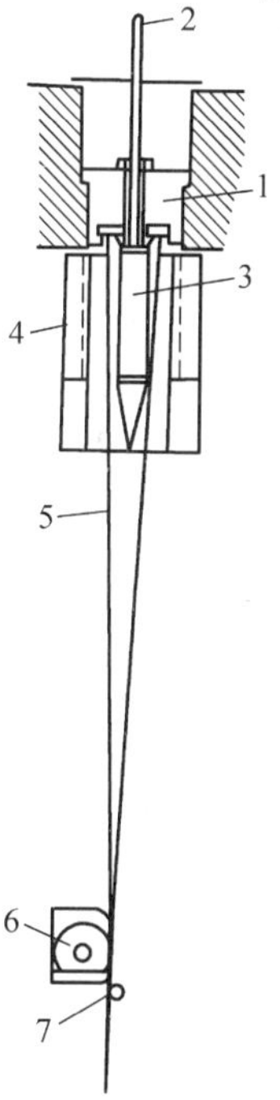

图 7－12 带中心冷吹风的超细纤维直接纺丝装置

1—纺丝组件 2—空气管 3—冷吹风分布管 4—环吹风 5—丝条 6—上油轮 7—集束轮

（2）纺丝速度。纺丝速度高，则每一喷丝孔挤出的熔体量就多，熔体带有的热量也多，使喷丝板下端可保持较高的温度，这有利于纺丝的进行。因此，较高的纺丝速度对超细纤维的纺丝有利，一般纺速为 1000～4500m/min。

（3）丝条的冷却。超细纤维的纺丝冷却位置越靠近喷丝板，成纤性越好。但过于靠近喷丝板会使喷丝板冷却，因此纺丝冷却位置应根据纺丝速度、熔体温度等因素来确定，一般距喷丝板 10～80mm。冷却温度也与单丝线密度及单孔熔体挤出量有关。表 7－8 为纺丝速度 1250m/min、喷丝板孔数 144、孔截面积 $0.78\times10^{-4}cm^2$、纺丝温度 300℃条件下，聚酯超细纤维纺丝稳定性与单孔挤出量、冷却温度、单丝线密度的关系。

表 7－8　单孔挤出量、冷却温度、单丝线密度对纺丝稳定性的影响

挤出量①/(g/min) \ 冷却温度②/℃	250	210	200	190	150	120	80
0.30	○③	○	○	○	○	○	○
	0.91④	0.94	0.94	0.98	0.98	1.00	1.00
0.18	○	○	○	○	○	○	○
	0.53	0.55	0.57	0.58	0.63	0.65	0.66
0.15	×	×	○	○	○	○	○
	—	—	0.40	0.43	0.47	0.47	0.50
0.13	×	×	○	○	○	○	○
	—	—	0.29	0.29	0.31	0.33	0.33
0.08	×	×	○	○	○	○	○
	—	—	0.21	0.22	0.24	0.24	0.26
0.05	×	×	○	○	○	○	○
	—	—	0.14	0.14	0.17	0.17	0.20

①每一喷丝孔的熔体挤出量。

②喷丝板下 1～3cm 处的环境温度。

③该行为纺丝稳定性："○"为良好；"×"为断头频繁，无法纺丝，下同。

④该行为牵伸丝单丝线密度（dtex）：牵伸比设定为牵伸丝断裂伸长的 25%左右，下同。

采用直接纺丝法可以获得单一聚合物的超细纤维，不需像复合纺丝那样进行双组分的剥离或溶解，因此加工成本低。但由于纤维之间的距离小，织物风格稍有逊色，而且织造及后加工过程中易产生毛丝。目前通过直接纺丝法所制得的最细商业化产品为旭化成公司的"Besaylon"，它是单丝线密度为 0.17dtex 的聚酯纤维，其性能与常规聚酯纤维的比较见表7－9。表 7－10 为直接纺丝法制造聚酯超细纤维的纺丝条件实例。

表 7－9　Besaylon 与常规聚酯纤维的性能比较

品　　种	Besaylon	常规聚酯纤维
纤维规格	115dtex/700f	110dtex/48f
单丝线密度/dtex	0.165	2.2
断裂强度/(cN/tex)	34～38	45～49
伸长率/%	22～30	28～32
沸水收缩率/%	3～4	6～10

表 7－10　直接纺丝法制造聚酯超细纤维的纺丝条件

单丝线密度/dtex	<0.33	<0.165
喷丝板孔数	140 以上	300 以上
喷丝孔截面积/cm^2	3.5×10^{-4}以下	1.5×10^{-4}以下
聚合物熔融黏度/(Pa・s)	95 以下	30 以下
喷丝板下方 1～3cm 处的环境温度/℃	200 以下	150 以下
单丝集束位置/cm	喷丝板下方 10～20	喷丝板下方 20～70
牵伸	常规方法	常规方法
纤维强度/(dN/tex)	2.64～4.40	2.64～4.40
伸长率/%	20～40	20～40

2. 复合纺丝法　用复合纺丝技术制造超细纤维可分为剥离型技术和海岛型技术两大类。前者是通过机械处理或化学处理的方法使纺制的复合纤维中的各个组分相互剥离分割开来；后者是使用溶剂将海岛型复合纤维中一种组分溶去（图 7－13）。

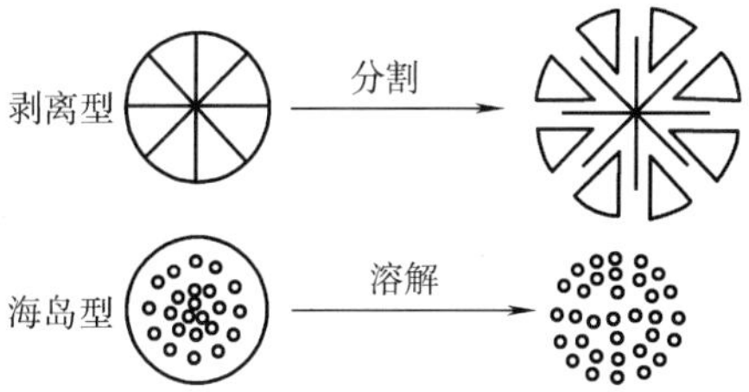

图 7－13　剥离型及海岛型复合纤维

复合纺丝是使几种聚合物组分各自沿纺丝组件中指定的通道流过，并相互汇集而形成预先设定的纤维截面形状。双组分复合纺丝所用的装置示意图及组件实例如图 7－14 和图 7－15 所示。

在复合纺丝装置中，切片贮槽、挤出机、熔体管道以及计量泵等对每一组分都有独立的一套，而且纺丝组件结构复杂。因此复合纺丝设备投资高，生产效率低，生产成本较高。

（1）剥离型复合纺丝。剥离型复合纤维的聚合物组分分布通常有花瓣形、中空形和多层形三种（图 7－16）。

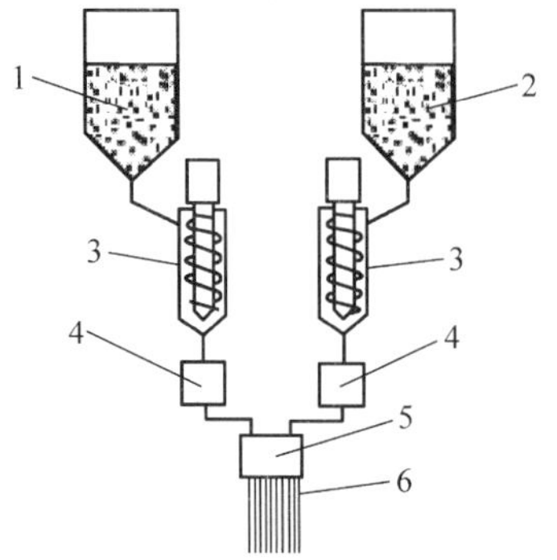

图 7-14 复合纺丝装置示意图

1—聚合物 A 2—聚合物 B 3—螺杆挤出机 4—计量泵
5—复合纺丝组件 6—复合纤维

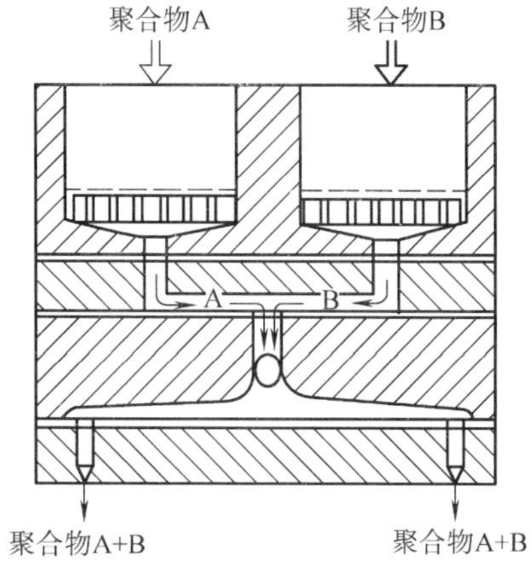

图 7-15 复合纺丝组件

花瓣形 中空环形 多层形

图 7-16 剥离型复合纤维组分分布形状

剥离型复合纺丝的关键是提高两种组分的分割数以达到超细纤维所要求的线密度，因此喷丝板的设计至关重要。图 7-17 为花瓣形复合纤维喷丝板，图 7-18 为中空环形复合纤维喷丝板。

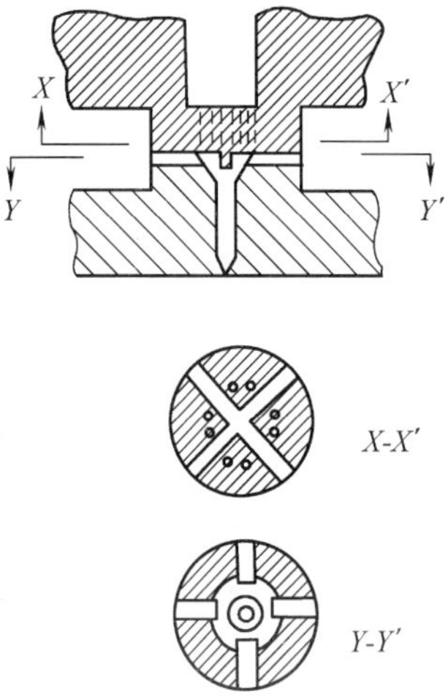

图 7-17 花瓣形复合纤维喷丝板

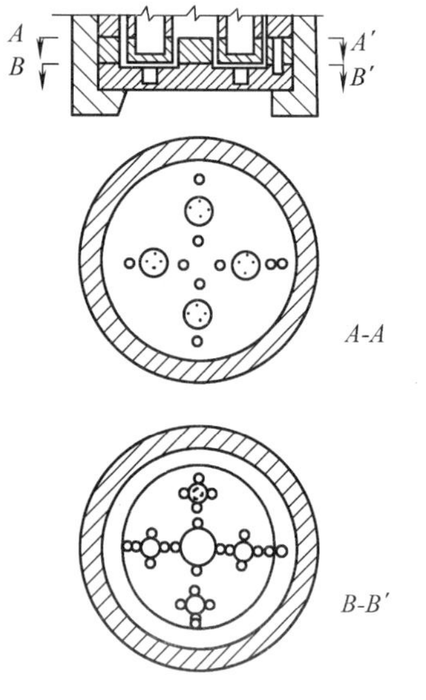

图 7-18 中空环形复合纤维喷丝板

多层型复合纤维的纺丝是使不同聚合物组分通过反复汇集、分割而形成并列多层形状，如图 7 - 19 所示。

剥离型超细纤维所选用的聚合物复合组分多为聚酯和聚己内酰胺，这是因为它们互不相溶而又有相接近的纺丝温度范围，牵伸温度也较接近。纺丝前，需通过干燥条件的控制，使聚酯和聚酰胺切片有低而稳定的水含量，并需控制未牵伸丝的结晶度。

最近钟纺公司用剥离型复合纺丝法制出超细纤维竹节丝（粗细纤维）。其粗部单丝线密度为 0.638dtex，细部为 0.12dtex，粗细部呈无规分布。由于纤维粗细部对染料吸附量的差异，这种超细纤维织物具有自然混色效果。

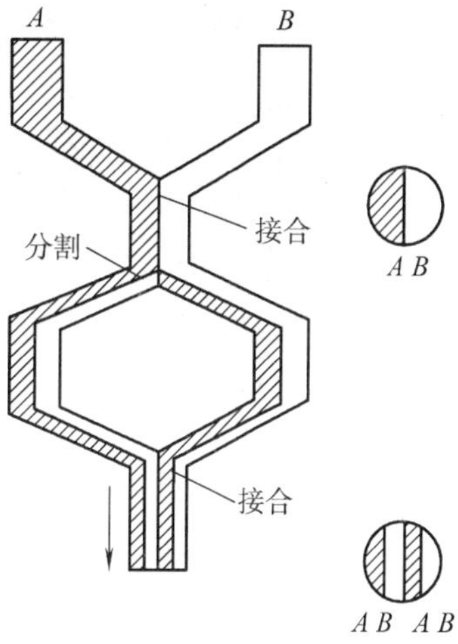

图 7 - 19 多层形复合纤维纺丝示意图

超细复合纤维织物可通过化学试剂处理，使各组分纤维产生溶胀、收缩或分裂，或者通过机械力的作用而使组分间剥离，所有组分都以超细形态保留于织物之中。

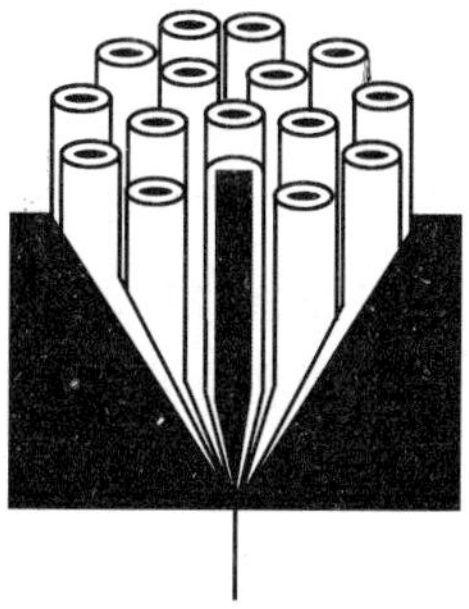

图 7 - 20 海岛型复合纤维纺丝原理示意图

（2）海岛型复合纺丝。海岛型复合纺丝是使海、岛两组分聚合物形成为数众多的芯（岛）鞘（海）结构，然后使之均匀汇集，如图 7 - 20 所示。因此，形成众多精细的芯鞘结构以及使它们均匀汇集，是纺丝组件设计的关键。

图 7 - 21 为海岛型复合纺丝组件示意图。海组分的选择涉及选用什么溶剂将之溶去的问题，同时要顾及芯鞘两组分聚合物的熔融温度和纺丝温度相互适应。目前用于制造超细纤维的海岛型复合纤维的岛相多为聚酯、聚酰胺、聚丙烯等；而海相为聚苯乙烯及丙烯酸酯共聚物（有机溶剂可溶），PET/间苯二甲酸酯磺酸钠共聚物（热碱液可溶）和聚乙二醇（热水可溶）等。海组分所占比例为 20%～50%。在技术上也可以实现海组分比例为 2%～10%的所谓低海相组分纺丝。由于海组分少，溶去量小，相应成本可以降低，但因纤维之间孔隙减小，而会影响织物风格。

通过改变岛相纤维的形状，可以有效地改善海岛型超细纤维的风格。例如尤尼奇卡公司以常规聚酯作为岛相组分，以高碱溶性改性聚酯作为海相组分，纺出岛相为花瓣形（楔形）的复合纤维。经碱液溶去海相后，成为 100%聚酯组分的超细纤维，由于其楔形截面，使织物具有极柔软的手感、优美的光泽和天然纤维般的丰满性。类似的产品还有钟纺公司的 NX-103，这是可溶性聚合物/聚己内酰胺花瓣形复合纤维，经溶去可溶性聚合物后，成为 100%聚酰胺超细纤维，如图 7 - 22，其织物具有高度柔软的手感。

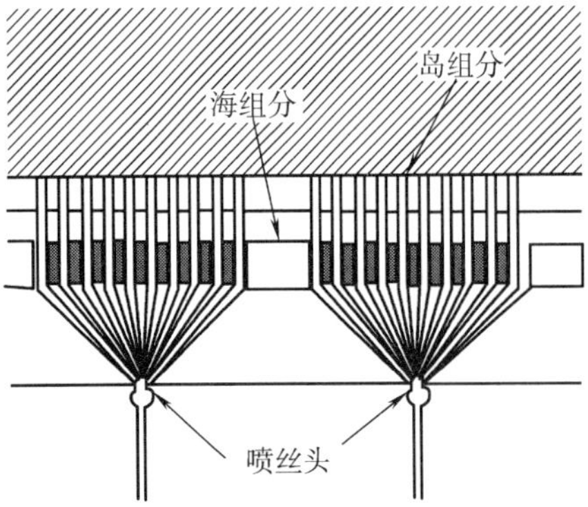

图 7－21　海岛型复合纤维纺丝组件示意图

图 7－22　花瓣形聚酰胺超细纤维

（二）超细短纤维的生产方法

1. 熔喷纺丝法　熔喷纺丝法又称喷射纺丝法，是从刀口状喷丝板端开出一排小孔，以高速喷出的气流将熔融的聚合物从众多的微小喷丝孔中以细长的短纤维形式喷出，随着高速运动而牵伸和凝固，最终形成无规则的短纤维。气流喷射速度越快，所得超细纤维越细，强度也越大。熔喷法目前主要用于生产丙纶非织造布。

2. 共混纺丝法　共混纺丝法又称混合纺丝法，是将两种互不相溶的聚合物混合，经挤压和拉伸后，用溶解法或水解法除去量多的组分或基质组分，从而制得长短、粗细不一致，有较大离散度的超细短纤维。其分散相和基体组分的排列，由组分的混合比及熔体的黏度决定。共混方式也可采用切片式混合或熔体混合，但从混合均匀性考虑，以两种聚合物的熔体混合为宜。纺丝的稳定性依赖于聚合物的组合，但是纤维的密度不易控制，断头率高。由于聚合物分散相是被拉伸形成超细纤维的，因此，目前用聚合物共混纺丝法还不能生产出连续长丝型的超细纤维。图 7－23 为共混纺丝示意图。

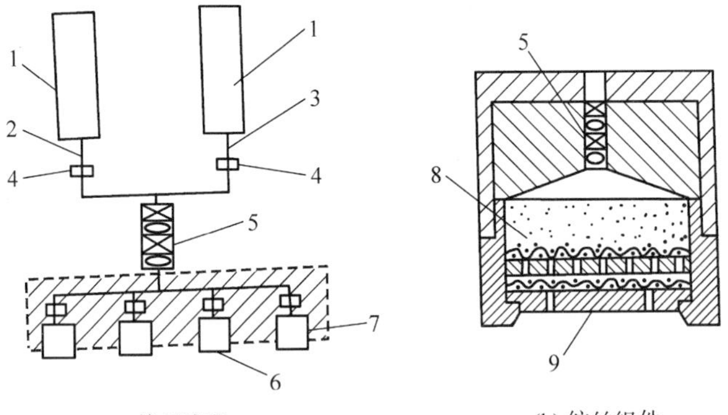

(a) 纺丝流程　　(b) 纺丝组件

图 7－23　共混纺丝示意图

1—螺杆挤出机　2—聚合物 A　3—聚合物 B　4—齿轮泵　5—静态混合器　6—纺丝组件　7—热箱　8—滤砂　9—喷丝板

3. 其他方法

（1）超离心纺丝法。超离心纺丝类似于棉花糖的成型原理。

(2) 表面溶蚀法。表面溶蚀法是用将聚酯等纤维的表面浸于碱溶液中，被碱液腐蚀溶解，而使纤维减量变细。

(3) 原纤化法。原纤化法是把易于原纤化的纤维或薄膜用机械捶打，使纤维变细。

(4) 破裂法。破裂法是在聚合物中加入发泡剂或气体，使其剧烈膨胀而喷出，形成超细纤维的方法。

三、超细纤维的用途

(一) 人造麂皮

人造麂皮是在20世纪70年代大量涌现出来的一种人造皮革，它的出现带来了超细纤维的迅猛发展。人造麂皮不仅具有天然麂皮柔软的手感和美丽的外观，而且其某些性能甚至比天然麂皮还好，如重量轻、耐洗涤、不变形、耐摩擦、抗虫蛀、不发霉等。人造麂皮所用纤维的线密度在0.006～0.3dtex之间，可用来制作高档服装、室内装饰、手套、鞋帽、箱包等许多产品。

(二) 仿真丝绸

仿真丝绸产品继人造麂皮开发之后，掀起了超细纤维应用的第二代浪潮，现已成为超细纤维的主要用途之一。由于超细纤维线密度小，抗弯刚度低，使仿丝织物手感柔软细腻。同时，超细纤维增加了丝的层次结构，纤维内部反射光变强，消除了合纤丝外观的蜡质感，使织物具有真丝般的光泽。仿真丝绸一般所用的纤维为0.5dtex左右，所得制品的手感柔软，外观华丽，是制作高档礼服、外衣及内衣的良好材料。

(三) 超高密织物

超高密织物是20世纪80年代初期研制成功的，它的广泛应用推动了超细纤维发展的第三代浪潮。由于超细纤维线密度较小，织成的织物单纤维之间的间隙小，因而不需要经过涂层或复合膜，就可达到防水透气的效果。在高密度织物中，纤维与纤维之间的间隙为0.2～10μm，而液态水滴的最小粒径要大于100μm，因此，即使是最微小的水滴也难以从高密超细的织物中穿过，而人体散发的水蒸气却可以从织物的间隙中散出。用这种织物可制作高档运动服、便服、外套、羽绒夹克、滑雪衫、高尔夫球服、风雨衣、帐篷等。

(四) 高性能清洁布

高性能清洁布是继超细纤维发展的第四代浪潮，是在第二代人造革产品之后出现的，因此属于超细纤维发展的第五代产品。用超细纤维制作的清洁布具有较复杂的三维空间结构和良好的毛细管效应，能吸收较多的液体或灰尘，因纤维线密度小，布料柔软不会对擦拭的表面造成损坏，且无纤维碎屑残留，可用作高精密仪器、照相机镜头、光学仪器、电子零件及大规模集成电路板、医疗器皿、民用镜片等的清洁布。

除此之外，超细纤维还可用于造纸材料，如制造高强力纸、清洁包装袋、扬声器纸盒、吸液纸和卫生巾等。同时，还可用做离子交换材料，电子行业中的硅铜晶片或铝盘的摩擦片，医疗防护产品等。

第四节　其他改性纤维

对于熔纺纤维的改性，除了上述通过改变纤维的截面使之复合化、异形化和细旦化外，目前常用的方法还有在纤维中添加具有一定功能的添加剂来生产具有特定性能的纤维，如阻燃纤维（Fire-resistant fibre）、抗静电纤维（Antistatic fibre）、防紫外线纤维（Ultraviolet prevention fiber）、远红外纤维（Far-infrared fiber）等。

一、阻燃纤维

有关资料表明，近代大型火灾约有一半是由于纺织品燃烧引起的。我国几起特大火灾伤亡事故也是由幕布、沙发、床垫等引发的。因此，从安全的需要出发，美、英、日等国先后制定了各种化纤阻燃性的法律，要求凡制作老人、儿童、残疾人的服装，旅馆、剧院、医院、歌舞厅等公共场所的装饰及床上用品，以及交通运输工具上使用的纺织材料，都必须达到一定的阻燃标准。所以，合成纤维的阻燃改性研究日益受到广泛的重视。

阻燃纤维也称难燃纤维、耐燃纤维或自熄纤维，是指在中、小型火源点燃下，会发生小火焰燃烧，当火源撤除，又能较快地自行熄灭的纤维，一般其极限氧指数大于27。

（一）纤维的燃烧过程

纤维在遇明火高温时，其中的水分蒸发后会受热分解，产生可燃气体并与氧发生燃烧反应，燃烧产生的热会再次促使纤维分解继续产生可燃气体，如此循环直到纤维全部分解、燃烧和炭化，如图7-24所示。

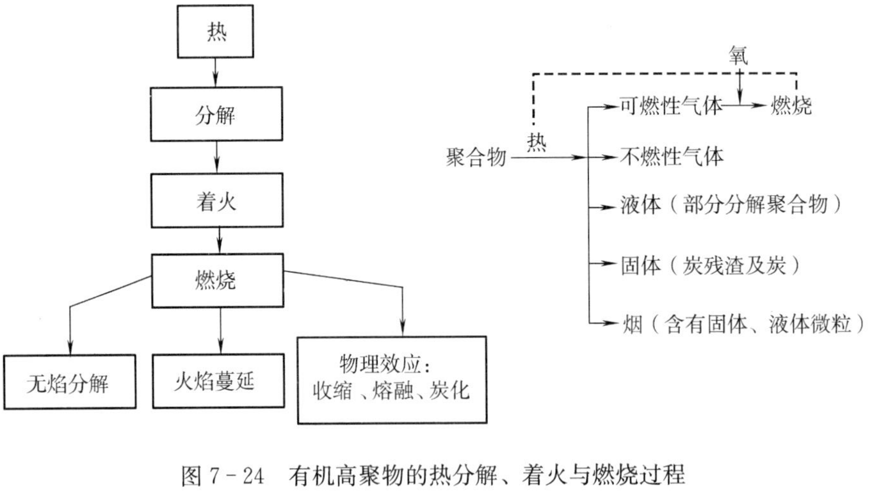

图7-24　有机高聚物的热分解、着火与燃烧过程

（二）阻燃机理

由纤维的燃烧过程可以看出，纤维的阻燃处理就是设法阻碍纤维的热分解，抑制可燃性气体的生成和稀释可燃性气体，改变热分解反应机理（化学机理），阻断热反馈回路以及隔离空气和

热环境，来达到消除或减轻燃烧三要素（可燃物质、温度、氧气）的影响，从而达到阻燃目的。

（三）阻燃纤维的制造方法[14]

1. 共聚阻燃法 共聚阻燃法是将含有磷、卤素、硫等阻燃元素的化合物作为共聚单体（反应型阻燃剂）引入成纤高聚物的大分子链中，然后再把这种阻燃成纤高聚物用熔融纺丝法制成阻燃纤维。由于阻燃剂结合在大分子链上，因而阻燃效果持久。

2. 共混阻燃法 共混阻燃法是将阻燃剂加入纺丝熔体中或浆液中纺制阻燃纤维的方法。阻燃效果的持久性与阻燃剂的性质有关。该法对使用的阻燃剂也有所要求，如粒度、与纺丝液的相溶性、稳定性等。

3. 后处理阻燃法 后处理阻燃法是在纤维成型后或制成织物及染色后进行。通常采用浸轧焙烘法、喷雾法和涂敷法等，使阻燃剂和纤维发生化学键合、吸附沉积或借助范德华力结合，从而固着在纤维和纱线上，获得阻燃效果的加工过程。根据阻燃剂性质，有耐久性和非耐久性阻燃整理。

二、抗静电纤维

纺织纤维，特别是疏水性合成纤维，如聚丙烯纤维、聚酯纤维在摩擦作用下极易产生静电。在纤维生产和纺织加工中，静电会造成纺丝、拉伸、纺纱和编织过程中纤维缠绕、产生毛丝，使纺织工艺不易控制；在织物使用过程中，静电会使纺织品易于沾污、吸尘，会使衣服与人体发生粘贴，穿着不舒适。在石油、煤粉、医院的麻醉剂等可燃物环境中，静电还可能导致爆炸。此外，电子计算机和精密电子仪器等往往会受工作人员服装上的静电干扰，而影响计算和测定结果的准确性。可见，静电现象影响合成纤维加工的顺利进行，影响产品的使用性能和安全性，所以对抗静电纤维及导电纤维的研究开发具有深刻的意义。

（一）静电的产生及消除

任何两种物质，相互接触或摩擦时，只要其内部结构中电荷载体的能量分布不同，在它们各自的表面就会发生电荷再分配，电荷重新分配之后，每一种物质都将带有比其接触或摩擦前过量的正负电荷，这种现象就称为静电现象。作为高分子材料的纤维特别是合成纤维，由于其绝缘性好，吸湿性差，表面电阻高，所以在加工过程中经常出现静电现象。尽管纤维产生静电的方式很多，如纤维在受到拉伸、压缩以及在干燥的电场中受到感应时都能产生静电，但纤维静电的产生大部分是在摩擦过程中产生的。

对于纤维产生静电的机理大体上有两种：一种是电位差理论，这种理论认为由于两种材料表面的电子从材料表面逸出所需要的逸出功不同，当这两种材料接触时，在材料表面便形成电位差，产生电场，使电子产生相互移动，从而形成静电现象；另一种是偶电层理论，这种理论认为像纤维等绝缘体之间的接触或摩擦时，带电主要是由于离子转移所引起的。

为了防止静电引起的各种灾害，应该从以下两方面着手。

（1）控制静电荷的产生。即通过减少摩擦机会、减小纤维摩擦系数、降低摩擦压力和速度、减少接触频率、使用两种在摩擦起电序列中位置相近的材料等方法来减少电荷的产生。但是，实际上接触摩擦的两种物体不是固定不变的，而且环境条件也各种各样，所以这些控制静电荷的方法或措施，不能用作积极的抗静电方法。

（2）促进电荷的泄漏。泄漏静电的方法有提高周围环境湿度和增加材料电导率两种方法。降低纤维的电阻，提高纤维的导电性是抗静电的最基本、最主要的方法[15]。其主要有两种途径：第一是对高分子材料进行结构改性，引入极性基团或离子基团，提高其导电性；第二是在高分子材料中添加抗静电剂或导电性填料。添加抗静电剂或导电性填料是目前最为常用的改性方法，而且商品化的产品很多，使用价值也非常高[16]。

（二）抗静电纤维的制备方法[13]

抗静电纤维的制备方法目前已形成三代。第一代制备方法是使用外部抗静电剂，即通过在纤维表面涂覆表面活性剂类抗静电剂来制备抗静电纤维，这种方法操作简单，是目前抗静电纤维生产的主要方法；第二代制备方法是使用内部抗静电剂，即在形成纤维的基体聚合物中加入表面活性剂类抗静电剂或高分子永久型抗静电剂，再熔融纺丝来制备抗静电纤维；第三代制备方法叫导电纤维法，是利用炭黑、金属或金属氧化物与基体聚合物形成导电纤维，制造方法有添加导电微粉、无电电镀和配成涂饰剂。其中，导电纤维法性能稳定，效果优异，耐久性强，不受气候条件的限制，是最有发展前途的方法。

1. 外部抗静电剂法 使用外部抗静电剂是利用物理或化学方法对纤维进行表面加工，以改善其纺丝成型和后加工过程中的摩擦和静电问题。这种方法常常是在纤维的成型加工和纺织加工中，将抗静电剂作为油剂的一个成分，在上油剂时同时使用，方法简单，效果明显。其中主要包括表面处理法和树脂整理法两种。

（1）表面处理法。表面处理法的基本原理是在纤维表面形成导电层。采用抗静电剂对纤维进行后加工处理，一般是将离子或非离子型的外部抗静电剂涂在纤维表面，以便大量吸收空气中的水分，降低纤维的电阻值。这种方法工艺上可行，手感也好，抗静电效果明显。表面处理法主要有以下两种。

①离子络合法。这种方法是先用阳离子型抗静电剂对纤维表面进行处理，再用阴离子型抗静电剂处理，使纤维表面覆盖一种不溶于水的阴、阳离子表面活性剂的络合物，从而达到吸湿和抗静电的效果。

②化学反应法。这种方法使用含有环氧基的化合物处理纤维表面，通过环氧基的开环聚合或与纤维大分子的反应基团进行化学结合，或者使用水溶性胺与环氧基进行交联固化的方法实现其与纤维的化学结合。

无论是离子络合还是化学反应的表面处理法，由于它们都是基于吸湿抗静电机理，所以这种方法制造的纤维抗静电性能随环境湿度变化而变化。当环境湿度较高时，抗静电效果较好；环境湿度较低时，抗静电效果降低。另外，表面处理法所用的抗静电剂多是表面活性剂，而洗涤剂对这些抗静电剂的相容性、亲和性好，所以洗涤时抗静电剂容易流失，耐久性不理想。但是，由于表面处理法加工技术简单，在一段时间内有明显的抗静电效果，因此具有一定的实用性。

（2）树脂整理法。树脂整理法是将亲水性抗静电树脂经过浸、轧、熔、烘等一系列加工工序而黏附在纤维表面，形成一个极薄的抗静电保护膜，这些树脂一般是亲水性的，在纤维表面利用吸湿增加纤维的导电性。树脂整理法的抗静电效果好，相对于表面处理法，抗静电的耐久性有所提高。但其纤维价格高，易变色，并且易使纤维变得粗硬，其抗静电效果也随环境湿度的降低而下降。

树脂整理法所用的抗静电树脂大多数是与被整理纤维的大分子结构相近的聚合物，它们之间相容性较好，便于加工。如在日本，将含铵离子和聚氧乙烯烃链段的聚合物，经树脂整理固着在纤维表面上，得到了较为耐久的抗静电性。还有一种树脂整理法是采用含导电性聚合物的乳胶和含导电性化合物的溶液作为抗静电剂，如含乙烯基化合物的共聚物与聚氧乙烯磷酸酯或聚氧乙烯乙醚的溶液，对纤维进行树脂整理，可以制出具有实用价值的抗静电纤维。

2. 内部抗静电剂法 内部抗静电剂大多具有极性基团，可在纤维外层表面形成一个吸湿导电层，使纤维表面电阻减少，抗静电性增加，同时纤维内部的抗静电剂不断缓慢渗出，补充纤维外层抗静电剂的损失。目前，使用内部抗静电剂制造抗静电纤维的方法多种多样，主要有以下几种。

(1) 共聚合。在疏水性合成纤维大分子主链上引入亲水性、导电性成分，如在聚酯大分子中嵌入聚乙二醇或亲水性极性单体，可以在一定程度上提高纤维的吸湿性和抗静电性能。又如在聚丙烯主链中嵌入 4.5%～5%的高分子季铵盐，制取的化学改性聚丙烯纤维具有高的亲水性、稳定的抗静电性和良好的染色性，其比电阻比原来降低了 5～6 个数量级，与棉和黏胶纤维相当；在相对湿度为 65%时的回潮率提高到 5.9%～7.1%，与棉接近。改性聚丙烯纤维与未改性聚丙烯纤维相比，虽然绝对断裂强度降低了约 30%，相对强度降低了约 38%，耐磨性降低了 25%，然而其各项机械性能指标仍比黏胶纤维高数倍。

(2) 共混。为制备效果相对耐久的表面活性剂添加型抗静电纤维，可采用将表面活性剂添加到纺丝液中进行共混纺丝的方法，利用表面活性剂从内向外的不断迁移扩散，使纤维表面长期含有表面活性剂。表面活性剂的极性应与成纤高聚物有适当的差异，若极性相似，则二者相容性好，共混纺丝后表面活性剂难以迁移，纤维内部的表面活性剂不能吸收水分而不起作用；若极性相差过大，则很难相容，共混纺丝后表面活性剂很快渗析到纤维表面，影响抗静电效果的耐久性。由于表面活性剂的迁移是在纤维的非晶区依靠布朗运动向纤维表面迁移的，这种运动在纤维的玻璃化温度 T_g 以上时比较活跃，而在 T_g 以下时难以进行，故表面活性剂内部添加型抗静电纤维只适用于 T_g 处于室温的成纤高聚物，并且对于结晶度高的高聚物，应增加表面活性剂的用量，但添加量过大则影响纺丝性能。目前广泛应用的抗静电共混纺丝纤维，其内部抗静电剂大多不溶于基体聚合物，具有很好的分散性，可在纤维截面中以较高的浓度存在，沿纤维轴向排列取向，在纤维内部形成运送或传导电荷的低电阻的通路，使纤维内部和外层表面都可以发生电荷逸散，抗静电效果显著提高。

除普通成纤高聚物与亲水性聚合物共混的典型共混纺丝方式外，还有在聚合过程中加入亲水性聚合物，形成微多相分散体系的共混方式。例如，将聚乙二醇加入到己内酰胺混合物中，聚合后聚乙二醇以原纤状分散于 PA6 之中，同时聚乙二醇也有少量端羟基与己内酰胺开环后生成的氨基己酸中的羟基反应，从而提高抗静电性能的耐久性。

(3) 复合纺丝。复合纺丝方法在改善合成纤维其他性能的同时，也能改善合成纤维抗静电性。抗静电的复合纤维有许多形态，如皮芯型、海岛型、多层型等。常用皮芯型复合法制成具有抗静电性能的纤维。例如，以聚酯为芯，混有聚乙二醇的聚酰胺为皮制成的涤/锦复合纤维；或者以聚乙二醇与聚酯的嵌段共聚物为芯，聚酯为皮制成抗静电的皮芯型复合纤维。这些纤维不仅抗静电性好，而且手感、吸湿性、耐磨性、弹性、抱合力等都有所提高。又如抗静电涤纶——帝特纶，它是用复合、共混纺丝制成的芯鞘型纤维，芯层为以聚氧乙烯类聚合物为岛的海岛型结构，岛的直径仅有几微米，而纤维外层（鞘层）是聚酯。这种纤维可以进行变形加工制成ATY空气变形纱，是世界上首批制成变形纱织物的抗静电纤维。该纤维也可以进行碱减量处理，改善抗静电织物的手感和外观，并且染色性能不会受到影响。

有一类抗静电涤纶，聚酯为纤维皮层，芯层是无规的聚酰胺共聚物，内含无机的导电物质如KI、LiBr、NaBr等，其芯层量为3%～15%，而芯层中的无机物含量为0.1%～5%。这种纤维是在双螺杆复合喷丝板纺丝机上纺制的芯鞘纤维，而芯层又是添加抗静电剂进行的共混纺丝，也就是同时进行复合纺丝和共混纺丝来制取的。该产品可以明显改善纤维的抗静电性，同时又不影响纤维的耐热性和耐光稳定性，纤维的外观、模量、光滑性都不受影响。此外还可在这种纤维的芯层再添加聚氧乙烯衍生物，进一步提高纤维的抗静电性能。

（4）接枝共聚。采用化学引发、热引发、高能射线和紫外线辐照引发的接枝改性方法，将亲水性单体接枝于纤维表面，可有效地改善合成纤维的吸湿性，且亲水性单体的用量远少于其他方法，耐久性好。例如，PE纤维以二氯甲烷为膨胀剂，表面接枝丙烯酸后可提高其吸湿性能、抗静电性能和染色性能。聚酯纤维通常采用乙烯基吡啶、丙烯酸、丙烯酸钠、甲基丙烯酸、甲基丙烯酸钠、甲基丙烯酸羟乙基酯等单体或聚二甲基丙烯酸乙二醇酯、聚二丙烯酸乙二醇酯等活性低聚物进行接枝共聚。接枝时在100℃加热状态下，用膨化剂（例如二氯甲烷）进行反应，得到从表面到内部都发生均一接枝的抗静电聚酯纤维。

3. 导电纤维法 导电纤维一般是用普通纤维为基材，经导电处理制成的。最常用的方法是通过将无导电性能的有机纤维和导体复合而制成导电的复合纤维。这种方法利用聚合物的易成型性和柔软性，因而不仅可通过不同的复合方法和复合的程度调节纤维的导电程度，而且还可通过聚合物内的分子取向程度来调节其导电的各向异性。

上面介绍的各种抗静电纤维加工方法均有其优缺点，表7-11概括了三代抗静电纤维制备方法的优缺点及研究的课题。

表7-11 抗静电纤维加工技术的优缺点及研究的课题

项目	第一代	第二代	第三代
方法	后加工法	共混法	导电性纤维法
优点	处理工艺简单，比较廉价	可大量生产，有一定的耐久性	在低湿度下效果优异，有半永久性效果，微量混用就有效果
缺点	耐久性差，在低温下无效果，手感下降	纺丝技术有一定难度，产品质量不稳定，在低温下效果差	黑色太显眼，对布匹的设计要一一进行混用操作太繁琐
研究的课题	通过等离子体处理等工艺提高耐久性	通过复合、混纤等技术提高性能	白色导电产品，混纤技术

三、防紫外线纤维

太阳发射出的电磁波按波长来分，可分为γ射线、X射线、紫外线、可见光、红外线和微波，如图7-25所示。其中的紫外线部分对人类既有利又有害。紫外线具有灭菌杀毒作用，能合成具有抗佝偻病作用的维生素D，促进钙的吸收，预防软骨病。但过量的紫外线照射也会对人体产生危害。紫外线的波长在180～400nm范围，按波长大小又可分为UV-A（320～400nm）、UV-B（290～320nm）和UV-C（180～290nm）三种紫外线。长波紫外线能晒黑皮肤，使皮肤出现皱纹加速皮肤老化；中波紫外线灼伤皮肤，使皮肤变红产生水泡；短波紫外线被地面上空10～50km处的臭氧层吸收而无法到达地面，而短波紫外线是最有害的紫外线。

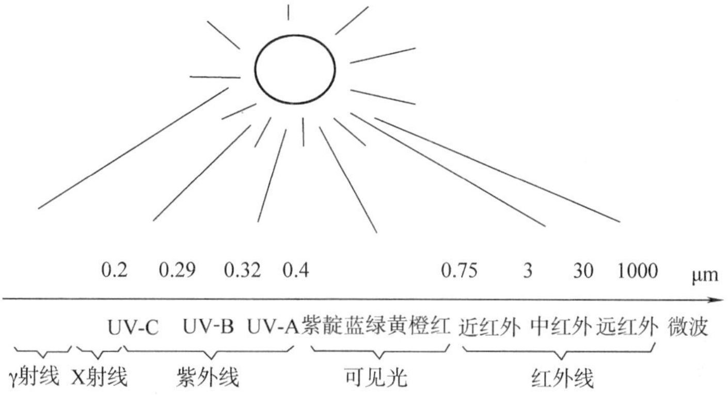

图7-25 太阳发射出的电磁波

近年来，由于人类大量排放消耗臭氧的四氯化碳、氟氯烃、甲烷等气体，使臭氧量逐年减少。有资料表明，臭氧层每减少1%，紫外线辐射强度会增加2%，人类患皮肤癌的可能性会提高3%。为此，人们开始重视防紫外线纤维及其织物的研究和开发。

（一）防紫外线机理

由光学原理可知，当光线照射到物体上时，一部分会被物体表面反射，一部分会被物体吸收，其余部分会透过物体，并且在一般情况下，透过率＋反射率＋吸收率＝100%。因此，当反射率和吸收率增大时，透过率就会减少，对紫外线的防护性能就更好。由此，可以得到防紫外线的两个途径：一种途径是增加纤维对紫外线的反射率；另一种途径是增加纤维对紫外线的吸收率。

（二）防紫外线添加剂[17]

防紫外线添加剂是一类能够反射或吸收紫外线的物质。由于大多数合成纤维如涤纶、锦纶、丙纶等防紫外线能力较差，要对这类纤维进行防紫外线改性，需要在成纤高聚物中添加少量防紫外线的添加剂，然后纺制成防紫外线纤维。防紫外线添加剂主要有无机防紫外线添加剂和有机防紫外线添加剂两种。

1. 无机防紫外线添加剂 无机防紫外线添加剂主要是一些能反射或散射紫外线的物质，也称为紫外线屏蔽剂（UV blocking agents），包括高岭土、碳酸钙、滑石粉、炭黑、氧化铁、氧化锌、氧化亚铅等。这些无机物具有较高的折射率，能够对入射的紫外线进行反射或折射，从而达到防紫外线辐射的目的。经试验，在310～370nm波长区，对紫外线的反射或防护效果，以氧化锌和氧化亚铅为好，二氧化钛和高岭土也有一定作用。炭黑也是一种有效的紫外线屏蔽剂，它不仅屏蔽紫外线，连可见光也可完全屏蔽，所以在做遮光处理时才用它。

2. 有机防紫外线添加剂 有机防紫外线添加剂主要是一些可以吸收紫外线的物质，也称为紫外线吸收剂（Ultraviolet ray absorbent）。此类物质吸收紫外线的能量后转变为活性异构体，并把能量转化为光和热的形式释放出来，同时恢复到原分子结构。常用的紫外线吸收剂需具备以下特点：安全无毒；吸收紫外线范围广，效果好；对光、热和化学试剂的稳定性好；不影响原织物色牢度、强力和手感等；溶解性、乳化性好，处理浴稳定性好；耐久性及各项牢度好；原料制造方便，能实现批量生产或大量供应。但目前能够完全达到以上条件的紫外线吸收剂还很少，有的吸收剂吸收紫外线是以本身的淬灭为代价的，所以其抗紫外线的耐久性较差；有的吸收剂则会在吸收紫外线后产生危害性转移，尤其当作用于织物上具有光脆性的染料时，会缩短织物的服用时间。

现在常用的紫外线吸收剂主要有金属离子化合物、水杨酸酯类化合物，苯酮类化合物以及苯三唑类化合物。

（三）防紫外线纤维的制备方法

用添加防紫外线添加剂制造防紫外线纤维有各种途径，可归纳为下列三种方法。

1. 共聚法 共聚法是选择一种合适的紫外线吸收剂与成纤高聚物的单体一起共聚制得防紫外线共聚物，然后纺成防紫外线纤维。例如，用芳香族二羧酸（如 TPA、IPA 等）和 EG 为原料，在原料中或二羧酸的乙二酯中添加质量分数为 0.04%～10%可耐 250℃的二苯甲酮类化合物（如 4，4 -二羟基二苯甲酮等），用常规的直接酯化或酯交换后缩聚的方法制得防紫外线良好的线型聚酯，再通过常规的熔融纺丝法纺制成纤维。这种纤维具有良好的防紫外线性能，能有效吸收波长为 280～340nm 的紫外线。

2. 共混法 共混法是将紫外线散射剂或紫外线吸收剂的粉体，在聚合物聚合时加入或直接共混纺丝，也可先制成防紫外线母粒再进行纺丝。如日本可乐丽公司生产的紫外线屏蔽纤维织物“ESMO”，是将粒径在 0.1μm 左右的 ZnO 微粉混在聚酯中，然后通过熔熔纺丝制成了防紫外线聚酯短纤维。

3. 后处理法 后处理法是将紫外线吸收剂或紫外线散射剂单独或混合使用，用浸渍法、印花法附着在合成纤维材料上，制成防紫外线纤维。为提高防紫外线剂对水洗及干洗的耐久牢度，还采用了树脂微胶囊整理技术，在微胶囊的芯材中装入有机的紫外线吸收剂，能防止吸收剂的逸散。

四、远红外纤维

远红外纤维是在纤维的加工过程中添加了能吸收不同波长远红外线，而且又能辐射远红外线的远红外吸收剂而制得的一种功能纤维。远红外纤维是一种具有优良保健理疗功能、热效应功能和排湿透气抑菌功能的新型纺织材料，能吸收人体向外散发的热量，吸收并反射回人体最需要的 4～14μm 波长的远红外线，促进人体的新陈代谢。

（一）远红外纤维的保温、保健机理

红外线是波长范围为0.76～1000μm的电磁波，其中，波长为30μm～1000μm的称为远红外线（在实际应用中通常把2.5μm以上的红外线通称为远红外线）。远红外纤维添加的远红外陶瓷可辐射的远红外线的波长范围一般为2.5～30μm。而4～30μm的区间波段常常被称之为“生育光线”或“培育光线”，该波长的电磁波可提供人体细胞组织所需要的微弱能量。

远红外辐射加热的机理是光谱匹配，即当辐射源的辐射波长与被辐射物的吸收波长相一致时，该被辐射物体就吸收辐射能，从而加剧其分子的运动，达到发热升温的加热作用。人体是一个有机体，具有对远红外线吸收率、传导率高的特点。当将某种能够高效吸收人体红外辐射的材料制成服用材料后，该物质分子在谐振中能够吸收人体以红外辐射向外释放的能量，还能吸收太阳和人体周围环境所释放的为人体所需要的波长在4μm～14μm的红外辐射能量，同时这些能量以人体放热相同的频率反馈给人体，从而达到体感升温的效果，并通过细胞内水分子的活动激活人体组织细胞，将沉淀在细胞内的老朽废弃物质排出体外，增强新陈代谢，改善人体血液微循环和体液微循环，促进各部位获得氧和营养成分，保持人体细胞的健康，消除微循环障碍，达到保健、辅助治疗、康复疾病的目的。

（二）远红外添加剂

远红外纤维中加入的远红外添加剂（Far infrared additive）[18]通常是指具有远红外辐射性能的微粉。要制作性能优异、具有远红外功能的纤维，关键是选择合适的远红外添加剂，主要把握以下几个原则。

1. 功能性　生物体对4～14μm波长远红外线有吸收，特别是在4μm、6μm、7μm以及12μm处有较强的吸收，因此需选用在人体温度即36.5～37℃、4～14μm波长范围具有较高辐射率的远红外发射体，一般远红外辐射率在65%以上的可用作远红外添加剂。很多无机化合物，如氧化物、碳化物、硼化物等都具有远红外辐射特性，常选用的是氧化物，如三氧化二铝、氧化锌、氧化锆、氧化镁、二氧化钛以及二氧化硅等。由于远红外辐射是晶格振动的结果，一种材料不可能在一段波长范围都具有较高的辐射率，因此需利用多种材料的互补效应，一般选用多种上述物质的混合物做远红外功能材料。采用元素周期表中第Ⅲ、第Ⅴ周期中的一种或多种氧化物与第Ⅳ周期中的一种或多种氧化物混合而成的远红外辐射材料（如MgO、Al_2O_3、CuO、TiO_2、SiO_2、Cr_2O_3、Fe_2O_3、MnO、ZrO等），在环境温度为20～50℃具有较高的远红外辐射率，是理想的远红外辐射材料。

2. 加工性　远红外材料在纤维中的加入影响纤维的生产过程。加入量与功能性成正比，但加入量大，纤维物理性能差，加工性能下降；加入量太少，则功能性不强。一般加入量控制在3%～15%之间，如果母粒的远红外发射率高，则4%～5%的加入量就可得到较好的功能。同时，用于纤维生产的远红外材料要有较好的表面性质：即分散性好，能在聚合物熔体中均匀分散，粒子不会出现凝聚；粒度小，母粒中功能性材料的粒度越小，纤维的功能性越好，纺丝过程越顺利。普通的服用性涤纶纤维单丝直径在10μm左右，为了保持纤维良好的物理性能，短纤维纺丝要求远红外材料的粒径小于5μm，长丝纺丝要求远红外材料粒径小于3μm，一般在0.001～2μm之间。

3. 安全性 在考虑材料功能性的同时，还必须考察其使用属性，也就是材料可纺性和服用性的评价。一方面纺丝过程中材料的化学物理性能稳定，不会分解，具有良好的纺丝加工性，也就是功能材料要具有耐温性和分散性，一般的有机物都无法满足这一要求；另一方面作为服用产品，性能必须稳定且无毒、无害，不伤害人体，不污染环境。

（三）远红外线纤维的制备方法[19]

远红外纤维的制备方法可分为涂层法和共混纺丝法两大类。

1. 涂层法 涂层法是将远红外吸收剂、分散剂和黏合剂配成涂层液，通过喷涂、浸渍和辊涂等方法，将涂层液均匀地涂在纤维或纤维制品上，经烘干制得远红外纤维或制品。这种生产方法操作简便，成本较低，对远红外陶瓷粉的要求较宽松。但制得纤维的手感及耐洗涤性能差，不适于后加工织造，目前仅适用于加工非织造织物和制品。

2. 纺丝法 纺丝法是在纤维加工过程中，即在聚合、纺丝工序中加入远红外添加剂制得永久性远红外纤维，具体可分为全造粒法、母粒法、注射法、复合纺丝法。

（1）全造粒法。全造粒法是在聚合过程中加入远红外添加剂制得远红外切片，再用这种切片经纺丝制得远红外纤维。这种方法简化了生产工艺，但增加了造粒成本。

（2）母粒法。母粒法是将远红外添加剂、分散剂和载体等一起混合造粒，制作成远红外功能母粒，然后与常规切片混合均匀后，再经纺丝制成远红外纤维。例如 Fukaya 等人以黑色电气石为远红外添加剂（粒子直径为 3～9μm），首先制备含有 30％远红外添加剂的聚酯远红外母粒，然后再以 16.65％的母粒与 83.35％的聚酯混合，纺制远红外纤维，该纤维的远红外辐射率为 74％。母粒法具有加工路线简单、易于操作、成本低的优点，目前国内外厂家多数采用母粒法生产远红外纤维。

（3）注射法。注射法是在纺丝过程中利用注射器，将远红外添加剂注射在高聚物熔体中而制得远红外纤维。这种方法工艺简单，但功能介质分散不均匀，加工性能较差。

（4）复合纺丝法。复合纺丝法即双组分纺丝法，其中功能母粒作为一个组分，与成纤聚合物制成皮芯结构或并列结构的复合纤维。该方法纺丝过程易于控制，纤维产品性能稳定，但生产过程复杂，成本高。目前性能较好的纤维采用这一方法。

复习指导

1. 化学纤维的改性方法主要有化学改性和物理改性两种，改性可以在成纤高聚物的合成、纤维成型或织物后整理等阶段进行。

2. 复合纤维是指由两种或两种以上的高聚物或同种不同性能的高聚物，以一定的方式沿纤维轴向复合而成的纤维。复合纤维的类型有并列型、皮芯型、海岛型和原纤分散型。一般熔纺复合纤维的生产工艺流程是先将两种不同品种的聚合物，或不同相对分子质量的相同聚合物进行分别计量，然后在贴近喷丝头入口处汇合，从同一喷丝孔中挤出，最后再进行冷却、卷绕、拉伸、卷曲等工序制成成品。复合纺丝组件是制造复合纤维的关键部件，绝大多数复合纤维的截面形态都是通过复合纺丝组件来形成。复合纺丝组件通常由过滤系统、分配板和喷丝板组成。一块或多块分配板组成分配系统，分配系统决定了复合纤维的复合状态。

3. 异形纤维是异形截面纤维的简称，是指用非圆形喷丝孔纺制的具有异形截面的或中空的纤维。异形纤维的制备方法主要有异形喷丝孔法、膨化黏结法、复合纺丝法、轧制法和孔形（径）变化法。

4. 我国一般把单丝线密度在0.9～1.4dtex的纤维称为细旦纤维，将单丝线密度在0.55～1.1dtex的纤维称为微细纤维，将单丝线密度小于0.55dtex以下的纤维称为超细纤维。超细长丝的生产方法主要有直接纺丝法和复合纺丝法；超细短纤维的生产方法主要有熔喷纺丝法、共混纺丝法、超离心纺丝法、表面溶蚀法、原纤化法、破裂法。

5. 在纤维中添加具有一定功能的添加剂可以生产具有特定性能的纤维，如阻燃纤维、抗静电纤维、防紫外线纤维、远红外纤维等。阻燃纤维的生产方法主要有共聚法、共混法和后处理阻燃法；抗静电纤维的生产方法主要有外部抗静电剂法、内部抗静电剂法和导电纤维法；防紫外线纤维的生产方法主要有共聚法、共混法和后处理法；远红外纤维的生产方法主要有涂层法和纺丝法。

思考题

1. 化学纤维的改性方法有哪些？
2. 复合纤维的类型有哪些？
3. 简述复合纤维的生产工艺流程？
4. 并列型和皮芯型复合纤维的生产方法各有哪些？
5. 异形纤维的生产方法都有哪些？
6. 简述异形纤维的用途？
7. 超细纤维的特点有哪些？
8. 超细长丝和超细短纤的生产方法各有哪些？
9. 超细纤维的用途有哪些？
10. 纤维的阻燃理论主要有哪几种？
11. 阻燃剂有哪些类型？
12. 阻燃纤维的生产方法主要有哪些？
13. 静电的消除方法有哪些？
14. 抗静电纤维的制备方法有哪些？
15. 纤维防紫外线途径有哪些？
16. 简述防紫外线添加剂的类型及防紫外线的机理？
17. 远红外线纤维的制备方法有哪些？

主要参考文献

[1] 肖为维. 合成纤维改性原理和方法 [M]. 成都：成都科技大学出版社，1992.
[2] 张黎. 双组分纤维的开发及应用 [J]. 合成技术及应用，2004 (1)：38.

[3] 余晓蔚，王华平，汤建中. 皮芯复合纤维及其成形理论 [J]. 聚酯工业，1999 (3)：1.
[4] 薛敏敏，姚慧婉. 复合纤维及其应用 [J]. 合成纤维，2001 (4)：20.
[5] 王彬，李向东. 复合纤维 [J]. 济南纺织化纤科技，2002 (2)：3.
[6] 俞大卫. 化学纤维词典 [M]. 北京：纺织工业出版社，1991.
[7] 杨兆湘. 复合纤维的开发与应用 [J]. 合成纤维，1997 (6)：35 - 37.
[8] 金立国. 海岛型复合纤维的开发与现状 [J]. 合成纤维，2002 (6)：3.
[9] 侯庆华，戴玲. 新型复合长丝的开发及应用 [J]. 合成纤维，2006 (5)：41.
[10] Houis S，Schreiber F，Gries T. 双组分纤维（第一部分）[J]. 国际纺织导报，2008 (5)：8.
[11] 肖长发，尹翠玉，张华，等. 化学纤维概论 [M]. 2 版. 北京：中国纺织出版社，2005.
[12] 邢声远，江锡夏，文永奋，等. 纺织新材料及其识别 [M]. 北京：中国纺织出版社，2002.
[13] 西鹏，高晶，李文刚，等. 高技术纤维 [M]. 北京：化学工业出版社，2004.
[14] 钟燕萍. 阻燃纤维 [J]. 广西工学院学报，1997 (4)：73 - 77.
[15] 高绪珊. 新型抗静电 PET 纤维的研究 [D]. 成都：四川大学纺织研究所，2000.
[16] 刁雪峰. 抗静电聚丙烯的研究 [D]. 太原：中北大学材料科学与工程学院，2007.
[17] 允秋侠. 防紫外线纤维及织物 [J]. 四川丝绸，2002 (2)：29 - 30.
[18] 吴素坤. 远红外纤维的研究进展 [J]. 国外纺织技术，2003 (6)：1 - 4.
[19] 张胜一. 远红外纤维的生产及应用 [J]. 山东纺织科技，2001 (1)：51 - 54.

思考题答案及提示

第二章　聚酯纤维纺丝工艺与质量控制

1. 聚酯纤维是以精对苯二甲酸或对苯二甲酸二甲酯和乙二醇为原料经酯化或酯交换和缩聚反应而制得的成纤高聚物——聚对苯二甲酸乙二醇酯，经纺丝和后处理制成的纤维。

2. 酯交换法、直接酯化法和环氧乙烷法。

3. EG 中的羟乙基取代 DMT 中的甲基，被取代的甲基和 EG 中的羟基生成甲醇。

4. 精制的目的在于除去在 PTA 制备过程中由于副反应和参与反应过程物质（如催化剂等）的混入所带来的杂质，其中主要有对羧基苯甲醛、对甲基苯甲酸、苯甲酸和芴酮等。

5. 在缩聚反应条件下，氢原子则被催化剂中的金属离子置换，生成金属醇化合物，这就是缩聚反应的活性体。螯合物中的金属提供空轨道与羧基氧的孤对电子配位，增加了羧基碳原子的正电性，另一个 BHET 分子的羟基氧与螯合体中增大了正电性的羧基碳原子结合，从而完成缩聚反应。反应式略。

6. 惰性气体压送高聚物熔体→铸带头→金属冷却滚筒表面（滚筒旋转、下半部浸在冷水中）→PET 熔体薄片（或圆形长条）冷却→冷却槽→切粒机→振动筛→上层：连刀块（废品）；下层：粉末（废品）；中层：正品进入湿切片储斗。

7. 因为聚酯本身光泽刺眼，加入消光剂后光泽柔和。对于间歇法缩聚，可在缩聚时加入；对于连续法缩聚，在预缩聚前随催化剂和稳定剂用比例泵一并加入。

8. 特性黏度、熔点、软化点、玻璃化温度、二甘醇含量、凝聚粒子、端羧基含量、二氧化钛含量、灰分等。

9. 压力料斗的受料，压力料斗的密封，切片输送，剩余压力的排除，压缩空气的压力和流量。

10. 目的：除去水分，使含水率批与批之间均匀，保证纤维质量均匀，提高结晶度、软化点。方法：转鼓真空干燥、充填干燥、转鼓加充填式干燥、气流式干燥。

11. 结构：连续式沸腾床。工作原理：切片→多孔板（热风从孔吹出）→切片呈沸腾状态→切片在预结晶器内停留时间由多孔板的倾斜度控制。

12. 通常把螺杆的工作部分分为三段，即进料段、压缩段和计量（均化）段。首先在进料段被输送和预热，继之经压缩段压实、排气并逐渐熔化，然后在计量段内进一步混合塑化，并达到一定的温度，以一定的压力定量输送至计量泵进行纺丝。

13. 温度、熔体的均匀性、泵供量、熔体压力、冷却条件、纺丝速度、卷绕的温湿度等。

14. 煅烧法及水蒸气保护煅烧法、真空煅烧清洗法、三氧化硫流动床法、盐浴法、三甘醇法、超声波清洗法。

15. 它是指复丝中的单丝断头。产生原因如下：喷丝板孔挤出不畅形成注头丝和细丝断丝；熔体中凝聚粒子或凝胶粒子使原丝产生缺陷形成断丝；原丝中的小浆块断丝；原丝因上油不足或不匀而产生的摩擦所引起的断丝；各卷绕辊不光滑而产生的断丝。

16. 在前纺中最后形成的初生纤维虽然已经凝固成型，但其取向度和结晶度很低，甚至是无定形的，不具有纺织加工性能，使用价值低，且强度也低，伸长率大，尺寸稳定性差，抱合性不佳。后加工就是把前纺工序中的卷绕丝通过拉伸、卷曲、热处理和切断等工序，使纤维结构和表面形态发生改变，从而具有良好的物理性质，以满足其纺织加工的需要。

17. 集束→上下导丝架→八辊导丝机→一道七辊→二道七辊→三道七辊→紧张热定型机→四道七辊→卷曲机→松弛干燥定型机→喷油机→切断机→打包机

18. 卷绕丝存放的目的是使纺丝冷却成型，令冻结的内应力得以消除和平衡。集束的主要作用是把若干个盛丝桶中的初生纤维引出，穿过集束架上的各个导丝器，集成一束扁平而又整齐的丝束送入拉伸机进行拉伸。

19. 拉伸是通过外界机械的强制作用，迫使初生纤维在一定的温度下产生单轴形变的过程。通过拉伸使纤维的结构单元获得稳定而巩固的取向，从而达到了提高成品纤维强度的目的。

20. 根据拉伸时纤维所在的介质来分，一般有以下几种方式：干拉伸（空气浴）、蒸汽浴拉伸、湿拉伸。

21. 拉伸点波动的危害：拉伸不匀增加、染色不匀增加、条干不匀增加。稳定拉伸点的方法：稳定卷绕丝预取向度（双折射）、细度、加热温度、拉伸速度。工艺上稳定拉伸点的方法：第一道拉伸机与第二道拉伸机之间采用水浴加热→丝束形成温度梯度→水浴将拉伸热带走→纤维实际温度升高很小→拉伸丝束温度恒定→拉伸点控制在加热浴中的某一狭小区域。

22. 原因：因为丝束经拉伸后，纤维外表光滑挺直，不具有类似天然纤维的卷曲性，纤维抱合力差，纺织加工困难，所以必须进行机械卷曲。卷曲数是指一定长度纤维（25mm）中的波曲个数，或峰的个数（可以用肉眼数出）。

23. 涤纶在常温下卷曲，卷曲度的稳定性较差，因此必须在高于玻璃化温度下进行。由于丝束在卷曲箱内的停留时间很短（只有几秒钟），要使丝束在卷曲机内升温到玻璃化温度以上，是难以奏效的。所以需要进行预热。预热箱的温度一般在 90～100℃。

24. 可从对纤维结晶度和取向度的影响，对强伸度的影响，对沸水收缩率的影响，对纤维染色性的影响。

25. （1）作用：丝束在通过后拉伸及紧张热定型后，还有一定的内应力，它会影响纺织后加工和最终成品的质量，将丝束在松弛状态下再次热定型，可消除其内应力。

（2）控制：松弛热定型的定型温度一般分为干燥区温度、定型区温度、冷却区温度，定型区温度通常比干燥区温度高出 5℃左右，冷却区温度通常低于 60℃。

26. 棉型纤维用于和棉花混纺，其切断长度要求为 38mm；中长纤维用于和黏胶、腈纶等其他化学纤维混纺，其切断长度要求为 51～76mm；毛形纤维用于和羊毛混纺，其切断长度要求为70～110mm。

27. 涤纶长丝可分为初生丝（又可分为未拉伸丝、半取向丝、预取向丝、高取向丝）、拉伸丝（又可分为拉伸丝和全拉伸丝）、变形丝（又可分为常规变形丝、拉伸变形丝、空气变形丝）。

28. 筒管→导丝钩→橡胶压辊→喂入辊→分丝器→第一拉伸盘→热板→分丝器→第二拉伸盘→加捻筒管

29. 可以从拉伸倍数、拉伸温度、拉伸速度及拉伸工段空调四个方面来讨论。

第三章 聚酰胺纤维

1. 聚酰胺纤维（polyamide fibre）是指分子主链由酰胺键 $—\overset{\overset{\displaystyle O}{\|}}{C}—NH—$ 连接起来的一类合成纤维。聚酰胺6纤维的单体是己内酰胺，结构为 $\underline{\lvert NH(CH_2)_5CO \rvert}$ 。聚酰胺66纤维的单体是己二胺和己二酸，分子式分别为：$H_2N(CH_2)_6NH_2$，$HOOC(CH_2)_4COOH$。

2. 整个聚合反应过程中既存在链式聚合反应的特征又存在逐步缩聚反应的特征，水或酸为催化剂时，在聚合机理上属于逐步开环聚合反应。聚合中有三种平衡反应：己内酰胺水解开环成氨基酸、氨基酸本身逐步缩聚、氨基上氮原子向己内酰胺亲电进攻，这三种反应导致内酰胺的聚合。

3. 聚己内酰胺切片由于聚合机理的特性（属开环聚合），切片中存在单体，因此纺前除准备干燥除水外还需进行脱单体和低聚物。因为聚合物中含有单体和低聚物一方面会在纺丝过程中产生毛丝，使丝条经不起拉伸，纤维强度下降；另一方面单体和低聚物的存在对聚合物大分子也起到增塑作用有利于丝条拉伸，所以聚己内酰胺切片纺短纤维时可以不脱单体，而长丝生产必须进行脱单体。

4. 聚己二酰己二胺（聚酰胺66）由己二酸和己二胺缩聚制得。为了获得分子量足够高的聚合体，要求在缩聚反应时己二胺和己二酸的摩尔数相等，因为任何一种组分过量都会使由酸或氨端基构成的链增长终止。由于这个原因，在工业生产聚己二酰己二胺时，先使己二酸和己二胺生成聚酰胺66盐（简称66盐），然后用这种盐作为中间体进行缩聚制取聚己二酰己二胺。通常采用熔融缩聚的方法生产聚己二酰己二胺。

5. 聚酰胺的拉伸机理与聚酯纤维拉伸机理相似，均为细颈拉伸机理，当拉伸过程中的温度、拉伸力达到一定数值时，在纤维某一点就会突然开始变细，随着拉伸的进行，变细的部分越来越多，直至丝条全部被拉伸，这种现象称为细颈拉伸，细颈产生的具体位置叫“拉伸点”或“拉伸区”。

6. 影响拉伸加捻的主要因素：原丝质量、拉伸倍数、拉伸温度、拉伸速度。

第四章 聚丙烯纤维的生产工艺与质量控制

1. ①高活性；②活性中心分布均匀；③催化剂和聚合产物的形态好；④聚合物的分子量

及分子量分布可调；⑤共聚性能好；⑥催化聚合活性寿命长；⑦高定向性且等规度高。

2. ①它们大都是 Lewis 酸，并且多不溶于有机溶剂，故使得反应以非均相为主；②与助催化剂形成催化体系引发聚合时，过渡金属的氧化态总是低于其最高氧化态；③过渡金属的族属、价态及组成对催化活性和选择性影响很大。

3. 高活性；单一活性中心，可获得相对分子质量分布很窄（1.05～1.8）、共聚物组成均一的产物；立构规整能力高。茂金属催化剂在催化聚合过程中，有阳离子活性中心形成。

4. 它能制备茂金属催化剂所不能制备的新型结构的聚合物；能控制金属中心的配位数，使目标催化剂更稳定；催化剂合成简单，成本低。

5. Natta 的双金属机理和 Cossee-Arlman 单金属机理。丙烯聚合工艺方法主要有溶剂法、溶液法、液相本体法和气相法。

6. 相对分子质量（18～36）$\times 10^4$；相对分子质量分布系数 $\alpha<6$；熔点 164～172℃；灰分<0.05%；含水率<0.1%；铁钛含量<20mg/kg。

7. (1) 聚丙烯纺丝时，螺杆各区的温度控制也与涤纶或锦纶纺丝时一样，一、二区为预热和部分熔融区，三、四区为主要加热熔融区，五区为均化和计量区。

(2) 冷却成型条件。采用侧吹风时丝室温度可为 35～40℃，环形吹风时可取 30～40℃，送风温度为 25℃，风速为 0.3～0.4m/s。

(3) 喷丝头拉伸。喷丝头拉伸倍数一般以 60 倍左右为宜。

(4) 挤出胀大比。聚丙烯纺丝时，由于其熔体黏度较大，且非牛顿性强，故挤出胀大比要比聚酯大。

8. 割裂纤维（扁条或扁丝）是将聚合体挤出或吹塑得到聚丙稀薄膜，通过具有一定间隙的刀具架，切割得到 2.5～6mm 宽和 20～50μm 厚的单轴拉伸的扁丝，线密度约为 110tex。

撕裂纤维生产的关键是薄膜的原纤化，通常有无规则机械原纤化、可调节机械原纤化以及化学机械原纤化三种方法。

9. 膨体长丝生产流程：投料→挤压→过滤→纺丝箱体→纺丝→侧吹风→冷却→上油→牵伸→变形→转鼓冷却→网络→卷绕→分级包装

10. 防老化，即稳定化，就是采取一定的措施，阻止或延缓导致老化的化学反应。对防老化常用的措施主要有以下四种：

(1) 改进共聚物的化学结构，引进含有稳定基团的结构，如采用含有抗氧化剂的乙烯基基团单体进行共聚改性；

(2) 对活泼端基进行消活稳定处理，该法主要用于聚缩醛类高聚物；

(3) 物理稳定化，如拉伸取向；

(4) 加入添加剂，如抗氧化剂和光稳定剂。

第五章　高速纺丝工艺与质量控制

1. 当纺丝速度大于 2500m/min 时，纤维内部开始形成稳定的二次结构，纤维结构由量变转为质变。随着纺丝速度的进一步提高，纤维结构更加稳定，后加工更为方便，目前，我国涤纶高速纺丝采用 3200～3800m/min 的纺丝速度；锦纶采用 4500m/min 的纺丝速度。

POY 与 UDY 相比，具有纺丝卷绕速度高，卷绕筒子硬度高、重量大、便于运输；存放稳定性好；纺丝过程稳定和适宜 DTY 加工的特点。

2. 全拉伸丝生产工艺有热辊法生产工艺（MG），热管法生产工艺（TCS），冷辊拉伸蒸汽定型法生产工艺（H4S），热管拉伸法生产工艺（HCS）等，由于它们的卷绕速度均在 4500～6500m/min 的范围内，故产品统称为 FDY。目前以热辊法生产工艺为主。

3. 在高速纺丝条件下，纺丝成型过程和纤维结构所发生的变化可分为三个区域：

（1）流动变形区。在喷丝板下约 50cm 处，主要发生纺丝流体的细化变形，同时被冷却。由于分子的流动性好，取向易松弛，在此区内取向度增加不多。

（2）取向结晶区。在距喷丝板下 50～130cm 处，分子发生一定程度的取向，双折射率达到 0.02～0.03，并形成高密度的取向凝集相，可作为晶核导致快速结晶，使双折射率显著增加。

（3）塑性变形区。距喷丝板 130cm 以下，丝条温度降至 T_g 左右，由于空气阻力导致了冷拉伸，使纤维双折射率和沸水收缩率提高。

4. 工艺流程为：切片→干燥→螺杆挤出机→预过滤器→（静态混合器）→分配管→计量泵→纺丝组件→喷丝→侧吹风上油→甬道→POY 卷绕丝

对切片的要求：特性黏度控制在 0.64～0.67dL/g，熔点不低于 258℃，二甘醇含量 0.7%～1.5%，凝聚粒子越小越好，端羧基含量小于 30mol/kg，二氧化钛含量 0.15%～0.3%，粒度小于 0.3μm，灰分含量低于 0.1%，铁质含量小于 0.1%，色相 b 值小于 3。

5. 由于高速纺丝的纺丝温度比常规纺丝高 5～15℃，因此，高速纺丝干切片的含水率应更低，此外，切片干燥的均匀性也很重要，要求所有切片经历的干燥历程和时间基本一致。一般要求含水不高于 0.003%。干燥时，切片的实际温度最好不要超过 160℃，干燥风的温度最好不要超过 185℃，可采用加大干燥风流量和降低干燥风含湿量的方法来提高干燥效果。

6. 螺杆挤出机出口压力称为螺杆测量头压力，为使计量泵吐出量恒定，预过滤器的后压力必须大于 70×10^5Pa，这样减去熔体管道的压力损失，才能保证计量泵前的工作压力大于 20×10^5Pa。

7. 对喷丝孔的要求有如下几点：长径比在 2.0 以上；涤纶长丝纺丝要求其熔体流量的偏差小于 0.75%；喷丝孔导孔的光洁度一般为▽6～▽8，孔的过渡区为▽8～▽10 为宜，出丝面的光洁度为▽8～▽10；导孔与出丝孔的垂直度尽可能高；导孔与喷丝孔的同轴度为 0.02～0.05mm；喷丝板孔的分布；一般为排列在外周 2～3 圈、内心无孔。

8. 测定 POY 的各项指标，并对照指标逐项调整工艺参数，使 POY 的质量指标达到要求；根据 POY 的强伸度调整纺丝温度；依照测得的 POY 的线密度及 POY 线密度间的偏差要求调整泵供量；测定 POY 的含油率，调整上油泵转速或上油液浓度，使 POY 上油率达到设定要求；测定 POY 的条干不匀率，调节侧吹风风速；观察卷绕筒子成型，调节卷绕超喂，辅助槽辊变频器的摆动频率；测定纺丝张力及卷绕张力，调节集束上油位置。调整各导丝器位置及转动方向，使各根丝条张力均衡。

9. 结构一体性参数指的是 POY 适应于拉伸变形工艺的结构条件，丝条于负荷 0.18g/dtex下经 100℃水浴 2min 处理后测得，其数值由公式ε 0.2＝(L_f-L_0)/L_0 计算得到（式中：L_0 为试样在 0.18g/dtex 负荷下的长度；L_f 为试样在相同的负荷下，浸入 100℃水浴中 2min，移出冷却后的长度）。一般要求结构一体性参数在 0.3～1.0 之间，若大于 1.0，说明纤维的取向度和结晶度过低，断裂伸长率大；当小于 0.3 时，则纤维取向度过高，并有结晶结构形成，这种 POY 断裂伸长率小，纤维后拉伸性能较差。

10. 假捻法丝条具有较细的螺旋，正反相间，弹性好，手感柔软，可生产低弹性和富有蓬松性的多品种丝，加工速度高。空气喷射法所得丝条表面有弯曲的丝圈，蓬松性高，无弹性，具有短纱风格。

11. 外拉伸变形法是以预取向丝或未拉伸丝为原丝，拉伸和假捻变形分别在两个区域内连续进行，由于拉伸发生在变形区以前，所以称为外拉伸变形法。

拉伸变形法则以预取向丝为原丝，拉伸和变形在同一区域内完成，在变形过程中原丝同时受到拉伸，因为拉伸在变形内完成，因此称为拉伸变形法。

12. 工艺流程如下：

预取向丝或中取向丝→放置平衡→拉伸加捻、热定型和解捻→再热定型→上油→绕筒→分级包装→成品

工艺要点为：*D*/*Y* 比、拉伸变形加工速度、热箱温度、冷却温度、拉伸倍数、假捻张力和超喂率等。

13. 全拉伸丝（FDY）的传统定义是采用低速纺丝、高速拉伸，且两道工序在一台纺丝拉伸联合机上完成，一步法工艺路线，纺丝速度为 900～1500m/min，拉伸卷绕速度为 3200～4200m/min，拉伸比为 3.5 左右，可纺制 55～165dtex 的拉伸丝。随着化纤技术的发展，目前，我国也将高速纺丝（纺速 3200m/min 左右）、超高速拉伸（拉伸速度 5500m/min 左右）工艺生产的丝称之为 FDY。

14. 采用热辊拉伸法生产聚酯 FDY 的工艺流程如下：

切片→干燥→螺杆挤出机→预过滤器→静态混合器→计量泵→纺丝组件→细流→侧吹风→上油→甬道→第一导丝辊→第二导丝辊→第三导丝辊→卷绕→分级→包装→出厂

工业控制要点为：切片质量、干燥要求、纺丝工序要求、冷却条件、上油、网络、卷绕。

15. 热管法纺丝拉伸工艺是指在甬通的位置上装有热管（热箱），对完成冷却成型的丝束进行再次加热，利用受热丝束的热塑性和惯性，在较高的纺速下，对丝束进行拉伸和定型。这种工艺路线简称为 TCS（Thermal channel spinning）。

其工艺流程为：湿切片→预结晶→主干燥→螺杆挤出机→预过滤器→纺丝箱体→计量泵→纺丝组件→侧吹风→集束件→TCS 热管→集束件→上油嘴→第一导丝辊和分丝辊→网络喷嘴→第二导丝辊→卷绕成型→筒子纱

16. 高取向丝（HOY）是采用 6000m/min 以上的纺丝速度而获得的具有高度取向结构的长丝。HOY 的生产技术称为超高速纺丝技术，简称 SHSS。其工艺流程为：PET 切片→预结

晶→干燥→纺丝→缓冷→冷却→集束上油→网络→卷绕→成品

17. 超高速纺纤维与过去的拉伸丝相比存在以下特征：强度偏低；伸长率偏大，拉伸负荷曲线存在着一次屈服点，因此纤维较柔软；结晶区取向充分，但非晶区取向很低，因而染色性比 FDY 优异；密度大而熔点高，沸水收缩率也低，这是由于结晶区增大使结构稳定所致；广角 X 衍射图像清晰，结晶区与非晶区的区分很明确。

18. 空气变形丝是以 POY 或 HOY 为原丝，通过一个特殊的喷嘴，在压缩空气喷射作用下使单丝弯曲形成圈状结构，环圈和线圈缠结在一起，形成具有高度蓬松性的环圈丝。分类如下：

(1) 没有加热过程，仅是在喷射气流下使丝条交缠、回转、分离，然后丝条再与喷射流体一起从小孔排入大气，从而使丝条产生不规则的圈结、交缠，而具有蓬松性。

(2) 设置带热辊的拉伸区和带加热器的定型区。

(3) 丝条在常规空气变形后，再经特殊装置处理，可制成各种规格的绒毛丝、花式丝。

19. 空气变形丝的加工过程中，丝交缠和圈结过程一般分以下三步完成。

(1) 原丝进入喷嘴被气流吹开，获得实现交缠的可能；

(2) 被吹开的各根单丝发生位移并发生横向弯曲，生成圈结；

(3) 丝的长度缩短，强化缠结及网络，使已生成的圈结固定下来。

20. 网络丝是指合纤长丝在网络喷嘴中，经压缩空气作用，单丝互相缠结而呈周期性网络点的长丝。

网络丝主要用于四个方面：用于制取不用上浆的网络长丝、弹力丝；代替并捻或加捻；用于纺丝（POY 或 UDY）以提高卷绕丝的拉伸或拉伸变形的加工性和改善卷绕丝卷形；用于制取不同类型的混纤丝。

第六章　熔纺法非织材料的生产工艺与质量控制

1. 纺丝成网法非织造材料是利用化纤纺丝原理，在聚合物纺丝过程中使连续长丝纤维铺置成网，纤网经机械、化学或热方法加固而成非织造材料。熔喷法非织造材料是熔体细流受到极度拉伸而形成极细的短纤维，然后聚集到成网滚筒或成网帘上形成纤网，最后经自黏合作用加固而制成熔喷法非织造材料。

2. 纺丝成网法中，要求聚丙烯切片具有较好的可纺性、杂质含量少、大小均一、外观光滑；熔喷法中，则要求采用熔融指数较高的切片。

3. 必须严格控制水分含量而且要求切片含水率均匀，粉末极少。此外，也要严格控制副反应生成的羰基、环状低聚物、二甘醇等。

4. 分为共聚改性、共混改性和后整理改性。通过改性处理，可使产品获得特殊功能，如阻燃、抗静电、抗紫外线、抗菌、亲水等功能，从而拓宽产品的使用范围，增加产品的附加值。

5. 色母粒的加入量、色母粒的混入位置及其颗粒的均匀性。

6. 主要目的是除掉切片粉末和粘连粒子，提高切片结晶度和软化点，减小黏度降；干燥工艺主要是对预结晶温度和时间、干燥温度、干燥时间、干空气的露点和风速等进行严格控制。

7. 熔融前以氮气等惰性气体来置换切片间空气，以防止在高温下发生剧烈氧化裂解反应；干切片含水率应低；熔融温度不宜过高；熔融设备及管道必须无死角。

8. 要严格控制以下几点：螺杆挤压机各区温度；法兰区和弯管区的温度；纺丝箱体的温度；纺丝熔体压力；喷丝速度与纺丝速度。

9. 丝条由喷丝孔中挤出后经垂直吸入的冷却气流（属侧吹风）冷却后进入拉伸气流风道，拉伸气流由纤维的两侧吹入，使纤维在两侧高速拉伸气流的夹持下产生加速度从而实现拉伸。

10. 气流牵伸设备最常用的有三种，即管式牵伸、窄狭缝式牵伸和宽狭缝式牵伸。

11. 牵伸机的结构、牵伸风风温、牵伸风的风压和风速、冷却条件、高聚物灰分、杂质的影响、喷丝板的清洗质量、塑化效果、牵伸段长度、材质和野风。

12. 选用质量较好的高聚物切片、控制好纺丝速度和温度、泵供量、采用异形喷丝孔、严格控制好冷却条件、提高牵伸气流速度和密度。

13. 由于喷丝孔挤出量下降，纺程上凝固点处所受的张应力上升，增加到足以克服屈服点应力，此时发生细颈拉伸，从而使纤维的性能改变。

14. 所谓分丝，就是指经过拉伸后的丝束分离成单根丝条状态，以防止成网时纤维相互粘连成流体，保证铺网的均匀。主要的分丝法有静电分丝法、机械分丝法、气流分丝法。铺网就是将经过冷却、气流牵伸、分丝后的长丝均匀地铺在成网帘上，形成均匀纤维网，并使铺置的纤网不因外界因素而产生波动或丝束转移。主要铺网方法有排笔式铺网、打散式铺网、喷射式铺网和流道式铺网。

15. 主要严格控制网帘的透气性能、承受张力网帘幅宽、密封装置以及抗静电性。

16. 纺丝成网非织造材料的固结方法有热轧加固、针刺加固、水刺加固和复合加固法。其中热轧加固是纺丝成网法非织造材料的最主要加固手段，适合加工 10～150g/m^2 的纤维；水刺缠结可提高许多纺粘法非织造材料的特性，使它们更柔软、强力更高，还可提高生产速度和单线能力，有利于开发更多性能卓越的功能材料。

17. 卷长即非织造材料的展开长度，单位为米。常根据下线产品的实际卷重、定量、幅宽来验算产品的卷长。也可以根据连续两卷产品在两次横向切断动作之间的时间间隔 t 及当时卷绕机的运行速度 v 计算出理论卷长。

18. 模头喷丝孔出口处到接收帘网或滚筒的垂直距离称为熔喷工艺接收距离。接收距离增加时，纤维飞向成网帘的速率减小，纤维网的蓬松度增加，厚度增加。接收距离减少时，拉伸热空气冷却和扩散不充分，熔喷纤维之间的热黏合效率得到改善，造成产品的蓬松度下降，纤网体积密度增加。

19. 模头组合件由聚合物熔体分配系统、模头系统、拉伸热空气管路通道以及加热保温元件等组成。其中聚合物熔体分配系统的作用是保证聚合物熔体在整个熔喷模头长度方向上均匀流动。模头系统是保证整个工作宽度上每个喷丝孔挤出的聚合物流量相等。

20. 热空气的喷射角度影响纤维的拉伸效果和纤维在凝网帘上的分布。热气流速度的大小直接影响到纤维的线密度和产品的物理机械性能。一般热空气流速度应控制在 400～600 m/s。热气流的温度要使熔体细流处于黏流状态，一般高于熔点，在 110～130℃之间，常用 120℃。

21. 一般从高聚物性质和结构、切片的熔融指数、聚合物熔体的挤出量、热气流速度、螺杆挤压机的温度控制、纤网结构、喷丝板的结构与喷丝孔的形状、热空气的温度、喷丝孔与成网帘的距离、加固方式等几个方面入手。

第七章　熔纺纤维的改性

1. 化学改性和物理改性。

2. 并列型、皮芯型、海岛型和原纤分散型。

3. 将两种不同品种的聚合物，或不同相对分子质量的相同聚合物切片分别进行干燥、螺杆熔融挤出、计量，然后在贴近喷丝头入口处汇合，从同一喷丝孔中挤出，最后再进行冷却、卷绕、拉伸、卷曲等工序。

4. 并列型复合纤维的生产方法主要有直接喂入法和复合液流法；皮芯型复合纤维的主要生产方法是直接喂入法，根据采用的喷丝头组件中分配板结构的不同，又可分为导管式和狭缝式。

5. 异形喷丝孔法、膨化黏结法、复合纺丝法、轧制法和孔形（径）变化法。

6. 三角形系列的异形纤维主要有闪光效应的仿丝绸织物、仿毛织物、灯芯绒、平绒等绒类织物、毛线、装饰织物等，三叶形纤维因耐磨、手感优良、耐穿，可用于织造针织外衣。中空形异形纤维具有密度低、弹性优、良好的抗起球性和蓬松性，保暖性优良，主要适应仿毛织物、保暖制品、工业用制品、装饰织物等。多角或多叶形纤维光泽软和，适于织造丝绸，缎类织物；而且，其手感优良、保暖性好，有较强的羊毛感和抗起球、起毛性，也适于制作仿毛织物。多叶形变形纱制作的针织外衣光泽柔和，有良好的蓬松性、覆盖性、耐磨性。扁平形截面纤维具有优良的刚性，可以作为仿毛皮中的长毛用纤维。

7. 单丝线密度小，卷曲模量低织物的手感柔软、细腻；单丝弯曲刚性小，纤维手感柔软，织物悬垂性好；绝对强力较低；比表面积大；具有良好的集束性和可织性。

8. 超细长丝的生产方法主要有直接纺丝法和复合纺丝法；超细短纤的生产方法主要有熔喷纺丝法、共混纺丝法、超离心纺丝法、表面溶蚀法、原纤化法、破裂法。

9. 人造麂皮、仿真丝绸、超高密织物、高性能清洁布、其他用途（如服装、过滤材料、吸液材料、生物工程材料、海洋用织物）。

10. 不燃性气体阻燃理论、吸热阻燃理论、覆盖层阻燃理论、催化脱水阻燃理论。

11. 按其化学组成的不同，阻燃剂可以分为磷系阻燃剂、卤素系阻燃剂、硫系阻燃剂、无机系阻燃剂、无机酸阻燃剂、碱金属盐阻燃剂和金属化合物阻燃剂。

12. 共聚阻燃法、共混阻燃法和后处理阻燃法。

13. 一方面是控制静电荷的产生，即通过减少摩擦机会、减小纤维摩擦系数、降低摩擦压力和速度、减少接触频率、使用两种在摩擦起电序列中位置相近的材料等方法来减少电荷的产生。另一方面是促进电荷的泄漏，泄漏静电的方法有提高周围环境湿度的方法和增加材料电导率的方法。

14. 外部抗静电剂法、内部抗静电剂法和导电纤维法。

15. 由光学原理可知，当光线照射到物体上时，一部分会被物体表面反射，一部分会被物体吸收，其余部分会透过物体，并且在一般情况下，透过率＋反射率＋吸收率＝100％。因此，当反射率和吸收率增大时，透过率就会减少，对紫外线的防护性能就更好。由此可以得到防紫外线的两个途径：一种途径是增加纤维对紫外线的反射率；另一种途径是增加纤维对紫外线的吸收率。

16. 防紫外线添加剂主要有无机防紫外线添加剂和有机防紫外线添加剂两种。无机防紫外线添加剂具有较高的折射率，能够对入射紫外线反射或折射，从而达到防紫外线辐射的目的。有机防紫外线添加剂主要是吸收紫外线能量后转变为活性异构体，并把能量转化为光和热的形式释放出来，同时恢复到原分子结构，从而达到防紫外线辐射的目的。

17. 涂层法和纺丝法，纺丝法又分全造粒法、母粒法、注射法和复合纺丝法。